海洋生态环境监测技术方法培训教材
化 学 分 册

王菊英　姚子伟　主编

海洋出版社

2018年·北京

内容简介

海洋化学监测是海洋生态环境业务化监测的重要内容。本书作为海洋生态环境监测技术方法培训教材之一的化学分册，汇集国内外海洋化学监测的相关成果，以系统性和实用性为原则，以适用于我国海洋生态环境监测技术人员培训为目的，注重相关专业方向的基础理论和基础知识的集成与介绍，侧重在海洋环境监测过程中可能出现的技术问题的剖析与讨论，对已有的各类不同分析监测方法进行比较并讨论分析各自的优缺点和存在的问题，总结和介绍了目前国内外最新监测技术与方法，更加注重和强调了海洋环境监测过程中的质量控制和质量保证。

本书作为海洋环境监测技术方法培训教材，主要供海洋生态环境监测从业人员选用。

HAIYANG SHENGTAI HUANJING JIANCE JISHU FANGFA PEIXUN JIAOCAI HUAXUE FENCE

图书在版编目(CIP)数据

海洋生态环境监测技术方法培训教材. 化学分册 / 王菊英，姚子伟主编. —北京：海洋出版社，2018.9

ISBN 978-7-5210-0202-7

Ⅰ. ①海… Ⅱ. ①王… ②姚… Ⅲ. 海洋环境-生态环境-海洋监测-技术培训-教材②海洋化学-技术培训-教材 Ⅳ. ①P71②P734

中国版本图书馆 CIP 数据核字(2018)第 219627 号

责任编辑：赵 武 黄新峰 钱晓彬

责任印制：赵麟苏

出版发行：海洋出版社

网 址：http://www.oceanpress.com.cn

网 址：北京市海淀区大慧寺路 8 号

邮 编：100081

开 本：787 mm×1 092 mm 1/16

字 数：420 千字

发 行 部：010-62132549

总 编 室：010-62114335

编 辑 部：010-62100052

承 印：北京朝阳印刷厂有限责任公司

版 次：2018 年 9 月第 1 版

印 次：2018 年 9 月第 1 次印刷

印 张：23

定 价：108.00 元

编写委员会

主　任：关道明

副主任：霍传林　韩庚辰　王菊英　张志锋

委　员：王卫平　姚子伟　王　震　樊景凤

李宏俊　陈伟斌　赵　骞　赵建华

孟庆辉

序

海洋生态环境监测工作是海洋管理乃至整个海洋事业发展的重要基础性工作。从20世纪70年代初开始渤海和北黄海污染调查至今，我国海洋生态环境业务化监测工作已经走过了近半个世纪的历程，并先后开展了两次全国海洋污染基线调查。监测对象从最初的海洋污染要素发展到目前海洋环境和生态要素并重；监测手段从单一的船舶定点采样监测发展到浮标、卫星、雷达、飞机等综合技术运用的立体化监测和自动化监测，并注重水下滑翔机、水下机器人、无人船和无人机等高新技术的引入；监测范围也已覆盖我国全部管辖海域，并延伸至大洋和极地周边海域。

进入中国特色社会主义新时代以来，我国生态文明建设达到前所未有的高度，“绿水青山就是金山银山”的理念深入人心。当前，“坚决打好污染防治攻坚战，推动我国生态文明建设迈上新台阶”是海洋生态环境保护从业人员的首要任务。新发展理念和渤海综合治理攻坚战对海洋生态环境保护工作提出了更高的要求，全面系统地掌握海洋生态环境监测技术方法，是每个海洋生态环境监测从业人员的专业要求和事业目标。

海洋化学监测是评价海洋环境质量的基础，可以分析海洋污染状况和明确污染来源；海洋生物多样性监测是海洋生态监测的重要内容，可以评价生态系统健康状况；海洋动力过程监测是认知海洋的基础监测，可以摸清污染物在海水中的迁移、转化规律；海洋遥感监测是海洋生态环境宏观监测认知手段，可以解决常规监测方法不易解决的许多问题；海洋监测全过程质量保证与质量控制技术是海洋环境监测最基础性的管理和技术工作，能够确保海洋监测数据具有准确性、可靠性、可比性、完整性和公正性。

国家海洋环境监测中心组织编写的海洋生态环境监测技术方法培训教材，包括化学、生物、动力、遥感、质控5个分册，能够为海洋生态环境监测工作技术人员提供较为全面的辅导，有效推动新时期我国海洋生态环境监测工作的技术进步，服务建设监测技术本领高强的海洋生态环境保护铁军。化学分册包括海水样品的采集、处理和贮存方法，溶解气体、海水成分、耗氧物质、pH、碳循环参数、营养盐、重金属、石油类、持久性有机污染物、放射性核素的分析测定以及海洋环境在线监测技术等内容；生物分册包括海洋浮游植物、海洋浮游动物、大型底栖生物和游泳动物的概述、监测方法及分类鉴定特征等内容；动力分册包括海水水深、水温、水色、盐度以及海流、海浪、海面风监测等内容；遥感分册包括海洋遥感基础知识，海洋光学要素、海洋气溶胶、海洋水色水温、近岸海洋生态系统、入海排污扩散、赤潮绿潮、海上溢油以及海岸线的卫星遥感监测方法等内容；质控分册包括海洋监测的质控要求、数据处理方法、实验室质量控制要求、数据质量评估方法以及标准物质和实验室信息管理系统简介等内容。

在教材编写过程中得到了生态环境部海洋生态环境司（原国家海洋局生态环境保护司）相关领导的大力支持；中国海洋大学、上海海洋大学、大连海洋大学、辽宁省海洋水产科学研究院以及原国家海洋局海洋减灾中心、各海洋研究所和各海区环境监测中心有关专家学者对教材进行了技术审查，并提出了宝贵修改意见，在此谨表诚挚谢意。

海洋生态环境监测工作是海洋生态环境保护事业的基础，期待在我们这一代海洋生态环境保护工作者和全社会的共同努力下，未来的海洋能够海碧水清、鱼虾成群。

国家海洋环境监测中心

2018年9月

前　言

国家海洋环境监测中心根据长期的海洋生态环境监测工作经验，立足于我国海洋生态环境监测工作实际，汇集国内外海洋化学监测的相关成果，以系统性和实用性为原则，以适用于我国海洋生态环境监测技术人员培训为目的，组织编写了《海洋生态环境监测技术方法培训教材——化学分册》。

《海洋生态环境监测技术方法培训教材——化学分册》全书共分 12 章。第 1 章为绪论，主要阐述了作为海洋化学监测技术的学科基础——海水分析化学的发展及其对海洋化学监测技术发展的推动作用，回顾了海洋化学监测技术的发展历程，分析了在当前海洋经济快速发展与全球变化的大背景下海洋化学监测技术面临的挑战。第 2 章为样品采集、处理与贮存，介绍了观测与采样的总体规划，站位的布设与水层的选择，采样设备及其性能与技术要点，样品的代表性及对数据质量的影响，以及海水样品处理中常采用的过滤技术和相关的过滤器材、性能与适用性，常用的样品固定与贮存等方法及注意事项等。第 3 章为海水中溶解气体的测定，主要介绍了海洋调查及环境监测中最为重要的溶解氧、硫化氢等气体成分的测定方法，也简介了痕量活性气体测定的提取分离技术及气相色谱法等。第 4 章为盐度与海水主要成分的测定，主要介绍了盐度和氯度的概念、发展及修订，实验室和海洋现场中盐度和氯度的常用测定方法，以及海盐主要成分的测定方法。第 5 章为海水中耗氧物质的测定，主要介绍了以有机碳为主的耗氧物质的环境化学特征、分析测试及影响因素以及不同测定方法和由此造成测定结果的差异等。第 6 章为 pH 与碳循环主要参数的测定，主要介绍了海水碳酸盐体系的四个关键参数（海水 pH、总溶解无机碳、总碱度以及海水二氧化碳分压）的定义、测定方法以及相互关系等。第 7 章为海水中营养盐的形态分析，主要介绍了氮、磷、硅等营养要素的不同形态、生物地球化学循环过程、分布形态以及监测方法等。第 8 章为海洋环境中重金属的监测技术，主要对海洋环境中主要重金属的性质、含量分布等进行了简要概述，并重点对重金属的样品采集、样品处理及分析方法进行了介绍。第9章为石油污染监测，主要介绍了石油污染及来源、石油的性质、化学组成及其测定方法，以及海洋沉积物中正构烷烃的测定方法等。第10章为海洋环境中持久性有机污染物（POPs）监测技术，主要介绍了POPs的种类、性质、环境过程及其在海洋环境中的污染水平，以及POPs样品前处理和分析测试方法等。第11章为放射性核素监测技术，主要介绍了原子核与放射性基础知识、海洋环境中的放射性以及海洋放射性常规监测技术等。第12章为海洋环境监测中的在线分析技术，主要对在线监测技术进展与应用现状、在线监测系统的运行、维护和管理进行了概述，并对在线监测技术在海洋环境监测中的前景进行了展望。

本书注重相关专业方向的基础理论和基础知识的集成与介绍，侧重在海洋环境监测过程中可能出现的技术问题的剖析与讨论，对已有的各类不同分析监测方法进行比较并讨论分析各自的优缺点和存在的问题，总结和介绍了目前国内外最新监测技术与方法，更加注重和强调了海洋环境监测过程中的质量控制和质量保证。本书没有过多对具体分析方法进行赘述，避免了与现行标准、现行规范等相关技术文件的重复。另外，在各章之后，附有几道思考题，更有利于引领和促使初学者思考和研读本教材，提高海洋环境监测水平。

《海洋生态环境监测技术方法培训教材——化学分册》由王菊英、姚子伟组织编写。其中，第1章由王菊英编写，第2章、第3章、第4章由李铁编写，第5章由张哲编写，第6章由徐雪梅编写，第7章由王燕、赵仕兰编写，第8章由王立军、刘亮编写，第9章由刘星编写，第10章由王震、马新东、王艳洁编写，第11章由何建华、杜金秋、门武编写，第12章由林忠胜、赵冬梅编写。全书由王震、徐恒振统稿。由于编者水平有限，书中缺点和错误在所难免，敬请读者批评指正。

编　者

2017年10月20日于大连

目　录

第1章 绪 论

本章介绍了作为海洋化学监测技术的学科基础——海水分析化学的发展及其对海洋化学监测技术发展的推动作用，回顾了海洋化学监测技术的发展历程，分析了在当前海洋经济快速发展与全球变化的大背景下海洋化学监测技术面临的挑战。

1.1 海洋环境问题

全球海洋总面积约 $3.61059\times10^{8}km^{2}$，占地球表面总面积的 71%。据估计，全世界一半以上的人口生活在距海岸大约 60 km 的范围内，世界上最大的 77 个城市中有 60 个位于海边。海洋不但为人类提供大量的鱼类和其他生物资源，而且还吸收和稀释人类活动所产生的各种污染物。总体来讲，1972 年斯德哥尔摩会议以来的 40 多年，全球海洋环境保护的成果甚微。海岸带及海洋环境继续恶化，且恶化程度加深。人们关注的海洋污染、生物资源的过度开发和栖息地丧失等环境问题依然存在，有所不同的是，目前生物资源的过度开发和栖息地丧失问题的严重程度，已经接近或超越了污染问题，而且又出现了外来物种入侵等新的环境问题。

但是，无论发达国家还是发展中国家，都仍未将海岸和海洋作为重要的经济资源来对待。人类活动产生的污染物质通过直接排放、河流携带和大气沉降等陆源输送方式已进入海洋，严重影响着海洋生态环境质量。沿海地区的工厂和污水管道、被冲入河流然后进入海洋的化肥和农药以及被风吹到海洋的汽车尾气和工业废气中的化工制品都是海洋的污染源。从某种意义上说，海洋污染是地球污染的综合表现。它是范围较广、持续性较长和危害性较大的一种环境污染。当然，海洋又具有巨大的自然净化能力，是个庞大的“净化槽”，但是大自然对污染物的净化代谢能力毕竟有限。随着工农业生产的发展、人口的增加和排废的无政府状态的加剧，海洋环境正在受到严重的破坏，并危及人类的安全。海洋里汇聚着自然界原有的和人工合成的各种物质。无机氮、磷酸盐、重金属、石油类、有机合成物，尤其是难降解有机物等对海洋的污染不断加重，特别是途经海-气、海-河界面而进入海洋的污染物通量，已引起国际上广泛关注。一系列调查研究结果表明，由于人类活动的影响，海洋中的重金属和放射性物质逐年增加，海洋中本来不存在的人工合成有机化合物，如滴滴涕、多氯联苯等，不仅在近海中被发现，即使在3000 m的深海处和南极冰块中亦被检测到。这些无机物、有机物、放射性物质在海洋中不断积累，直接影响着海洋生物的正常生长和繁殖，并对人类的健康造成直接的危害和潜在的影响。

海洋是一个含有众多无机物和有机物的复杂而巨大的水溶液体系，是一个既有胶体溶液特性又有电解质溶液特性并具有生物活性的水溶液体系。无机物是由20亿年以上的地壳侵蚀、火山喷出物、陨石和洋底活动的注入物等物质衍生而来的；有机物则是海洋内发大规模生物活动的产物、副产物和分解产物等形成的(张正斌 等，1984)。理论上，地球环境中存在的所有元素均可在海洋环境中存在，只是由于含量差异或技术手段的限制，少量个别元素尚未在海洋中检测出来而已。不同的元素，由于输入海洋的通量以及它们地球化学行为的差异，其在海水中的含量存在差异，变化幅度可达到10^9倍，甚至更大(陈敏，2009)。

因此，采用科学的方法研究和了解化学物质在海洋环境介质(包含四个子介质：水体、沉积物、生物和大气)中的存在、化学特性、行为和效应等的海洋化学监测技术，在海洋环境保护和管理中的作用是毋庸置疑的。

1.2　海洋化学监测技术的学科基础

1.2.1　海水分析化学的发展

海水分析化学是研究海洋环境中各种组分的分析方法的科学，是分析化学在海洋学研究中的应用，也是海洋化学的一个重要分支，在研究和发展其他海洋学科中起着重要的作用。其分析对象主要是海水，研究内容包括海水采样、样品处理、待测组分的分离、富集和测定方法等。

海水分析的早期工作，是从建立海水中主要溶存成分的分析方法及其含量的测定开始的。19 世纪 80 年代，W. Dittmar 等测定了采集自世界各大洋的 77 个水样的主要溶解成分，进一步证实了海水组成恒定性这一重要规律。

1902 年，M. Knudsen 提出了氯度和盐度的概念，建立了海水氯度的分析方法，从氯度的测定值计算海水盐度，在海水溶解氧、碱度等的分析方法建立之后，即可研究海水的二氧化碳系统和溶解氧的分布和变化。

从 20 世纪开始，由于对海洋生物生产力研究的需要，开展了海水中微量营养成分的分析，特别在 20 世纪前半期最为活跃。对海水微量元素的分析，从 50 年代前就已经开始，但直到 60 年代后期至 70 年代初，由于应用了分析化学中的新方法和新技术，才得到迅速的发展。

20 世纪 70 年代，海洋环境科学的崛起，促进了海洋中痕量污染物，如有毒金属、农药和烃类等的分析方法的发展。能够分析和必须分析的海水中的元素，几乎涉及了自然界存在的所有元素，其浓度范围从常量元素的约 20 g/L 至放射性核素的 0.1 ng/L，有时还要求测定各成分不同形态的含量。为此，已应用了分析化学中大多数的新方法和新技术。

海水分析化学虽然已发展成为分析化学和海洋化学中较系统的一个分支学科，但是，海洋科学的发展，仍给它提出了许多亟待解决的课题。例如：保持现场状态不同种类水样的采样方法，超痕量无机组分的分析及其分析准确度的提高，不同组分的形态分析方法，超痕量有机组分的分析，快速的现场自动分析方法，保证和提高分析可靠性和可比性的方法学的研究和有关标准参考物质的制备等(王菊英等，2010)。

1.2.2 海水分析化学与海洋化学监测技术的关系

根据《海洋监测规范》(国家海洋局，2007)，海洋监测是在设计好的时间和空间内，使用统一的、可比的采样和监测手段，获取海洋环境质量要素和陆源性入海物质资料。海洋监测依介质分类，可分成水质监测、生物监测、沉积物监测和大气监测；从监测要素来分，可分成常规项目监测、有机污染物和无机污染物监测；从海区的地理区位来分，可分成近岸海域监测、近海海域监测和远海海域监测等。

海洋监测包括海洋污染监测和海洋环境要素监测。海洋污染监测包括近岸海域污染监测、污染源监测、海洋倾废区监测、海洋油污染监测、海洋其他监测等。海洋环境要素监测包括海洋水文气象要素、生物要素、化学要素和地质要素的监测。

海洋监测的任务包括以下几个方面。

(1)掌握主要污染物的入海量和海域质量状况及中长期变化趋势，判断海洋环境质量是否符合国家标准；

(2)检验海洋环境保护政策与防治措施的区域性效果，反馈宏观管理信息，评价防治措施的效果；

(3)监控可能发生的主要环境与生态问题，为早期警报提供依据；

(4)研究、验证污染物输移、扩散模式，预测新增污染源和二次污染对海洋环境的影响，为制定环境管理规划提供科学依据；

(5)有针对性地进行海洋权益监测，为边界划分、保护海洋资源、维护海洋健康提供资料；

(6)开展海洋资源监测，保护人类健康、维护生态平衡和合理开发利用海洋资源，实现永续利用服务。

从上述内容可以看出，海洋监测的最重要的组成部分是对海洋环境中的污染物和化学物质采用适当的方法实施监测，即以海水分析化学的理论和体系为基础，采用海洋化学监测技术对海洋环境中的化学要素进行分析测定。海水分析化学及技术近十几年来进步巨大，在海洋实验室里诞生了一批对海洋科学研究产生重大影响的海洋化学分析、研究方法，这些方法无疑将对海洋化学分析方法与技术的发展、海水分析化学学科的发展，以及海洋化学监测技术的发展起到建设性的推动作用。

1.3 我国海洋化学监测技术的发展

作为我国海洋化学监测技术发展的学科基础——海水分析化学，在我国的发展始于20世纪50年代，1955年引入氯度测量法(研制氯度计算尺)，研制国产的标准海水。20 世纪 50 年代末，陈国珍教授倡议并领导一批研究人员开展了海水中各种常量元素的分析方法研究，于 1965 年编写出版了《海水分析化学》一书，包括海水中 17 个元素的分析方法，此书不仅对海水中各常量元素的分析方法进行了综述，还推荐出数种方法进行验证实验(陈国珍，1965)。该书的问世对我国海洋研究工作是一个有力的促进。自 20 世纪 70 年代后，痕量元素分析有了较大的发展。1979 年，由陈国珍教授组织了多个单位的科研人员合作编写了《海水分析化学》一书的姊妹篇——《海水痕量元素分析》，包括 31 个元素分析方法与验证(陈国珍，1990)，该书至今仍是海水分析化学中的权威论著。至此，我国海水分析化学的体系基本形成。海洋化学监测技术，也随着海水分析化学学科的发展，逐步发展起来，形成了一系列技术规程和国家、行业标准。

1975 年，出版了《海洋调查规范》，并于 1991 年以国家标准 GB/T 12763—1991 的形式再版，2007 年发布第三版《 海洋调查规范》(GB/T 12763—2007)。

1977 年，由国家海洋局组织编写了《海洋污染调查暂行规范》，该规范经过 20 多个单位的专家、教授和科技人员的努力，于 1979 年出版，很好地代表了我国当时的海洋化学监测技术水平。它作为我国最早的海洋污染监测文件，在我国早期的海洋污染调查、监测中发挥了很好的作用，对于规范“渤海、黄海污染监测网”“全国海洋污染监测网”(后发展为“全国海洋环境监测网”，简称“全海网”)的工作，采用统一的技术要求开展污染监测，具有重要意义。

随着科学技术的不断发展，1991 年作为海洋行业标准的《海洋监测规范》正式颁布，1998 年再版为国家标准，2007 年发布第三版《海洋监测规范》(GB 17378—2007)(国家海洋局，2007)，其中与海洋化学监测技术相关的是，第 4 部分：海水分析；第 5 部分：沉积物分析；第 6 部分：生物体分析。

近年来，分析化学特别是仪器分析化学发展迅速，为了更好地吸纳相关成果，提升海洋化学监测技术，作为《海洋监测规范》(GB 17378—2007)的有益补充，2013 年正式发布了《海洋监测技术规程》(HY/T 147—2013)(国家海洋局，2013)，与海洋化学监测技术相关的部分包括：HY/T 147. 1—2013 海洋监测技术规程　第 1 部分：海水；HY/T 147. 2—2013 海洋监测技术规程　第 2 部分：沉积物；HY/T 147. 3—2013 海洋监测技术规程　第 3 部分：生物体；HY/T 147. 4—2013 海洋监测技术规程　第 4 部分：海洋大气。

总之，随着分析化学，特别是海水分析化学的发展，我国的海洋化学监测技术也得到了长足的发展。但是，同时也应看到，海洋化学监测技术的发展，面临着诸多挑战。

传统的海洋化学调查和监测，需要由调查船到现场采集样品，再在船上实验室或岸上实验室分析，样品消耗量大，分析周期长，而且样品可能在转移和储存过程中受到沾污或发生化学变化。研究表明，海洋的小尺度时间和空间变化是不容忽视的，迄今为止，我们对于这些与过程相关的、不同时空尺度上的化学要素浓度分布仍然缺乏基本的了解，对控制海洋生态系统的生物地球化学过程更缺乏可靠的把握。因此，通过开发和应用海洋环境现场观测手段，增加采样频率，提高反应或记录的实时性，是对海洋生物地球化学研究的挑战，当然也是海水分析化学面临的一个挑战。定量研究海水中痕量组分，应格外强调防止样品沾污。通常需要配备洁净的采样装置，包括装有无油缆绳的绞盘和具有空气过滤装置的便携式实验台，从而使费用增加，操作更加复杂。目前，有关海洋化学要素动态及其与生态系统结构和功能相互作用的研究，只有少数大型海洋研究计划才能开展，其观测结果的重现性也不理想。这些将因采用无污染材料组成的痕量元素现场分析系统而得到根本的改观。现场分析手段还可以减少物耗和人工，便于在海洋生物地球化学研究中开展常规监测。实施海洋环境现场观测，可以利用搭载在浮标、漂流计或遥控深海运载器上的传感器和分析器以及走航式的或置于缆绳上的即时监测传感器和分析器。随着现代科学技术水平日新月异的提升，现场监测手段也在不断发展(戴民汉 等，2001)。

此外，经陆源排放入海的污染物由于种类繁多、成分复杂、浓度较低，加之新型污染物不断涌现，因而测试难度大，传统的化学检测方法难以对其实施有效的监测，导致长期以来人们对海洋环境中的各种污染物的来源及毒性效应认识不足。但是随着化学分析手段和仪器的迅猛发展，包括阻燃剂多溴联苯醚(PBDEs)、全氟辛酸铵(PFOA)、药物及个人护理品(PPCPs)、微塑料、纳米污染等在内的海洋污染物的分析技术、生物地球化学过程及生态效应的研究得到了长足发展。国内外相关研究结果，为全面开展上述污染物的分析测试，进而深入探讨新型污染物的分布及生态风险，提供了技术参考。

思考题

1. 海洋监测的主要任务是什么?
2. 简述我国海洋化学监测技术的发展概况。

参考文献

陈国珍. 1965. 海水分析化学[M]. 北京：科学出版社.

陈国珍. 1990. 海水痕量元素分析[M]. 北京：海洋出版社.

陈敏. 2009. 化学海洋学[M]. 北京：海洋出版社：10-32.

戴民汉，翟惟东. 2001. 海洋环境现场监测手段的开发与应用[J]. 厦门大学学报(自然科学版). 40(3)：706-714.

国家海洋局. 2013. HY/T 147—2013 海洋监测技术规程[S]. 北京：中国标准出版社.

国家海洋局，国家标准化委员会. 2007. GB 17378—2007 海洋监测规范[S]. 北京：中国标准出版社.

王菊英，韩庚辰，张志锋. 2010. 国际海洋环境监测与评价最新进展[M]. 北京：海洋出版社：1-10.

张正斌，顾宏堪，刘莲生，等. 1984. 海洋化学[M]. 上海：上海科学技术出版社：1-3.

第 2 章　样品采集、处理与贮存

海水以及沉积物、生物样品的采集是开展海洋调查与环境监测的首要工作。从样品的采集到组分测定过程之间，有样品的处理、贮存和运输等环节，所采取的方法对测定结果同等重要。本章介绍了观测与采样的总体规划，站位的布设与水层的选择，采样设备及其性能与技术要点，样品的代表性和对数据质量的影响以及海水样品处理中常采用的过滤技术和相关的过滤器材、性能与适用性，常用的样品固定与贮存等方法及注意事项等内容。

2.1　采样策略

采样策略(sampling strategy)是关于区域的选择、样品的采集、保存、运输和贮存的相关程序，也包括质量保证数据的评估以确保采集样品代表性、需要达到的置信水平以及采样误差估计等内容(Wurl, 2009)。

对于海水分析各环节的重要性，专著《Methods of Seawater Analysis》中有这样一句重要而又形象的话："分析化学家应能给出正确的结果。然而，没有链条比它最薄弱的环节更强壮，这一公理也适用于海水组分的定量测定"(Brügmann, Kremling, 1999)。作为海水分析四个环节中的第一步，采样过程尤为重要。如果引入了错误的操作，后续工作都将是没有意义的(见图 2.1)。

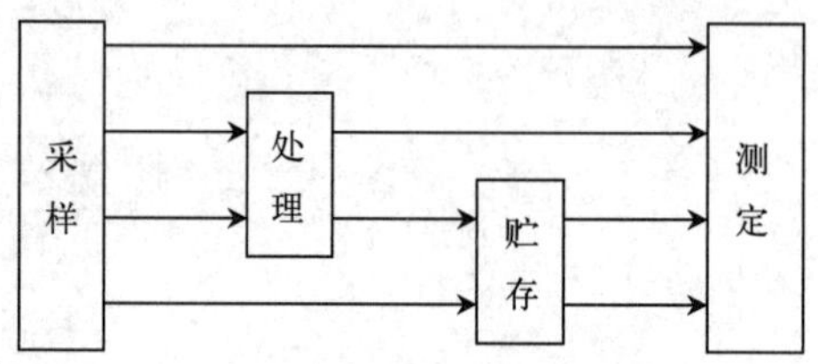

图 2.1　海水分析的主要环节

2.1.1 采样策略与方案

采样策略取决于调查目标和研究区域预期或已知的时空变化性，包括：①明确研究目的；②确定采样点、采样频度和质量保证方法；③根据选择的待测组分，确定采样器具的材质、样品量和样品容器、样品保存和贮藏方法；④制定采样方案，包括对采样策略的简要描述、背景信息、所选择的待测组分、所需的附加参数、质量保证程序，采样区域范围、采样点的位置、数量与空间间隔、采样的时间频度，样品预处理方法、样品编码等。还要考虑用船、人力、物力和经费等条件和限制情况以及天气和海况等因素。

2.1.2 海洋观测方法

海洋观测一般是以了解海洋要素的时空变化为目的而进行的。根据海洋调查或研究的目的，可采取适当的观测方式，进行布站并确定取样深度，选择合适的取样方法。

2.1.2.1 观测方式

有大面观测、断面观测、连续观测(有周日、数日和长期连续观测)、同步观测(或准同步观测)、走航观测以及辅助观测等，分别适合不同的调查任务要求以及客观条件的允许程度(国家海洋局，2007a)。

2.1.2.2 站位布设

海洋观测中的站位布设是根据观测目的和方式来确定的。大面观测一般可采用网格式布站，并选定若干横向和纵向断面布站。沿岸与近海区也可采用沿流系轴向和穿越流系、水团方向布站。穿越流系、水团断面，应与陆岸垂直，或近似发散型。在水文或水化学条件变化剧烈的区域，应适当加密站点。每一调查区，应选取若干个有代表性站点作为定点观测站。在保证获取所需信息的前提下，尽量减少站点数以节省人力和物力；在条件允许情况下则可缩小时、空间隔以提高分辨程度(国家海洋局，2007a，b)。

布站原则与观测间隔是：①测站在观测海区有代表性，观测结果能反映所要求的分布特征和变化性；②每断面测站应不少于3个，同一断面上测站的观测应在尽量短的时间内完成；③相邻两测站的站距应不大于所研究的海洋过程空间尺度的一半；④在所研究的海洋过程的时间尺度内，每一测站的观测次数不应少于两次；⑤进行周日连续观测时，水文要素一般每 1 h 观测一次，共 25 次；⑥化学要素一般每 2 h 观测一次，共 13 次；⑦若受条件限制，至少应每 3 h 观测一次，共 9 次(国家海洋局，2007a，b)。

2.1.2.3 标准层

国际海洋物理科学联合会(IAPSO)于 1936 年推荐了海洋调查采样的标准层，并为联合国教科文组织(UNESCO)所确认。该标准层为：1，10，20，30，50，75，100，(125)，150，(200)，(250)，300，400，500，600，(700)，800，(900)，1000，(1100)，1200，(1300)，(1400)，1500，(1750)，2000，2500，3000，3500，4000，4500，5000，5500，6000，6500，7000，7500，8000，8500，9000，9500，10000 m(Sverdrup et al，1942；Leivitus，1982)。

我国海洋调查规范规定的海水化学要素调查的标准层见表 2.1。

表 2.1 海水化学调查的采样标准层 单位：m

水深范围	采样水层
≤50	表层、5、10、20、30、底层
>50	表层、10、20、30、50、75、100、150、200、300、400、500、600、800、1000、1200、1500、2000、2500、3000……以下每 1000 m 增加一层、底层

注：1. 表层指海面下 3 m 以内的水层。

2. 底层规定如下：

水深不足 50 m 时，底层为离底 2 m 的水层；

水深 50~200 m 范围内时，底层离底的距离为水深的 4%；

水深超过 200 m 时，底层离底的距离根据水深测量误差、海浪状况、船只漂移情况和海底地形特征综合考虑，在保证仪器不触底的原则下尽量靠近海底。

3. 底层与相邻标准层的距离小于规定的最小距离时，即 2 m(<50 m)、5 m(50~100 m)、10 m(100~200 m)、25 m(>200 m)，可免测接近底层的标准层(国家海洋局，2007a)。

标准层是为了海洋观测的规范性而统一设置的，考虑了垂直方向上要素的变化性随深度增加而减缓这一特征。对于以研究为目的的观测调查，标准层是重要的参考，以便于资料的比较与交流；对于以资料积累为目的的常规例行调查，则应基本遵守。标准层并非在任何情况下都适用，在水文或水化学条件变化剧烈的深度，如边界层或跃层，应加密采样水层。

2.1.3 样品

采集的样品(sample)应具有代表性。水样采集后，一般需要分取样品，以用于不同组分的测定。有的要素可在水样采集和分取后直接测定；有的要素则需要按一定的方法对水样进行处理(如过滤、浓集等)后方可分析。因此，关于“样品”要区分以下概念：

原样(raw sample)：即从海洋某一深度采集的海水样品，需确定其代表性。

分样(subsample)：根据组分处理与分析方法的不同，按类别进行分装后的水样。

分析样(analytical sample)：对原样进行处理后，用于测定的样品。

测试样(test sample)：能够进行测试的样品，包括可直接测试的原样以及必须经处理后方可测试的分析样。

对于开展海水分析工作，必须明确上述概念。不能认为只要是样品，就可拿来直接分析。如果要委托检测机构测定，应递交测试样。

2.2 采样技术

海水样品的采集方法是多种多样的。应用最多的是采水器在不同深度上采集不连续的样品，也可使用泵进行连续采样以及原位过滤等(Krajca, 1989；国家海洋局, 2007c)。一些化学要素可应用传感器进行原位测定获得深度连续的结果，但可测的要素数量尚较有限。因此，获取化学要素的数据主要还是依赖于采集水样并进行分析。

2.2.1 采水器

采水器应能满足多种需求。为采集代表性水样，要求采水器能快速充满并在预定深度能交换完全。关闭后则要保证密封不再与外界有任何水交换。因此，采水器一般应具备以下性能。

(1)冲刷性能：采水器内外水交换迅速充分；

(2)关闭性能：关闭系统密封可靠；

(3)惰性：材料抗腐蚀，不沾污水样、不吸附待测成分；

(4)重量：不宜太重。

采水器一般都有进气阀和放水阀，供分取水样用。采水前一定要关闭水阀和气阀。

2.2.1.1 常用采水器

Nansen(南森)采水器：颠倒式关闭，为装配和使用颠倒温度计而设计[见图2.2(a)]。一般为黄铜制，对溶解氧等化学组分测定有影响；现有全塑料制(PC或PVC)。采水体积为1~3 L。早期海洋观测中应用广泛，目前已较少使用。类似的还有Knudsen采水器，也为颠倒式关闭。

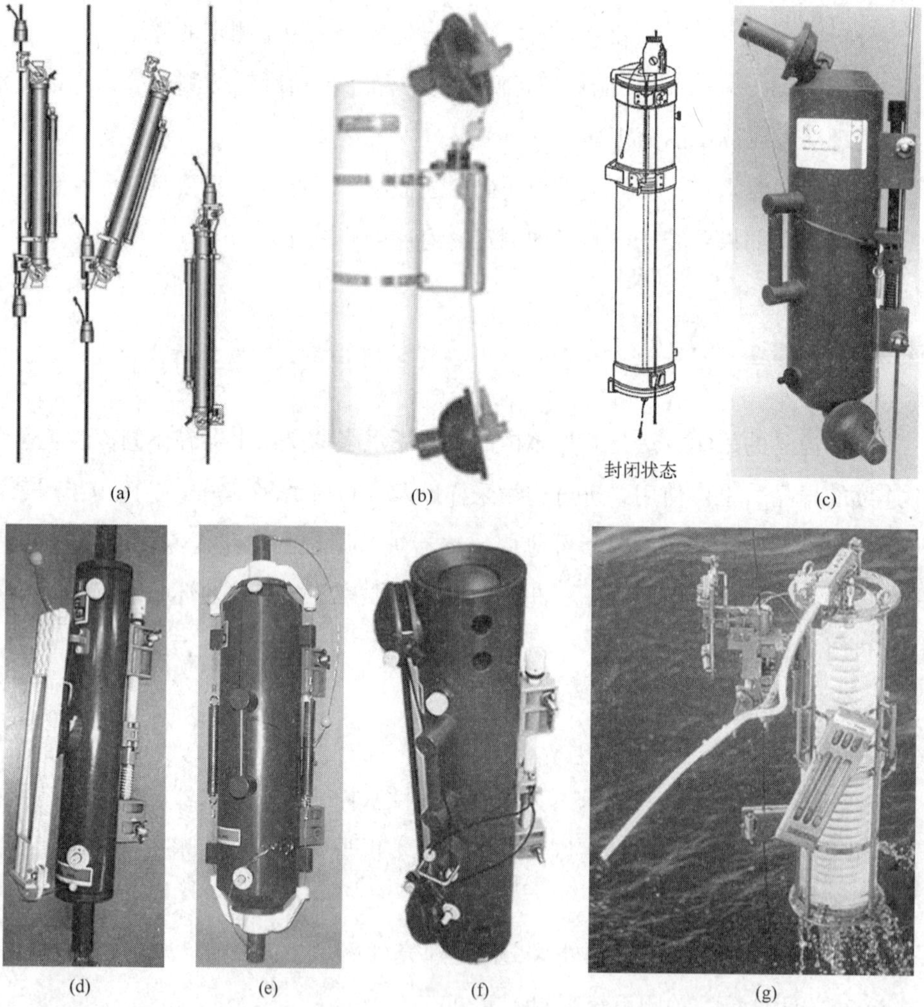

(a) (b) 封闭状态 (c)

(d) (e) (f) (g)

图2.2 不同类型的采水器

(a)Nansen采水器；(b) Van Dorn采水器(竖式)；(c) 挂在钢缆上的Niskin采水器；(d) 带颠倒温度计支架的Niskin采水器；(e) Niskin-X采水器；(f) Go-Flo采水器；(g) 带颠倒温度计的Bellows型无沾污采水器

Van Dorn(范多恩)采水器：塑料制，半球形橡胶盖，内置橡胶拉簧关闭[见图2.2(b)]。有垂直式和水平式，采水体积2~50 L。是一种方便而适于一般应用的采水器。

我国设计的球盖采水器与此类似。采水器上下盖为橡胶球台形，固定在不锈钢支撑板上，用合页与筒体相连接[见图2.2(c)]。目前已较少使用。

Niskin(尼斯金)采水器：按Van Dorn采水器原理设计，筒、盖为PVC，有的内衬为Teflon，采水体积2~50 L[见图2.2(c)、(d)]。可置于CTD-Rosette上使用，也可直接挂在绞车钢缆上使用。另有Niskin-X，为外置拉簧关闭见图[2.2(e)]，用于痕量金属测定采样。

Go-Flo采水器：材质、外观与Niskin采水器接近，关闭装置改为球形阀，外置拉簧，深度增加后感压在约10 m处开启，为“闭-开-闭”(COC)式，以防止表面膜对采水器的沾污[见图2.2(f)]。采水体积1.7~100 L，可置于CTD-Rosette上使用。

洁净采水器：除Niskin-X、Go-Flo采水器加Teflon内衬外，痕量金属分析采样设计了各种专用的采水器，防止表面、钢缆带来的沾污，并减少样品转移[见图2.2(g)]。国际大型项目“痕量金属及同位素生物地球化学研究”(GEOTRACES)中则采用了很多新式防沾污的洁净采样系统，如用于大量洁净采水器采样的Titan(de Baar, 2008)以及拖鱼(tow fish)等。

2.2.1.2 采水操作

一般使用水文绞车为动力设备进行采样或观测。由绞车和钢缆、铅鱼(由铅制作的带尾翼的重锤)、采水器等构成采水系统，在不同深度采集水样。绞车的钢丝缆绳悬挂系列采水器下放至不同的预定采样深度，由使锤敲击关闭，表层以下的采水器也挂有使锤，敲击关闭表层以下各深度的采水器。水深较浅时可触摸钢缆感受震动确认采水器关闭；深水则需按使锤的沉降速度(约7 m/s)估算到达最底一层所需的时间(见图2.3)。

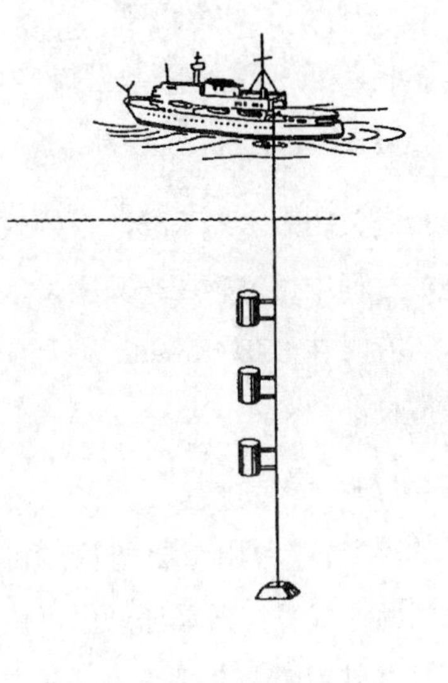

图2.3 采水示意图

钢缆下部悬挂铅鱼，以保证钢缆垂直且不旋

转。水深小于200 m时，采样的深度由钢缆长度确定，施放长度由计数器显示。由于海流存在，钢缆与垂直方向会有倾角，当倾角大于15°时需用专用量角器测量角度并作深度订正。水深大于200 m时，要在采水器上装配颠倒温度计，同时带有闭端和开端温度表，利用开端(感压)和闭端(不感压)温度表的示数差以及温度表的压力系数来确定采水器的施放深度。

目前Niskin和Go-Flo等采水器均可安装颠倒温度计的支架，使锤敲击后支架旋转180°使温度计颠倒，记录温度，并作深度校正[见图2.2(d)]。

2.2.1.3 CTD-Rosette采样系统

CTD-Rosette采样系统是在环形支架上安装6~36个Niskin或Go-Flo等采水器，下方或中间放置温盐深剖面仪(CTD)，成为一个组合的连续观测与分层采样的装置(见图2.4)，即在观测温度、盐度和深度连续数据的同时，于不同深度采集水样。CTD-Rosette系统是当今海洋研究最基本也是最常用的观测与采样装置。

图2.4 CTD-Rosette采样系统

铝和钛制框架的CTD-Rosette系统可分别沉放至6800 m和10 500 m，深度上的最大分辨率一般为5 m(Wurl，2009)。直读式CTD使用专门的CTD绞车，钢缆中有同芯电缆连接下部的CTD-Rosette系统与甲板上的操控单元并传输信号，在采样深度由操作人员通过计算机发出指令关闭采水器采样。自容式CTD无同芯电缆，施放前预先设定好采水深度，施放过程中通过感压来关闭采水器采样。

有时在CTD-Rosette系统的采水器上安装颠倒温度计，用作温度及深度的比较或校准。

2.2.1.4 表层采样

深度较浅的岸边或近岸用可伸缩的长杆上连接采样瓶直接采水，或使用带浮球的抛浮式采样器采样。也可使用小型船只或工作艇采样。

在科考船上有时为避免船体及排污影响，有时也采取上述方式采集表层水样。要根据风向和流向区分污染区和可采样区，采集表层海水。

2.2.2 泵采水

与采水器不同，泵采水不受采水体积限制，可连续走航采样。采水深度有限，一般至200~300 m。泵采水可与一些预处理步骤结合，如原位过滤、离子交换富集，避免大体积水样提升和运输。

潜水泵采样效率高，但叶片旋转可破坏颗粒物及生物。蠕动泵则避免了颗粒及生物破坏，但流速较慢。另外，还有真空泵、隔膜泵等均可用于采水。

泵采水可与原位过滤或浓集结合，避免了大体积水样的采集、提升和处理。

最近也制成了泵-CTD采样系统，采样深度可达350 m，垂直分辨率可小至1 m，水样经尼龙水管直接泵入甲板上的洁净实验室，用于痕量金属测定（Strady et al，2008）。

2.2.3 表面微层采样

表面微层（surface microlayer，SML）是海洋表面与大气之间一个极薄的界面层，厚度约为30 μm至数百微米。由于海水的表面张力，该层中许多化学组分的浓度与其下部的海水本体不同，如有机物一般表现为富集，对海-气间物质交换具有重要影响。

常见的采样方法有：金属筛网法，采样厚度约150~400 μm；转鼓法，采样厚度为60~100 μm；玻璃板法，采样厚度为60~100 μm。其中筛网法和玻璃板法较易于操作，适用于收集500~1000 mL的少量样品；转鼓法采样效率较高，可到20 L/h，应用较广泛，但设备较复杂不易操作。

表面微层取样一般要使用小型船只或工作艇进行作业。表面微层取样及研究的难度较大，主要因为要收集足够的样品用于分析需花费过量的时间，而表面微层因其物理、化学和生物方面的不均匀性，在采样时间内一些性质和组分浓度非常容易改变，测定结果的重现性则是一个挑战。

2.2.4 其他样品的采集

在海洋化学研究及环境监测中，除采集海水样品进行分析外，沉积物及孔隙水、沉降颗粒物以及生物等都是分析的对象。其采样方法分别简述如下。

2.2.4.1 沉积物

沉积物样品分为表层沉积物样（surface sediment）和沉积物柱状样（sediment

core)。采样方法及器具有很多(Mudroch，MacKnight，1994)。

表层沉积物样一般使用闭合式采泥器(grab samplers)采集，种类有很多，如Ekman、Petersen、Van Been式以及我国使用的曙光系列采泥器等。也可根据研究需求采用曳航式采样器(dredge)采集。

沉积物柱状样是保持其层序的连续样，一般使用重力取芯器(gravity corer)、活塞取芯器(piston corer)、振动取芯器(vibratory corer，vibracorer)等采集。在生态或生物地球化学研究中，为获得大量或多个平行柱状样，常使用箱式取芯器[或称“箱式采泥器”(box corer)]以及多管取芯器(multicorer)等。

2.2.4.2 孔隙水

孔隙水(pore water)是沉积物孔隙中的水分，也叫间隙水(interstitial water)，具有与海水类似的组成，但许多组分或参数与海水明显不同，或随深度发生较大的变化，是反映沉积物地球化学与早期成岩作用的重要载体。孔隙水是从沉积物中分离出来而得到的，主要手段是离心(centrifuge)或压榨(squeezing)。孔隙水分离时一般要在隔绝空气中氧的条件下进行，需要氮气保护以及在手套箱中进行操作。

2.2.4.3 沉降颗粒物

颗粒物样品有悬浮颗粒物样和沉降颗粒物样。悬浮颗粒物(suspended particulate matter)是采集水样后过滤收集在滤片上的颗粒物样品；沉降颗粒物(sinking particles)则是指用沉积物捕获器所收集的在水柱中受重力作用而迁移的固体颗粒物样品。对沉降颗粒物进行分析后可获得碳、氮、磷和金属等元素以及相关化学组分的垂直质量通量，对研究元素物质迁移有重要意义。沉降颗粒物采集可使用锚系沉积物捕获器(mooring sediment trap)，可在固定深度收集时间系列的样品。在颗粒物通量较大或生产力较高的海域，也可使用浮动式沉积物捕获器(floating sediment trap)，在短时间内收集真光层内的沉降颗粒物样品(Knape et al，1996)。

2.2.4.4 生物取样

海洋化学研究与监测中有时也涉及生物体内的元素或化学组分。可通过采水和过滤获得浮游生物以及细菌生物样，或通过采泥或底栖拖网和筛选获得底栖生物样。另外，浮游生物采样可使用浮游生物垂直拖网(plankton net)，有大型、中型和小型浮游生物网(水深小于200 m)以及深水浮游生物网、中层拖网(水深大于 200 m)也可利用闭锁器进行垂直分段取样等。

2.3 采样与分析误差

采样过程中有引入沾污等影响的可能。科考船作为一个采样的平台对调查的海水、采样设备及采集的样品可能是一个潜在的污染源。采样时船在测站停留对表层海水可能带来不可避免的沾污，如排放冷却水、排气、船体腐蚀等。与陆地实验室不同，船上实验室往往是多种用途的，同时进行的工作会对采样器或水样形成交叉性沾污。采样系统包括绞车、钢缆(一般镀锌)、铅鱼(多为铅制)、采水器还有使锤(多为黄铜制)等，除绞车外这些部件都要沉放于水中，与水接触时会释放一些物质。对营养盐研究来说，影响应该不大(而对于氨氮的测定，应避免空气中氨的影响)，但对于痕量金属研究有严重影响。采样后到处理前，样品有时会放置数小时，都会引入误差。以下简要介绍采样以至分析产生的误差以及质量保证相关的事项(国家质量监督检验检疫总局，国家标准化委员会，2007d)。

2.3.1 随机误差和系统误差

随机误差是测定数据在正负两方向的随机波动，主要为分析仪器的测量不稳定性所致，也与样品处理和化学干扰有关。由仪器噪音引起的误差可通过对工作条件优化而减小。随机误差影响分析结果的精密度和重现性，可通过统计分析和重复测量进行估计。

系统误差则更为严重，它影响测定结果的准确度。由于样品中待测组分的真值往往未知，系统误差则有可能更为“隐蔽”而难以检测。系统误差有可能在采样过程中引入，如前面所述船体、采样设备和器具、容器等，既可能造成对待测组分的沾污，也有可能因器壁吸附等因素引起待测组分的损失。另外，采样水团基本参数(温度、盐度、深度)测定不当也会影响一些化学要素的测定结果。选择合适的采样、处理和贮存方法，可以减小系统误差。

2.3.2 质量保证

分析质量保证(quality assurance，QA)是指在分析过程中将各类误差减小到预期水平而采取的一系列措施，是对整个分析过程进行质量管理的体系。分析质量保证的内容包括“质量控制”和“质量评价”，其目的是减小分析误差、及时发现分析质量问题，以保证结果的可靠性。

分析质量控制是在从采样到结果计算的全过程中所采取的质量控制的措施，对分析结果需要进行一些统计处理和分析；质量评价是运用综合手段对分析质量进行的总体估计。

分析质量由分析方法的可靠性和分析结果的可靠性来反映。分析结果的可靠性包含代表性、准确性、精密性、可比性和完整性五个方面，而分析方法的可靠性则通过灵敏度、检出限、空白值、回收率等参数来表示。

2.3.2.1 样品的代表性

样品要有代表性，即代表时间、空间上的分布不均匀性和不稳定性。样品的代表性主要通过采样方案和采样方法选择来保证。

采样过程中可通过现场空白样(用不含待测组分的纯水作样品，按从采样和分取、处理、贮存到分析的全过程进行操作)、平行样以及加标样等进行质量控制。

2.3.2.2 精密度

精密度(precision)为分析结果互相接近的程度，由随机误差决定。常以多次测定的相对标准偏差(RSD)反映(当组分浓度较低时，RSD 会增大)。采样过程对精密度的影响，可用 CTD-Rosette 系统在同一深度采满所有采水器，分析各平行样后给出 RSD 来反映。

2.3.2.3 准确度

准确度(accuracy)为分析值与真值(或约定真值)的一致程度，或表示为偏离程度。对于多次测量的平均值与真值的偏离，考虑为系统误差所引起的影响。然而，由于难以获得水样中组分的真值，准确度往往比精密度更难以评价。

分析质量控制中可采用“标准参考物质”分析的方法检验可靠性，标准参考物质要求其介质与待分析样品基本相同。海洋研究中通常使用“有证参考物质”(certified reference material，CRM)作为已表征的标准样，以其认证值代表真值。对于海水分析而言，已有溶解有机碳(DOC)、溶解无机碳(DIC)、总碱度(TA)、营养盐、痕量金属以及放射性核素等 CRM 可供使用。

此外，在海洋观测中，还可以通过“海洋一致性”(oceanographic consistency)原理，查看组分测定浓度的分布与已知变量的关系，对分析准确度作出评价。

2.3.2.4　检出限

检出限(limit of detection, LOD)是在一定置信水平上能统计区分于空白的最小浓度，也就是能区分噪音信号和低浓度待测组分信号的最低限。分析仪器的灵敏度往往不是检出限的限制因素，而是决定于空白值的水平和变动性。检出限一般表示为空白测定的平均值(X_B)与其3倍标准偏差(SD)之和，即：

$$X_{LOD} = X_B + 3SD \tag{2.1}$$

IUPAC建议，对空白样进行9次以上测定以得到检出限。当样品信号小于检出限时，结果报告为“未检出”(not detected, ND)，并在后面加括号注明检出限。

2.4　固-液分离

海水是一个多相体系，含有不同溶解状态的组分。除含有溶解成分外，还有胶体和颗粒物，也包括生物体，根据分析和研究要求，有时需进行分离。如需固-液分离操作，一般要求在采样后立即进行。主要原因如下。

(1)海水中不同溶解状态的组分具有不同的物理、化学和生物属性；

(2)颗粒物吸附-解吸作用对待测组分产生影响，加入固定剂时影响尤其突出；

(3)样品贮存过程中细菌作用会使颗粒物表面成分释放影响测定。

固-液分离的主要方法是离心或过滤，而过滤更为常用。海水样品分取后，最常见的预处理操作就是过滤。

2.4.1　离心

离心操作要求固液成分间有一定密度差。离心分离能避免样品的多次转移。离心转速大于10 000 r/min时，可分离包括胶体在内的海水中的悬浮物。然而，相对于过滤分离，离心应用得较少，特别是在船上不够方便。连续流动离心适于从大量海水中分离颗粒物。

2.4.2　过滤

理论上“溶解”态和“非溶解”态的界定难以有客观标准。在海水分析中一般被广为接受的，是将海水中通过孔径为0.45μm滤器的组分定义为“溶解”态。该界限只是一种操作性规定，滤液中有溶解成分，也包括了胶体(1~200 nm)。不同材质、规格的滤器，其孔径不同，在书面报告中应标注清楚。

对有过滤需求的待测组分，由于近岸与河口水体悬浮颗粒物含量很高，需要过滤。大洋海水中颗粒物含量很少，除表层水处于高生产力时有较多生源颗粒物需过滤外，对于深层水和一般情况下的表层水，为防止沾污，应视待测组分性质和要求尽量避免过滤操作。

2.4.2.1　过滤方式

真空过滤(vacuum filtration)：也叫“减压过滤”或“抽滤”，最为常用。由于海水中浮游生物在压差过大时会被破坏而影响溶解成分，通常要求压差不能超过20 kPa(0.2 atm)。减压过滤若敞口进行，则会有受空气沾污的可能。

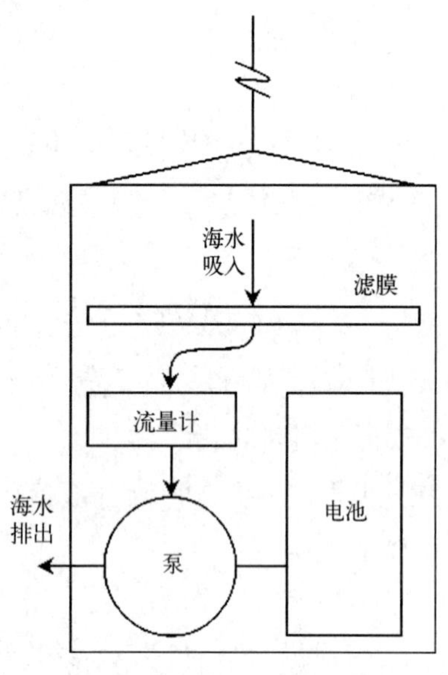

图 2.5　原位过滤示意图

加压过滤(pressure filtration)：简称“压滤”，用高压空气、氮气、蠕动泵或注射器加压进行过滤。因压滤在闭路体系中进行，可避免空气中灰尘的沾污。用于测定还原性组分的水样(如孔隙水)应采用氮气压滤，以防止空气氧化。另外，压滤不容易破坏生物细胞。

原位过滤(in situ filtration)：与泵结合在海水原位过滤大体积海水，适于离岸海水中颗粒物样品采集和分析(见图 2.5)。

切向流过滤(cross-flow filtration, CFF)：分离胶体需使用更小孔径的滤器。然而，抽滤和压滤时压差和液流方向垂直于滤器表面，滤孔易被颗粒物阻塞。切向流过滤分离胶体也称为“超滤”(ultrafiltration)，其液流方向是平行于滤器表面的，溶解成分可通过滤器，而胶体被浓缩(见图 2.6)。可通过浓缩比和测定结果求得胶体态组分的含量。

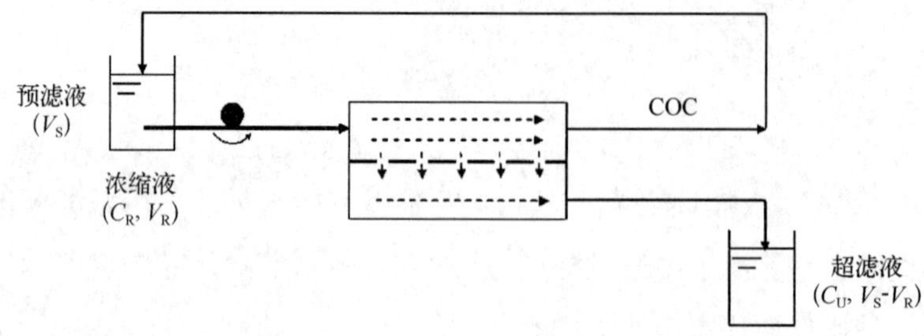

图 2.6　过滤浓缩胶体有机碳示意图

2.4.2.2 滤器的性能

海水需使用滤器进行过滤，对滤器的孔径、滤速、吸附和沾污以及强度等方面均有要求。理想的滤器应具备以下性能(Kremling，Brügmann，1999)：

(1) 孔径均匀，重现性好；

(2) 有较快的过滤速度，不易阻塞；

(3) 用于重力测定时能与周围空气快速平衡；

(4) 颗粒物保持于滤器表面，以用于显微镜或光学观察；

(5) 不吸附待测的溶解成分；

(6) 不含有待测成分；

(7) 有一定的机械强度；

(8) 不脱落纤维。

然而，没有滤器及其材质能满足以上全部要求，或可在海水分析中通用。一般需根据待测组分的属性进行选择，以最大程度地满足处理需求并避免干扰。

2.4.2.3 滤器的种类

海水过滤常用滤器(filter)有注射滤器类和滤片类，后者更常用。

注射滤器(syringe filter)装在注射器前端，推动注射器活塞进行过滤，操作比较简便。注射滤器的孔径一般为0.2~5 μm，材料有尼龙、玻璃纤维、醋酸或硝酸纤维素酯等。产品如Gelman Acrodisc(0.2~1 μm)等。

滤片(filter disc)则需装配在过滤器架(filter holder)上使用，用于抽滤或压滤。其材质有玻璃纤维(glass fiber)、尼龙(nylon)、纤维素酯(cellulose ester)、聚碳酸酯(polycarbonate)、聚醚砜(polyethersulfone)、聚丙烯(polypropylene)、聚四氟乙烯(Teflon)、金属或金属氧化物等。一些由成膜物质制成的滤片叫作“滤膜”(filter membrane)。商品滤片的品牌有Gelman、Millipore、Whatman-Nuclepore、PALL等。我国海洋科学研究常用的滤膜由原国家海洋局杭州水处理技术开发中心研制。

玻璃纤维滤片：不含碳，用于测定有机碳、色素等有机物样品的过滤。孔径0.7~2.7 μm不等，常用商品如Whatman GF/A、B、C、D、F；再如Millipore AP系列、Gelman Typ A/E等。

纤维素酯滤膜：有醋酸纤维素酯、硝酸纤维素酯或混合纤维素酯滤膜，孔径多为0.45 μm，用于营养盐及一般的过滤。商品如Millipore MF-HA、Gelman GN-6，Whatman WCN、WCA、WME，Nuclepore ME等。

聚碳酸酯滤膜：滤膜较薄，分正、反面。正面光亮，应向上放置。孔径有 0.2、0.4、1.0 μm 等多种，用于测定痕量金属及颗粒硅样品过滤。商品如 Nuclepore PC、Millipore HTTP。

金属及金属氧化物滤片：也是无碳滤器，孔径有 0.02、0.1、0.2、0.45 μm 等，如 Flotronic 银滤片、Whatman Anopore 氧化铝滤片。

一些滤器的电镜照片参见图 2.7；一些常用的过滤器架(filter holder)见图 2.8。

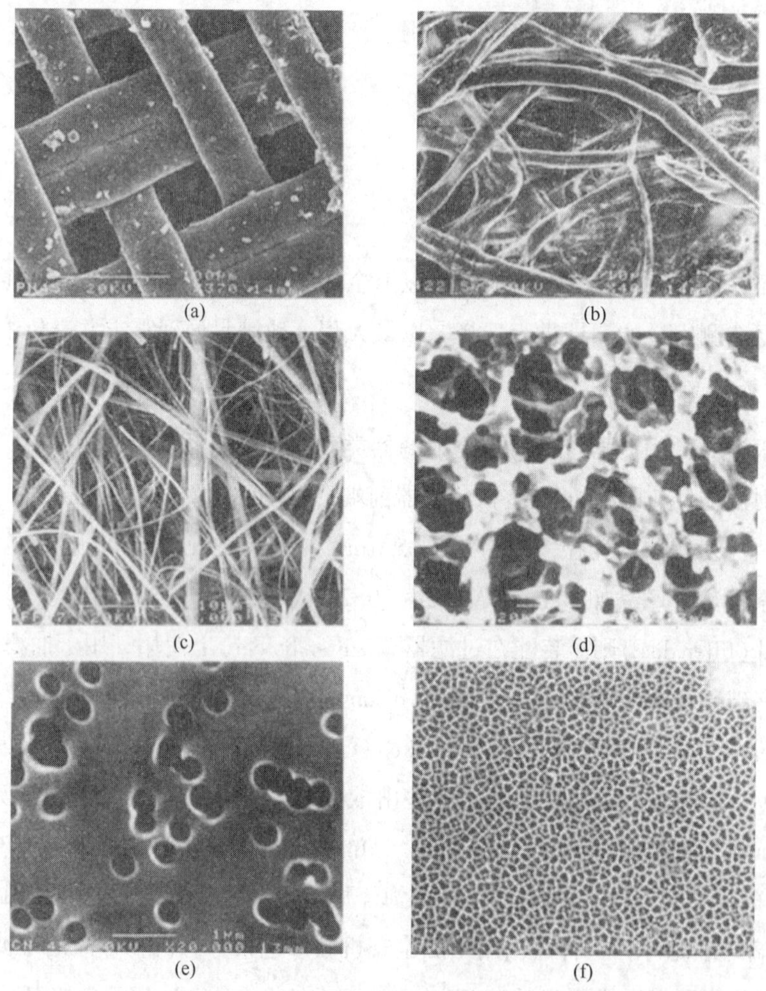

图 2.7　一些代表性滤器的电镜照片(Kremling and Brügmann，1999)

(a) 浮游植物网(45μm)；(b) 滤纸(Whatman 42；2.5μm)；
(c) 玻璃纤维滤片(Whatman GF/F；0.7 μm)；(d) 硝酸纤维素酯滤膜(Sartorius 0.45μm)；
(e) 聚碳酸酯滤膜(Nuclepore；0.4μm)；(f) 氧化铝滤片(Whatman Anopore；0.1 μm)。

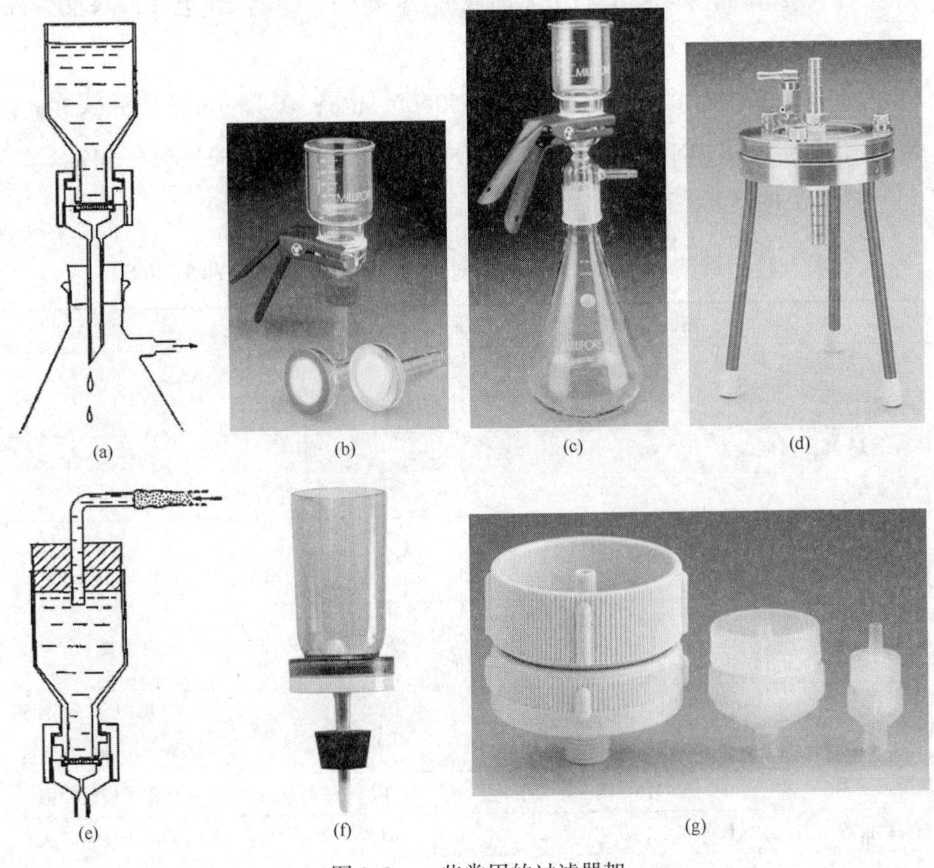

图 2.8　一些常用的过滤器架

(a)旋口式过滤器架与抽滤瓶连接过滤；(b)玻璃过滤器架；
(c)带抽滤瓶全玻过滤器(用于有机碳及有机组分)；(d)大直径滤膜用的不锈钢过滤器架；
(e)减压过滤中自动吸入水样；(f)磁力吸引式漏斗；(g)用于注射器推压的过滤器架

另外，烧结玻璃滤器等有时也用于海水过滤。

滤器(滤片)在使用前要以适当的方法洗净处理，清洗方法应根据过滤样品的种类和待测组分的性质确定。

2.4.2.4　滤器的孔径

实际滤器的孔径并不是均匀的，而是有一定的范围，并随过滤操作的进行往往会发生变化。通常商品滤器上标注的孔径为“平均孔径”，即以截留某粒径颗粒物量的50%代表其平均孔径。

以孔径 0.45 μm 的过滤为例：

滤器上截留既有粒径>0.45 μm 的成分(>50%)，也有<0.45 μm(<50%)的成分；

滤液中既有粒径<0.45 μm 的成分(>50%)，也有>0.45 μm 的成分(<50%)；

粒径为 0.45 μm 的成分通过滤器进入滤液和被滤器截留的量均为 50%。

一些常见的过滤器产品见表 2.2。

表 2.2 一些常见的过滤器(Kremling，Brügmann，1999；Wurl，2009)

过滤器种类、材料	孔径/μm	直径/mm	制造商	主要性能
注射滤器：尼龙与玻璃纤维	5		WN	
注射滤器：醋酸纤维素酯	5		SA	
注射滤器：聚四氟乙烯	0.2	25	GA	
玻璃纤维滤片	0.7，1.0，1.2，1.6，2.7	25，47，90，142，293	WN，MI，GE，SA	无有机物
聚碳酸酯滤膜	0.01，0.05，0.1，0.22，0.4	25，47	WH，MI，ST，SA	均一孔径与密度，纯净，高强度
聚丙烯滤膜	0.1，0.2，0.45	25，47	ST，WN	化学类广泛使用
聚醚砜滤膜	0.1，0.22，0.45	25，47	MI，ST，SA，PA	低溶出性，高强度
尼龙滤膜	0.1，0.2，0.45	25，47	ST，WN	低溶出性，高强度
混合纤维素酯滤膜	0.1，0.2，0.45	25，47	MI，ST，WN，GA	均一孔隙结构
醋酸纤维素酯滤膜	0.2，0.45	25，47	ST，SA，SN，WN，CWT	均一孔隙结构
硝酸纤维素酯滤膜	0.1，0.2，0.45	25，47	SA，WN	高强度
银滤片	0.2，0.45	25	MI，ST	抑菌性，非吸附
氧化铝滤片	0.02，0.1，0.2	25，47	WN	无孔间横向贯通

注：制造商缩写 CWT：杭州水处理技术研究开发中心(ChinaWaterTech)；MI：Millipore；WN：Whatman-Nuclepore；SA：Sartorius；ST：SterilTech；GA：Gelman Acrodisc；PA：PALL

2.5 固定和贮存

海水中多数组分易发生变化，原则上采样后应立即分析。然而，由于适于船上分析的方法有限，或由于待测组分处理和测定过程耗时，多数情况下样品分析无法在船上完成。尽管水样经过滤处理可去除颗粒物和浮游生物，但滤液中存在的微藻、超微藻和细菌，或由于组分本身的不稳定性，仍可使有机物及其他有生化活性的组分发生变化，因此要采取适当的方式贮存，带回陆地实验室分析。以下根据待测组分的类别，对海水样品固定和贮存的方法作简要介绍。

2.5.1 样品容器

保存样品所需的容器和贮藏条件因待测组分不同而会有不同要求。常用容器有硬质玻璃(如 Pylex)容器和高密度聚乙烯或聚丙烯容器。过滤器、容器使用前需按待测组分要求进行清洗；新购容器必须严格清洗后使用。

2.5.1.1 容器材质的选择

贮存水质样品的容器材质的选择应考虑以下要求(国家海洋局，2007b)：容器材质对水质样品的沾污程度应最小；容器便于清洗；容器的材质在化学活性和生物活性方面具有惰性，使样品与容器之间的作用保持在最低水平。选择贮存样品容器时，应考虑对温度变化的应变能力、抗破裂性能、密封性、重复打开的能力、体积、形状、质量和重复使用的可能性。

大多数含无机成分的样品，多采用聚乙烯、聚四氟乙烯和多碳酸酯聚合物材质制成的容器。常用的高密度聚乙烯，适合于水中硅酸盐、钠盐、总碱度、氯化物、电导率、pH 分析和测定的样品贮存。玻璃质容器适合于有机物和生物样品的贮存。塑料容器适合于放射性核素和大部分痕量元素的水样贮存。带有氯丁橡胶圈和油质润滑阀门的容器不适合有机物和微生物样品的贮存。

2.5.1.2 容器清洗

容器清洗可使用洗涤剂或相应试剂，主要取决于待测组分的性质，一般考虑如下(国家海洋局，2007b)：对于一般用途的容器，可用自来水和洗涤剂清洗尘埃和包装物，然后用浓硫酸或铬酸洗涤液浸泡，再用蒸馏水淋洗。使用过的容器，在器壁和底部会附着油分及沉淀物等，再次使用前，应充分洗净。对于具塞玻璃瓶，在磨口部位常有溶出、吸附或附着现象。聚乙烯容器特别易吸附油分、重金属、沉淀物及有机物，难以除掉，应特别注意。聚乙烯容器初步冲洗后，用 1 mol/L 的盐酸溶液清洗，然后再用 3 mol/L 硝酸溶液浸泡数日。如待测有机组分需经萃取后进行测定，可以用萃取剂处理玻璃瓶。

2.5.2 海水主要成分测定样品

海水主要成分的浓度较高，且具有保守性，一般不受微生物活动影响。普通玻璃含有碱金属和碱土金属元素，不适合贮存此类水样。因主要成分测定的精密度要求较高，贮存容器以不漏气和防止蒸发为主，可选择硬质玻璃瓶或高密度聚乙烯瓶。不宜使用磨口塞玻璃瓶，应使用聚四氟乙烯或聚乙烯旋口盖。水样中的颗粒物应通过玻璃纤维滤片或低孔隙度的烧结玻璃滤器滤除。为避免蒸发，过滤和分装要在不敞口加水封隔离的体系中进行。样品长期贮存应使用安瓿瓶或小口径具内塞的硬质玻璃样品瓶，于暗处放置(Kremling，Brügmann，1999)。

用于盐度或氯度测定的样品，贮存时可参考该方法。

2.5.3 营养盐测定样品

营养盐的生物和化学活性强，数小时内浓度就会发生变化。现场采样后应立即过滤，并采用冷冻(冷藏)或加入固定剂等方法进行保存。用于氮、磷测定的样品可采用聚四氟乙烯旋口盖的硬质玻璃瓶，或高密度聚乙烯、聚丙烯、聚碳酸酯瓶；测定硅的样品贮存只能采用塑料瓶。

2.5.3.1 冷冻和冷藏

冷冻可有效抑制微生物活动，液氮中快速冷冻或-20℃冷冻水样是营养盐样品保存的首选，可保存数月。水样应装至大约瓶体积的2/3，以防止冷冻时挤压瓶盖而漏出，存放和解冻时都应保持瓶直立向上(Kremling，Brügmann，1999)。

对近岸特别是河口区低盐度高浓度硅酸盐的样品，冷冻会引起硅酸聚合而致使测定值降低。因此，建议测定硅酸盐的样品采用酸化方法固定后单独保存(Dore et al，1996)。

近岸水样采集后2h内不能分析，可采用冷藏(<4℃)保存的方法，并在10h内分析完毕为宜。硅酸盐样品可用硫酸酸化至pH 2.5；硝酸盐样品应加入氨性缓冲剂冷藏。

2.5.3.2 毒化固定

在没有条件采用冷冻方法保存样品时，可采用加入试剂固定的方法。其作用主要是抑制生物作用。有三种试剂较为广泛地应用于营养盐的固定，Kirwood(1992)对此进行了探讨。

硫酸：硫酸酸化曾作为营养盐固定方法使用过。目前除硅酸盐样品可酸化至pH 2.5贮存外，硫酸酸化不适于其他营养盐。主要是对于磷的测定，酸化会引起多聚磷酸的水解以及细菌中磷的释放；对于亚硝酸盐，则会被氧化向硝酸盐转化。

氯仿：以氯仿($CHCl_3$)的脂溶性抑制微生物活动。主要缺点是氯仿挥发使固定失效以及不适用于某些塑料容器。

氯化汞：氯化汞($HgCl_2$)与蛋白质上的巯基(HS-)结合可抑制酶的活动，是传统的营养盐固定与贮存的方法。大洋水中加入 $HgCl_2$，在室温下保存 1~2 年后，硝酸盐、磷酸盐和硅酸盐的测定值与现场直接测定值有很好的一致性，但亚硝酸盐含量有较大变化。有人认为 $HgCl_2$的存在对 Cd-Cu 还原法测定硝酸盐有影响。$HgCl_2$加入量因水样中有机物含量而异，其范围在 1~20 g/ mL $HgCl_2$甚至更多。有人建议在测定营养盐的标准贮备溶液中亦加入 20 g /mL$HgCl_2$抑制微生物作用。因氯化汞对环境造成污染，已不建议使用该固定法。

氯化汞固定的方法还适于其他受生物影响的化学要素的测定，如溶解碳水化合物的样品可加入氯化汞固定。海水总碱度和总溶解无机碳要求有很高的测定精密度，样品不能冷冻，应贮存于硼化玻璃或高密度聚乙烯瓶中，加入氯化汞固定，密封保存，在不超过 3 个月内测定。

2.5.4 痕量元素测定样品

海水中痕量元素的含量非常低，极易损失或受到沾污，原则上应尽量在船上测定(如电化学方法)。然而，由于测定方法限制，在多数情况下需过滤后固定和贮存样品，带回实验室分析。用于测定痕量元素的水样，过滤和固定处理都应在洁净实验室内或在洁净实验台上进行。

2.5.4.1 酸化固定

用于痕量金属样品贮存的容器是聚乙烯或 Nalgene 氟化乙烯-聚丙烯瓶，测定汞的样品则用 Teflon、Pyrex 玻璃或石英瓶。酸化可使容器壁被 H^+饱和，减少容器壁吸附造成的待测痕量元素损失，抑制微生物活动，防止水解引起重金属沉淀损失。用超纯硝酸(如 ULTREXII 或 ULTRAPUR)酸化过滤样品至 pH 1.5~2.0 是有效的固定方法，可贮存 1~2 年。

2.5.4.2　螯合树脂交换

一些元素的贮存可采用在船上用螯合树脂(如 Chelex 100、XAD4 等)分离交换，将交换柱于4℃冷藏保存，带回陆上实验室后进行洗脱和测定的方法。该方法的优点是减小样品量和便于携带；缺点是最佳 pH 范围因树脂种类和元素而异(Lohan et al，2005)，有些元素的洗脱回收率不够满意(Wurl，2009)。

2.5.5　溶解气体测定样品

测定溶解气体特别是痕量气体的样品，主要应防止泄漏和吸附，要选用防透气的高密度金属容器或玻璃容器，且不与待测气体发生反应。用于溶解气体分析的样品不能长时间保存。

2.5.6　有机及生化组分测定样品

有机及生化组分易分解或易受生物影响，样品分取及处理应尽量避光，冷冻或超低温冷冻贮存。如一些颗粒态生化组分测定的样品，应避光放置并在暗光条件下过滤，滤片立即用液氮冷冻，再转移至超低温冰柜中保存。

思考题

1. 在海洋观测调查之前，如何对采样及相关工作进行规划？

2. 海洋观测的方式有哪些？各观测方式的主要目的是什么？

3. 某站点水深为 165 m，按照我国海洋调查规范的标准层来确定采样水层，应为多少层？各为多少米？

4. 采水器的主要性能指标是什么？试以某种采水器为例具体说明。

5. 采水深度如何确定或校正？试以不同采样方式分别说明。

6. 在采集和分取样品过程中，有哪些因素会影响分析数据质量？

7. 海水中通过 0.45μm 孔径滤器的组分为“溶解态”，若使用 0.4 μm 孔径的聚碳酸酯滤膜过滤，是否也合乎要求？

8. 真空过滤时为何要适当控制负压？负压差过大会有何影响？

9. 过滤海水用滤片及其材料应满足何要求？如何根据待测组分选择滤片种类？

10. 什么是滤器的平均孔径？用孔径为0.45 μm的滤器过滤，滤液中有无大于0.45 μm的颗粒成分？

11. 用于海水主要成分或盐度测定的海水样品，贮存时应注意防止发生什么问题？为什么？

12. 用于营养盐测定的样品，最佳贮存的方法是什么？近岸河口区测定硅酸盐的样品如何贮存？冷冻会引起何问题？

13. 氯化汞固定海水样品的方法会带来汞污染，是否可以完全淘汰？为什么？

14. 测定痕量金属的样品，一般如何固定贮存？

参考文献

国家海洋局．2007a．(GB/T 12763.2—2007)海洋调查规范，第2部分：海洋水文观测[S]．北京：中国标准出版社：1-7.

国家海洋局．2007b．(GB/T 12763.4—2007)海洋调查规范，第4部分：海水化学要素调查[S]．北京：中国标准出版社：3-7.

国家海洋局．2007c．(GB 17378.3—2007)海洋监测规范，第3部分：样品采集、贮存与运输[S]．北京：中国标准出版社：13.

国家海洋局．2007d．(GB 17378.2—2007)海洋监测规范，第2部分：数据处理与分析质量控制[S]．北京：中国标准出版社：37.

Brügmann L, Kremling K. 1999. Sampling [A]//Grasshoff K, Ehrhardt M, Kremling K. Methods of Seawater Analysis [M]. 3rd ed. John Wiley & Sons, Chichester: 1-25.

de Baar H K, Timmermans P, Laan H, et al. 2008. Titan: A new facillity for ultraclean sampling of trace elements and isotopes in the deep ocean in the international Geotraces program [J]. Mar Chem, 111: 4-21.

Dore J E, Houlihan T, Hebel D V, et al. 1996. Freezing as a method of sample preservation for the analysis of dissolved inorganic nutrients in seawater [J]. Mar Chem, 53: 173-185.

Kirwood D S. 1992. Stability of solutions of nutrients salts during storage [J]. Mar Chem 38: 151-164.

Knap A, Michaels A, Close A, Ducklow H, Dickson, A. 1996. Protocols for the Joint Global Ocean Flux Study (JGOFS) Core Measurements [M]. JGOFS Report No. 19: 5-7.

Krajca J M. 1989. Water Sampling [M]. Ellis Horwood, New York: 212 .

Kremling K, Brügmann L. 1999. Filtration and storage [A]//Grasshoff K, Ehrhardt M, Kremling K. Methods of Seawater Analysis[M], 3rd ed. John Wiley & Sons, Chichester: 27-40.

Leivitus S. 1982. NOAA Professional Paper, No. 13, Wasginfton.

Liss P S. 1975. The Sea Surface Microlayer [A]//Riley J P, Skirrow G (Editors), Chemical Oceanography, 2nd edition [M]. Wiley, London.

Lohan M C, Aguilar-Islas A M, Franks R P, et al. 2005. Determination of iron and copper in sewater at pH 1.7 with a new commercial available chelating resin, NTA Superflow [J]. Anal Chim, 503: 121-129.

Mudroch A, MacKnight S D. 1994. Handbook of Techniques for Aquatic Sediments Sampling [M]. Lewis Publishers, Boca Raton: 236 .

Strady E C, Pohl E V, Yakeshav S, et al. 2008. PUMP-CTD-system for trace meatal sampling with a high vertical resolution. A test in Gotland Basin, Baltic Sea [J]. Chemosphere, 70: 1309-1319.

Sverdrup H U, Johnson R, Fleming R W. 1942. The Oceans: Their Physics, Chemistry and Geaneral Biology[M]. Prenctice-Hall, New York.

Wurl O. 2009. Practical Guidelines for the Analysis of Seawater [M]. CRC Press, Boca Raton: 1-32.

第3章　海水中溶解气体的测定

空气气体成分通过海–气界面溶解于海水中；海洋中发生的生物、化学等过程也产生一些气体成分。二者构成海水中的溶解气体。海洋调查及环境监测中最为重要的溶解气体是溶解氧、硫化氢等成分。另外，一些痕量活性气体对气候变化研究也非常有价值。溶解氧和硫化氢测定以常用的化学方法为主，痕量活性气体测定则主要涉及提取分离技术及气相色谱法。

3.1　溶解氧

3.1.1　溶解氧及其测定意义

海水中的溶解氧(DO)是研究较早的溶解气体成分。其含量范围较宽，从 <1 μmol/kg 至350 μmol/kg，平均约为 175 μmol/kg。溶解氧的常用单位有 μmol/kg、μmol/L、mg/L。非 SI 单位 mL/L 也常用来表示溶解氧(和其他溶解气体)的浓度，为每升水样中含有的溶解氧相当于标准状况(101 325 Pa，273.15 K)下的体积(作为非理想气体，氧气的摩尔体积为 22 385 mL/mol)，国际上仍通用。

溶解氧是非保守成分，参与海洋中多种生物和化学过程。海洋中的溶解氧主要来源于空气的溶入和真光层内浮游植物的光合作用，在生物呼吸、有机物分解以及无机还原组分氧化等过程中被消耗。表层海水与大气接触，溶解氧基本处于溶解平衡，温度和盐度是溶解氧含量的主要因素。真光层以下以有机物分解耗氧为主，溶解氧含量降低，并出现溶解氧最小值层(Oxygen minimum zone，OMZ)。海水物理混合以及大洋深水环流可将溶解氧输送至深层，使海洋深层水也不缺氧。在一些海水混合交换受限的区域，温跃层以下海水会缺氧甚至无氧。近岸海域由于富营养化和季节性海水层化，也会出现季节性缺氧现象。因此，溶解氧含量是海水水质的重要指标，也是研究生物活动、化学作用、水团划分与混合的重要参数，是海洋调查和环境监测的基本要素。

海水中溶解氧主要采用化学法（Winkler 法）进行测定，经不断的技术改进，准确度和精密度都较为理想。也有溶解氧传感器，可进行原位测定。

3.1.2 Winkler 法及其改进

Winkler（1888）建立了水体中溶解氧化学测定方法，已使用了 100 多年。其间经过多次技术性改进，目前仍为溶解氧测定的标准方法。该方法选择性好，目前认为海水中碘酸盐、过氧化氢等会有轻微干扰（Wong et al，2009，2010）。

3.1.2.1 方法原理

主要是用二价锰盐在碱性条件下生成的氢氧化锰白色沉淀固定水样中的溶解氧，成为三价锰的褐色氢氧化物（$Mn(OH)_3$或 $MnO(OH)_2$），经酸化后沉淀溶解并氧化与固定剂一起加入的碘离子成为碘单质，再采用碘量法即用硫代硫酸钠进行滴定。测定过程中的化学反应如下：

水样中加入 $MnCl_2$和 KI-NaOH 固定剂：

$$Mn^{2+} + 2OH^- = Mn(OH)_2\downarrow \tag{3.1}$$

$$2Mn(OH)_2 + \frac{1}{2}O_2 + H_2O = 2Mn(OH)_3\downarrow \tag{3.2}$$

加酸酸化至 pH 1~2.5，沉淀溶解并氧化 I^-：

$$2Mn(OH)_3 + 2I^- + 6H^+ = 2Mn^{2+} + I_2 + 6H_2O \tag{3.3}$$

$$I_2 + I^- = I_{3-} \tag{3.4}$$

生成的 I_3^-用 $Na_2S_2O_3$滴定：

$$I_{3-} + 2S_2O_3{}^{2-} = 3I^- + S_4O_6{}^{2-} \tag{3.5}$$

3.1.2.2 主要试剂和器材

（1）主要试剂：固定剂为 2.4 mol/L $MnCl_2$溶液，和 1.8 mol/L KI-6.4 mol/L NaOH 溶液。两种溶液都接近饱和，有较大的密度以保证加入后沉至瓶底部并排出等体积水样，且具有最小的溶解氧空白。另外有 50% H_2SO_4溶液、0.01 mol/L $Na_2S_2O_3$溶液、1%淀粉溶液、KIO_3标准溶液等。

（2）溶解氧瓶：溶解氧取样、固定和测定使用的容器为溶解氧瓶，系 50 mL

或 100 mL 玻璃瓶，玻璃塞头部为圆形突起、锥形或楔形，以防止阻留气泡，其容积已准确测量。过去为防止碘的光分解，采用棕色瓶。目前为方便瓶内滴定，国际上一般使用透明、瓶塞部体积约为 18 mL 的溶解氧瓶，可满足加酸和瓶内滴定的体积需求(见图 3.1；Grasshoff et al，1999)。瓶内滴定可减小含碘溶液转移带来的误差。也有瓶塞加长式的透明溶解氧瓶，以适于瓶内滴定。

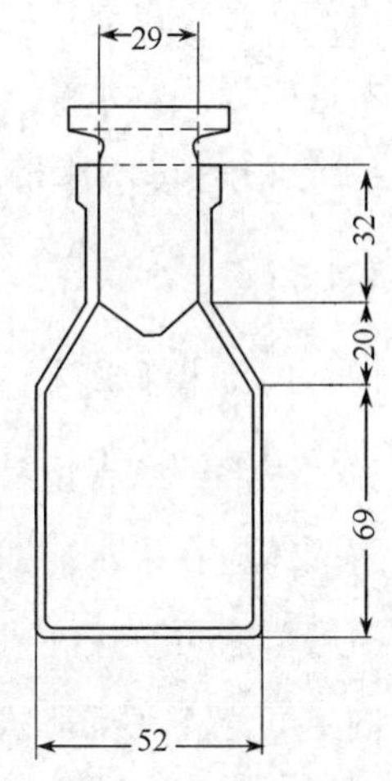

图 3.1 溶解氧瓶

(尺寸单位为 mm)

(3)固定剂加入装置：为防止固定剂加入时接触空气对水样造成沾污，应使用活塞驱动的定量加液器，如瓶口分液器或我国海洋调查规范(GB/T 12763.4—1991)推荐的弹簧注射器(见图 3.2)，将加液管插入水样液面之下一定深度加入固定剂。二联式瓶口分液器则更佳(见图 3.2a)，两种固定剂同时加入，以最大限度缩短水样与空气的接触时间(Grasshoff et al，1999)。由于空气驱动的自动移液管或移液器加入固定剂时在加液结束时会注入气泡沾污水样，因此应避免使用。使用活塞式加液器最主要的缺点是活塞易受 NaOH 腐蚀，航次结束后应及时、彻底地拆卸和清洗。

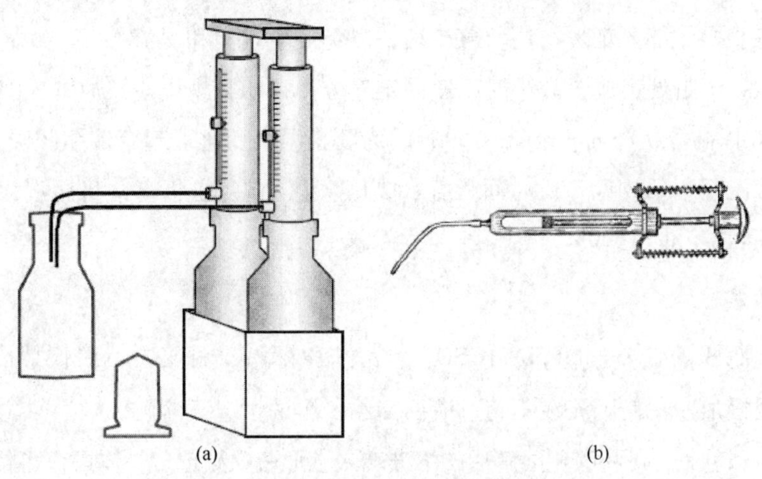

图 3.2 固定剂加入装置

(a)二联式瓶口分液器；(b)弹簧注射器

(4)滴定管：具有三通活栓自动加液和调零的溶解氧滴定管，或数字滴定计，以方便船上测定。

(5)分样管：使用乳胶管或硅胶管连接在采水器放水阀上，另一端接玻璃管以插入至溶解氧瓶底部。玻璃管应比瓶高出 2 cm 左右以方便手持。分样管应基本透明以观察水流，其粗细应适当，以保证管内水流充满而不产生气泡，但又要尽可能快地装满样品瓶(Grasshoff et al, 1999)。

3.1.2.3 分取样品及测定操作要点

1)分样和固定

因溶解氧含量易受温度变化的影响和空气沾污，作为一条规则，溶解氧等溶解气体应在采水器回收后立即进行并首先取水。将分样管连接到采水器上，干燥溶解氧瓶可直接注入水样；湿瓶应润洗 2 次后分样。打开采水器阀门排出分样管内空气泡，在流动状态下将玻璃管端插入溶解氧瓶底部，水平持瓶润洗瓶内壁和瓶塞，禁止摇动。瓶正立并使分样管端插入瓶底部注入海水样品，避免产生涡流，装满至海水溢出约瓶体积 1/2 甚至 2 倍后(视水样富余程度确定)，轻缓提起分样管移出瓶外，立即用瓶口分液器或弹簧注射器加入固定剂，加液管尖应插入液面下轻缓加液以避免涡流。小心盖上瓶塞并压紧，上下颠倒充分摇振以使溶解氧固定完全。

注意：溶解氧分样及固定操作都尽量快速麻利，以减少水样与空气接触的时间；但各步操作都要轻缓，切勿急、猛，以免产生气泡和涡流。

将瓶置于暗处，放置数小时以使固定充分。JGOFS 规程建议放置 6~8 h 以上并在 24 h 以内分析(Knap et al, 1996)。为防止温度变化引起瓶体缩胀吸入空气，宜用海水浸至瓶颈放置。长时间贮存(12 h 以上)应夹住瓶塞并将瓶浸没在海水中(Grasshoff et al, 1999)。

2)滴定

打开瓶塞，加入 1 mL 50%H_2SO_4。若为瓶内滴定，小心放入磁搅拌子，开动搅拌器缓慢加速，使沉淀在不超过液面高约一半的情况下溶解。

若为棕色瓶，可将酸化溶解后的溶液转入锥形瓶中滴定。具体操作可依照海洋调查规范和海洋监测规范的方法进行转移和滴定(国家海洋局，2007a，2007b)。

3)终点判定

一般情况下使用淀粉指示剂指示滴定终点。用 $Na_2S_2O_3$溶液滴定至淡黄色时，加入淀粉指示剂，滴至蓝色褪去为终点。转移至锥形瓶内滴定时需回洗溶解氧瓶，合并后再滴至蓝色消失为终点。用淀粉指示滴定终点的方法，其标准偏差约为1%。

由于淀粉指示剂目视确定滴定终点存在系统误差，且灵敏度不够高。为提高终点判定的准确性，Winkler 法改进的重点是终点指示，可采用光度滴定、安培滴定和电位滴定等方法。

(1)光度滴定：本身的亮黄色(波长 450~470 nm)或加入淀粉与剩余 I_2产生的蓝色(波长660 nm)均可用测吸光度的方法判定终点。前者灵敏度较高，多采用 UV 吸光度法。

(2) 安培滴定：加-0.8 V 电压，测量扩散电流，以终点前后发生明显的电流变化来判定终点。

目视淀粉、淀粉光度、安培滴定和 UV 光度法在低浓度范围内的相对灵敏度为1：0.2：0.002：0.0015。

(3) 电位滴定：用 Pt 电极测量 I_3^-/I^-的氧化还原电位，可用一阶微分、二阶微分法或 Gran 作图法判定终点。自动电位滴定仪均可用于溶解氧测定。

Gran 作图法指示终点的原理如下：等当点(V_{eq})前 I_3^-剩余的量与滴入 $Na_2S_2O_3$ 的体积(V)的关系为：

$$(V + V_0)[I_3^-] = 0.5c_{S_2O_3^{2-}}(V_{eq} - V) \tag{3.6}$$

$$E = E^\circ + a\lg\frac{[I_3^-]}{[I^-]} \tag{3.7}$$

$$[I_3^-] = 10^{\frac{E-E^\circ}{a'}} \tag{3.8}$$

$$F = (V + V_0)\cdot 10^{\frac{E-E^\circ}{a'}} = 0.5c_{S_2O_3^{2-}}(V_{eq} - V) \tag{3.9}$$

由等当点前的点计算 F 值，外推至 $F=0$ 时，$V=V_{eq}$(见图 3.3)。实际计算中 E°可取任意值 E_k。

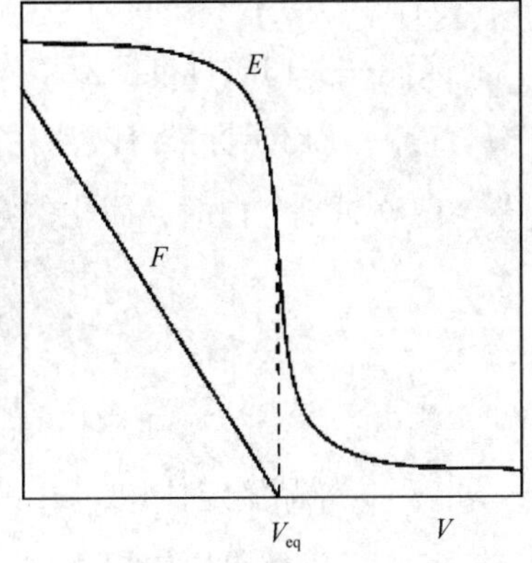

图 3.3 Gran 作图法指示溶解氧电位滴定终点示意图

4) $Na_2S_2O_3$溶液标定

在溶解氧瓶中加入约一半样品量的纯水，加入1 mL 50% H_2SO_4，再分别加入 1 mL 碱性碘化物固定剂和 1 mL 锰盐固定剂，每加入一种试剂后应完全混匀以避免出现锰的氢氧物沉淀。准确移入 KIO_3标准溶液 10.00 mL，加入纯水至约样品量体积。用 $Na_2S_2O_3$溶液滴定至终点，记录体

积 V_{std}(Knap et al, 1996；Grasshoff et al, 1999)。此标定方法是最大程度地与溶解氧测定的过程和试剂相一致。

也可采用移取 KIO_3标准溶液 10.00 或 15.00 mL，酸化后加约 0.4 g KI 固体置于暗处生成 I_2，加水稀释后用 $Na_2S_2O_3$溶液滴定的简化方法(国家海洋局，2007a，2007b)。

5)试剂空白测定

试剂纯度不够，如含有微量高价锰或碘以及还原性物质等均可引入空白。在溶解氧瓶中加入 15 mL 纯水，同上分别加入 50% H_2SO_4、碱性碘化物和锰盐固定剂各 1 mL 并混匀。准确移入 KIO_3标准溶液 1.00 mL，加入纯水至略低于样品体积约 5 mL，用 $Na_2S_2O_3$溶液滴定至终点，记录体积 V_{b1}；再准确移入 KIO_3标准溶液 1.00 mL，用 $Na_2S_2O_3$溶液滴定至终点，记录体积 V_{b2}。试剂空白对应的 $Na_2S_2O_3$溶液体积为 $V_b=V_{b1}-V_{b2}$。若试剂空白小于相当 0.01 mL/L(0.44 mol/L)溶解氧可忽略；若超过相当于 0.1 mL/L(4.4 mol/L)，则应弃掉重新配制。

在海洋调查和海洋监测规范中使用淀粉指示剂判定终点时，可对上述试剂进行空白检验，检验不合格时应重新配制试剂至合格为止。

3.1.2.4　结果计算

(1)若试剂空白可忽略时，KIO_3标准溶液浓度的计算公式为：

$$c_{Na_2S_2O_3}=\frac{6c_{KIO_3}V_{KIO_3}}{V_{std}} \tag{3.10}$$

式中：

V_{KIO_3}——KIO_3标准溶液体积，mL；

c_{KIO_3}——KIO_3标准溶液浓度，mol/L；

V_{std}——KIO_3标准溶液消耗 $Na_2S_2O_3$体积，mL。

忽略试剂空白时，简化的溶解氧浓度计算公式是

$$c_{O_2}=\frac{V\times c_{Na_2S_2O_3}\times E}{V_b-V_{reg}} \tag{3.11}$$

式中：

V——样品滴定体积，mL；

V_b——溶解氧瓶体积，mL；

V_{reg}——加入固定剂体积，mL；

E——换算因子，溶解氧单位取“mL/L”时为 5598，取“mol/L”时为 250×10^3，取“mg/L”时为 8×10^3。

(2)若考虑校正试剂空白和固定剂中溶解氧的空白，则 KIO_3标准溶液浓度的计算公式为：

$$c_{Na_2S_2O_3} = \frac{6c_{KIO_3} V_{KIO_3}}{(V_{std} - V_{blk})} \tag{3.12}$$

此时，溶解氧浓度的计算公式为

$$c_{O_2} = \frac{(V - V_{blk}) \times c_{Na_2S_2O_3} \times E}{V_b - V_{reg}} - c_{reg} \tag{3.13}$$

式中：

V_{blk}——试剂空白对应的 $Na_2S_2O_3$体积，mL；

c_{reg}——所加入固定剂中的溶解氧空白，每 1 mL 固定剂中含有氧 0.0017 mL (Murray et al, 1968)。若固定剂与瓶体积之比为 2∶100，则此值为 0.034 mL/L 或 1.5 mol/L。

溶解氧浓度乘以现场温度、盐度和压力条件下的密度，则单位换算为“μmol/kg”。

3.1.3 光度法测定溶解氧

上述碘量法中，溶解氧经固定和酸化后定量转化为 $I_2(I_3^-)$，具有亮黄色。为方便船上或野外快速测定，可采用光度法测定 I_3^-的吸光度，换算为水体中溶解氧的浓度。该方法简便快速，有商品仪器，但准确度和精密度不及滴定测定，主要用于对水体溶解氧状况作一般性了解。

3.1.4 溶解氧传感器

3.1.4.1 电化学传感器

溶解氧传感器主要是采用极谱法，基于溶解氧浓度对氧化还原电流的响应(Clark et al, 1953)。溶解氧电极商品有很多，现多为覆膜电极。覆膜电极是一个被透气膜封闭的充有电解液的电极室，有一个贵金属制的阴极(通常为 Pt 或 Au)和一个 Ag 制的阳极，透气膜靠近阴极(见图 3.4。Grasshoff et al, 1999)。

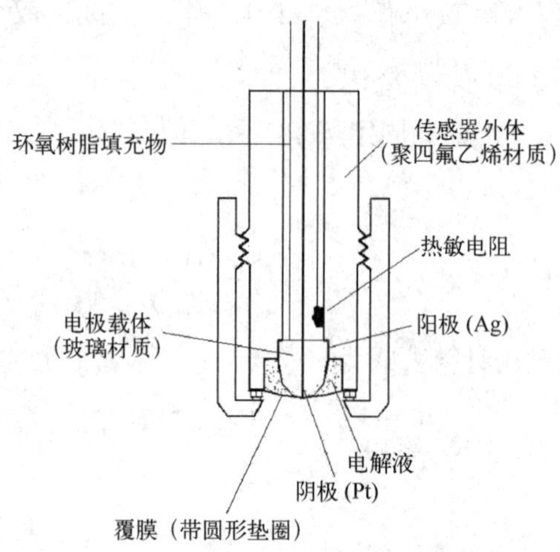

图 3.4　溶解氧覆膜电极示意图

膜外部海水中的溶解氧扩散通过薄膜进入电解液中，测量时加载 0.8 V 电压，氧在阴极上被还原：

$$O_2 + 2H_2O + 4e^- = 4OH^- \tag{3.14}$$

在碱性电解液中阳极反应为：

$$2Ag + 2OH^- = Ag_2O + H_2O + 2e^- \tag{3.15}$$

电子的迁移产生电流，在一定温度下电流的大小和溶解氧的含量成正比。

3.1.4.2　荧光传感器

光学传感器是基于荧光淬灭的原理设计的溶解氧传感器。传感器前端的薄膜上覆盖了一层特殊的荧光材料，一般为钌或铂等金属的化合物，固定在气体分子可通过的凝胶基质中。由激发光源发出的蓝色光照射到荧光材料上，使其激发发射出红色荧光，其强度由发射光检测器测量。氧的存在会产生淬灭效应，降低发射光产生，测得的发射光强度和时间与溶解氧浓度成反比。经温度补偿，给出溶解氧浓度。

溶解氧传感器与 CTD 结合进行原位测定，可获得连续的观测资料。

3.1.5　溶解氧结果表示及应用

表层波浪破碎导致气泡潜入，温度、湿度及大气压力变化，海水混合以及真光层内光合作用、生物呼吸、有机物分解等作用，常使溶解氧浓度偏离其平衡浓度(即一定温度、盐度下的溶解度 $c_{O_2}^*$)。一般用“溶解氧饱和度(Saturation degree, σ_{O_2})”或“表观耗氧量(Apparent oxygen utilization, AOU)”表示偏离平衡的程度:

$$\sigma_{O_2} = \frac{c_{O_2}}{c_{O_2}^*} \times 100\% \tag{3.16}$$

$$\mathrm{AOU} = c_{O_2}^* - c_{O_2} \tag{3.17}$$

大气成分在海水中的溶解度与温度和盐度有关，用以下公式表示，即海水与压力为 101325 Pa 的饱和湿空气平衡的浓度。式中氧溶解度的系数见表 3.1。

$$\ln c^* = A_1 + A_2\frac{100}{T} + A_3\ln\frac{T}{100} + A_4\frac{T}{100} + S\left[B_1 + B_2\frac{T}{100} + B_3\left(\frac{T}{100}\right)^2\right] \tag{3.18}$$

表 3.1　海水中氧的溶解度公式系数

浓度单位	*A*1	*A*2	*A*3	*A*4	*B*1	*B*2	*B*3
mol/kg	−173. 9894	255. 5907	146. 4813	−22. 2040	−0. 037362	0. 016504	−0. 0020564
mL/L	−173. 4292	249. 6339	143. 3483	−21. 8492	−0. 033096	0. 014259	−0. 0017000

注：传统单位“mL/L”中，“mL”是标准状况下气体的体积，表示物质的量，不能与“L”约为无量纲的“10^{-3}”。

若以“mol/L”为单位计算氧溶解度，将−173. 4292 替换为−169. 6298 即可，同一行其他系数不变。

气体溶解度是相平衡的概念。深层海水不与大气接触，无气-液两相平衡，不存在“气体溶解度”。因此，深层水溶解气体求算饱和度(以及表观耗氧量)时，需假定深层水曾到达海洋表层并与大气平衡，下沉过程中未发生混合和热量交换，并使用位温(深层海水绝热提升到表层时所具有的温度)替代现场温度计算“溶解度”。

3.2　硫化氢

3.2.1　海洋中硫化氢概况

正常有氧海水中硫化氢的含量很低，一般不需测定。受污染的水体，或水交换不良溶解氧被耗尽的水体中，有机物在硫酸盐还原菌作用下以硫酸盐为电子受体发生分解，生成硫化氢。硫化氢是有毒气体，易溶于水。在含有硫化氢的水体中，高等生物难以存活。硫化氢有特殊气味，即使浓度很低也能察觉。硫化氢(H_2S)在水体中发生解离，生成硫氢根(HS^-)和硫离子(S^{2-})。在海水 pH 条件下，主要存在形式为 HS^-。因此，水体中的“硫化氢”或称作“硫化物”是指三种形式的总量。在酸性介质中，硫化氢会被氧化为单质胶体硫；在天然水体中，当有溶解氧存在时，硫化氢则被缓慢氧化为硫酸盐。在缺氧或污染环境中，硫化氢是水质分析的重要指标。

海水中硫化氢的测定主要是亚甲基蓝分光光度法，也可采用碘量法滴定或离子选择电极法进行测定。

3.2.2 亚甲基蓝法

亚甲基蓝分光光度法是 Fisher(1883)提出的，在应用过程中对该方法也进行了许多改进。水样中 CN^-浓度达 500 mg/L 时有干扰，但一般水体达不到此浓度，可不考虑。

3.2.2.1 方法原理

在酸性和三价铁离子存在条件下，硫离子与对氨基二甲基苯胺二盐酸盐反应，生成亚甲基蓝，在 650~670 nm 波长测定吸光度，求算硫化氢的浓度，方法的标准偏差为 8%~10%。反应如下。

$$(H_3C)_2N\text{-}C_6H_4\text{-}NH_2 \quad H_2N\text{-}C_6H_4\text{-}N(CH_3)_2 + 2FeCl_3 + 2HCl \longrightarrow$$

$$Cl^- \; (H_3C)_2N^+{=}C_6H_4{=}N\text{-}C_6H_4\text{-}N(CH_3)_2 + 4FeCl_3 + H_2S \longrightarrow$$

$$Cl^- \; (H_3C)_2N^+{=}[\text{phenothiazine}]\text{-}N(CH_3)_2 + 6FeCl_2 + 6HCl + NH_4Cl \tag{3.19}$$

3.2.2.2 主要试剂和器材

1) 主要试剂

固定剂 5% $ZnAC_2$溶液(可加入 NaAc), 3% $FeCl_3$或 $Fe(NH_3)(SO_4)_2$溶液, 2%对氨基二甲基苯胺二盐酸盐[$(CH_3)_2NC_6H_4NH_2 \cdot 2HCl$]、6 mol/L HCl 溶液, Na_2S 标准溶液。另外, 需 50%或 25%H_2SO_4溶液, 1.667×10^{-3} KIO_3 mol/L 标准溶液, 20% KI 溶液或 KI 固体试剂, 0.02 mol/L $Na_2S_2O_3$溶液和 1%淀粉溶液等, 用于 Na_2S 标准溶液的标定。试剂的配制及样品稀释需使用无氧水, 系蒸馏水通氮气 30~60 min 制得。

Na_2S 标准溶液的标定方法为: 移取 10.00 mL KIO_3标准溶液, 加入 10 mL KI 溶液或 0.5 g KI 固体试剂于碘量瓶中, 加入 1 mL H_2SO_4溶液, 轻轻摇匀, 再移入 20.00 mL Na_2S 标准溶液, 盖上瓶塞并用水封口, 摇匀, 放置于暗处。2 min 后打开瓶塞, 加水 40 mL 稀释后, 用 $Na_2S_2O_3$溶液滴定至浅黄色, 加入 1 mL 淀粉剂, 滴定至蓝色褪去, 记录滴定体积 V_1(重复标定体积差不超过 0.05 mL)。另外, 完全以水代替 Na_2S 标准溶液, 记录滴定体积 V_2。标定过程中的反应为:

$$8I^- + IO_{3^-} = 3I_{3^-} + 3H_2O \tag{3.20}$$

$$H_2S + I_{3^-} = 3I^- + S\downarrow \tag{3.21}$$

$$I_{3^-} + 2S_2O_3^{\ 2-} = 3I^- + S_4O_6^{\ 2-} \tag{3.22}$$

2) 主要器材

溶解氧瓶(不需要其体积值, 因光度法系浓度型分析)或大容积样品瓶、固定剂加入用的活塞定量加液器(瓶口分液器或弹簧注射器)、分光光度计等以及曝气装置(国家海洋局, 2007b)。

3.2.2.3 分取样品及测定操作要点

1) 分样和固定保存

样品采集应使用塑料采水器, 避免使用金属采水器, 以防硫离子与金属反应。为防止温度变化的影响和硫化氢逸失, 采水器回收后应在溶解氧后立即分样(无氧水不测定溶解氧时则首先分样)。若水样不能在船分析, 应加入 1 mL $ZnAC_2$固定剂, 转化为 ZnS 沉淀, 置于暗处保存。分样及固定剂加入的方式和注意事项均同溶解氧。

若水样中硫化氢浓度较低, 则需分取 2 L 以上水样, 提取浓集后测定。

2)测定

当水样中硫化氢含量不太高(<250 μmol/L)时，可采用以下简便的方法进行测定。向水样中加入 0.5 mL 对氨基二甲基苯胺溶液和 0.5 mL $FeCl_3$溶液，溶解沉淀并显色，10 min 后用分光光度计测定吸光度，视硫化氢浓度选择比色皿光程(Grasshoff et al, 1999)。

若水样中硫化氢浓度较高，可用无氧水稀释后测定。

当水样硫化氢浓度较低时，可分离浓集后显色测定。硫化氢分离-吸收使用曝气装置(见图 3.5)，方法为：取水样 2000 mL 于曝气瓶中，加入 2 g 抗坏血酸固体；吸收管中加入 10 mL $ZnAC_2$溶液，安装好曝气装置，置于 50~60℃的水浴中。用分液漏斗加入盐酸，通氮气(经饱和 Na_2SO_3溶液除氧，流速约 1 L/min)约 30 min。提取完毕，取下吸收管，显色测定。

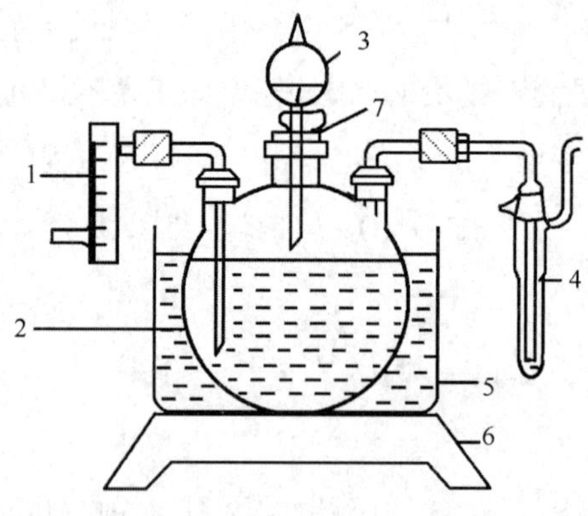

图 3.5 硫化氢曝气装置

1. 转子流量计(0.5~3L/min)；2. 曝气瓶(2000 mL)；3. 分液漏斗(50 mL)；4. 包氏吸收管(500 mL)；5. 水浴锅或电热套；6. 电炉；7. 软木塞或磨口

3)标准曲线

于 25 mL 比色管中配制 Na_2S 标准系列(0.0~250.0 μmol/L)，加入 $ZnAC_2$、对氨基二甲基苯胺和 $FeCl_3$溶液，定容后显色 10 min，测定吸光度。

3.2.2.4 结果计算

Na_2S 标准溶液的浓度按下式计算：

$$c_{Na_2S} = \frac{c_{KIO_3}(V_2 - V_1) \times 10^6}{2 \times V_{Na_2S}} \tag{3.23}$$

式中：

c_{Na2S}——Na_2S 标准溶液的浓度，μmol/L；

c_{KIO3}——KIO_3标准溶液浓度，mol/L；

V_1——加入 Na_2S 标准溶液的标定体积，mL；

V_2——未加入 Na_2S 标准溶液的标定体积，mL；

V_{Na2S}——Na_2S 标准溶液的移液体积，mL。

根据标准曲线求算校正因子 F，水样中硫化氢浓度的计算式为：

$$c_{H_2S} = F \times (A_W - A_0) \tag{3.24}$$

式中：

c_{H2S}——水样中硫化氢的浓度，μmol/L；

F——根据标准曲线求算校正因子（相当于斜率的倒数，即单位吸光度对应的浓度，μmol/L）；

A_W——水样测定的吸光度；

A_0——试剂空白（即标准曲线中 Na_2S 标准溶液体积为 0 时测得的空白吸光度）。

经曝气装置分离富集后测定水样中的硫化氢，计算公式右侧要乘以富集倍数“V_W/V_{ZnAc2}”。其中，V_W为水样体积，mL；V_{ZnAc2}为 $ZnAc_2$吸收液的体积，mL。

海洋环境监测中的单位使用“mg/L”，可将上述硫化氢浓度结果（单位为“μmol/L”）乘以 32.08×10^{-3}进行换算。

3.2.3 碘量法

如同亚甲基蓝分光光度法中 Na_2S 标准溶液标定的方法，可全部使用溶解氧测定的试剂来测定无氧水中硫化氢的含量，而无需准备新试剂（Grasshoff et al，1999）。

取样及测定方法为：用溶解氧瓶分装水样，加入溶解氧固定剂，硫化锰（MnS）同氢氧化锰一起沉淀。沉淀充分下沉后，移去上部清液大于 10 mL，加入 10.00 mL KIO_3标准溶液和 1 mL 硫酸，摇动溶解沉淀。硫化氢还原一部生成的I_3^-为I^-，剩余的I_3^-用 $Na_2S_2O_3$溶液滴定，记录滴定体积 V_1，按照 Na_2S 标准溶液标定的公式计算水样中硫化氢的浓度。发生的反应如下：

$$Mn^{2+} + S^{2-} = MnS\downarrow \tag{3.25}$$

$$8I^- + IO_3^- + 6H^+ = 3I_3^- + 3H_2O \quad (3.26)$$

$$MnS + 2H^+ = Mn^{2+} + H_2S \quad (3.27)$$

$$H_2S + I_3^- = 3I^- + S\downarrow \quad (3.28)$$

$$I_3^- + 2S_2O_3^{2-} = 3I^- + S_4O_6^{2-} \quad (3.29)$$

该方法可设计为流动注射分析，可获得较理想的精密度(Crompton，2006)。

3.2.4 离子选择电极法

使用硫化银作为敏感膜的硫离子选择电极，对银离子和硫离子均有响应。其电极电势与被测溶液中银离子活度成正比。银离子活度和硫离子活度由硫化银溶度积决定，即电极对 S^{2-} 的响应是通过 Ag_2S 的溶质积 K_{sp} 间接实现的，因而测定的电极电势值与硫离子活度的负对数呈线性关系。当标准系列溶液与被测液离子强度相近时，两者电极电势相等时其 S^{2-} 浓度也相等。测定时水样中加入抗坏血酸作抗氧化剂，防止 S^{2-} 被氧化。海水中硫化氢含量大于 160 μg/L 时可直接取样测定；小于 160 μg/L 时，可加入乙酸锌溶液使硫离子形成硫化锌沉淀，再将沉淀溶解于碱性 EDTA-抗坏血酸抗氧络合溶液后进行测定(国家海洋局，2007b)。

3.3 痕量活性气体

海水中的活性气体及挥发性有机组分，如 CH_4、CO、N_2O、二甲基硫、挥发性卤代烃等，其含量很低，但广泛参与生物和化学作用，与生物地球化学循环和气候变化密切相关，是当今研究的热点。这些气体的测定，一般都是将其从海水中提取分离后，用气相色谱法测定。

3.3.1 抽提分离技术

气相色谱法测定痕量活性气体及挥发性有机组分的分离浓集方法有液-液萃取、固体吸附剂吸附、气体抽出提取、膜处理等。目前多使用气体抽提技术。

气-液分配平衡遵从 Herry 定律：

$$p = H \cdot c_{LM} \quad (3.30)$$

式中：

p——平衡时组分在气相中的分压，atm；

H——Herry 系数，L atm/mol；

c_{LM}——平衡时水样中的浓度，mol/ L。

实际上组分在气相(c_G)和液相中(c_L)的浓度常用 mg/L 表示，组分在气-液间分配系数 K 表示为：

$$K = \frac{c_G}{c_L} \tag{3.31}$$

$$K = \frac{10^6 n_G M}{V_G} \cdot \frac{1}{10^6 c_{LM} M} = \frac{10^6 pM}{RT} \cdot \frac{1}{10^6 c_{LM} M} = \frac{p}{10^6 c_{LM}} \frac{1}{RT} = \frac{H}{RT} \tag{3.32}$$

即为分配系数 K 与 Herry 系数 H 的关系式。其中，n_G为组分摩尔数；M 为摩尔质量；V_G为气相体积。

当使用有机溶剂萃取时，萃取率 E 与分配系数 K 之间的关系为

$$E = \frac{K}{K + V_W/V_{org}} \times 100 \tag{3.33}$$

式中：

V_W——水样的体积；

V_{org}——有机溶剂的体积。

3.3.1.1 顶空法

顶空(headspace)法运用气体溶解平衡的概念，通过测定平衡后水体上部气相中待测组分的浓度计算水体中该组分的含量。操作方法为：在一定温度条件下，某盐度的水样于密闭容器中反复摇振，与顶空气相达到平衡，抽出气体(抽出量不超过顶空体积的 1/5)进行分析(见图 3.6)。

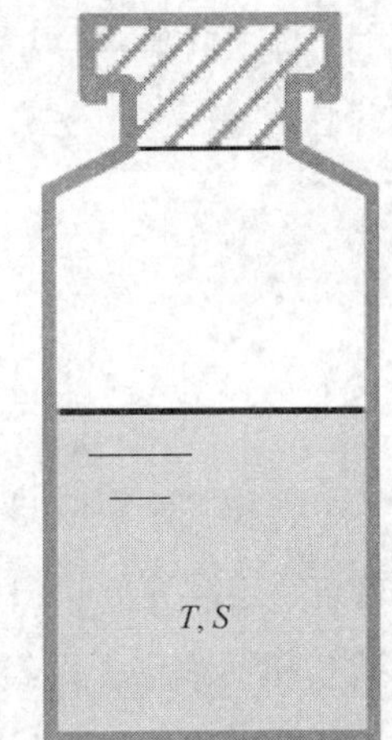

图 3.6 顶空法示意图

平衡后气相与液相中组分的浓度、质量和体积分别为 c_G、c_L，M_G、M_L，V_G、V_L，组分的初始质量为 M_L^0，通过与分配系数的关系计算结果：

$$K = \frac{c_G}{c_L} = \frac{M_G}{V_G} \cdot \frac{V_L}{M_L} \tag{3.34}$$

$$M_L^0 = M_G + M_L \tag{3.35}$$

$$M_G = \frac{KV_G}{KV_G + V_L} M_L^0 \tag{3.36}$$

该方法操作简单易行，但结果计算需测定并使用 T、S 等较多参数，有较大

误差。

3.3.1.2 吹扫-捕集系统

吹扫-捕集(purge and trap)系统由“吹扫部分”、“脱水部分”和“捕集-加热回收部分”组成(见图3.7。Grasshoff et al, 1999)。

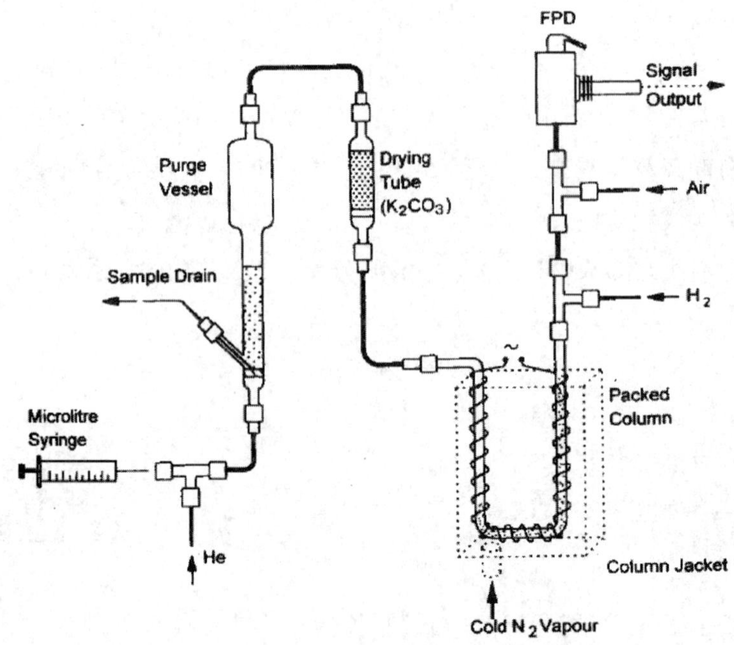

图3.7 吹扫-捕集系统及其组成

使用“零气体(即不含待测组分的气体，如高纯氮气或氦气)”对一定体积的水样进行连续充分吹扫，挥发性组分经脱水(如K_2CO_3)后被冷阱(cold trap; cryotrap)捕获和预浓集，再经加热挥发进入气相色谱柱进行分离和测定。

3.3.1.3 气-水平衡器

气-水平衡器(air-water equilibrator)是用泵连续抽取水样进入气-水平衡器，经喷淋或上部空气鼓泡等方式使海水与上部空气充分交换达到平衡后，移取上部气体进行分析。

气-水平衡器常用于海水二氧化碳分压测定，亦可用于微量生源活性气体，如CH_4、N_2O的分离测定(Amouroux et al, 2002)。

3.3.2 气相色谱法测定水体中溶解气体

20世纪60年代初气相色谱法(GC)应用到水体中溶解气体当中(Swinnerton et al, 1962)，使用不同检测器可测定 CO_2、O_2、N_2、CH_4、CO和 N_2O 等气体成分(见图3.8)。

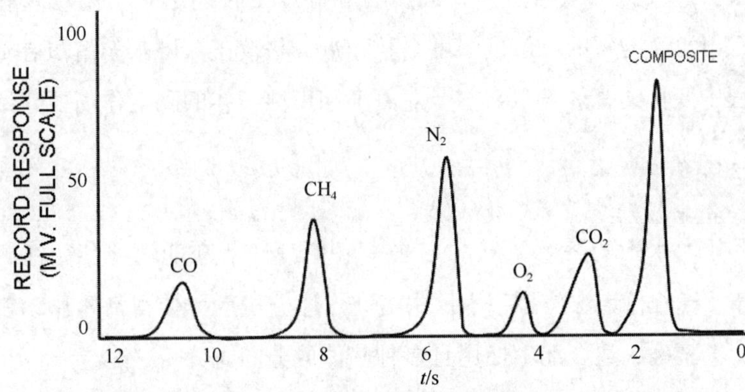

图3.8 气相色谱法测定海水中的溶解气体(Swinnerton et al, 1962)

气体经抽出浓集后进入气相色谱分离，含硫气体(DMS、H_2S)使用火焰光度检测器(FPD)、甲烷(CH_4)用氢火焰离子化检出器(FID)、N_2O 和挥发性卤化有机物(VHOC，如CFCs)使用电子捕获检测器(ECD)，或使用质谱(MS)检测器进行测定。目前已广泛应用于海洋观测和研究中。

3.3.3 海洋微量挥发性组分测定示例：二甲基硫

海水中的微量生源活性气体如 CH_4、N_2O、二甲基硫(Dimethyl suphided, DMS)和CO等由生物活动产生，并对温室效应有贡献(如 CH_4 约为15%、N_2O 为5%~6%等)。微量生源活性气体研究在生物生产、海-气物质交换和气候变化中占有重要地位。

DMS约占海洋向大气释放含硫气体的95%，在海洋硫循环中有重要作用。

DMS首先来源于DMSP[$(CH_3)_2SCH_2CH_2COO^-$]酶裂解，后者由特定种海洋浮游植物产生。其他如浮游动物摄食等多种生物过程亦产生DMS。DMS测定对研究海洋硫循环和全球环境变化有重要意义。方法精确度与DMS含量有关(Wurl，2009)。

3.4 其他溶解大气气体成分

对海水中溶解的其他大气成分的观测少于前述溶解气体，是因为海水中的溶解氮气和惰性气体一般表现为保守性。然而，其保守性质可用于物理过程的指示，如波浪破碎气泡潜入溶解、大气压力和湿度变化的影响、温度变化的影响等。另外，由于氩与氧的溶解度温度系数相近，是校正深层水溶解氧在海水混合等保守过程中变化的有效参数。本节对氮气和惰性气体的测定作简要介绍。

3.4.1 溶解氮气

早期测定海水中的溶解氮气的方法一般耗时且精密度较差，往往测定的是 N_2+Ar 总和。气相色谱法应用于水体中溶解气体分析后，使得海水中溶解气体测定得以快速、精确，适合船上使用且多种气体成分同时分析。

一种典型的气相色谱系统可用于海水中 N_2 和 Ar 在线监测，精密度约为 ±0.5%。水样中的气体以氦气鼓泡法吹脱，用 1.9μm 分子筛 5A 柱于 100℃将 N_2 和 Ar 与 O_2分离，O_2用活性炭吸收，以氦离子化检测器检测 N_2和 Ar。

3.4.2 溶解氩

Ar 是惰性气体中含量最高的一个成分，使用气相色谱法测定仅需 10~20 mL 水样。Ar 和 O_2在分子筛柱中的保留时间相近，O_2必须还原去除，或用活性炭吸收。气相色谱法测定 Ar 可获得与同位素稀释质谱法相近的精度。Ar 的化学活性较差，在海洋中具有保守性，因此常用于海洋扩散过程的调查，或作为气体生物活性研究的“内标物”。

3.4.3 其他溶解惰性气体

海洋气体通量研究中常使用惰性气体饱和差(saturation anomaly)，要求精确的惰性气体测定技术。惰性气体分析过程一般包含以下步骤：溶解气体从水体中分离；除去 N_2、O_2和水蒸气；用直接或同位素稀释质谱法测定(有时需预先进行惰性气体分馏)。同位素稀释质谱法具有相当好的精确度。

采样和样品贮存需要特别注意，为防止氦扩散损失，采样后水样必须立即转入焙烧过抽空或注满 N_2 的不锈钢样品瓶中。样品带回实验室后加入同位素稀释剂，CO_2 和水蒸气通过冷阱去除，N_2 和 O_2 用钛吸气剂去除。将 Ar 和 Kr 在-187℃以活性炭吸附方式与 Ne 和 He 分离，Kr 的测定则是在-115℃以二级活性炭吸附与 Ar 分离。分离后的气体导入质谱仪测定。总体重现性为 Ne 的测定为±1.4%，He 的测定为±2%（Riley et al，1975）。

思考题

1. 溶解气体分取水样时，为何要在回收后立即并首先进行？

2. 测定溶解氧时，使用干燥溶解氧瓶和湿溶解氧瓶分取样品，何者更佳？

3. 分取溶解氧样品时，要使水样溢出大约瓶体积的一半，如何掌握控制该溢出量？

4. 加入溶解氧固定剂时，为何要将加液管插入到液面之下注入？

5. 溶解氧滴定时，为何在瓶内滴定更佳？

6. 一般海洋观测是否要测定硫化氢？何种情况下必须对硫化氢进行监测？

7. 亚甲基蓝法测定海水中的硫化氢，应重点注意何问题？

8. 在痕量活性气体的抽出分离方法中，顶空法与吹扫-捕集法在原理、操作上有何异同？

参考文献

国家海洋局．2007a．（GB/T 12763.4-2007）海洋调查规范　第4部分：海水化学要素调查．北京：中国标准出版社：65.

国家海洋局．2007b．（GB 17378.4-2007）海洋监测规范　第4部分：海水分析．北京：中国标准出版社：161.

Amouroux D，Roberts G，Rapsomanikis D，Andreae M O．2002．Biogenic gas（CH_4，N_2O，DMS）emissionto the atmosphere from near-shore and shelf waters of the north-western Black Sea，Estuarine Coastal Shelf Sci，54：575-587.

Clark L C，Wolf R，Granger D，Taylor Z．1953．Continuous recording of blood oxygen tensions by polarography[J]．J Appl Physiol，6：189-193.

Crompton T R．2006．Analysis of Seawater：A Guide for the Analytical and Environmental Chemist

[M]. Springer-Verlag, Berlin, 510pp.

Fisher E. 1883. Bildung von Methylenblau als Reaction auf Schwefelwasserstoff [J]. Chem Ber, 26: 2234-2236.

Grasshoff K, Ehrhardt M, Kremling K. 1999. Methods of Seawater Analysis [M]. Third, Completely Revised and Extended Edition. John Wiley & Sons, Chichester, 600 pp.

Knap A, Michaels A, Close A, Ducklow H, Dickson A (eds.). 1996. Protocols for the Joint Global Ocean Flux Study (JGOFS) Core Measurements [M]. JGOFS Report No. 19, 170 pp. (Reprint of the IOC Manuals and Guides No. 29, UNESCO, 1994.)

Murray J N, Riley J P, Wilson T R S. 1968. The solubility of oxygen in Winkler reagents used for the determination of dissolved oxygen [J]. Deep-Sea Res, 15, 237-238.

Riley J P, Robertson D E, Dutton J W R, Mitchell N T, Williams P J le B. 1975. Analytical Chemistry of Sea Water [A]//Riley J P, Skirrow G. Chemical Oceanography [M]. 2nd ed., Vol. 3. Academic Press, London, 193-514.

Swinnerton J W, Linnenbom V G, Cheek C H. 1962. Determination of dissolved gases in aqueous solutionsby gas chromatography [J]. Anal Chem, 34: 483-485.

Winkler L W. 1888. Die Bestimmung des in Wasser gelösten Sauerstoffen [J]. Berichte der Deutschen Chemischen Gesellschaft, 21: 2843-2855.

Wong G T F, Li K Y. 2009. Winkler's method overestimates dissolved oxygen in seawater: Iodate interference and its oceanographic implications [J]. Mar Chem, 115: 86-91.

Wong G T F, Wu Y C, Li K Y. 2010. Winkler's method overestimates dissolved oxygen in natural waters: Hydrogen peroxide interference and its implications [J]. Mar Chem, 122: 83-90.

Wurl O. 2009. Practical Guidelines for the Analysis of Seawater [M]. CRC Press, Boca Raton, 401pp.

第 4 章　盐度与海水主要成分的测定

盐度是表征海水物理化学性质的重要参数，也是海洋观测与研究的最基本的要素。本章主要介绍盐度和氯度的概念、发展及修订以及实验室和海洋现场中常用的测定方法。对海水主要成分的测定方法也作了简要介绍。

4.1　盐度和氯度

海水含盐是海洋的一个基本特征。海水含盐量因区域和深度不同而发生变化；降水、融冰、陆地径流和地下水输入等会使海水含盐量降低，而蒸发、结冰、盐卤水输入等则会使海水含盐量升高。盐度是表征海水含盐量的参数，一些物理、化学和生物过程受盐度的影响。海水许多物理和化学性质都与盐度有关，如海水的密度、沸点、冰点、渗透压、饱和蒸气压、热容量以及海水的离子强度、活度系数、平衡常数等，都是盐度的函数。盐度同温度一样，是海洋调查和海洋科学研究中必测的最基本的要素。

海水中构成海盐的溶解成分很多，但含量相差悬殊(见图 4.1)。含量大于 1 mg /kg 的成分(不包括组成水的元素氢、氧以及属于营养盐的硅)占海水含盐量的 99.9%以上，为海水主要成分，包括 Cl^-、Na^+、SO_4^{2-}、Mg^{2+}、Ca^{2+}、K^+、HCO_3^-(和 CO_3^{2-})、Br^-、H_3BO_3、Sr^{2+}、F^-，共 11 种。这些成分之间保持着非常接近的恒定比关系，它们的含量可由盐度来估算，一般不作为海洋观测的要素。但在受陆地径流影响的河口区以及存在海底热液输入的水体等情况，这些成分会偏离组成恒定比，有时需要测定。与其他海洋化学观测要素相比，盐度、氯度和主要成分测定的最大特点是对准确度和精确度有很高的要求。

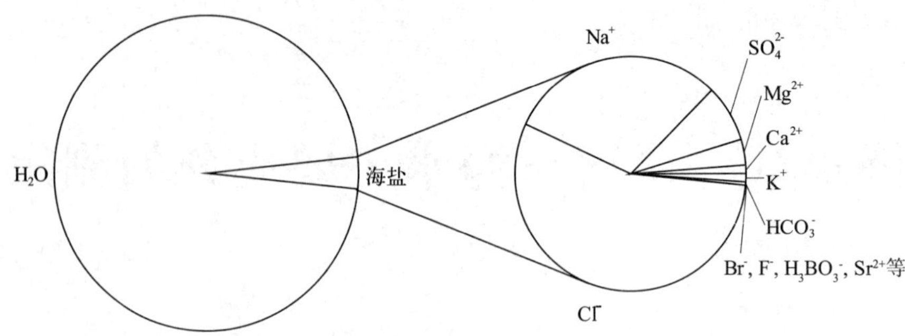

图 4.1　海水的含盐量及其主要成分比例

人们在对海洋进行探索之初，就尝试测定海水的含盐量。然而，用蒸发-称重的方法却无法得到具有可重复性的结果。原因是将海水蒸干后，海盐的一些成分会含有结晶水或湿存水，不恒定；继续升高温度则会引起碳酸盐的分解。在很长一段时期内，人们无法直接获得海水的含盐量，而是通过测量海水密度来间接了解海水中盐分的含量。

科学家们一直在尝试测定海盐的成分，如 A. Lavoisier、J. Gay-Lussac 等。1819 年，A. Marcet 根据 5 种海水成分的测定结果，提出“全世界所有的海水水样都含有同样种类的成分，这些成分之间具有非常接近恒定的比例关系，而这些水样之间只有含盐量总值不同的区别”。随化学分析技术的发展，W. Dittmar 等对 1872—1876 年英国“挑战者”号环球海洋调查期间从世界各大洋中不同深度采集的水样进行了精确的分析，其结果证实了 Marcet 的论断，被称作“Marcet-Dittmar 海水组成恒定比规律”。主要成分的准确测定以及海水组成恒定比规律的确认，是盐度定义和盐度测定方法建立的基础。

海水组成恒定比规律被证实后，使得通过测定海水中的某单一成分来求算海水含盐量成为可能。1902 年 M. Knudsen 等提出了盐度的定义并给出了盐度-氯度关系式和氯度测定方法，在海洋观测中使用了 60 余年；后来发展了通过海水电导测定盐度的方法，成为现代海洋观测的主要手段。为适应海洋科学的发展，海水盐度的概念和测定方法也在不断更新和完善。

4.1.1　盐度概念

4.1.1.1　早期概念

海水盐度（salinity，符号“S‰”）最初定义为“1 千克海水中溴化物和碘化物被等当量氯化物置换、所有碳酸盐被等当量氧化物置换后溶解无机盐的重量(克)”(Knudsen, 1901; Forch et al, 1902)。测定方法是:水样用 HCl 酸化,加入氯水,在水浴上蒸发至干后,于 150℃(24 h)、380℃(48 h)、480℃(48 h)烘干,恒重称量,并进行氯损失校正。

按照盐度原始定义的操作方法测定盐度繁琐耗时,根据海水组成恒定性原理,建议在现场观测与研究中通过测定海水氯度(符号“Cl‰”)来计算盐度。在盐度定义建立的同时,给出了盐度-氯度关系式(Forch et al, 1902):S‰ = 1.805 Cl‰+0.030,同时定义了氯度,并给出了测定方法。

由于确定上述关系式的水样太少且基本为近岸水,不符合大洋水的情况。在与上式尽量保持一致基础上,UNESCO(1966)将其替换为:

$$S‰ = 1.806\ 55\ Cl‰ \tag{4.1}$$

在 20 世纪 60 年代初期,随着高精密度电导比测量技术的发展,国际海洋学专家组对世界海洋 135 个水样(≥10℃)进行分析,提出了盐度-氯度-密度-电导关系式(Cox et al, 1967; Wooster et al, 1969),盐度以电导比定义为:

$$S‰ = -0.089\ 96 + 28.297\ 20\ R_{15} + 12.808\ 23\ R_{15}^{2} - 10.678\ 69\ R_{15}^{3} + 5.986\ 24\ R_{15}^{4} - 1.323\ 11 R_{15}^{5} \tag{4.2}$$

式中,R_{15}为 15℃时相对于盐度为 35.00‰标准海水(氯度为 19.374‰)的电导比。若测量时温度不为 15℃,需进行温度校正:$R_{15} = R_t + \Delta_{15}$,$\Delta_{15}$为温度和 R_t 的函数。

然而,该盐度标度因同时存在用氯度和电导比定义盐度的问题以及不能代表深水水样且温度范围不能扩大至低温深水用于电导、温度和深度传感器的使用,随后被实用盐度标度替代。

4.1.1.2 实用盐度标度(PSS78)

UNESCO(1981 a, b)公布了 JPOTS(the Joint Panel of Oceanographic Tables and Standards)采用的实用盐度标度(the Practical Salinity Scale, PSS78),并出版了新的海洋学表,随后建立和推广了海水状态方程(EOS-80)。实用盐度标度的内容有 8 条,其要点如下。

1)绝对盐度

绝对盐度(absolute salinity,符号为“S_A”)定义为“海水中溶解物质的质量与溶液质量的比”。绝对盐度无法直接测量，实际测定中使用实用盐度(符号为“S”，目前由于多种盐度概念并存，采用符号“S_P”)。

实用盐度标度是基于海水样品在15℃、一个标准大气压下与1 kg溶液中含有32.4356 g氯化钾的溶液的电导比(K_{15})来确定。为保持与先前盐度标度的连续性，选用标准海水氯度为19.3740 g/kg的北大西洋海水，其盐度为35.0000，与上述标准氯化钾溶液的电导比为1，即$C(35, 15, 0)/C(KCl, 15, 0)=1$($C$为电导)。因此：

$$K_{15}=C(S, 15, 0)/C(35, 15, 0) \tag{4.3}$$

2)实用盐度

实用盐度标度由K_{15}按以下方程式定义：

$$S_P=\sum_{i=0}^{5} a_i K_{15}^{i/2} \tag{4.4}$$

式中，$a_0=0.0080$；$a_1=-0.1692$；$a_2=25.3851$；$a_3=14.0941$；$a_4=-7.0261$；$a_5=2.7081$。$\Sigma a_i=35.0000$。

实用盐度标度的适用范围是$2 \leqslant S_P \leqslant 42$。为适于在室温(有时非15℃)条件下用盐度计测定盐度，或用CTD剖面仪在现场原位测定盐度，PSS78给出了温度和压力的校正方法(见4.1.3.3节和4.1.4.3节)。适用的温度范围是$-2℃ \leqslant T \leqslant 35℃$，压力范围是$0\sim10^5$ kPa。

实用盐度标度建立后，海水样品的氯度成为与盐度无关的独立参数。

实用盐度标度无量纲。有文献以“psu”作其单位，被认为是没有必要的。

4.1.1.3　参考组成盐度标度与绝对盐度估算

由于采用新的国际温标(ITS-90)、水的热力学性质方程的更新以及海水状态方程(EOS-80)在实际应用中因海水成分的空间变化(如硅酸等)而带来一定偏差等，SCOR和IAPSO组建了第127工作组(WG127)进行了研究，提出了新的“海水热力学方程2010(TEOS-10)”并推荐使用。

TEOS-10中采用绝对盐度(S_A，单位为“g/kg”)替代实用盐度，可表示从0至海水饱和时的任意盐度。为估算绝对盐度，引入了“参考组成盐度标度”(Reference-Composition Salinity Scale)(Millero et al, 2008)。海水样品的参考组成盐度(S_R，Reference-Composition Salinity Scale)，简称作“参考盐度”(Reference Salinity)，由实用盐度给出：

$$S_R = u_{PS} \times S_P, \; u_{PS} = 35.165\,04/35 = 1.004\,715 \text{ g/kg} \quad (4.5)$$

式中，35.165 04(g/kg)是实用盐度为35的参考海水(Reference Seawater)的参考盐度，参考海水相当于将具有参考组成(Reference Composition)的海盐溶于纯水中所得到的溶液(Millero et al，2008)。

对于参考海水或标准海水，$S_A = S_R$。海水样品的绝对盐度通过参考盐度转换：

$$S_A = S_R + \delta S_A(p, \lambda, \varphi) \quad (4.6)$$

式中，$S_A(p, \lambda, \varphi)$是绝对盐度偏差(absolute salinity anomaly)，是压力p、经度λ、纬度φ的函数。WG127采集了811个水样，通过测定海水密度发现其与溶解硅酸有确定关系，而硅酸空间分布资料已充分掌握，因此得到δS_A与压力、经度、纬度的关系(Wright et al, 2011)。

关于海水盐度，目前为绝对盐度、实用盐度、参考盐度以及密度盐度、保守盐度等多种盐度概念共存的局面。原因是海水绝对盐度不能直接测定，而其他盐度概念仅从某一方面反映了海水的性质(如实用盐度反映的仅是海水电导)。从海洋观测角度，实用盐度(PSS78)仍是直接观测的基本要素。

4.1.2 氯度及其测定

4.1.2.1 氯度概念

Sørensen(1902)最初定义"氯度为与1千克海水中卤化物总量相当的氯的重量"。氯度测定采用$AgNO_3$沉淀滴定法(Mohr-Knudsen法)，参考标准为标准海水，以避免原子量修改带来的影响。

为避免原子量修改引起变动和标准海水长期贮存与分批制备问题，1937年氯度被重新定义：

"海水样品氯度为等同于沉淀0.328 523 4 kg海水样品中的卤素所需原子量银的质量(以'g'表示)"(Jacobsen，Knudsen，1940)，其中所有重量为真空重量。按此操作方式定义的氯度不受银、氯、溴和碘原子量重新测定的影响；纯银为氯度的永久标准。此定义一直恒定至今。

1979年IAPSO建议将该定义表述为"海水样品的氯度为沉淀海水样品中的卤化物所需纯标准银(原子量银)的质量与海水质量之比值的0.328 523 4倍"，以符号"Cl"表示，单位为"g/ kg"。氯度定义可表示为：

$$Cl = 0.3285234 \times Ag(g/kg) \tag{4.7}$$

事实上，氯度与海水中溴、碘以氯置换后海水的含氯量并不相等。单位氯度相当于置换后氯、溴、碘的量为“氯当量”。该值与原子量有关。根据2005年原子量，氯当量为1.000 445。

有时使用术语“氯容”(体积氯度，chlorosity)，是20℃时1 L海水所具有的氯度值。

自20世纪初盐度定义诞生以来，氯度滴定法和盐度-氯度方程式使用了60多年。尽管氯度是作为盐度测定的辅助参数定义的，在使用电导方法测定盐度，特别是PSS78建立后已较少用于实际观测。然而，氯度的保守性优于盐度，且其定义清楚、测定方法恒定。在海水组成恒定比受影响较大的区域，如河口混合区，氯度仍是指示混合的最佳保守性参数，仍有其价值；在对盐度标度进行补充修改时，氯度仍是重要的参考基准。

4.1.2.2 氯度测定

氯度测定为Mohr-Knudsen滴定法。卤离子Cl^-、Br^-和I^-与Ag^+生成难溶沉淀(pK值分别为9.81、12.11和15.82)，可用$AgNO_3$沉淀滴定法进行测定。指示剂为K_2CrO_4，与Ag生成红棕色沉淀，pK值为11.05(Grasshoff，1983)。

为方便船上测定氯度，最初的分析仪器均为专门设计，如Knudsen滴定管、Knudsen移液管和氯度滴定箱等(目前均可用活塞移液器、活塞滴定管以及自动电位滴定仪代替)。后来使用荧光黄作指示剂；现多采用电位滴定法(Ag-Ag/AgCl电极体系)更方便可靠(≤±0.001 g/kg)。

4.1.2.3 氯度滴定结果计算

氯度滴定管上的标度为氯度而非体积，而硝酸银溶液并非准确配制。用标准海水标定硝酸银以及水样滴定的读数，均与它们的氯度有一个差值；另外，计算还涉及样品和标准海水的密度。因此，氯度滴定结果计算有专门方法，如McGary图或氯度计算尺(孙秉一 等，1978)，通过查算，给出水样的氯度。氯度滴定结果的计算及使用McGary图求算氯度的方法见图4.2。

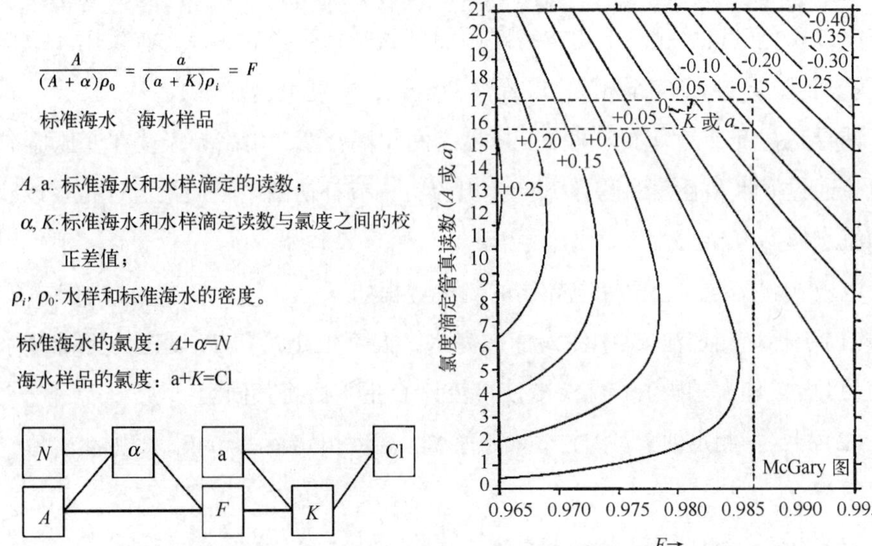

图 4.2 氯度滴定结果的计算及 McGary 图的使用方法

4.1.3 盐度计

4.1.3.1 盐度计原理

盐度计是专门用于测定海水电导比的仪器(Grasshoff, 1983; Knap et al, 1996; Müller, 1999)。电导比测量有两种方法，即电极式和诱导式(见图 4.3)，都可达到 0.002 的精确度。

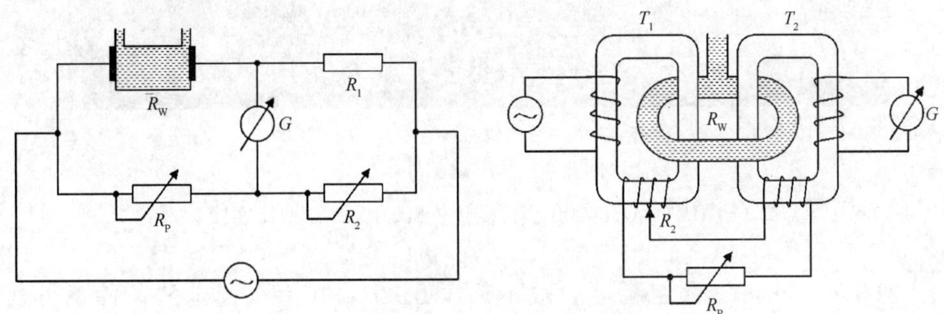

图 4.3 盐度计测定电导比原理示意图

(a)电极式盐度计；(b)诱导式盐度计；

R_1—固定电阻或参比池；R_2—定标用可调电阻或电感；

R_P—测定用可调电阻或电感；R_W—测定池

电极法盐度计是通过 Wheatstone 电桥测量未知海水样品电导比。测量中使用交流电以避免电极极化，但需在线路中加可调电容补偿平衡。亦有采用 4 电极式(R_1为参比池，与 R_W完全相同)以提高稳定性，精度可达 0.001。

诱导法盐度计是海水为两个变压器之间的耦合圈，由高频振荡在变压器 T_1产生电流通过海水和补偿圈诱导 T_2产生电流，调节补偿圈电阻使检流计指零以获得未知海水样品电导比。

电极式和诱导式盐度计电导比的测量过程如下。

(1)定标：测定池 R_W中注入标准海水，温度恒定后将 R_P设定为标准海水的 R_T值(可由 T 和 r_T求得)。调节 R_2使检流计 G 指零后将其固定。

(2)测定：测定池 R_W中注入待测海水，温度恒定后调节 R_P来测得 R_T值，记录 T 求得 S。

4.1.3.2　应用盐度计测定海水盐度

盐度计商业产品有很多。一些国际大型项目如 WOCE 和 JGOFS 等采用 Guildline 公司的 AUTOSAL 8400B 型盐度计(Guildline，1981，1997)；我国国家海洋技术中心研制的 SYA2-2 型实验室盐度计也得到了广泛的应用(徐惠，2002 a，b；郭长松 等，2005)，均为电极式盐度计(见图 4.4)。

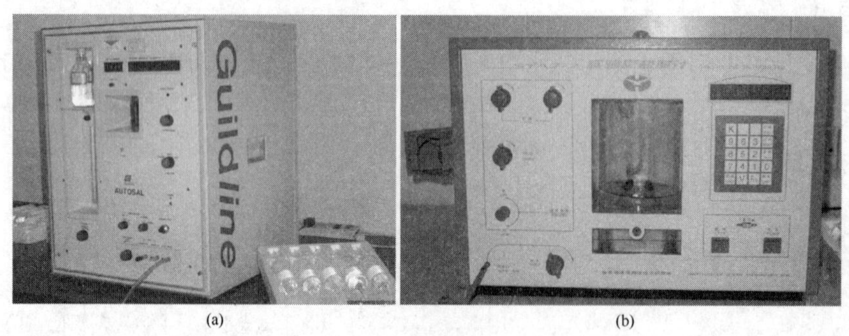

(a)　(b)

图 4.4　常用盐度计示例

(a)AUTOSAL 8400B 型盐度计；(b)SYA2-2 型盐度计

AUTOSAL 8400B 测定精度一般不低于 0.002，在室温稳定的条件下可达 0.001。SYA2-2 型实验室盐度计分辨率为 0.001，精密度为±0.002(准确度为±0.005)，与国际同类产品相当。

电导比测定时需同时测定温度，测定池均置于恒温槽中。用盐度计测定海水盐度的操作方法如下。

(1)向盐度计恒温槽中注入蒸馏水(恒温槽内保证洁净)，开启搅拌，测定过程中不要停止。

(2)向测定池中注入标准海水(电极式盐度计一般有参比池，也注入标准海水，测定期间不需更换)，至温度恒定，测定温度。根据温度值得到标准海水的 R_T值，设定在盐度计测定旋钮上(由计算机控制盐度计直接输入标准海水的 K_{15}值即可，盐度计根据测温值进行自动转换)。

(3)调节定位旋钮使检流计指零(计算机控制的盐度计可直接按动定位按钮)，对盐度计进行定标。重新注入标准海水，重复定标，至定标值最后一位差不超过仪器规定的值(如0.003)。定标完成后，可将测定池中的标准海水(或重新注入标准海水测定)作待测样品进行测定，检查盐度测定值与标准值的符合程度。

(4)更换待测水样进行测定。恒温后先测定水样温度，然后调节测定旋钮使检流计指零(或按压测定按钮)测定电导比。重复注入水样并测定，至测定值差别不超过仪器规定的值。

(5)根据温度和电导比求算水样实用盐度值(计算机控制的盐度计可直接显示盐度值)。

盐度计操作的主要注意事项如下：

(1)测定盐度的水样要放在测定用实验室内充分与室温平衡。测定前盖紧瓶塞防止蒸发；

(2)测定盐度的实验室温度要基本恒定；

(3)盐度计测定池内的水样要与外部水浴充分恒温后，方可定标和测定；

(4)测定池中不能有气泡和漂浮物，否则影响电导测定；

(5)更换水样时要对测定池进行充分冲洗；

(6)电极式盐度计的测定池内特别是电极表面不要沾附有机物；

(7)要根据规范或仪器的规定，每天或每班次内对盐度计重新定标，以防漂移和变动；

(8)测定结束后，测定池要用蒸馏水充分冲洗。电极式盐度计测定池内要注入蒸馏水以保护电极。

4.1.3.3 盐度计测定结果计算(实用盐度标度的温度校正)

电导比受温度影响。用盐度计测量电导比时，温度一般不是15℃，需进行温度校正。PSS78 给出的校正公式为：

$$S_P = \sum_{i=0}^{5} a_i R_T^{i/2} + \Delta S_P \tag{4.8}$$

式中：

a_i——与 K_{15} 定义式中的系数相同；

R_T——在温度 T 时测得的电导比，$R_T = C(S, T, 0)/C(35, T, 0)$。

$$\Delta S_P = \frac{T - 15}{1 + A(T - 15)} \sum_{i=0}^{5} b_i R_T^{i/2} \tag{4.9}$$

其中，$A = 0.0162$；$b_0 = 0.0005$；$b_1 = -0.0056$；$b_2 = -0.0066$；$b_3 = -0.0375$；$b_4 = 0.0636$；$b_5 = -0.014$。温度范围为 $-2℃ \leqslant T \leqslant 35℃$。

4.1.4 盐度现场测定：CTD 的应用

4.1.4.1 CTD 概况

由 Brown(1974)等研制的利用传感器连续测量水柱中三个基本参数的仪器被命名为“CTD 剖面仪”(Conductivity Temperature Depth profiler)。准确度通常为压力(深度)0.05%、温度 2 mK、盐度 0.002。此外还可带有溶解氧、pH、荧光度、光衰减率、声速等传感器。WOCE 和 JGOFS 等项目采用的商业产品为 SeaBird 公司生产。CTD 常和 Rosette 采样装置组成 CTD-Rosette 采样系统，上置 12、24 或 36 个 Niskin 采水器等用于采集水样。

CTD 有直读式和自容式两类。直读式使用专门的 CTD 绞车，钢缆中有同芯电缆连接下部的 CTD-Rosette 系统与甲板上的操控单元并传输信号(见图 4.5)；

(a)

(b)

图 4.5 SBE911 plus CTD 剖面仪

(a) 水下单元；(b) 操控单元

自容式 CTD 无同芯电缆，可使用普通水文绞车，施放前预先设定，施放过程中记录观测要素，回收后连接操控单元读取数据。

CTD 在施放过程中连续记录水柱中的温度、盐度和深度等大量资料，而盐度计只能在标准层等采水测定，数据的连续性十分有限。海洋观测中用 CTD 测定获得大量的连续性资料，并与采样和盐度计测定结果进行互校。

4.1.4.2 CTD 操作简介

用 CTD 进行观测时应注意以下操作事项(国家海洋局，国家标准化委员会，2007)：

(1)施放前检查确认仪器连接和水密性正常。

(2)将水下单元入放到水面下停留 3~5 min 感温，然后开始施放并记录温度、电导和压力数据。下放速度在 1.0 m/s 左右为宜，温跃层以下可稍快，但不要超过 1.5 m/s。

(3)一般取仪器下放时的数据为正式测量值，回收时采水，上升时的数据作为参考。

(4)回收后应根据仪器要求，用淡水进行冲洗。

(5)数据资料应立即查看，有异常与缺失时立即补测。

(6)用 CTD 进行观测时，每天应选择一个比较均匀的水层采水，用盐度计测定盐度，将结果进行比对(同样，要使用颠倒温度计测温，与 CTD 温度测量值比对)。深水区测量盐度时，每天应采集水样测定盐度，对 CTD 进行现场标定。若 CTD 测量结果达不到要求时，应立即检查或更换。

CTD 应定期到标准计量部门进行标定，以保证观测数据质量(Knap et al, 1996；Müller, 1999)。

4.1.4.3 CTD 盐度测定结果计算(实用盐度标度的压力校正)

电导比受压力影响。使用 CTD 于原位测定的海水电导，需进行压力校正。CTD 测得的电导比 R 为：

$$R = C(S, T, P)/C(35, 15, 0) \tag{4.10}$$

将其分解为：

$$R = R_P R_T r_T \tag{4.11}$$

其中，$R_P=C(S,T,P)/C(S,T,0)$；标准海水温度效应 $r_T=C(35,T,0)/C(35,15,0)$。二者如下计算：

$$R_P = 1 + (e_1P + e_2P^2 + e_3P^3)/[1 + d_1T + d_2T^2 + (d_3 + d_4T)P] \quad (4.12)$$

$$r_T = \sum_{i=0}^{4} c_i T^i \quad (4.13)$$

其中，系数 $c_0=0.676\ 609\ 7$，$c_1=2.00564\times10^{-2}$，$c_2=1.104259\times10^{-4}$，$c_3=-6.698\times10^{-7}$，$c_4=1.0031\times10^{-9}$；$d_1=3.426\times10^{-2}$，$d_2=4.464\times10^{-4}$，$d_3=-3.107\times10^{-3}$；$e_1=2.076\times10^{-6}$，$e_2=-6.370\times10^{12}$，$e_3=3.989\times10^{-18}$。

根据 R_P 和 r_T，再由 $R_T=R/(R_Pr_T)$ 求得 R_T 计算 S_P。适用的压力范围为0~10^5 kPa。

4.1.5 其他盐度测定方法

除电导比外，盐度与其他物理性质如折光率亦相关。用多棱镜示差折光率仪测盐度，精度可达0.015，但尚不能与电导法相比。电导比随温度变化，而折光率受温度影响较小，因此期待折光率测量技术改进来提高盐度测定精度。

4.1.6 标准海水

电导比和氯度滴定测量都以标准海水(standard seawater，SSW)为必须标准。国际标准海水由IAPSO(International Association of Physical Sciences of Oceanography)负责制备，标签上印有封注日期、盐度和 K_{15} 值等。标准海水盐度通常略低于35，以使深海水盐度测定获得最高准确度。对非外洋研究，可提供盐度为10、20和40的系列标准海水。

标准海水的制备方法为，自大洋或受陆地径流影响较小的海区采集海水，经处理后，精确测定其电导比后封装，即为标准海水。

许多国家以国际标准海水作参考生产各自需要的副标准海水。我国于20世纪50年代成功研制了中国标准海水(孙秉一 等，1960)。目前国家海洋技术中心生产标准海水(见图4.6；马传芳 等，2004)，已广泛地应用于海洋调查和观测研究中。

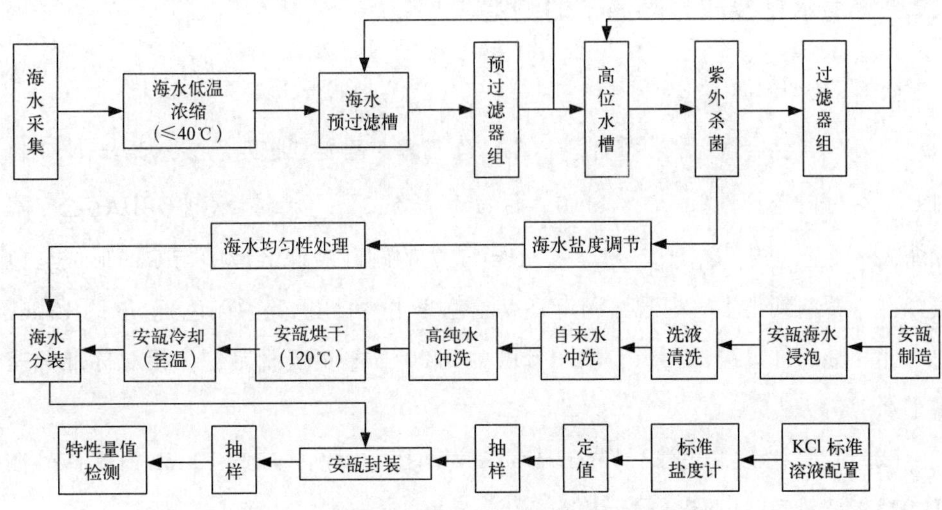

图4.6 中国一级标准海水制备工艺流程框图（马传芳 等，2004）

4.2 海水主要成分

海水主要成分遵守海水组成恒比关系，通常测定海水的盐度或氯度，再按这些成分的氯度比值计算主要成分的含量。

测定海水主要成分目的一般是研究其氯度比值（或盐度比值）的（局部）变化，或用于孔隙水分析等，要求分析方法具有±0.15%的准确度。在海水参考盐度标度建立过程中，对标准海水来源的北大西洋表层水的主要成分组成又进行了精确的测定（Millero et al，2008）。

海水主要成分的测定一般采用容量法或重量法。为提高精密度和准确度多采用光度滴定或电位滴定法等。

在对准确度要求不高的情况下，可用火焰分光光度法、原子吸收分光光度法、离子色谱法和离子选择电极法等。有时为提高海水中的钙、镁、硫酸根等的测定准确度，可采用离子交换树脂进行纯化。

对于海水主要成分的测定，陈国珍（1965）、Riley 等（1975）、Millero（1996）、Kremling（1999）、Crompton（2006）等均有介绍。以下根据上述文献作简要汇总。

4.2.1 海水主要成分阳离子的测定

4.2.1.1 Ca^{2+}测定

(1)EGTA络合滴定法：螯合剂EGTA(乙二醇二乙醚二胺四乙酸，$C_{14}H_{24}N_2O_{10}$)对Ca^{2+}有好的选择性($\lg K_{Ca}=11.0$，而$\lg K_{Mg}=5.2$)，金属指示剂GBHA(乙二醛双缩-2-羟基苯胺，$C_{14}H_{12}N_2O_2$)在pH=11.7的硼砂缓冲溶液中与Ca^{2+}形成红色螯合物，萃取到正丁醇中观察滴定终点颜色变化(由红色变为无色)。取约10 mL海水样品准确称重进行测定，使用分度为0.005 mL精密滴定管，相对标准偏差小于0.1%。

(2)EGTA光度滴定法：以Zn-EGTA为间接指示剂，取约10 mL海水样品在pH 9.5、波长500 nm进行滴定。

4.2.1.2 Mg^{2+}测定

(1)EDTA络合滴定法：取约10 mL海水样品准确称重，用EDTA($C_{10}H_{14}N_2Na_2O_8\cdot 2H_2O$)作滴定剂，在氯化铵缓冲溶液中以铬黑T(EBT)为指示剂于640 nm进行光度滴定，测定总碱土金属($\lg K_{Ca}=10.70$，$\lg K_{Mg}=8.69$，$\lg K_{Sr}=8.63$)，减去EGTA滴定法测定的Ca^{2+}和以Sr^{2+}/Cl(比值)乘以氯度求得的Sr^{2+}，得到Mg^{2+}的含量。精确度约为0.1%。

(2)离子交换法分离Mg^{2+}：30 mL海水样品(盐度约35)，通过阳离子交换树脂Amberlite CG120，待Na^+、K^+流出后，Mg^{2+}以450 mL氯化铵溶液(0.35 mol/L)淋洗出，以EBT为指示剂用EDTA滴定。相对标准偏差可达0.03%，但该方法耗时。

4.2.1.3 K^+测定

(1)重量法：四苯基硼化钠与K^+反应生成沉淀：

$$[B(C_6H_5)_4]^- + K^+ \rightarrow K[B(C_6H_5)_4]\downarrow (K_{sp} = 2.3\times 10^{-8},\ 20℃) \quad (4.14)$$

Ca^{2+}、Mg^{2+}共沉淀会有严重干扰，事先转化为碳酸盐(加入Na_2CO_3)后可溶于冰醋酸。Rb、Ce、NH_4^+、Hg、Tl和Ag在此条件下会生成沉淀，但由于海水中这些元素含量低可忽略。取100 mL海水测定，相对标准偏差约为0.26%。

(2)电位滴定法：1 mL海水样品中卤素以$AgNO_3$沉淀，K^+以四苯基硼化钠沉淀后，过量四苯基硼化钠用$AgNO_3$滴定，以银电极指示终点，相对标准偏差小于1%。

4.2.1.4 Na^+测定

海水中Na^+的浓度很高，难以用直接的方法准确测定。经典的直接测定法是醋酸铀酰锌沉淀法，溶解量很少。或使用离子交换分离的方法。

最可靠的方法是差减法，即测定阳离子总量，减去K^+、Mg^{2+}、Ca^{2+}和Sr^{2+}。由于海水含有等当量的阳离子和阴离子，Na^+的测定可待其他主要成分测定后差减得到。

4.2.1.5 Sr^{2+}测定

由于海水中Sr^{2+}的浓度较低，可采用火焰发射光谱方法。但该方法干扰较多，一般需要对Sr^{2+}进行分离。用有机离子交换树脂法可将其从海盐中分离。如将海水样品经过阳离子交换树脂(如 Dowex 50-X12)柱，Ca^{2+}等碱土金属离子可以通过。再将Sr^{2+}用一种特殊螯合剂(CyDTA，$C_{14}H_{22}N_2O_8 \cdot H_2O$)处理，分离$Ca^{2+}$、$Sr^{2+}$和$Ba^{2+}$。

4.2.2 海水主要成分部分阴离子和硼的测定

4.2.2.1 硫酸盐测定

(1) $BaSO_4$重量法：海水中SO_4^{2-}用$BaCl_2$沉淀时，Na^+、K^+和Ca^{2+}、Sr^{2+}共沉淀产生严重误差。前二者在有苦味酸存在时干扰减至最小，后二者可加入 HCl 降低 pH 减少共沉淀(pH 不能太低，否则$BaSO_4$溶解度增大)。沉淀在加热条件下进行(90℃)。取约 50 mL 海水样品准确称重至±0.02 g 进行测定。相对标准偏差约为0.14%。

也可用$BaCl_2$滴定海水，用库仑法、电位法或电导法确定终点。

(2) 电位返滴定法：海水中SO_4^{2-}转化为$BaSO_4$过滤分离后，过量Ba^{2+}以 EGTA 滴定，用汞电极指示终点。海水样品量约为 1 mL，适于孔隙水分析，方法相对标准偏差为0.6%。

4.2.2.2 溴离子测定

海水中溴离子测定采用次氯酸钠氧化-碘量法：微酸性条件下海水中Br^-被 NaClO 氧化为BrO_3^-。后者在钼酸盐催化条件下将I^-氧化为$I_2(I_3^-)$，以$Na_2S_2O_3$滴定。该方法灵敏度较高。取 10 mL 海水进行测定，相对标准偏差约为0.15%。

也可测定与 Cl^- 共沉淀后释放出 Br_2 的重量损失，需大体积水样。Br_2 通过可加入铬酸或高锰酸钾来释放。释放出 Br_2 也可用光度法或滴定法测定。

4.2.2.3　氟离子测定

海水中氟离子测定采用茜素分光光度法：由茜素和 La 形成的酒红色螯合物在 F^- 存在条件下(pH 4.5)转化为稳定蓝色三元络合物，在 622 nm 测定有较高吸光度。需校正盐误差(由于 Mg 的存在)。取 15 mL 海水测定，相对标准偏差约为 0.15%。

4.2.2.4　硼测定

海水中硼酸测定采用酸性黄分光光度法：在强硫酸介质中硼酸与酸性黄反应生成稳定络合物，在 545 nm 有较大的吸光度。盐分无干扰。该有色染料需在氯代草酸催化下脱水。取 0.5 mL 海水测定，相对标准偏差约为 0.9%(0.5 g /L 硼)。

此外，硼酸与甘露醇或甘油形成络合物，然后转化为强酸，用碱滴定。该方法需用高锰酸盐氧化破坏有机硼化合物。

思考题

1. 什么是海水盐度？为何存在多个盐度概念？

2. 什么是氯度？作为海水基本化学性质的参数之一，当前氯度的使用价值是什么？

3. 氯度采用什么方法测定？为什么说氯度测定方法一直是稳定的？

4. 什么是实用盐度标度？有何局限性？

5. 如何测定海水的实用盐度？

6. 盐度计测定盐度的原理是什么？测定操作中应注意何问题？

7. 为什么说 CTD 剖面仪是最常规的海洋观测仪器？用 CTD 观测温、盐度，应如何校正？

8. 什么是海水主要成分？为什么海水主要成分在一般海洋观测中不进行测定？何种情况下需测定主要成分含量？测定精度有何要求？

参考文献

陈国珍. 1965. 海水分析化学 [M]. 科学出版社, 北京, 17-60, 213-347.

郭长松, 徐惠. 2005. SYA2-2 型实验室盐度计盐度测量结果的测量不确定度 [J]. 海洋技术, 24: 138-141.

国家海洋局, 2007. (GB/T 12763. 2—2007)海洋调查规范　第 2 部分: 海洋水文观测[S]. 北京: 中国标准出版社: 1-7.

马传芳, 田锐. 2004. 中国一级标准海水制备研究. 海洋技术, 23: 1-8.

孙秉一, 谈岳华. 1960. 中国标准海水的制备[J]. 海洋与湖沼, 3 (1): 29-35.

孙秉一, 于圣睿. 1978. 氯度(盐度)计算尺[J]. 海洋仪器, (4): 13-19.

徐惠. 2002a. SYA2-2 型实验室盐度计[J]. 海洋技术, 21: 61-63.

徐惠. 2002b. SYA2-2 型实验室盐度计及其应用[J]. 海洋技术, 24: 37-39.

Brown N L. 1974. IEE Conference on Engineering in the Ocean Environment, 2: 270.

Cox R A, Culkin E, Riley J P. 1967. The electrical conductivity/chlorinity relationship in natural seawater [J]. Deep-Sea Res., 14: 203-220.

Crompton T R. 2006. Analysis of Seawater: A Guide for the Analytical and Environmental Chemist [M]. Springer-Verlag, Berlin: 510.

Forch C, Knudsen M, Sorensen S P L. 1902. Berichte über die Konstantenbestimmungen zur Aufstellung der hydrographischen Tabellen [J]. Kgl. Dan. Vidensk. Selsk. Roekke naturvidemk., og. methem. Afd XII, I., Skrifter, 6: 151.

Grasshoff, K. 1983. Determination of Salinity [A] // Grasshoff K, Ehrhardt M, Kremling K. Methods of Seawater Analysis, 2nd ed [M]. Verlag chemie: 31-59.

Guildline Instruments. 1981. Technical Manual for "Autosal" Laboratory Salinometer Model. 8400.

Guildline Instruments. 1997. Technical Manual of the Model 8400B. Smith Falls, Ontario, Canada.

Jacobsen J P, Knudsen M. 1940. Urnormal 1937 or primary standard sea-water 1937 [J]. Assoc. Oceanog. Phys., Pub. Sci., 7: 38.

Knap A, Michaels A, Close A, et al. 1996. Protocols for the Joint Global Ocean Flux Study (JGOFS) Core Measurements [M]. JGOFS Report, 19: 9-23.

Knudsen M. 1901. Hydrographische Tabellen [M]. G. E. C. Gad, Copenhagen: 63.

Kremling K. 1999. Determination of the major constituents [A] // Grasshoff K, Kremling K, Ehrhardt M. Methods of Seawater Analysis, 3rd ed [M]. John Wiley & Sons, Chichester, 229-251.

Millero F J. 1996. Chemical Oceanography, 2nd ed. [M] CRC Press, Boca Raton, 61-63.

Millero F J, Feistel R, Wright DG, et al. 2008. The composition of Standard Seawater and the definition of the Reference-Composition Salinity Scale [J], Deep-Sea Res. I, 55: 50-72.

Müller T J. 1999. Determination of Salinity [A]//Grasshoff K, Kremling K, Ehrhardt M. Methods of Seawater Analysis, 3rd ed [M]. John Wiley & Sons, Chichester, 41-73.

Riley J P, Robertson D E, Dutton J W R, et al. 1975. Analytical Chemistry of Sea Water [A]//Riley J P, Skirrow G. Chemical Oceanography, 2nd ed., Vol. 3[M]. Academic Press, London, 225-252.

UNESCO. 1981a. The Practical Salinity Scale 1978 and the International Equation of State of Seawater 1980[R]. Unesco Technical Papers in Marine Science: 36.

UNESCO. 1981b. Background Papers and Supporting Data on the Practical Salinity Scale 1978[R]. Unesco Technical Papers in Marine Science: 37.

UNESCO. 1966. Int. Oceanogr[R]. Tabl., Paris.

Wooster W S, Lee A J, Dietrich G. 1969. Redefinition of salinity[J]. Limnol. Oceanogr., 14: 437-438.

Wright D G, Pawlowicz R, McDougall T J. 2011. Absolute salinity, "density salinity" and reference composition salinity scale: Present and future use in the seawater standard TEOS-10[J]. Ocean Science, 7: 1-26.

第 5 章 海水中耗氧物质的测定

近年来，近岸海域水体缺氧现象日趋严重，耗氧物质的持续增加是造成水体缺氧的重要因素之一。水体中的耗氧物质主要包括以有机碳、氮、硫、磷组成的有机物和硫化物、亚硝酸盐、二价铁和锰等还原性无机物。表征水体中耗氧物质含量的化学参数主要包括 COD_{Mn}(酸法和碱法)、COD_{Cr}、五日生化需氧量(BOD_5)、总有机碳(TOC)等参数。不同的化学参数测定的耗氧物质成分并不相同，本章主要介绍以有机碳为主的耗氧物质的环境化学特征、分析测试及影响因素，重点介绍不同测定方法及由此造成测定结果的差异。

5.1 耗氧物质类型及其环境特征和监测指标

5.1.1 海水中耗氧物质的类型及其环境特征

海水中的耗氧物质主要包括有机物、硫化物、亚硝酸盐、二价铁和锰离子等。有机物是水体中耗氧物质的主要成分，主要包括有机碳、氮、硫、磷等。TOC 是水体有机物的主要成分，其中溶解有机碳(DOC)占 TOC 的 80%～95%(Ogawa et al，2002；Khan et al，2013)，挥发性有机物和颗粒态有机物所占比例相对较低。水体中硫化物包括溶解性的硫化氢，酸溶性的金属硫化物以及不溶性的硫化物和有机硫化物(Klaus，1999；吴晓丹，2012.)。通常所测定的硫化物是指溶解性的和酸溶性的硫化物，溶解性无机硫化物包括 H_2S、S_2^-、HS^-和存在于悬浮颗粒物中的酸可溶性金属硫化物(张际标 等，2013；叶然 等，2013)。亚硝酸盐、二价铁和锰离子等其他耗氧物质一般在水体中含量很低，但在污染严重的近岸海域，可能会与硫化物一样，成为水体中的重要耗氧物质。

海水中最主要的耗氧物质是有机物。根据有机物的来源可以分为外源输入和海域自生。外源输入主要是指陆源污染物。海域自生有机物包括水生自养生物（单细胞、多细胞藻类和维管植物）、异养生物（细菌、真菌和更高等多细胞生物）以及它们所构成的食物网，近岸海域外源输入和海域自生有机物的循环过程如图5.1所示（Bauer et al，2011；Bianchi et al，2011）。

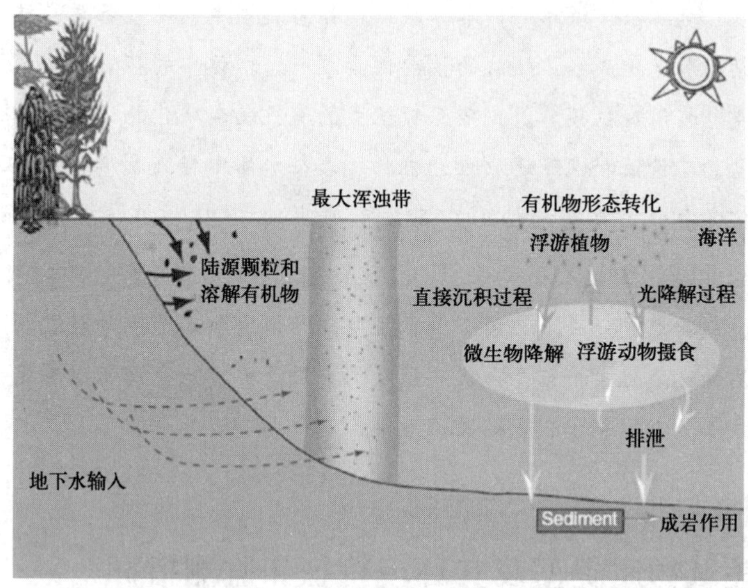

图5.1　近岸海域陆源和海源有机物迁移转化过程（Bauer et al，2011）

实际上，近岸海域所有的外源输入和海域自生的有机物都与陆源污染物输入有关，因为近岸海域自生有机物会受到陆源营养盐输入的显著影响。近几十年来，沿海地区和入海河流流域内农业快速发展，化肥的大量使用、工业和生活污水的大量排放，导致输入近岸海域和河口的营养盐显著增加，使得近岸海域初级生产力普遍增加，赤潮、绿潮和褐潮等生态灾害频发，过量的有机物生产是导致水体耗氧物质增加进而造成水体缺氧的重要原因。

亚硝酸盐是硝化作用中铵盐向硝酸盐转化或反硝化作用中硝酸盐还原的中间形态（Zehr et al，2011；Jickells et al，2011），也是厌氧氨氧化作用的主要反应物（Jickells et al，2011）。在富氧水体中，亚硝酸盐因易被氧化而含量很低，但低氧或缺氧水体中亚硝酸盐含量可能较高。事实上，亚硝酸盐、硫化物、二价铁和锰离子等耗氧物质主要存在于缺氧水体中，造成近岸水体低氧或缺氧的主要原因是有机物的降解耗氧(Testa et al，2011)。因此，水体中有机物本身不仅是耗氧物质的主要组成部分，其生物地球化学循环过程也将影响其他物质的存在形态(不同程度的缺氧状态存在不同的反应，如表 5.1 所示)，本章讨论的主要内容是水体中有机物及其生物地球化学特征。

表 5.1 河口和近岸不同 O_2 浓度下有机物降解的电子受体及相关参数 (Testa et al，2011)

O_2水平	最终电子受体	反应	反应方程式	产物	ΔG^0 (KJ/mol)
氧化环境	O_2	有氧呼吸作用	$138O_2 + (CH_2O)_{106}(NH_3)_{16}(H_3PO_4) \rightarrow 106CO_2 + 16HNO_3 + H_3PO_4 + 122\ H_2O$	H_2O	-3190
缺氧环境	NO_3^-	反硝化作用	$94.4HNO_3 + (CH2O)_{106}(NH_3)_{16}(H_3PO_4) \rightarrow 106CO_2 + 55.2N_2 + H_3PO_4 + 177.2\ H_2O$	N_2	-3030
缺氧环境	Mn(IV)	锰还原	$236MnO_2 + (CH_2O)_{106}(NH_3)_{16}(H_3PO_4) + 472\ H^+ \rightarrow 106CO_2 + 8N_2 + 236Mn^{2+} + H_3PO_4 + 336\ H_2O$	Mn(II)	-2920~-3090
缺氧环境	Fe(III)	铁还原	$212Fe_2O_3 + (CH_2O)_{106}(NH_3)_{16}(H_3PO_4) + 848\ H^+ \rightarrow 106CO_2 + 424Fe^{2+} + 16NH_3 + H_3PO_4 + 530\ H_2O$	Fe(II)	-1410
无氧环境	SO_4^{2-}	硫酸盐还原	$53SO_4^{2-} + (CH_2O)_{106}(NH_3)_{16}(H_3PO_4) \rightarrow 106CO_2 + 53S^{2-} + 16NH_3 + H_3PO_4 + 106\ H_2O$	硫化物	-380
无氧环境	CO_2	甲烷生成	$(CH_2O)_{106}(NH_3)_{16}(H_3PO_4) \rightarrow 53CO_2 + 53CH_4 + 16NH_3 + H_3PO_4$	CH_4	-350

5.1.2 表征耗氧物质的生物化学参数

水体中的耗氧物质含量通常用化学需氧量(COD_{Mn}和 COD_{Cr})、BOD_5以及 TOC 等参数表征。化学需氧量是指在一定条件下，1 L 水样中还原物质被氧化所消耗的氧量，使用的单位通常为 mg/L。BOD_5是指在需氧条件下，水中有机物由于微生物的作用所消耗的氧量，使用的单位通常为 mg/L。TOC 是水体中溶解态(包括气态、真溶解态和胶体)和颗粒态碳的总浓度，以碳的含量来表示，通常用 mg/L 或 μmol/L 表示。海水(盐度大于 2)中的耗氧物质一般用 COD_{Mn}(碱法)、BOD_5和

TOC 表征，河口等盐度小于 2 的区域一般用 COD_{Cr}、BOD_5和 TOC 表征。

此外，地表水也有用高锰酸钾指数(酸性条件下的氧化反应)，但是酸性高锰酸钾氧化法不能用于海水分析，加之其氧化效率又低于重铬酸钾氧化法，因此，在近岸和河口区域较少使用高锰酸钾指数表征，本章中的 COD_{Mn}也仅指用于海水监测的碱性高锰酸钾氧化法。

表征水体耗氧物质含量的不同生物化学参数之间的主要差异在于氧化方法、氧化剂的不同，因而测定的耗氧物质类型也不尽相同。

化学需氧量表征水体中所有耗氧物质的含量(包括易挥发态、真溶解态和颗粒态)，但它又是一个相对含量的指标，测定结果实际是对样品中耗氧物质浓度的化学操作定义，所以各项操作是决定测定结果的最关键因素。

化学需氧量的数值取决于氧化剂的种类、有机化合物的成分及实验条件和操作等，实验时，必须严格控制氧化剂加入量、介质酸碱度、氧化温度和时间等实验条件，在相同的实验条件下处理所有样品，所得结果才有可比性。COD_{Mn}与 COD_{Cr}的主要区别在于氧化剂的种类和实验条件。碱性 COD_{Mn}法使用高锰酸钾作为氧化剂，实验简便快捷，但此法不能定量氧化水中的有机物，仅能部分氧化，所以 COD_{Mn}的结果并不与样品中的有机物含量成正比，一般仅能用于未受严重污染的水体。重铬酸钾氧化法操作较为繁琐，但氧化效率远高于高锰酸钾法，而且重现性好，误差较小。对于污水或工业废水，由于这些水体中含有较多复杂的有机物质，不能被高锰酸钾氧化，需要用重铬酸钾氧化法。需要说明的是，尽管重铬酸钾的氧化能力强，能够氧化大部分有机物，但是仍有一部分直链烃、芳香烃和苯系物等有机物不能被氧化。

BOD_5主要是反映水体中能被微生物利用的那部分物质的量，是间接反映水体中耗氧物质量的一种方法。能被微生物利用的耗氧物质主要是有机物，并且这部分有机物主要以易被微生物降解的不稳定有机物为主(Labile Organic Material)，因此，BOD_5的结果相对于化学需氧量的结果更低。此外，生化需氧量与化学需氧量的比率(BOD/COD)也可在一定程度上反映水体中有机物被生物降解的能力。

TOC 仅反映水体中的有机碳含量，以邻苯二甲酸氢钾或葡萄糖作为标准物质时，TOC 与 COD 的理论转换系数为 2.67(COD = 2.67×TOC，单位：mg/L)。目前 TOC 的主流测定方法为催化燃烧法，这种方法基本上能够氧化样品中全部的碳，并可测定，且不受水样中氯离子的影响。因此，测定结果能够准确反映陆地地表水与海水之间以有机碳为主的耗氧物质含量差异，这是化学需氧量和生化需氧量这些参数无法比拟的。

虽然不同参数因为氧化剂和实验操作等的不同而在理论上存在显著的差异，但是实际水样的测试结果仍可能存在很大变数而导致结果不同。以 2012 年 11 月大辽河河口测定结果为例，不同参数测定结果随盐度的变化如图 5.2 所示。可以看出，酸性高锰酸钾氧化法和重铬酸钾氧化法的测定结果都随着盐度的升高而线性增加，但是酸性高锰酸钾氧化法测定结果显著低于重铬酸钾氧化法测定结果，并且在盐度大于 10 之后不再变化，这主要是由于酸性高锰酸钾氧化法能够氧化水体中的部分氯离子，但是受到其能够氧化能力的限制，在氯离子含量较高时，其能够氧化的氯离子总量未能增加。

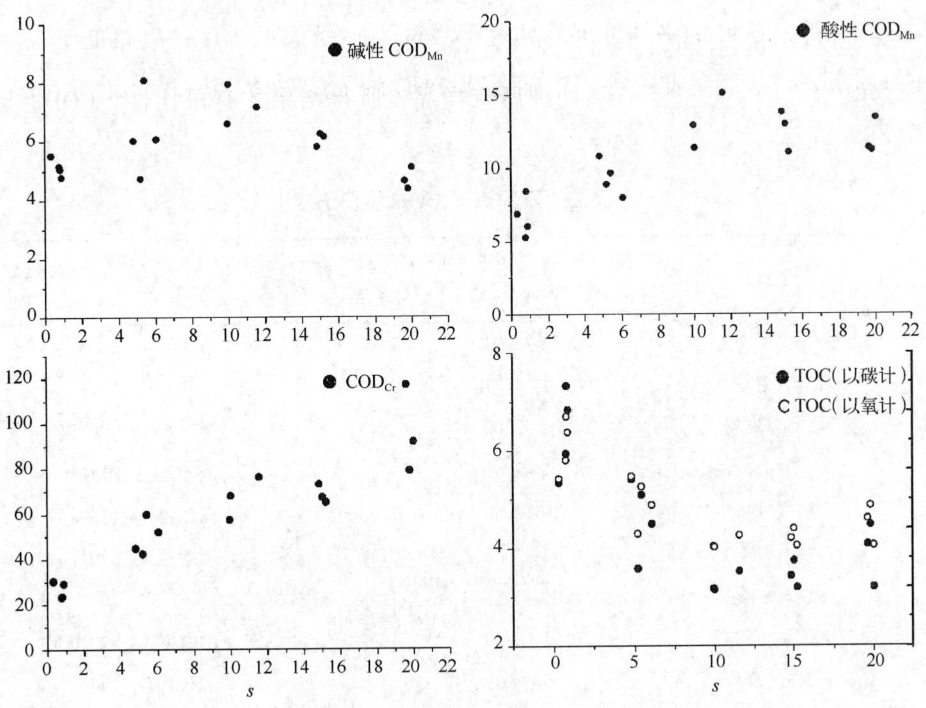

图 5.2　大辽河河口不同耗氧物质(mg/L)参数随盐度的变化

碱性高锰酸钾氧化法与 TOC 结果不包含被氧化的氯离子，但是二者变化趋势正好相反。TOC 随着盐度的升高而逐渐降低并趋于平稳，符合 TOC 在河口区的变化特征；COD_{Mn} 可能没有完全氧化水样中的耗氧物质。

综上所述，COD_{Mn}、COD_{Cr}、BOD_5、TOC 分别表征了水体中不同组分的耗氧物质的量，但是任何一个参数都不能完全表征水体中的耗氧物质的总量，仅代表某种或某一类(或几类)耗氧物质在水体中的浓度。鉴于近岸海域水体中耗氧物质成分复杂多样、时空变化不均一，不同表征参数所代表的环境化学意义也存在时间和空间上的差异，因此，在实际工作中需要结合所关注的环境问题，选择合适的参数开展海洋环境质量评价。

5.1.3　我国近岸海域耗氧物质的分布特征

DOC 是 TOC 的主要组分，以 DOC 为例，将中国近海及部分大洋水体耗氧物质浓度分布情况汇总于表 5.2。从表中可以看出不同海域近海及河口的 DOC 浓度高且变化范围大，远海及大洋的浓度一般比较低(不超过 1 mg/L)。渤海和河口(珠江口除外)DOC 的平均浓度均超过了 2 mg/L，黄海的浓度一般略低于渤海，东海和南海的浓度更低一些，中国近海 DOC 的浓度总体上呈现出北高南低的趋势。

表 5.2　不同海区 DOC 质量浓度

调查区域	DOC(mg/L)		来源
	范围	平均值	
渤海(春季)	1.33~3.03	2.01	白洁 等，2003
渤海(春季)	2.01~4.71	2.64	丁雁雁 等，2012
渤海(秋季)	1.51~3.00	2.19	李鸿妹 等，2013
黄河口	1.97~3.51		张向上，2004
鸭绿江口	2.10~2.88	2.45	王江涛 等，1998
黄海(春季)	0.96~4.25	2.12	丁雁雁 等，2012
黄海(秋季)	0.96~2.51	1.58	
南黄海(春季)	0.91~2.69	1.62	谢琳萍 等，2010
南黄海(夏季)	1.05~4.08		李丽 等，1999
南黄海(秋末冬初)	1.62~2.42	2.02	贺志鹏 等，2006
黄东海(夏季)	0.50~3.05	1.08	石晓勇 等，2013
黄东海(秋季)	0.44~12.03	0.98	石晓勇 等，2011
黄东海(冬季)	0.44~2.49	0.96	石晓勇 等，2011
长江口		2.18	王江涛，1994
东海	0.78~0.90		Ogawa et al，2003

续表

调查区域	DOC(mg/L)		来源
	范围	平均值	
东海南部(春秋季)	0.96~1.43		Hung et al，2000
珠江口		1.78	蔡艳雅 等，1990
南海	0.84~1.02		Hung et al，2007
南海南沙海域	0.90~2.76		王江涛，1994
琉球群岛附近海域(夏季)	0.47~1.96		王江涛 等，1999
南极普里兹湾及其附近海域(62°—69°S，70°—78°E)	0.17~2.18	0.63	邱雨生 等，2004
北冰洋	0.58~1.64	0.88	Thomas et al，1995
太平洋	0.72~0.96		Thomas et al，1995
赤道大西洋	0.78~1.16		Thomas et al，1995
南大洋(49°—66°S，62°E)	0.62~0.76		Wiebinga et al，1998
南大洋(56°—65°S，140°E)	0.48~0.66		Ogawa et al，1999

5.2 耗氧物质的定量分析监测技术要点

5.2.1 化学需氧量

在特定条件(碱性/酸性)下，用强氧化剂氧化水样中的某些有机物及无机还原性物质，由消耗的氧化剂量计算相当的氧量，即为化学需氧量(COD)。COD不能作为理论需氧量或总有机物含量的指标，因为在规定的条件下许多有机物只能部分地被氧化，难以被氧化剂氧化的有机物或其他还原物质均不包含在测定值之内。

5.2.1.1 方法原理

COD_{Mn}：样品中加入已知量的氢氧化钠和高锰酸钾，在电热板加热 10 min，高锰酸钾将样品中的某些有机物和无机还原性物质氧化后，加入过量的硫酸和碘化钾(KI)固体生成碘单质(I_2)，还原剩余的高锰酸钾和四价锰，生成相应的游离碘，用硫代硫酸钠溶液滴定游离的碘[《海洋监测规范 第 4 部分 海水分析 32 化学需氧量》(GB 17378.4—2007)，以下简称“监测规范”]。

COD_{Cr}：在水样中加入已知量的重铬酸钾溶液，并在强酸介质下以银盐作催化剂经沸腾回流后，以亚铁灵为指示剂，用硫酸亚铁铵滴定水样中未被还原的重铬酸钾，由回流前后消耗的重铬酸钾的量换算成消耗氧的质量浓度[《水质 化学需氧量的测定 重铬酸盐法》(GB 11914—89)，以下简称“国标”]。

5.2.1.2 操作要点

无论 COD_{Mn}法还是 COD_{Cr}法测定海水/河水中耗氧物质都是一种化学氧化操作，其关键在于使用相同浓度的氧化剂、在相同实验条件下氧化不同样品中的耗氧物质，以氧化剂的消耗量换算为 O_2消耗量。因此，COD_{Mn}和 COD_{Cr}测定的关键在于每一个样品的消解条件、消解时间、滴定操作均相同。但是，需要注意的是，实际海水/河水样品中的耗氧物质种类并不相同(尤其是有机物)，即使按照规范进行操作，也不能做到每个样品中的耗氧物质氧化效率完全相同，但是只有按照规范操作才能保证各个结果之间具有可比性。

1)氧化剂的配制

COD_{Mn}：按照监测规范和国标的要求，高锰酸钾溶液进行粗配(≈0.002 mol/L)，虽然高锰酸钾溶液配制的浓度不要求精确，但其浓度仍不可随意变动(必须按照监测规范称量、配制)，否则将影响氧化效率，造成不同批次之间样品存在误差。此外，其他试剂也必须按照要求配制，不能因为样品中耗氧物质的多少随意更改(若样品耗氧物质含量过高，必须稀释后测定)。

COD_{Cr}：按照监测规范和国标的要求，重铬酸钾溶液作为标准物质进行配制，有两个标准浓度(0.250 mol/L、0.0250 mol/L)，分别对应 COD 浓度>50mg/L 的水样和<50mg/L 的水样，其他试剂也必须按照要求与使用的重铬酸钾溶液浓度一致。当样品耗氧物质含量过高(超过最高浓度测定范围 700 mg/L)，必须经稀释后测定。

2)消解液的添加

消解液加入量、加入次序、加入时机都必须按照监测规范或国标的要求。

COD_{Mn}：测定时，必须先加入 1.0 mL 氢氧化钠溶液并混匀后方可加入高锰酸钾溶液，否则高锰酸钾溶液加入(未混匀或先加入)后可能在溶液局部形成高的非碱性氧化环境，增加某些有机物的氧化效率，造成结果平行性不好。

COD_{Cr}：测定时，必须先加入重铬酸钾氧化剂，待装置连接好后，从冷凝管顶端添加 30 mL 硫酸银硫酸溶液，否则在硫酸银硫酸溶液加入时可能会有不同量的挥发性有机物溢出，造成结果偏差。

3) 消解时间的控制

消解时间的长短是影响样品中耗氧物质转化率的关键因素之一。

COD_{Mn}：监测规范明确了从样品沸腾开始计时，消解时间为 10 min。

COD_{Cr}：国标明确了从样品沸腾开始计时，消解时间为 2 h。

这就要求操作者在进行消解实验时，记录每个样品的沸腾开始时间(第一个沸腾气泡鼓出)，在达到消解时间时，立即停止加热，以确保每个样品(沸腾)消解时间相同。此外，加热前溶液的总体积也必须保持一致，否则消解时氧化剂的浓度也会不同。

4) 冷却消解液

COD_{Mn}：样品消解完成后，必须按照监测规范方法使消解液迅速冷却。一般可用自来水水浴的方式使消解液迅速冷却至室温。

COD_{Cr}：样品消解完成后，消解液必须稀释至 140 mL 左右(消解完成后，累积加蒸馏水 80~100 mL)后再冷却，因为消解液中硫酸浓度非常高(约为 1∶1)，如果不经稀释，在接下来的滴定过程中会随着滴定液的加入而释放大量热，严重影响滴定结果。

5) 滴定

(1) COD_{Mn}的滴定：监测规范使用碘量法标定高锰酸钾溶液和样品消解液中剩余的氧化剂(高价态锰)，因此，滴定过程的操作要点与碘量法的操作相同。首先是要减少碘的挥发或生成，这就要求消解液的温度至少为室温(防止溶液温度过高增加碘挥发)，并且加入碘化钾反应 5 min 后必须立即测定，以防止空气中的氧气与碘反应；其次，消解液冷却加酸后，必须立即加入碘化钾固体，尤其对于海水样品，因为高锰酸钾在酸性条件下的氧化能力远高于碱性条件，样品中剩余的氯离子等可以被(酸性)高锰酸钾氧化，造成测定结果偏高。

滴定操作需要注意的是，在滴定开始时，需要快速滴定但缓慢振摇三角瓶中的被滴定溶液，快速滴定以滴定管管尖流出的溶液不连成水线为宜，这样做的目的是使硫代硫酸钠溶液尽快与碘分子反应，以减少碘挥发造成的损失。待溶液变为淡黄色时，加入淀粉溶液，这时需要慢速滴定但稍剧烈振摇三角瓶中的被滴定溶液，使每一滴硫代硫酸钠溶液充分与溶液中的碘反应完全后再滴入下一滴，防止滴过量。此外，在接近滴定终点时，须用半滴甚至四分之一滴操作，否则可能导致结果偏高。

（2）COD_{Cr}的滴定：国标使用硫酸亚铁铵来滴定消解液中剩余的氧化剂（高价态铬），硫酸亚铁铵溶液为弱酸性，需用酸式滴定管进行滴定操作。在接近滴定终点时，溶液由蓝绿色变为红褐色的临界点非常灵敏，须用半滴甚至四分之一滴操作，否则，导致结果偏高。

5.2.1.3　结果表征

1）碱性高锰酸钾法（COD_{Mn}）

将滴定管读数（V_1、V_2）记入到表中。按下式计算化学需氧量：

$$COD = \frac{c(V_2 - V_1) \times 8.0}{V} \times 1000 \tag{5.1}$$

式中：

COD——水样的化学需氧量，mg/L；

c——硫代硫酸钠的浓度，mol/L；

V_2——分析空白值滴定消耗硫代硫酸钠溶液的体积，mL；

V_1——滴定样品时消耗硫代硫酸钠的体积，mL；

V——取水样体积，mL；

8.0——1/4O_2的摩尔质量，g/mol；

1000——质量单位 g 与 mg 的换算关系，mg/g。

2）重铬酸钾氧化法（COD_{Cr}）

以 mg/L 计的水样的化学需氧量计算公式如下：

$$COD = \frac{c(V_2 - V_1) \times 8000}{V} \tag{5.2}$$

式中：

c——硫酸亚铁铵标准滴定溶液的浓度，mol/L；

V_1——空白实验所消耗的硫酸亚铁铵标准滴定溶液的体积，mL；

V_2——样品测定所消耗的硫酸亚铁铵标准滴定溶液的体积，mL；

V——样品、标准或空白的体积，mL；

8000——1/4O_2的摩尔质量，mg/mol。

测定结果一般保留三位有效数字，对 COD_{Cr} 值小的水样，当计算出 COD_{Cr} 值小于 10 mg/L 时，应表示为 COD_{Cr}<10 mg/L。

5.2.2 五日生化需氧量

在规定条件下，水中有机物和无机物在生物氧化作用下所消耗的溶解氧(以质量浓度表示)。

5.2.2.1 方法原理

水体中有机物在微生物降解的生物化学过程中，消耗水中溶解氧。用碘量法测定培养前后两者溶解氧含量之差，即为生化需氧量，以氧的含量(mg/L)计。培养五天为五日生化需氧量(BOD_5)。水中有机质越多，生物降解需氧量也越多，一般水中溶解氧有限，因此，高耗氧物质含量的水体，须用氧饱和的蒸馏水稀释。为提高测定的准确度，培养后减少的溶解氧要求占培养前溶解氧的 40%～70%为适宜[《海洋监测规范　第 4 部分 海水分析》(GB 17378.4—2007)]。

5.2.2.2 操作要点

1)稀释水的配制

对于受污染的海水样品，需要用稀释水稀释后方可测定，否则，样品中的溶解氧在培养 5 日后消耗殆尽，无法计算准确的生化需氧量。稀释水一般使用蒸馏水，因为蒸馏水中能被微生物利用的耗氧物质含量很低，也不存在氧化性物质影响测定，需要注意的是，新制备的蒸馏水必须曝气 8～12h 后方可使用，否则，稀释水中的溶解氧含量可能很低。使用前，稀释水中需要按照监测规范要求的量加入磷酸盐、铁等微生物生长需要的营养组分，为防止其他微生物在稀释水中生长，必须现用现加。

2)样品的稀释

受污染的海水样品一般可从水样的浊度、水色、水体中藻类多寡以及水体的嗅和味进行判断。对于受污染的海水样品，如果有大量藻类存在，测定前应用 1.6 μm 滤膜过滤后测定滤液的生化需氧量，并在检测报告中标明过滤操作及滤膜的材质、孔径；如果含有大量颗粒物，测定前需将样品混合均匀。

受污染的海水样品稀释倍数可根据样品的 TOC、COD_{Mn} 来估算，环境保护标准[《水质 五日生化需氧量(BOD_5)的测定》(HJ 505—2009)]给出了未处理的废水和生化处理的废水中 BOD_5 与 TOC、高锰酸钾指数和 COD_{Cr} 的计量关系（单位：mg/L），监测规范中未给出这类计量关系。根据实际测定经验，海水中 BOD_5 一般均小于 TOC 或 COD_{Mn}（单位：mg/L）。因此，可以根据 TOC 或 COD_{Mn} 的测定结果估算稀释倍数。

（1）计算样品饱和溶解氧理论含量：实验室温度 20℃，盐度 1～32 之间时，根据维斯定律计算样品饱和溶解氧理论含量为 7.86～9.43 mg/L；

（2）以 TOC 或 COD_{Mn} 的测定结果的 50%～80% 为 BOD_5 的期望值，按照培养后减少的溶解氧占培养前溶解氧（或理论饱和溶解氧含量）的 40%～70% 计算稀释倍数，一般需要同时做 2～3 个不同的稀释倍数。

以某个受污染的海水样品为例，假设温度为 20℃、盐度为 28 的海水样品 COD_{Mn} 的测定结果为 50 mg/L，其 BOD_5 的期望值为 25～40 mg/L，原样品与稀释水的理论饱和溶解氧含量为 8～9.5 mg/L，若使培养后减少的溶解氧占培养前的溶解氧的 40%～70%，稀释后的样品 BOD_5 期望值应为 3.2～6.6 mg/L，因此可以设置稀释 10 倍、8 倍和 5 倍（或 10 倍、5 倍）进行测定。

此外，稀释时，按照监测规范的方法混合样品与稀释水，搅拌混合时不可露出水面，以免带入空气。因为如果在混合过程中橡皮板带入空气，量筒的垂直高度很高，可能引起不同水层的溶解氧含量出现差别，取到培养瓶中的样品溶解氧含量存在差异，造成结果偏差。

3）取样操作

用虹吸管取样要求与溶解氧测定相同：虹吸管出水口连接约 12cm 长玻璃管（以高出培养瓶高度约 2cm 为宜），取样时，轻轻松开虹吸管，（玻璃管管口朝上）缓缓放出少量样品，赶出管内的气泡，拇指和食指夹住培养瓶瓶颈，稍微倾斜，把虹吸管插到培养瓶底部，慢慢注入少量样品，注意不能产生涡流，洗涤两次再取样；在取样过程中，应让样品装满培养瓶并溢出瓶体积的一半左右，此时，将虹吸管慢慢抽出。（注意！抽出过程中应保持有水流出，待虹吸管刚离开液面时平移开）所有样品（培养前后）均取双样，稀释的样品应同时测定培养前后稀释水的溶解氧含量。

水样采集完毕后，培养前测定溶解氧含量的培养瓶中的水样，需立即用定量加液器（管口插入液面以下）依次加入 1.0 mL 氯化锰溶液、1.0 mL 碱性碘化钾溶液，塞紧瓶塞，瓶内不准有气泡，按住瓶盖上下颠倒不少于 20 次，使之混合均匀。

4) 水样的培养

需要进行培养的水样，应在恒温(20℃)、避光的生化培养箱中培养5日(120 h)。在培养瓶放入生化培养箱培养的过程中，培养水瓶封口处应始终保持有水(防止空气中的氧溶解到培养样品中)，可将培养瓶放入密封袋中，密封后再放入培养箱中，或用石蜡膜包裹住瓶口。培养完毕的水样，应立即加固定液固定(如前所述)。

5) 溶解氧含量的测定

样品滴定应注意的事项与溶解氧的相同，主要包括以下几个方面：

(1) 转移样品后，应立即盖上瓶塞，否则可能造成样品瓶中的碘挥发，导致结果偏低。

(2) 滴定样品或标定硫代硫酸钠溶液时，加淀粉溶液之前，滴定液的流速要稍快(以滴定管管尖流出的溶液不连成水线为宜)，搅拌速度要稍慢(防止溶液中的碘挥发过快)。

(3) 待锥形瓶中的溶液颜色变为淡黄色时方可加入淀粉溶液，过早加入会使淀粉与碘生成的络合物更加稳定，表观上需要消耗更多的硫代硫酸钠滴定液，导致滴定结果偏高。

(4) 加入淀粉溶液后，搅拌速度可适当加快(不能过快，否则可能导致溶液溅出)，但滴定速度必须减慢，否则可能滴过量，造成结果偏高。

(5) 接近滴定终点时溶液若呈紫红色，表示淀粉溶液变质，应重新配制。

(6) 样品滴定至无色后，需要用锥形瓶中的溶液润洗样品瓶，并再次合并至同一锥形瓶中，以转移样品瓶中剩余的碘。

(7) 接近滴定终点时，溶液呈肉眼可辨的淡蓝色，此时须用半滴甚至四分之一滴操作，否则会导致结果偏高(注意！半滴或四分之一滴操作是在接近滴定终点时进行的操作，未润洗样品瓶之前，可不用半滴或四分之一滴操作滴定至溶液变为无色)。

(8) 滴定终点的判定：滴定液中的硫代硫酸根离子与溶液中的碘恰好反应完全方为滴定终点，若滴定液过量，溶液同样为无色，但实际滴定结果已经偏高。可以根据溶液中存在的大量碘离子易被空气中的氧气氧化的特征，待滴定完成后，将锥形瓶中的溶液静置一段时间，若溶液呈肉眼可辨的淡蓝色，则说明滴定结果准确；若溶液仍为无色，则说明滴定过量，结果不可信。

5.2.2.3 结果表征

将每种水样测定结果记录在实验记录表中。按下式计算五日生化需氧量：

$$BOD_5 = \frac{(D_1 - D_2) - (D_3 - D_4) \times f_1}{f_2} \tag{5.3}$$

式中：

BOD_5——五日生化需氧量，mg/L；

D_1——样品在培养前的溶解氧，mg/L；

D_2——样品在培养后的溶解氧，mg/L；

D_3——稀释水在培养前的溶解氧，mg/L；

D_4——稀释水在培养后的溶解氧，mg/L；

f_1——稀释水(V_3)在稀释水(V_3)与样品(V_4)之和中所占的比例；

f_2——水样(V_4)在稀释水(V_3)与样品(V_4)之和中所占的比例。

其中

$$f_1 = \frac{V_3}{V_3 + V_4} \tag{5.4}$$

$$f_2 = \frac{V_4}{V_3 + V_4} \tag{5.5}$$

5.2.3 总有机碳——高温催化氧化法

海水中的TOC包括总溶解有机碳、颗粒有机碳和挥发性有机碳，常用单位为mg/L。海水中TOC的测定方法最常见的为高温催化氧化法(HTC)和过硫酸钾氧化法两种。其中高温催化氧化法，由于总有机碳分析仪的普遍使用，且仪器操作相对简便，精度较高，相对标准偏差较小，而成为目前TOC含量测定的主流方法。

5.2.3.1 方法原理

HTC法是海水样品经进样器自动进入燃烧管(一般温度为680℃)中，通入高纯空气或氧气将样品中含碳有机物氧化为CO_2后，由非色散红外检测器定量测定总碳(TC)；然后将同一水样自动注入无机碳反应器中，在常温下无机碳酸盐经一定浓度酸溶液酸化生成CO_2，由非色散红外检测器检定出无机碳(IC)含量；然后由 TC 减去 IC，即得 TOC 含量。亦可用 1 mol/L 盐酸(或磷酸)先酸化水样，除去IC，由此直接测得 TOC。由于测量过程会造成水样中挥发性有机物的损失而产生部分误差，其测定结果仅代表不可吹出有机碳含量。

过硫酸钾氧化法是海水样品经酸化通氮气除去 IC 后，用过硫酸钾将有机碳氧化生成 CO_2气体，用非色散红外二氧化碳气体分析仪测定，其测定结果亦代表不可吹出有机碳含量。

其他测定方法还包括紫外氧化法、臭氧氧化法、电阻法和电导法等，但是由于大多操作复杂、对样品要求苛刻或准确度相对不高等原因而应用不够广泛。

5.2.3.2 操作要点

1)实验用品预处理

TOC 样品储存所用的玻璃样品瓶等实验用品，在采样前必须经过预处理方可使用，否则受沾污的实验用品可能引入较大误差。具体操作为：盛装 TOC 样品的容器，必须用 1∶9 盐酸(Sharp et al，1995)浸泡 24 h 以上后，经高温(500℃)灼烧 4 h 后方可使用。

2)样品预处理

样品采集后，若不能在 24 h 内完成分析测定，应于每 20 mL 水样加入约 2 滴饱和 $HgCl_2$溶液固定水样(防止水样中的微生物活动影响样品 TOC 含量)，4℃保存。

3)样品测定

HTC 法测定海水中的 TOC 可以使用两种方法，一种是直接测定样品中的 TC 和 IC，通过计算二者之差得到 TOC；另一种是测定前加酸吹除样品中的 IC，然后测定 TOC。两种方法都存在一定误差，前者属于仪器本身的系统误差，因为IC 通常占 TC 的 90%以上(David，2010)，仪器测定高含量的 TC 和 IC 所产生的绝对误差，肯定比直接测定低浓度的 TOC 绝对误差要大，二者差减结果的误差是 TC 和 IC 测定的误差，最终导致 TOC 计算结果的误差大于直接测定的误差；后者属于方法误差，因为样品中含有一定量的挥发性有机碳(VOC)，在吹除 IC 的过程中，会有一定量的 VOC 一同被去除，造成结果偏低。目前，两种方法都可用于 TOC 的测定，但应了解这两种方法存在的误差来源及大小。

4)仪器维护

海水样品经过高温灼烧后，会有一定量的氯气生成，并随载气一同进入检测器，氯气具有很强的腐蚀性，对红外检测器损伤极大，因此，HTC 法的仪器一般会在气路上连接一个除氯装置，这个装置是有使用寿命的，当除氯装置长度达到 2/3 变色时，必须立即更换，否则将对检测器造成极大损害。

在测试过程中，海水样品中能够气化的物质会随着载气离开燃烧管，但是样品的盐分会凝结在催化剂和燃烧管表面，形成一层"盐膜"，这层"盐膜"不但会影响催化剂的氧化效率，严重时还会堵塞燃烧管，造成气路不畅并损坏燃烧管。因此，在测试过程中应间隔增加质控样品检测，当测定结果偏离较大时，须用无碳水反复冲洗，若仍无效，应停止实验，待完全冷却后更换燃烧管或催化剂。此外，在测试海水样品后必须用无碳水反复多次冲洗进样管。

5.2.3.3　结果表征

(1)根据 TC 和 IC 之差计算 TOC：

$$TOC = TC - IC \tag{5.6}$$

(2)直接测定 TOC。

思考题

1. COD_{Cr}测定时，消解 2h 后，为什么要用 20~30mL 水自冷凝管上端冲洗冷凝管并在取下锥形瓶后再用水稀释至 140mL 左右？

2. BOD_5测定时，能否用监测的溶解氧测定结果代替培养前的样品溶解氧含量？

3. 使用差减法和吹除 IC 直接测定 TOC 两种方法，哪个更好一些？

4. COD、BOD_5与 TOC 这些参数中，哪些更符合海洋环境监测和评价的需要？

参考文献

白洁，李岿然，李正炎，等. 2003. 渤海春季浮游细菌分布与生态环境因子的关系[J]. 青岛海洋大学学报，33(2)：841-846.

蔡艳雅，韩舞鹰. 1990. 珠江口有机碳的研究[J]. 海洋环境科学，9(2)：8-13.

丁雁雁，张传松，石晓勇，等．2012. 春季黄渤海溶解有机碳的平面分布特征[J]．环境科学，33(1)：37-41.

贺志鹏，宋金明，张乃星．2006. 南黄海溶解有机碳的生物地球化学特征分析[J]．海洋科学进展，24(4)：477-488.

李鸿妹，石晓勇，商容宁，等．2013. 秋季黄渤海溶解有机碳的分布特征及影响因素[J]．海洋环境科学，32(2)：161-164.

李丽，张正斌，刘莲生，等．1999. 南黄海胶体有机碳和溶解有机碳的分布[J]．青岛海洋大学学报，29(2)：321-324.

邱雨生，陈敏，黄奕普，等．2004. 南极普里兹湾及其邻近海域溶解有机碳的分布[J]．海洋学报，26(3)：38-46.

石晓勇，李鸿妹，张传松，等．2013. 2006年夏季黄、东海溶解有机碳的分布特征[J]．海洋科学进展，31(3)：391-397.

石晓勇，张婷，张传松，等．2011. 黄海、东海颗粒有机碳的时空分布特征[J]．海洋环境科学，32(1)：1-6.

王江涛，谭丽菊．1999. 琉球群岛邻近海域溶解有机碳的初步研究[J]．青岛海洋大学学报，29(增刊)，(S1)：124-127.

王江涛，于志刚，张经．1998. 鸭绿江口溶解有机碳的研究[J]．青岛海洋大学学报，28(3)：471-475.

王江涛．1994. 中国东海和南海溶解有机碳的生物地球化学研究[D]．青岛：青岛海洋大学．

吴晓丹．2012. 长江口及其邻近海域Se、Te、As、Sb、Bi及硫化物的环境地球化学特征[D]．中国科学院研究生院(海洋研究所).

谢琳萍，王宗灵，王保栋，等．2010. 春季南黄海溶解有机碳的分布特征及其受控因素[J]．海洋环境科学，29(5)：636-640.

叶然，任敏，杨耀芳，等．2013. 流动注射分析法测定海水中硫化物的方法研究[J]．海洋环境科学，(02)：304-306.

张际标，刘加飞，李雪英，等．2013. 大亚湾坝光海域表层海水和沉积物中酸可挥发性硫化物含量的分布和污染评价[J]．应用海洋学学报，2：266-271.

张向上．2004. 黄河口有机碳的时空分布及影响因素研究[D]．青岛：中国海洋大学．

Bauer J E, Bianchi T S. 2011. Dissolved Organic Carbon Cycling and Transformation[J]. 5(2)：7-67.

Bianchi T S, Bauer J E. 2011. Particulate Organic Carbon Cycling and Transformation[J]. 5(3)：69-117.

David A. 2010. The Global Carbon Cycle [M]. Princeton, New Jersey: Princeton University Press. Hung J J, Lin P L, Liu K K. 2000. Dissolved and particulate organic carbon in the southern

East China[J]. Continental Shelf Research, 20: 545-569.

Hung J J, Wang S M, Chen Y L. 2007. Biogeochemical controls on distributions and fluxes of dissolved and particulate organic carbon in the Northern South China Sea[J]. Deep-sea Research II, 54: 1486-1503.

Jickells T D, Weston K. 2011. Nitrogen Cycle – External Cycling: Losses and Gains[J]. 5(8): 61-278.

Khan M G, Mostofa T Y A M. 2013. Photobiogeochemistry of Organic Matter[G]. Springer Berlin Heidelberg.

Klaus Grasshoff K K M E. 1999. Methods of Seawater Analysis, Third, Completely Reviced and Extended Edition[G]. Weinheim, New York, Chichester, Brisbane, Singapore, Toronto: WILEY-VCH.

Ogawa H, Fukuda R, Koike I. 1999. Vertical distributions of dissolved organic carbon and nitrogen in the Southern Ocean[J]. Deep-sea Research I, 46: 1809-1826.

Ogawa H, Tanoue E. 2002. Dissolved Organic Matter in Oceanic Waters[J]. Journal of Oceanography, 59(2): 129-147.

Ogawa H, Usui T, Koike I. 2003. Distribution of dissolved organic carbon in the East China Sea[J]. Deep-sea Research II, 50: 353-366.

Sharp J H, Benner R, Bennett L, et al. 1995. Analyses of dissolved organic carbon in seawater: the JGOFS EqPac methods comparison[J]. Marine Chemistry, 48(2): 91-108.

Testa J M, Kemp W M. 2011. Oxygen – Dynamics and Biogeochemical Consequences[J]. 5(5): 163-199.

Thomas C, Cauwet G, Minster J. F. 1995. Dissolved organic carbon in the equatorial Atlantic Ocean [J]. Marine Chemistry, 49: 155-169.

Wiebinga C J, De Baar H J W. 1998. Determination of the distribution of dissolved organic carbon in the Indian sector of the Southern Ocean[J]. Marine Chemistry, 61: 185-201.

Zehr J P, Kudela R M. 2011. Nitrogen Cycle of the Open Ocean: From Genes to Ecosystems[J]. Annual Review of Marine Science, 3(1): 197-225.

第 6 章　pH 与碳循环主要参数的测定

海水无机碳的主要存在形态包括 $CO_2(g)$、$CO_2(T)$ [$CO_2(aq)+H_2CO_3$]、HCO_3^-、CO_3^{2-}、$CaCO_3$，这些不同形态的无机碳各分量之间的平衡、相互转化、存在形态以及与其有关的体系被称作海水碳酸盐体系，又称作海水“二氧化碳体系”或“二氧化碳系统”。海水碳酸盐体系是海洋中重要而复杂的体系，参与大气–海洋界面、海洋沉积物与海水界面以及海水介质中的化学反应，控制着海水的 pH 并直接影响海洋中许多化学平衡，与生命活动有重要关系。此外，海洋作为地球上最大的碳库，是全球碳循环至关重要的纽带，对全球气候有着非常重要的影响。因此，准确、快速、方便地测定海水碳酸盐体系各参数，对于了解海洋对 CO_2 的吸收、转化和迁移过程，进而了解碳的全球循环以及全球气候变化都具有重要意义。基于此，本章主要介绍海水碳酸盐体系的四个关键参数(海水 pH、总溶解无机碳、总碱度以及海水二氧化碳分压)的定义、测定方法以及相互关系等内容。

6.1　海水 pH

6.1.1　pH 的定义及标度

6.1.1.1　pH 定义

Sørensen(1908)提出 pH 概念，将其定义为氢离子浓度的负对数，后于 1924 年修改为氢离子活度的负对数，此即 pH 的基本定义。

$$pH = -\lg a_{H^+} \approx -\lg[H^+] \quad (6.1)$$

按该定义无法对 pH 进行直接测量，因为与标准状态相当的零离子强度的溶液无法配置，且单个离子的活度无法测定。在实际工作中，往往根据所测样品不同而采取不同的标准缓冲溶液，衍生出多种 pH 定义，也即 pH 标度或 pH 尺度。

pH 测定一般采用电位法，通常以玻璃电极为指示电极，甘汞电极为参比电极，分别测定 pH 标准缓冲溶液的电动势（E_S，mv）和样品溶液的电动势（E_X，mv），相应的 pH 值为 pHs 和 pHx，其定义如下：

$$pH_X = pH_S + \frac{(E_S - E_X)F}{RT\ln 10} \quad (6.2)$$

式中：

R——理想气体常数，8.314 J/(K·mol)；

T——温度，K；

F——法拉第常数，96485 C/mol。

6.1.1.2 pH 标度

常见的 pH 标度有 NBS 标度（现为 NIST 标度）、游离氢离子浓度标度 pH(F)、总氢离子浓度标度 pH(T)、海水氢离子浓度标度 pH(SWS)等。

1) NBS 标度 pH(NIST)

NBS 标度是目前应用较为广泛的标度之一，美国国家标准与技术研究院(NIST)提供了一系列的 pH 标准缓冲溶液，用于 pH 值的测定（Covington et al，1985a）。标准缓冲溶液的 pH 通常与温度有关，0～100℃的温度区间内 pH 为 4.01 的标准缓溶液与温度呈现正相关关系；pH 为 10.01 的标准缓冲溶液与温度呈负相关；pH 为 7.00 的标准缓冲溶液在低于 50℃时，与温度呈负相关；而高于 50℃时，则又呈正相关（图 6.1）。

由于该标准缓冲溶液的离子强度约为 0.1，仅适应于低离子强度样品的 pH 测定（Bates，1973；Covington et al，1985b），如江河湖泊或其入海口盐度较低的水体的 pH 样品的测定。

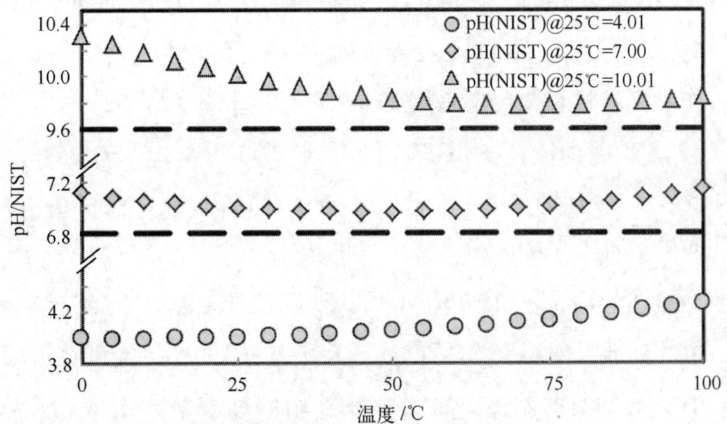

图 6.1 标准缓冲溶液 pH(NIST)值随温度变化①

标准缓冲溶液与样品之间存在液接电位 E_J，E_J因离子强度差而不同，且无法测量或计算。离子强度差越小，液接电位差 ΔE_J越小，测量结果越接近真值。但是测定离子强度较高的溶液如海水时，会出现较大的偏差，导致测量结果误差增大。

$$pH_X + \frac{\Delta E_J F}{RT\ln 10} = pH_S + \frac{(E_X - E_S)F}{RT\ln 10} \tag{6.3}$$

2) *游离氢离子浓度标度 pH(F)*

游离氢离子标度 pH(F)是最为简单的海水 pH 标度，定义为“游离”氢离子浓度，即自由氢离子浓度的负对数，但是其无法单独进行直接测定。

$$a_{H^+}(F) = [H^+]_F \tag{6.4}$$

$$pH(F) = -\lg a_{H^+}(F) = -\lg[H^+]_F \tag{6.5}$$

3) *总氢离子浓度标度 pH(T)*

总氢离子浓度标度 pH(T)，即 Hansson 标度，建立于 1973 年，是目前国际上直接测量海水 pH 应用最为广泛的方法。使用人工海水为溶剂配备不同盐度条件下的标准缓冲溶液，减小了由于液接电位的存在而导致的 pH 测定误差。该标

① Thermo scientific orion pH buffer values vs temperature[EB/OL].

度考虑了 SO_4^{2-} 的二级解离，当向海水中滴加酸至较低 pH 值时，一部分酸与 SO_4^{2-} 和 F^- 结合成为 HSO_4^- 和 HF。由于海水中 F^- 含量较少，Hansson 当时使用无氟人工海水作为标准状态，给出总氢离子浓度标度 pH(T)：

$$a_{H^+}(T) = [H^+]_F + [HSO_4^-] = [H^+]_F\{1 + K_{HSO_4^-}[SO_4^{2-}]\} \tag{6.6}$$

式中：$K_{HSO_4^-} = \dfrac{[HSO_4^-]}{[H^+][SO_4^{2-}]}$。

$$pH(T) = -\lg a_{H^+}(T) = -\lg[H^+]_F - \lg(1 + K_{HSO_4^-}[SO_4^{2-}] \tag{6.7}$$

pH(T) 中的标准缓冲溶液为将 Tris(三羟甲基氨基甲烷)配制在不同盐度的人工海水中，Tris 是目前海水 pH 测定中最常用的标准缓冲溶液(DelValls et al，1998；Nemzer et al，2005)，该标度受温度和盐度共同影响，可以适用于盐度 1~40、温度 5~30℃的海水样品的测定，但是该标度并未考虑海水中少量的 F^- 离子的影响。

4)海水氢离子浓度标度 pH(SWS)

Dickson、Riley 以及 Millero 等人对 pH(T)进行了修改，考虑了 F^- 离子对海水缓冲体系的影响，建立了海水氢离子浓度标度 pH(SWS)。

$$a_{H^+}(SWS) = [H^+]_F + [HSO_4^-] + [HF] = [H^+]_F\{1 + K_{HSO_4^-}[SO_4^{2-}] + K_{HF}[F^-]\} \tag{6.8}$$

式中，$K_{HSO_4^-} = \dfrac{[HSO_4^-]}{[H^+][SO_4^{2-}]}$，$K_{HF} = \dfrac{[HF]}{[H^+][F^-]}$。

$$pH(SWS) = -\lg a_{H^+}(SWS) = -\lg[H^+]_F - \lg(1 + K_{HSO_4^-}[SO_4^{2-}] + K_{HF}[F^-]) \tag{6.9}$$

5)标度之间换算及差异

同一样品采用不同的 pH 标度，所得数值会有所差别，换算关系如下：

$$\begin{aligned} pH(F) &= pH(T) + \lg(1 + K_{HSO_4^-}[SO_4^{2-}]) \\ &= pH(SWS) + \lg(1 + K_{HSO_4^-}[SO_4^{2-}] + K_{HF}[F^-]) \end{aligned} \tag{6.10}$$

对于盐度为 35，温度为 25℃的海水，计算得出：

$$\lg(1 + K_{HSO_4^-}[SO_4^{2-}]) \approx 0.11 \tag{6.11}$$

$$\lg(1 + K_{HSO_4^-}[SO_4^{2-}] + K_{HF}[F^-]) \approx 0.12 \tag{6.12}$$

即 pH(F)标度下的 pH 值比 pH(T)标度下的 pH 值高约 0.11，比 pH(SWS)标度下的 pH 值高约 0.12(Zeebe et al，2001)。因此，在使用任何海水 pH 数据时需要确认其使用的标度，以避免由于不同标度而引起的不确定性。

针对海水 pH 值的测定，表 6.1 给出了不同 pH 标度的对比，虽然不同的 pH 标度之间可以进行换算，但是只有$[H^+]_T$可以被直接测定(Dickson，1993a)，而 pH(F)和 pH(SWS)需要通过公式计算，考虑到计算所需解离常数如 $K_{HSO_4^-}$、K_{HF}测定的不确定性，目前在海洋研究工作中一般推荐使用总氢离子标度，即 pH(T)。

表 6.1　不同 pH 标度的对比

pH 标度	应用	标准缓冲溶液基底	定义
NBS 标度	淡水	纯水	$[H^+]_{NBS} \approx a(H^+)$
游离氢离子标度(Free scale)	海水	人工海水(完全解离的主要离子)	$[H^+]_F = [H^+]$
总氢离子标度(Total scale)	海水	人工海水(完全解离的主要离子+ S_T)	$[H^+]_T = [H^+]_F + [HSO_4^-]$
海水氢离子标度(Seawater scale)	海水	人工海水(完全解离的主要离子+ S_T+ F_T)	$[H^+]_{SWS} = [H^+]_F + [HSO_4^-] + [HF]$

注：表中浓度单位为 μmol/kg。

6.1.2　pH 的测定

目前，应用于海水 pH 测定的方法主要有两种：使用电极的电位法测定和使用指示剂的光度法测定。由于标准缓冲溶液及样品的 pH 值通常与温度有关，为保证测样结果的准确性及可比性，一般规定测样温度在(25±0.1)℃。使用电位法测量时，由于测样时间短，暴露空气中对样品温度影响不大，因此可以采用将标准缓冲溶液及样品提前放入恒温槽中充分恒温后直接测量来实现控温。由于光度法测样时间较长，除将样品提前充分恒温外，还必须将全套系统外加恒温套以达到控温的目的。

6.1.2.1　电位法

电位法测定海水 pH 广泛应用于各种 pH 标度下 pH 值的测定，均需使用玻璃电极和电位计。pH 是由连续测定其 e. m. f. (E)值来确定的。

电位法的精准度取决于玻璃电极和电位计的灵敏度，而准确度取决于所采用的 pH 标度。电位法测定只需要电极、电位计和 pH 标准缓冲溶液。其设备简单便宜，便于携带且操作快捷，细致的操作、优质的电极和电位计可以使实验室内电位法测定重现性达±0.003(Byrne et al，1988)。温度、盐度和压力对 pH 测量均产生影响，且关系十分复杂，为了尽可能得到高精密度和准确度的数据，一般不建议进行温度和盐度的校正而是用实测值。同时，实际测量中为了尽可能提高测定准确度，一般推荐在恒温条件下使用和样品相同离子强度的标准缓冲溶液进行 pH 计的标定。此外，电极漂移使电位法较难准确观测 pH 的精细变化，需要频繁使用标准缓冲溶液进行校正以保证测定的准确性。由于电极漂移和不同电极系统之间的差异以及 pH 缓冲液在配制和保存时可能存在的问题，在许多情况下(特别是不同实验者之间)测定结果的差异往往比较大，大部分电位法测定的准确度较难优于 0.02。

1)采样要求

由于碳酸盐系统直接影响样品的 pH 值，为避免过多的气体交换影响 pH 值，要求 pH 样品使用窄口玻璃瓶直接从采水器中分样，并优先采样。采样时将洁净硅胶取样管一端接在采水器出口处，放出少量水样将硅胶取样管中气泡排掉，再放出少量水样润洗采样瓶 3 次，然后将取样管插到玻璃采样瓶底部，慢慢注入水样，应避免产生涡流和气泡，待水样装满并溢出约有采样瓶体积一倍后将取样管慢慢抽出，关闭采水器。样品瓶内顶部不留气泡，且要求尽快分析，不能长期储存，避免生物活动影响 pH 值。在部分生物量较高的海域，建议采样时添加适量饱和氯化汞溶液。

2)标准缓冲液的配制要求

标准缓冲液配置完成后，应装在玻璃瓶或聚乙烯或其他对溶液本身不产生影响的瓶子中密封、避光、阴凉或冷藏保存，如因保存不当，发现有浑浊、发霉或沉淀等现象或电极柱无法满足测定要求时，应弃用。标定电极时应将大瓶溶液倒入小瓶中，并确保标准缓冲溶液与样品保持同一温度，避免温度差异对样品测定结果产生影响，使用完毕后不得倒回大瓶中，以免沾污。因标准缓冲溶液组成较多，应选组成与样本匹配，尽量减少液接电位所引起的误差。

测定淡水样品或使用 NBS 标度时，一般采用去离子水来配置标准缓冲溶液。由于淡水 pH 的范围较广，因此标准缓冲溶液的配方较多，pH 值范围也较广，应根据测定样品的 pH 值范围进行选取，可购买商业化产品，也可自行配置。商业化产品一般使用聚乙烯瓶包装保存，添加显色剂，使用时可根据颜色选取，不易搞错，同时添加防腐剂，比自行配置的标准缓冲溶液保存期长，可达一年甚至更久。国标中规定使用邻苯二甲酸氢钾溶液、磷酸二氢钾和磷酸氢二钠、四硼酸钠溶液为一组标准缓冲溶液。常见 NBS 标度标准缓冲溶液的配方见表 6.2。

表 6.2　常见 NBS 标度标准缓冲溶液组成

序号	溶液组成	pH(25℃)
1	甘氨酸+盐酸	2.2~3.6
2	邻苯二甲酸+盐酸	2.2~3.8
3	磷酸氢二钠+柠檬酸	2.2~8.0
4	柠檬酸-氢氧化钠	2.2~6.5
5	柠檬酸-柠檬酸钠	3.0~6.6
6	乙酸-乙酸钠	3.6~5.8
7	磷酸氢二钠-磷酸二氢钠	5.8~8.0
8	磷酸氢二钠-磷酸二氢钾	4.92~9.18
9	磷酸二氢钾-氢氧化钠	5.8~8.0
10	巴比妥钠-盐酸	6.8~9.6
11	Tris-盐酸	7.1~8.9
12	硼酸-硼砂	7.4~9.0
13	甘氨酸-氢氧化钠	8.6~10.6
14	硼砂-氢氧化钠	9.3~10.1
15	碳酸钠-碳酸氢钠	9.16~10.83

注：标准缓冲溶液组成配比不同，pH 不同。

测定海水样品或使用总氢离子标度时，可以用人工海水来配置标准缓冲溶液。人工海水标准缓冲溶液推荐使用的缓冲体系是 Tris/HCl 缓冲溶液和 AMP/HCl 缓冲溶液。该缓冲溶液是一种合成海水的配方，准确配置该溶液最简单的方法，即首先称取一定量的 HCl，然后再加入与 HCl 的量相匹配的其他物质，该标准缓冲溶液可以在密封以及盛满的容器内存放数周，盐度可根据实测样品的盐度进行调整，一般要求与样品的盐度差别应小于 3。人工海水标准缓冲溶液组成见表 6.3。

表 6.3 盐度为 35 的海水样品测定时缓冲溶液组成（重量基于 1000gH_2O）

序号	试剂	分子量	摩尔量	重量/g
1	NaCl	58.44	0.38762	22.6446
2	KCl	74.55	0.01058	0.7884
3	$MgCl_2 \cdot 6H_2O$	203.3	0.05474	–
4	$CaCl_2 \cdot 2H_2O$	147.02	0.01075	–
5	Na_2SO_4	142.04	0.02927	4.1563
6	2-amino-2-hydroxymethyl-1, 3-propanediol(Tris)	–	0.08000	9.6837
7	2-aminopyridine(AMP)	–	0.08000	7.5231
8	HCl	36.46	0.04000	–
9	Tris 溶液总重量	–	–	1044.09
10	AMP 溶液总重量	–	–	1041.93

6.1.2.2 光度法

光度法测定 pH 值是后期发展起来的分析方法，基本原理是向待测样品中添加指示剂，测定解离平衡后指示剂不同形态的吸光值，并结合其热力学参数计算出 pH 值。针对海水 pH 值范围（一般为 7.4～8.4），海水光度法一般利用磺肽指示剂（sulfonephthalein indicator）的二级解离平衡反应（其一级解离发生在 pH = 2 的酸性条件下）。一些酸性染料类指示剂可用于光度法测定，此类指示剂（H_2I）有三种形式：H_2I（海水 pH 条件下可忽略）、HI 和 I^{2-}。

$$I_T = [I^{2-}] + [HI^-] = [I^{2-}](1 + [H^+]/K_{HI^-}) \tag{6.13}$$

其中

$$K_{HI^-} = \frac{[I^{2-}] \times [H^+]}{[HI^-]}。$$

式中：

K_{HI^-}——指示剂在相同 pH 标度下的二级解离常数，依不同指示剂性质其数值在 10^{-9}～10^{-4}。

$[I^{2-}]$、$[HI^-]$——指示剂不同形态的浓度，μmol/kg。

当指示剂达到解离平衡时，被测溶液的 pH 可表达为：

$$pH(T) = pK_{HI^-} + \lg\left(\frac{[I^{2-}]}{[HI^-]}\right) \tag{6.14}$$

目前常用的双波长测定法一般选择在$[HI^-]$和$[I^{2-}]$的最大吸收波长λ_1、λ_2下分别测定样品的吸光度$A_{\lambda1}$和$A_{\lambda2}$，根据朗伯-比尔定律，pH定义可写为：

$$pH = pK_{HI^-} + \lg \frac{R - e_1}{e_2 - R \times e_3} \tag{6.15}$$

式中：

e_1、e_2、e_3——指示剂不同形态在不同波长的摩尔吸光系数的比值；

R——吸光度比值。

$$e_1 = \frac{\epsilon_{\lambda_2}[HI^-]}{\epsilon_{\lambda_1}[HI^-]},\ e_2 = \frac{\epsilon_{\lambda_2}[I^{2-}]}{\epsilon_{\lambda_1}[HI^-]},\ e_3 = \frac{\epsilon_{\lambda_1}[I^{2-}]}{\epsilon_{\lambda_1}[HI^-]},\ R = \frac{A_{\lambda_2}}{A_{\lambda_1}} \tag{6.16}$$

由上式可知，只要确定指示剂相关热力学常数e_1、e_2、e_3、pK_{HI^-}，并对指示剂解离平衡后的海水样品进行吸光值测定，即可求算出其pH值。海水组成较恒定，用温度、盐度和压强即可较精确地描述指示剂在海水中的物理化学行为。研究者已经对许多指示剂的相关常数进行了测定：如酚红phenol red(Robertbaldo et al，1985)、间甲酚紫m-cresol purple(Claytonet al，1993)、百里酚蓝thymol blue(Zhang et al，1996)等。其中，百里酚蓝较适合于表层海水的测定(pH≥7.9)，而间甲酚紫适于开阔大洋全剖面的pH测定。在指示剂相关常数完成实验室测定后，光度法只需要测定样品的吸光值即可计算pH，可以实现现场工作的“免校正”。而通过记录测定时的条件和吸光度比值，在更准确的指示剂常数出现后，可以方便地校正历史数据，从而保证其延续性和可比性。光度法测定可于封闭体系内进行，指示剂在海水中的解离平衡迅速，在最大程度上隔绝了气体交换等对样品pH的影响。光度法自身具有很高的测定灵敏度且稳定，一般在2h内的漂移小于0.001 pH单位(Byrne et al，1989)。使用双波长吸光度比值可以降低光路长度、指示剂浓度和温度变化对测定结果的影响。

由于指示剂的理化参数是温度的函数，解离平衡等过程也受温度影响，因此温度控制对于光度法的准确测定显得十分重要(一般为±0.1℃)。指示剂添加会对样品pH值产生影响，其程度取决于指示剂溶液和样品pH的相对差异，因此实际工作中需要对指示剂添加的影响进行校正。此外，由于使用不同厂商不同批次的试剂，因纯度差异也可能引起高达0.01pH单位的测定误差，因此，建议实验室内或现场应保存部分指示剂，以便与纯化后的指示剂进行比对和校正(Yao et al，2007)。

WOCE/JGOFS/OACES 等全球海洋考察计划中大量样品测定结果表明，目前光度法测定的精密度可以达到 0.0004。Dickson 评估光度法潜在的准确性为 ±0.002，而相关研究报道的光度法实际测定的准确性可达到 ±0.005（Bellerby et al，2002；Martz et al，2003；McElligott et al，1998；Tapp et al，2000）。

1）采样要求

pH 样品要从采水器中用吸液软管直接将样品送入比色池，冲洗比色池 15~20s 之后用聚四氟乙烯塞子将比色皿密封，且顶部不留气泡。样品必须立即分析，并在恒温条件下测定，不能长期储存或保存。在等待分析期间，需要将样品于室温下存放于暗处。

2）测样要求

一般海水 pH 测定常选用 10cm 光程比色池及间甲酚紫为指示剂，测定时加入指示剂的量要满足样品在每个吸收峰可以产生 0.4~1.0 的吸光度值。间甲酚紫的特征吸收峰对应的波长为 578nm（λ_1）、434*nm*（λ_2），非吸收波长为 730nm，对应于三个波长，含有显色剂的样品测量的吸光度值减去测量（不含显色剂）的背景吸光度值。此外，非吸收波长吸光度的测量是用来监测和纠正由于比色池或是仪器响应等的任何误差所引起的基线的波动。这里假设任何可以观察到的严重的基线变化与整个可见光谱是一致的。要做到这一点，就要减去 λ_1 和 λ_2 的背景校正的吸光度的波动，以获取每一个波长对应的校正的最终吸光度值。最终的吸光度值，需要纠正背景吸光度以及任何可观察到的基线波动，进而计算吸光度比率 $A_{\lambda_1}/A_{\lambda_2}$。海水+显色剂 pH 值的计算：

$$\mathrm{pH} = \mathrm{p}K_2 + \lg\left[\frac{A_1/A_2 - \varepsilon_1(\mathrm{HI}^-)/\varepsilon_2(\mathrm{HI}^-)}{\varepsilon_1(\mathrm{I}^{2-})/\varepsilon_2(\mathrm{HI}^-) - (A_1/A_2)\varepsilon_2(\mathrm{I}^{2-})/\varepsilon_2(\mathrm{HI}^-)}\right] \tag{6.17}$$

往海水样品中添加显色剂对 pH 会有干扰（相当于添加了一些酸）。虽然已尽量减少这种干扰（调整显色剂溶液的 pH），但为获得最佳的 pH 测定值最好校正添加显色剂所引起的误差。在原则上，pH 的扰动虽然可以由样品和显色剂化学平衡的知识来计算，但基于经验进行校正更简单易行。

第一次添加显色剂后的 $A_{\lambda_1}/A_{\lambda_2}$ 的函数：

$$\frac{\Delta(A_{\lambda_1}/A_{\lambda_2})}{V} = a + b(A_{\lambda_1}/A_{\lambda_2}) \tag{6.18}$$

式中：

V——每次加入显色剂的量。

最后更正的吸光度比率为：

$$(A_{\lambda_1}/A_{\lambda_2})_{corr} = (A_{\lambda_1}/A_{\lambda_2}) - V[a + b(A_{\lambda_1}/A_{\lambda_2})] \quad (6.19)$$

6.1.2.3 海水 pH 在线监测

基于电极测定的 pH 探头已广泛应用到各种现场仪器中，但电极的漂移问题使电极 pH 探头难以在长期连续监测中获得准确的数据。随着研究者的不断开发，光度法逐渐从离散样品测定发展为走航连续测定(Liu et al，2006)、原位监测(Seidel et al，2008)和剖面仪器(Nakano et al，2006)，在测定速度和操作自动化方面得到有效的提高。基于 pH 光度法测定的基本原理，还可以实现对其他碳酸盐体系参数的测定，如总溶解无机碳(Byrne et al，2002；Breland et al，1993；Yao et al，1998)，p_{CO_2}(DeGrandpre et al，1999；Lu et al，2008；Wang et al，2003)以及多参数同时分析。其未来发展方向是开发更坚固易用的自动化系统，应用于走航快速测定，或者在动力学变化复杂的区域进行原位连续监测，为解析复杂的海洋生物化学变化过程提供高质量、高时间分辨率的数据支持。

6.1.3 我国近海海水 pH 的分布及影响因素

海水呈弱碱性，开阔大洋 pH 变化不大，一般在 8.0 左右[注：因 pH(T)历史数据较少，因此若无特殊说明，pH 的分布中涉及 pH 均采用 NBS 标度]，在小范围内波动，但近岸区由于受水团及生物活动等的影响，变化较大。影响海水 pH 的因素很多，海水中有多种弱酸及其盐类，其中以碳酸的含量最高，影响最大，即主要由 CO_2-HCO_3^--CO_3^{2-}体系控制海水的 pH 值。水温的升高或者表层植物的光合作用都会使 CO_2减少，从而引起 pH 值升高；生物的呼吸或有机物的分解都产生 CO_2，会导致 pH 降低(洪华生，2012)。

在渤海海区，pH 的季节变化不明显，秋季略高，为 8.2 左右，夏季略低，在 8.1 左右。春季，pH 分布相当均匀，多在 8.1~8.2 之间，仅在底层位于莱州湾向北区域略大于 8.2。夏季，在辽东湾与渤海湾顶部及海区中部，表层 pH 稍高，在底层，三个海湾顶部及中央亦大于 8.1，整体而言甚为均匀。秋季，表层 pH 在辽河、滦河口及莱州湾较高，其余区域较为均匀，表层以下呈现西部稍高的特点，但分布仍属均匀，冬季亦然。

北黄海 pH 较低，约为 8.0，可能是受到鸭绿江输入的影响，而在受黄海暖流影响的海域，其 pH 与大洋表层接近，为 8.05~8.15。

春季，东海表层 20m 以浅溶解氧过饱和，pH 为 8.3 左右，而表层以下由于不同程度的耗氧过程使得 pH 下降至 8.2 左右，且近岸由于耗氧作用较强而降低更加显著。夏季表层 pH 则从北部的 8.3 左右下降为南部的 8.1 左右，在受沿岸次表层水涌升影响的区域，pH 下降至 7.9。秋末冬初，受底层缺氧水体与表层垂直混合的影响，pH 整体较低。

南海北部大陆架区 pH 约 8.2，发生水华时，表层 pH 可达 8.6。夏季，珠江冲淡水影响南海东北部，表层 pH 大于 8.2，底层 pH 约 8.08。南海北部海盆区(以 SEATS 为例)，表层 pH 介于 8.17~8.22 之间，随深度的增加而减小，在 1500m 以深，几乎不再随深度而变化，介于 7.62~7.65 之间(王颖，2013)。

6.2 海水总碱度

6.2.1 总碱度的定义

海水总碱度(TAlk，total alkalinity)是海洋碳循环的重要参数，是指每千克海水中质子受体超过质子供体的量相当的氢离子的摩尔数(Dickson et al，2007)，单位为微摩尔每千克(μmol/kg)(质子供体指的是温度为 25℃、离子强度为 0 时的解离常数 $K>10^{-4.5}$的组分；质子受体指的是在同样条件下的解离常数 $K\leqslant10^{-4.5}$的组分)。定义式为：

$$\begin{aligned}\mathrm{TAlk} = & [HCO_3^-] + 2[CO_3^{2-}] + [B(OH)_4^-] + [OH^-] + [HPO_4^{2-}] \\ & + 2[PO_4^{3-}] + [SiO(OH)_3^-] + [NH_3] + [HS^-] + \cdots - [H^+]_F \\ & - [HSO_4^-] - [HF] - [H_3PO_4]\end{aligned} \tag{6.20}$$

各组分对总碱度的贡献见表 6.4。pH 为 8 的天然海水，总碱度包含的弱酸阴离子主要为 HCO_3^-、CO_3^{2-}和 $B(OH)_4^-$，故总碱度可近似为：

$$\mathrm{TAlk} = [HCO_{3-}] + 2[CO_3^{2-}] + [B(OH)_{4-}] + [OH^-] - [H^+] \tag{6.21}$$

对于河口区和污染海域，一些弱酸根阴离子或有机酸的含量往往不可忽略，在缺氧水中 HS^-、S^{2-}亦应被考虑在内。

表 6.4 各组分对总碱度的贡献（pH=8，S=35）

组分	贡献（%）
$[HCO_3^-]$	89.8
$[CO_3^{2-}]$	6.7
$[B(OH)_4^-]$	2.9
$[SiO(OH)_3^-]$	0.2
$[OH^-]$	0.1
$[HPO_4^{2-}]$	0.1

6.2.1.1 碳酸碱度

海水中由碳酸弱阴离子对碱度作出贡献的总和即为“碳酸碱度”，以“CA”表示：

$$CA = [HCO_{3-}] + 2[CO_3^{2-}] \tag{6.22}$$

6.2.1.2 硼酸碱度

硼酸弱阴离子对碱度的贡献，即称为“硼酸碱度”，以“BA”表示。

$$BA = [B(OH)_{4-}] \tag{6.23}$$

6.2.1.3 盐度归一化总碱度

盐度归一化总碱度，以“NTA”表示。归一化处理是排除海水混合的影响，着重讨论生物地球化学过程对总碱度的影响。NTA =TA×35/S，适用于大洋，只有降水和蒸发影响 TA 的前提下，在陆架边缘海使用需要考虑河流输入的影响。

海水总碱度从地球化学观点看，它代表的是海水中保守性阳离子与保守性阴离子的电荷差别。海水中的总碱度呈保守性质，海水的温度、压力、海-气界面CO_2的交换以及生物对CO_2的吸收与释放均不会影响总碱度，但盐度、碳酸钙的沉淀与溶解、氮的生物吸收和有机物再矿化过程中溶解无机氮的释放会导致海水中总碱度的变化。从全球海洋看，表层水总碱度的空间分布特征与盐度类似，而深层水总碱度受碳酸钙溶解的影响，沿大洋热盐环流路径逐渐增加。

6.2.2 总碱度的影响因素

6.2.2.1 盐度对总碱度的影响

总碱度与盐度正相关，海水中保守性阳离子和保守性阴离子的电荷数差值随盐度的变化而变化。因此降雨、蒸发、淡水输入、海冰的形成与融化等会影响盐度，因而也会导致海水总碱度的变化。

6.2.2.2 $CaCO_3$的沉淀与溶解对总碱度的影响

$CaCO_3$沉淀，海水Ca^{2+}浓度降低，保守性阳离子与保守性阴离子之间的电荷数差减少，总碱度降低。1 mol $CaCO_3$的沉淀将使 DIC 降低 1 mol，总碱度降低 2 mol；反之，1 mol $CaCO_3$的溶解将使 DIC 增加 1 mol，总碱度增加 2 mol。

6.2.2.3 氮的生物吸收和有机物再矿化过程中 DIN 的释放对总碱度影响

l海洋生物吸收硝酸盐伴随着OH^-产生，总碱度增加，每吸收 1 mol NO_3^-，总碱度增加 1 mol。海洋生物吸收氨盐伴随着H^+产生，总碱度降低。生源有机物再矿化过程对总碱度的影响与上述氮的生物吸收刚好相反。

6.2.3 总碱度的测定

6.2.3.1 pH 单点法

GBT 12763.4—2007《海洋调查规范》中海水总碱度的分析方法采用的是 pH 单点测定法。pH 单点测定法的方法原理为：在海水样品中加入过量的已知浓度的盐酸溶液以中和海水样品中的碱，超过第二等当点，使得 $pH<4$（一般在 3.4~3.9 之间），然后用 pH 计测定此混合溶液的 pH 值，由测得值计算混合溶液中剩余的酸量，再从加入的总酸量中减去剩余的酸量即得到水样中碱的量，从而求算出海水总碱度。

该方法简单、快速、适于现场分析，但准确度偏低。总碱度为 1.5 mmol/L 时，相对误差为 3.5%；总碱度为 2.2 mmol/L 时，相对误差为 2.5%。相对标准偏差皆为 1.5%。

6.2.3.2 滴定法

滴定法是用已知浓度的盐酸溶液滴定海水样品，以混合指示剂为指示，判定滴定终点。根据其测定方式又分为直接滴定法和返滴定法。直接滴定法是指以已知浓度的盐酸溶液滴定海水样品，以酚酞为指示剂的滴定终点对应的碱度为酚酞碱度，以甲基橙作为指示剂的滴定终点对应的碱度为甲基橙碱度即总碱度。返滴定法的基本原理是在海水样品中加入过量盐酸，使其 pH 为 3.5 左右，然后煮沸（或通入无CO_2的气体，如N_2等）赶掉CO_2，加入指示剂（溴田酚绿或甲基红），而后以标准碱如$Ba(OH)_2$滴定过量的盐酸，进而求算海水的总碱度。该方法终点转变不易分辨，导致终点确定困难、误差比较大；此外，该方法的操作及分析结果的处理比较繁琐，费时费力。

6.2.3.3 电位滴定法

电位滴定法有单点滴定法和多点滴定法。海洋行业标准《海水碱度的测定 pH 电位滴定法》(HY/T 178—2014)中碱度的分析方法采用的是 pH 单点电位滴定法。以盐酸标准滴定溶液为滴定剂，滴定终点采用 pH 计电位示值判定，pH=8.3 时，海水样品中存在的氢氧化物和 1/2 的碳酸盐被滴定；pH=4.5 时，海水样品中碳酸氢根离子被滴定。碱度为 142.02 mg/L 时，重复性标准差为 0.19 mg/L，重复性相对标准偏差为 0.13%，再现性标准差为 0.82 mg/L，再现性相对标准偏差为 0.58%；碱度为 275.00mg/L 时，重复性标准差为 0.28 mg/L，重复性相对标准偏差为 0.10%，再现性标准差为 1.76 mg/L，再现性相对标准偏差为 0.64%。

多点电位滴定法以 pH 玻璃电极为指示电极，用已知浓度的盐酸标准溶液，逐步过量滴定定量的海水样品，获得电位值与盐酸标准溶液添加量的关系，过量滴定时 Gran 函数(GF)与盐酸标准溶液的添加量呈线性关系，由过量滴定后的电位值 E 计算 GF，并以 GF 对盐酸标准溶液的添加量作图，用直线外推法回算至 GF=0 时即滴定终点对应的盐酸标准溶液添加量，进而计算海水样品的总碱度。总碱度为 2000~2500 μmol/kg 时，重复性标准差均不大于 2 μmol/kg，重复性相对标准偏差均不大于 0.1%；再现性标准差均不大于 4 μmol/kg，再现性相对标准偏差均不大于 0.2%。总碱度为 1700~2000 μmol/kg 和 2500~2700 μmol/kg 时，重复性标准差均不大于 4 μmol/kg，重复性相对标准偏差均不大于 0.2%；再现性标准差均不大于 6 μmol/kg，再现性相对标准偏差均不大于 0.3%。该方法的精确度和准确度都非常高，且自动化程度高，操作简便，测定快速准确，适用于大规模的海上调查研究，目前被广泛用于海水总碱度测定。

影响该方法准确度的关键问题包括以下几种。

1) Gran 函数(GF)的计算

GF 为基于电位滴定法测定海水总碱度时定义的中间函数(Dickson et al, 2007)：

$$\mathrm{GF}=\frac{[\mathrm{H}^{+}](V_0+V_{\mathrm{HCl}})}{V_0}=\frac{10^{\frac{E-E^0}{a}}(V_0+V_{\mathrm{HCl}})}{V_0}=C_{\mathrm{HCl}}(V_{\mathrm{HCl}}-V_{\mathrm{eq}})/V_0 \tag{6.24}$$

式中：

GF——Gran 函数；

$[H^+]$——溶液中氢离子的浓度；

V_0——海水样品的滴定体积，mL；

V_{HCl}——各滴定点盐酸标准溶液的滴加体积，mL；

E——溶液的电位值，mV；

E^0——电极的专属常数；

a——一定温度下电极响应直线的斜率，即 pH 标准缓冲溶液的响应电位值与 pH 拟合直线的斜率；

C_{HCl}——盐酸标准溶液浓度，mol/L；

V_{eq}——等当点盐酸标准溶液的滴加体积，mL。

GF 值与盐酸标准溶液滴加量的线性关系是计算海水样品总碱度的关键所在，因此，为了达到该方法的准确度，GF 值及各滴定点盐酸标准溶液滴加体积拟合直线的相关系数大于 0.999 9 时才可信，且要求测定过程中第一滴定点 pH 应介于 3.50~4.00 之间，且在第一滴定点前应至少停留 0.5 min，以确保磁力搅拌器转子搅拌将样品生成的 CO_2 彻底赶出，而后选择恰当的盐酸标准溶液的体积增量(如 0.02 mL)逐步滴定，直至 pH 低于 3.00 停止，获取至少 6 个滴定点计算各滴定点对应的 GF 值，用外推法回算 GF=0(即滴定等当点)时盐酸标准溶液的滴加体积。

2) pH 玻璃复合电极标定

pH 计以及 pH 玻璃复合电极的稳定性也至关重要。首先要检查 pH 计状态是否稳定，pH 计断接时电位值应为 0.0 mV，偏移过大或变化过快(2 min 之内偏移大于 0.1 mV)均为不稳定，不稳定时应检查电源连接状况，若无法排除，则应更换 pH 计。检查 pH 玻璃复合电极状态是否稳定，pH 值为 4.01 的标准缓冲溶液电位值为 170.0 mV±20.0 mV，如 pH 玻璃复合电极老化导致读数不稳、偏差过大或响应太慢，应及时更换。pH 计以及 pH 玻璃复合电极稳定后分别以 3 个 pH 标准缓冲溶液标定 pH 玻璃复合电极，电极效率(一定温度下电极标定的响应直线斜率 a 与其理论值 a_0 的比值)在 98%~102%之间时标定有效。

3) 盐酸标准溶液标定

标定盐酸标准溶液的海水标准样品总碱度值需要准确至 0.1 μmol/kg，且要求海水标准样品开启后要常温避光保存或4℃冷藏保存，剩余体积小于瓶体积1/3时应及时更换。此外，盐酸标准溶液标定时应舍弃第一次标定结果，重复标定至结果平行(相对误差绝对值不大于0.1%)，取三次平行结果均值作为盐酸标准溶液浓度。

此外，本方法执行中应注意如下事项：

(1)总碱度样品采集一般不需要过滤，测定时取上清液，但在悬浮物含量较高海域，需要过滤采样；

(2)采样瓶封口使用的硅脂应有较高黏性，可使采样瓶密封良好，高温焙烧时可充分灰化，不影响采样瓶再次使用；

(3)盐酸标准溶液的浓度应每天标定，且分析过程中要确认盐酸标准溶液滴定管浸入溶液中，滴定管路中不得泵入气泡；

(4)分析过程中环境温度应稳定，波动误差绝对值不大于1℃，避免温度变化过大导致误差增大；

(5)在盐酸标准溶液标定及海水样品测定等过程中，磁力搅拌器所用转子尺寸及转速应保持一致，以使加入酸液充分搅匀同时液面不出现漩涡为宜。

6.2.4 总碱度的分布特征

我国近海各海域海水中总碱度的测定范围为1.73~2.70mmol/L。各海域海水中的总碱度的测定范围和平均值分别为：渤海为1.90~2.48mmol/L，平均值为2.25mmol/L；黄海为1.95~2.48mmol/L，平均值为2.30mmol/L；东海为1.90~2.48mmol/L，平均值为2.17mmol/L；南海上层水的总碱度为1.73~2.48mmol/L，平均值为2.26mmol/L；南海下层水的总碱度为2.13~2.70mmol/L，平均值为2.37mmol/L(陈敏，2009)。

6.3 海水总溶解无机碳

6.3.1 总溶解无机碳的定义

总溶解无机碳(dissolved inorganic carbon，DIC)，为每千克海水中所含的以溶解态存在的无机碳(包括溶解 CO_2、H_2CO_3、HCO_3^-、CO_3^{2-})量的总和，单位为微摩尔每千克(μmol/kg)。

$$DIC = [CO_2^*] + [HCO_3^-] + [CO_3^{2-}] \quad (6.25)$$

式中，$[CO_2^*]$即CO_2和H_2CO_3的浓度之和。

总溶解无机碳是碳酸盐系统的重要参数之一，当海水的温度、压力、pH 值等条件变化时，上述各形式的CO_2相互转化。海水中含量最多的是HCO_3^-，其次是CO_3^{2-}，含量最少的是溶解CO_2。在不同海区各形态CO_2含量有较大差别，如太平洋海水中溶解CO_2、CO_3^{2-}、HCO_3^-分别为 0.02mmol/L、0.10mmol/L、2.35 mmol/L；大西洋海水分别为 0.015 mmol/L、0.15 mmol/L、2.10 mmol/L；台湾海峡分别为 0.008 mmol/L、0.23 mmol/L、1.69 mmol/L。各形态CO_2在海水中的垂直分布很有规律，CO_2、HCO_3^-随深度增加而增加，CO_3^{2-}随深度增加而降低，这是因为表层海水的温度较高，压力低，CO_2的溶解度小，加上光合作用对CO_2的消耗，所以CO_2含量较低；由于表层 pH 较高，而有利于CO_2平衡体系中CO_3^{2-}的增加，所以表层CO_2、HCO_3^-比深层低；而CO_3^{2-}则高。随着深度的降低和压力增高，CO_2的溶解度增加；同时光合作用随深度增加而减弱，死亡有机体的分解作用消耗氧而产生CO_2，有利于CO_2、HCO_3^-的快速增加；同时，分解过程中产生过量的CO_2与CO_3^{2-}结合，从而使CO_3^{2-}的浓度降低，而增加HCO_3^-。此外，海水中CO_2体系还有明显的季节变化，如台湾海峡各形态CO_2都表现为冬季高于夏季高于春季高于秋季(李学刚，2004)。

6.3.2 海水 DIC 的测定方法

海水中总溶解无机碳的测定始于 20 世纪初期，较早见于 Wells(1918)的工作。海水中总溶解无机碳的分析方法主要有以下几种：重量法、变色法、平衡压力法、气相色谱法、电化学传感器法、库仑滴定法和非色散红外吸收法等(姬泓巍 等，2002)。

6.3.2.1 重量法

重量法测海水总溶解无机碳的原理：将一定量的海水样品酸化，把释放出的CO_2通入盛有苏打水的称量瓶中，然后称量瓶重，由增加的瓶重计算吸收的CO_2的量。Saruhashi(1953)采用重量法，先将海水酸化，然后将产生的CO_2通入$Ba(OH)_2$溶液，生成$BaCO_3$沉淀，通过称量得到$BaCO_3$的量，求出海水中的总溶解无机碳。

6.3.2.2 变色法

将一定体积的CO_2气流通过变色固体试剂管，根据管内试剂的变色长度确定CO_2的浓度，测定浓度范围为0.01%~60%。该法在海洋监测和调查中的应用较少。

6.3.2.3 平衡压力法

通过平衡压力测定释放的CO_2的量，以求得总溶解无机碳。但采用压力法需要连接大量的真空管路，难度较大，不适合在船上做现场测定。

6.3.2.4 气相色谱法

用磷酸酸化水样，然后经气提、干燥后进行体积校准和气体分离，最后通过热导池检测器进行检测(Park et al，1964)，此法测定一个样品约需7min。色谱法的特点是虽然能得到较好的精密度，但是对实验装置的材料与条件要求较为苛刻，采用聚四氟乙烯套管，要求管路的接口有很好的密闭性能，整个装置能稳定使用约20h。对环境的变化也比较敏感，系统的温度控制要求较高，需要精确测定样品环的体积和气体的温度、压力和压缩系数等各种气体参数，校正计算较复杂。装置使用前必须对管路中的水蒸气进行检测，以达到可接受的程度。另外，还存在设备复杂、投资大、操作困难和需配备高素质的技术人员等不足。

6.3.2.5 电化学传感器法

将CO_2浓度(或分压)通过电化学反应转变成电信号的电化学测定。这种方法具有价格低廉、结构紧凑、携带测量方便，易与各种测试、控制技术联用从而实现自动化，可实现现场连续监测等优点。但该法一般具有响应速度慢、易受干扰的缺点，限制了它的广泛应用。

6.3.2.6 库仑滴定法

Johnson等(1985)首先提出来该方法。他们采用了Coulometric公司的库仑仪及专利电解液，改进了由Wong(1970)提出的海水溶解无机碳提取方法，邢忠宝等(1996)又提出了相对库仑滴定法，该法有利于盐度(离子强度)的控制并使得滴定突跃增大，提高了方法的精密度和灵敏度。其原理是向海水中加入一定浓度的磷酸溶液，从而将海水中的总溶解无机碳酸化后转化为CO_2气体，通入氮气作为载气，将产生的CO_2吹出。然后对混合气体进行冷凝，洗气，干燥，除去其中的水蒸气和干扰气体，净化后的气体通入库仑滴定池，CO_2就与电解液中的乙醇胺反应生成酸性物质$HO(CH_2)_2COOH$，此物质在二甲亚砜有机弱碱性溶剂中表现出较强的酸性。气提完全后，开始电解滴定，在电极上发生氧化还原反应。库仑池的阴极采用一定面积铂片作为工作电极，发生水的还原反应，产生H_2和OH^-；库仑池的阳极采用银电极为辅助电极，在其上发生银的氧化反应；在阳极区加入饱和KI的二甲亚砜溶液，它与生成的Ag^+反应生成AgI_2^-，从而防止了Ag^+由辅助电极室迁移至工作电极室，产生阴极干扰。至终点时，电解液中的指示剂由无色变为蓝色，停止电解。根据所消耗的电量，由法拉第定律$Q=nzF$即可求得CO_2的摩尔数。

库仑滴定法是既能测定常量物质，又能测量微量物质的准确而又灵敏的方法。由于使用电生滴定剂进行滴定，滴定剂始终是“新鲜的”，不存在容量滴定中溶剂不稳定的问题，不需标定；库仑滴定不需要基准物质和标准溶液，库仑滴定的原始标准是电量；由于电流和时间都可以用仪器控制得非常准确，所以此方法可以达到很高的准确度和精密度，一般分析误差在0.05%左右，从而可作为总溶解无机碳测定的标准方法。同时，灵敏度高，取样少；易于实现自动分析及在线分析。由于库仑滴定具有以上优点，在海水测定中得到了广泛的应用。但此方法的不足之处是每个样品的分析时间较长，不利于海上现场分析测定；由于固体碳酸盐的存在，比如$CaCO_3$会对本方法结果产生干扰；温度控制要求较高，如水样温度需控制在恒定温度下，误差在±0.4℃，电解池温度变化控制在±0.2℃。因此它仍有可改进之处，如：继续发展和改进系统的校准方法；继续改进和完善测定过程；增强系统的自动化程度和抗震能力等。

6.3.2.7 非色散红外吸收法

Broecke(1960)和Wong(1970)使用非色散红外吸收法测定了海水中的总溶解无机碳，其干扰主要来自待测混合气体中包含的水蒸气。Wong又对该装置进行了进一步的改进，主要是采用冷阱法分离了二氧化碳和水蒸气，使分析干扰大大减少。其基本原理是将一定体积的待测样品吸入移液管，注入气提室，同时加入少量磷酸酸化，并通入氮气气流，进行气提，并将气流通过冷阱进行冷凝与升华，将二氧化碳与水蒸气完全分离，干燥后的气体以非色散红外吸收法进行测定。非色散红外吸收法具有精确度高、稳定性好等特点，其主要干扰来自待测混合气体中所含的水蒸气，采用冷阱法分离二氧化碳和水蒸气，能大大减少分析干扰。一般非色散红外吸收法的测定标准偏差为 2.0 μmol/kg，达到了与库仑滴定相媲美的结果。近几年，受仪器发展等限制，最初采用库仑法测定总溶解无机碳的 SOMMA 系统的制造商已经不再生产，非色散红外吸收法逐渐成为分析测定海水中总溶解无机碳方法的主要发展方向。

6.3.3 海水 DIC 的测定

6.3.3.1 样品采集

直接从采水器中分样，优先采样。采样时将洁净硅胶取样管一端接在采水器出口处，放出少量海水，将硅胶取样管中气泡排掉，用海水冲洗采样瓶 3 次，然后将硅胶取样管插到采样瓶底部，慢慢注入海水，应避免产生涡流和气泡，待海水装满并溢出采样瓶体积约一倍后，将硅胶取样管慢慢抽出，关闭采水器。

样品采集后，用移液器移出部分样品，移取体积不得大于样品总体积的 1%，再用移液器在水样中加入饱和氯化汞溶液进行固定(添加体积一般为样品体积的 0.02%~0.1%，添加量不得小于 50 μL)。然后用无尘纸将采样瓶瓶口及瓶塞擦干，并在瓶塞侧边均匀涂上硅脂。上述操作应在分样后尽快完成，盖紧采样瓶瓶塞后左右拧转数次，使硅脂涂抹均匀，并用橡胶带固定采样瓶瓶塞，上下颠倒采样瓶数次，使饱和氯化汞溶液与样品充分混匀。样品避光，室温或 4℃ 冷藏存放，不得冷冻存放。

6.3.3.2 非色散红外法

总溶解无机碳测定时一般选用美国 SCRIPPS 海洋研究 Andrew G. Dickons 实验室所标定的海水标准样品绘制工作曲线，每批海水标准样品都应具有标准证书。

总溶解无机碳分析仪连接成功并充分预热后，打开载气调节减压阀稳定至仪器设定压力，将海水标准样品连接至数字泵进样端，将酸液连接至数字泵的另一端，运行程序，泵入海水标准样品和酸液后，在酸液作用下，海水标准样品的总溶解无机碳转变为游离 CO_2，经干燥进入非色散红外分析仪，程序给出响应值。改变海水标准样品的进样体积，分别测定至少 3 个不同体积的海水标准样品的仪器响应值。测定完成后，基于线性回归法得出不同体积海水标准样品中总溶解无机碳的含量(μmol)与其对应仪器响应值的关系曲线，线性回归系数大于0.999 90时方可进行后续样品的测定。

将海水样品连接至数字泵样品进样端，设置进样体积(根据预估的样品的总溶解无机碳含量设置进样体积)，使得海水样品测定的仪器响应值落在标准曲线的中间位置，运行分析程序，将样品和磷酸溶液泵入反应池，以载气将海水样品生成的CO_2吹入干燥系统干燥后，进入检测器测定，记录对应仪器响应值，根据工作曲线计算样品总溶解无机碳的含量。

6.3.3.3 库仑法

若仪器在船上使用，在将系统安装并固定在船上后，以及航次结束拆洗之前，都应用重量法检查确认移液管的移液体积，以检测船上分析的误差。仪器使用前首先使用不含CO_2的载气进行系统的本底检查，确保本底小于25 counts/min，并保持稳定在±10 counts/min。由于电解池电极效率并非100%，因此每套新鲜的电解液都需使用气路或碳酸钠溶液进行校准。气路校准较为繁琐，难度高，但一旦就绪后后期使用非常方便；碳酸钠溶液校准操作较易，但每次校准都需重新配备一系列溶液。

完成上述操作后，即可以开始样品测定。样品进入提取室后，用酸液酸化，总溶解无机碳酸化后转化为CO_2气体，通入氮气作为载气，将产生的CO_2吹出。然后对混合气体进行冷凝，洗气，干燥，除去其中的水蒸气和干扰气体，净化后的气体通入库仑滴定池，当滴定率返回背景水平时，记录其最终读数。该过程需要控制样品温度变化小于±0.4℃，盐度精确至±0.1，用以计算样品密度。

6.3.4 我国近海海水DIC的分布及影响因素

渤海沿岸河流众多，以高含沙量著称的黄河为主，由于黄河流经富含碳酸盐的黄土高原，其输入对渤海的DIC行为产生重要影响。夏季表层水体DIC含量在2020~2640μmol/L之间，中西部含量处于较低水平，而在老黄河口附近、辽东湾的西部和莱州湾，DIC出现明显的高值，并呈现出近岸高、远岸低的趋势。底层含量在2210~2840μmol/L之间，整体上明显高于表层，分布趋势与表层类似。

黄海的DIC除了受北向的黄海暖流(冬季最为强盛)及南下的黄海沿岸流影响之外，冬季偏北风对水柱的垂直混合，夏季偏南风对表层水团的运移都会对

DIC 的行为特征产生重要影响。春季，北黄海的 DIC 含量在 2060~2090μmol/kg 之间，而在南黄海，浮游植物光合作用消耗 DIC 显著，变化幅度较大，在 1970~2090μmol/kg 之间。

东海的 DIC 受长江冲淡水、沿岸水、台湾海峡水以及黑潮水的综合影响，季节变化显著。夏季，受长江冲淡水稀释和浮游植物初级生产活动旺盛的双重影响，表层 DIC 基本上处于 1850~2000μmol/L 的较低水平，最高值出现在长江口以南的沿岸上升流影响区域。春、秋季，北部部分海域受到黄海沿岸水南侵的影响，DIC 呈现北高南低的趋势。冬季 DIC 的空间分布变化较为平缓，北高南低的趋势十分明显，由于受到冬季流场的主控，西侧浙闽沿岸流区域的 DIC 也较高。

南海是个半封闭的边缘海，既有广阔的陆架，又有水深超过 4000m 的海盆，还有两条热带/亚热带的大河——湄公河和珠江的输入，此外，南海通过深达 2200m 的巴士海峡与西北太平洋发生交换，也必将对南海的碳化学产生很大的影响。南海北部大陆架区表层 DIC 的浓度在 1700~2000μmol/kg 之间，夏季，珠江冲淡水影响南海东北部，表层 DIC 浓度处于 1800~1950μmol/kg 之间，至大陆架坡折处，浓度约为 2250μmol/kg。南海北部海盆区(以 SEATS 为例)，表层 DIC 的浓度水平约为 1890~1940μmol/kg，随深度的增加而增大，在 1500m 以深，则几乎不再随深度而变化，浓度水平在 2320~2340μmol/kg 之间。从季节变化上看，冬季在 75m 以浅保持在 1900μmol/kg，200m 深处接近 2100μmol/kg；春秋季表层最低，为 1850~1900μmol/kg，随着深度的增加迅速增大，75m 深处接近 2015μmol/kg；下架表层及 200m 处的浓度值与冬季的浓度值接近，分别约为 1900μmol/kg 和 2100μmol/kg(洪华生，2012)。

6.4 海水二氧化碳分压

6.4.1 海水二氧化碳分压的定义

海水二氧化碳分压(partial pressure of CO_2, pCO_2)是指海水中溶解 CO_2 与气体中 CO_2 达到平衡后，气体中 pCO_2 的数值。其数值等于气体中 CO_2 的摩尔分数(mole fraction of CO_2, xCO_2)与气体总压力的乘积，常用单位为微大气压(μatm)。

6.4.2 海水二氧化碳的影响因素

海水 pCO_2浓度受到多个因素的影响，包括生物作用、光合作用、碳酸钙的溶解与沉淀、温度作用以及海气交换过程等。呼吸作用升高 pCO_2；光合作用降低 pCO_2；碳酸钙的溶解过程导致 pCO_2降低，碳酸钙的形成过程导致 pCO_2升高；温度升高 pCO_2升高，温度降低 pCO_2降低；海水吸收大气 CO_2，pCO_2升高，海水释放 CO_2，pCO_2降低。此外，物理混合过程也能够改变 pCO_2的高低（Zeebe et al, 2001；Millero, 2013）。

6.4.3 海水二氧化碳分压的测定

海水 pCO_2的测定，需要将海水样品中溶解 CO_2与一定体积气体中 CO_2达到平衡后，测定气体中 CO_2的浓度。因此，海水 pCO_2的测定应注重两个关键环节，一是高效、快速的使海水与气体中的 CO_2达到平衡，二是准确测定气体中 CO_2的浓度。

海水中溶解 CO_2与气体中 CO_2平衡的方法主要分为两种（Dickson et al, 2007），一种是顶空平衡法，另一种是水气平衡器法。顶空平衡法是将密闭容器中装有一定体积的海水和气体，以此实现海水和气体中 CO_2的平衡。通常，海水样品的体积大于顶空气体的体积。可以使用水浴加热、剧烈震荡等方法提高海水与气体中 CO_2的平衡效率。水气平衡器法是将海水连续地通过水气平衡器，海水中溶解的 CO_2与水气平衡器内气体中的 CO_2迅速达到平衡。水气平衡器内海水和气体中 CO_2平衡效率的高低是衡量水气平衡器好坏的一个重要指标。根据平衡方式的不同，可以分为三种基本类型的水气平衡器（Körtzinger et al, 2000），分别为喷淋式（shower type）、鼓泡式（bubble type）和层流式（laminary flow type）。其中，喷淋式水气平衡器是将海水从平衡器顶部喷洒到平衡器内气体中；鼓泡式水气平衡器是将气体以鼓泡的方式通入平衡器内海水中；层流式水气平衡器是将气体和海水以层流的方式对流接触。此外，也有将不同类型的平衡器结合在一起的，如喷淋-鼓泡式水气平衡器。

气体中 CO_2测定的常用方法包括气相色谱法和红外分析法（Dickson et al, 2007）。气相色谱法需要将 CO_2通过甲烷催化器转化为甲烷，再利用火焰离子化检测器定量测定甲烷的含量。红外分析法使用红外分析仪测定气体中 CO_2的浓度，CO_2红外分析仪是利用CO_2对辐射的吸收主要发生在光谱的红外波段这一特性设计的。近些年，也发展了一些其他的CO_2气体测定技术，如光腔衰荡光谱法(Crosson，2008)等。

根据采样方式的不同，海水pCO_2的分析测定可分为离散采样分析和连续采样分析(Dickson et al，2007)。其中，离散采样分析是指在固定站位采集离散的海水样品并分析测定海水pCO_2；连续采样分析是指连续采集并分析测定海水pCO_2。通常，使用顶空平衡法与气相色谱法联用进行离散采样分析；使用水气平衡器法与红外分析法联用(平衡器-红外分析法)实现连续采样分析。相比较而言，平衡器-红外分析法更适合海水pCO_2的现场连续分析，其整套分析系统的测定精确度更高，操作也更方便。目前，大多数海水pCO_2的数据都是使用平衡器-红外分析法获取的，因此将重点介绍这种方法。

基于平衡器-红外分析法的海水pCO_2分析测定系统，是以水气平衡器和CO_2红外分析仪为核心，并配置其他附属部分所组成的(Dickson et al，2007；Pierrot et al，2009)。通常，整套分析系统包括以下几个基本单元：水气平衡单元、干燥单元、检测单元和样品切换单元。海水样品经过水气平衡单元后，海水与气体中CO_2在水气平衡器内达到平衡，水气平衡器内的气体经过干燥单元除水，被送至检测单元进行CO_2浓度测定。通过样品切换单元来切换分析不同类型的样品，如标准气体样品、大气样品和海水样品。

6.4.3.1 水气平衡单元

水气平衡单元主要包括水气平衡器、进水管路、排水管路等。海水通过进水管路进入水气平衡器中，然后通过排水管路排出水气平衡器。

6.4.3.2 干燥单元

使用红外分析法分析CO_2浓度时，水汽的存在会对CO_2的测定产生影响。尽管部分非色散红外分析仪可以使用双通道同时测定水和CO_2的浓度，用来校正水汽对CO_2测定的影响。但是，在实际操作过程中，如果海水温度高于环境温度，水汽会在气体管路中凝结，凝结的水汽可能会被带入并损坏CO_2红外分析仪。因此，需要在样品气体进入CO_2红外分析仪前对样品气体进行干燥去水的处理。

样品气体干燥的方法有多种，如冷凝法、试剂法和渗透法。冷凝法是使用冰袋或者半导体对样品气体降温并定时去除冷凝的水汽；试剂法是使用化学试剂(如高氯酸镁)除水的方法，需要定期更换除水的干燥剂；渗透法是利用选择性通过水分而不影响CO_2气体的装置(如 Nafion 干燥管)除水的方法。实际操作中，可以同时使用一种或者几种干燥方法。

6.4.3.3　检测单元

CO_2红外分析仪的测定精度受到多个因素的影响。例如，对于 LICOR 7000 CO_2/H_2O 非色散红外分析仪的测定精度，受到进入检测器的气体流量、压力和检测器的温度等因素的影响。因此，需要一些辅助的设备来保证整套系统的测定精度。例如，进入检测器的气体流量可以使用针形阀或者质量流量计来控制；可以在测定CO_2浓度时，暂停向检测器内通气来稳定检测器内的压力；检测器周边的温度可以使用风扇来调控。

6.4.3.4　样品切换单元

在分析测定海水pCO_2时，需要定期测定含有已知浓度CO_2的标准气体对其标定，还会定期测定大气pCO_2的数值。需要注意的是，标准气体的组成成分要与大气样品的组分相似，通常需要使用3~6个CO_2浓度的标准气体，其中至少有一个CO_2浓度与大气CO_2浓度接近；标准气体CO_2的浓度范围要覆盖大气及海水样品中CO_2的浓度范围。标准气体、大气及海水样品的测定通常是在同一套分析系统中实现的，这需要使用样品切换系统来实现不同样品间的切换。样品切换系统主要由多口切换阀组成。

平衡器-红外分析法直接测得的是水气平衡器内干空气的xCO_2值，还要分别经过标准气体校正、压力校正、水蒸气压校正、温度校正等步骤，将水气平衡器内干空气的xCO_2转化为海水样品现场温度下的pCO_2值(Dickson et al，2007；Pierrotet al，2009)。

1)标准气体校正

CO_2红外分析仪的测定结果会发生漂移，需要定期测定标准气体对海水样品xCO_2进行校正，得到水气平衡器内干空气xCO_2的值，即$x(CO_2)_{dry}$。

2) 压力校正

压力校正是将xCO_2转化为pCO_2。根据公式6.26，将$x(CO_2)_{dry}$与相对应时刻pCO_2水气平衡器内的压力(P_{equ})相乘得到干空气中pCO_2的值，即$p(CO_2)_{equT,dry}$。

$$p(CO_2)_{equT,\ dry} = x(CO_2)_{dry} \cdot P_{equ} \tag{6.26}$$

3）水气校正

水气平衡器内的空气湿度通常为100%，而 CO_2 红外分析仪测定的是经过干燥后的干空气。因此需要根据水气平衡器内的饱和水蒸气压，即 $VP(H_2O)$，将 $p(CO_2)_{equT,dry}$ 校正到水气平衡器内湿空气中的 pCO_2 值，即 $p(CO_2)_{equT,wet}$，见公式6.27。

$$p(CO_2)_{equT,\ wet} = p(CO_2)_{equT,\ dry} - x(CO_2)_{dry} \cdot VP(H_2O) \tag{6.27}$$

4）温度校正

温度对海水 pCO_2 的影响很大，例如，在 pCO_2 等于380μatm的条件下，温度变化0.1℃，pCO_2 变化为1.6μatm。水气平衡器内温度和海水现场温度的差异造成的 pCO_2 的差值，需按下式进行校正。

$$p(CO_2)_{insituT,\ wet} = p(CO_2)_{equT,\ wet} \cdot e^{[0.0423(insituT - equT)]} \tag{6.28}$$

式中：

$p(CO_2)_{insituT,wet}$——海水样品在现场温度下 pCO_2 的数值；

insituT——海水样品的现场温度；

equT——水气平衡器内的温度。

6.5 碳循环关键参数间的关系

海水碳酸盐体系是海洋中重要而复杂的体系，海水中以不同形式存在的无机碳各分量的存在形态、化学平衡以及相互转化等过程随着环境参数的改变而改变，海水碳酸盐体系示意图见图6.2。有关海水碳酸盐体系化学平衡和质量平衡的主要关系式如下。

$$K_1 = \frac{[H^+][HCO_3^-]}{[CO_2]} \tag{6.29}$$

$$K_2 = \frac{[H^+][CO_3^{2-}]}{[HCO_3^-]} \tag{6.30}$$

$$\begin{aligned} TAlk = &[HCO_3^-] + 2[CO_3^{2-}] + [B(OH)_4^-] + [OH^-] + [HPO_4^{2-}] \\ &+ 2[PO_4^{3-}] + [SiO(OH)_3^-] + [NH_3] + [HS^-] + \cdots - [H^+]_F \\ &- [HSO_4^-] - [HF] - [H_3PO_4] \end{aligned} \tag{6.31}$$

$$DIC = [CO_2^*] + [HCO_3^-][CO_3^{2-}] \tag{6.32}$$

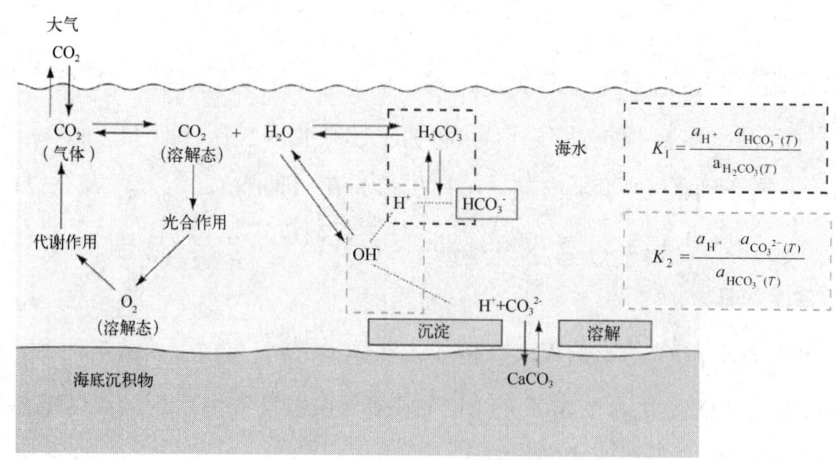

图 6.2 海水碳酸盐体系示意图

在符合海水化学恒比定律的场合，上述 4 个关系式中包括 6 个未知量，为 $[CO_2]$、$[HCO_3^-]$、$[CO_3^{2-}]$、$[H^+]$、DIC 和 TAlk，只有两个参数是独立的，因此只要确定这 6 个参数中任意 2 个，就可以计算出其他 4 个参数。因此理论上只需要对任意 2 个参数进行测量即可。

测得其中两项参数，应用海水碳酸盐体系基本关系式可计算其他各项分量。Lewis 等(1998)基于海水碳酸盐体系基本关系式研发了碳酸盐体系互算方法，Pelletier 等(2006)对该方法进行了修改完善研发了 EXCEL 版程序，Robbins 等(2010)在此基础上设计开发出了更加易于操作的碳酸盐体系互算程序(见图 6.3)。

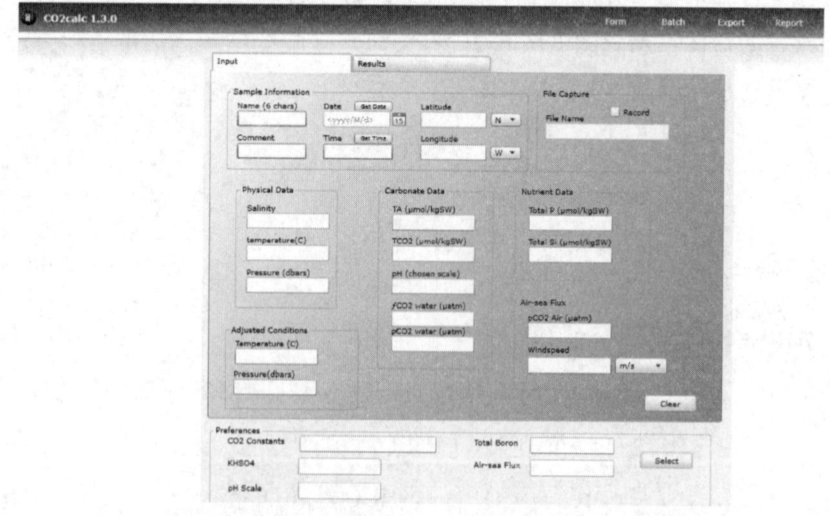

图 6.3 海水碳酸盐体系四个关键参数之间互算程序

海水碳酸盐体系各项分量计算过程中会引入误差。除所采用的海水碳酸电离常数因不同研究给出的公式不同会引入误差外，各项观测要素本身引入的测量误差也需要重视。表 6.5 给出了采用不同观测参数进行计算时各组分的可能误差，当采用不同观测进行计算时，所得海水碳酸盐体系各分量的误差变化较大，因此采用不同研究所得到的数据时应当谨慎。

表 6.5 采用不同观测所导致的二氧化碳各组分计算的误差

观测量	ΔpH	ΔTAlk(μmol/kg)	ΔDIC(μmol/kg)	ΔpCO_2(μatm)
pH 和 DIC	–	±2.7	–	±1.8
pH 和 TAlk	–	–	±3.8	±2.1
pH 和 pCO_2	–	±18	±15	–
TAlk 和 pCO_2	±0.0021	–	±3.4	–
DIC 和 pCO_2	±0.0023	±3.0	–	–
TAlk 和 DIC	±0.0062	–	–	±5.8

假设各观测的精确度分别为：DIC：±2μmol/kg；TAlk：±4μmol/kg；pH：0.002；pCO_2：2μatm.

思考题

1. 水 pH 标度包括哪些？各自的特点及实用性如何？

2. 大洋水 pH 是多少？影响和控制海水 pH 的因素有哪些？

3. 生物光合、呼吸作用、有机物分解、碳酸钙溶解-沉淀、海-气 CO_2 交换等过程对海水 pH、CO_2、H_2CO_3、HCO_3^-、CO_3^{2-} 各有怎样的影响？

4. 水气平衡器-红外分析法测定海水二氧化碳分压直接测得的数据是什么？如何将其转换为现场海水的二氧化碳分压？

参考文献

陈敏. 2009. 化学海洋学[M]. 北京：海洋出版社.

洪华生. 2012. 中国区域海洋学-化学海洋学[M]. 北京：海洋出版社，14.

姬泓巍，徐环，辛惠蓁，宁霞. 2002. 海水中溶解无机碳 DIC 的分析方法[J]. 海洋湖沼通报，

4：16-24.

李学刚．2004. 近海环境中无机碳的研究［D］. 青岛：中国科学院海洋研究所，1-30.

王颖．2013. 中国海洋地理[M]. 北京：科学出版社，194-207.

Bates R G. 1973. Determination of pH, Theory and Practise[M]. Wiley, New York, 479,

Bellerby R G J, Olsen A, Johannessen T, Croot P. 2002. A high precision spectrophotometric method for on-line shipboard seawater pH measurements: the automated marine pH sensor (AMpS) [J]. Talanta, 56: 61-69.

Breland J A, Byrne R H. 1993. Spectrophotometric Procedures for Determination of Sea - Water Alkalinity Using Bromocresol Green[J]. Deep-Sea Research I, 40(3): 629-641.

Byrne R H, Breland J A. 1989. High precision muitiwavelength pH determinations in seawater using cresol red[J]. Deep-Sea Research, 36(5): 803-810.

Byrne R H, Liu X W, Kaltenbacher E A, Sell K. 2002. Spectrophotometric measurement of total inorganiccarbon in aqueous solutions using a liquid core waveguide[J]. Analytica Chimica Acta, 451(2): 221-229.

Byrne R H, Robertbaldo G, Thompson S W, Chen C T. 1988. A seawater pH measurement: an at-sea comparation of spectrophotometric and potentiometic methods[J]. Deep-Sea Research, 35(8): 1405-1410.

Clayton T D, Byrne R H. 1993. Spectrophotometric seawater pH measurements - Total hydrogen-ion concentration scale calibration of m-cresol purple and at-sea results[J]. Deep-Sea Research I, 40(10): 2115-2129.

Covington A K, Bates R G, Durst R A. 1985a. Definition of pH scales, standard reference values, measurement of pH and related terminology[J]. Pure and applied chemistry, 57: 531-542.

[Covington A K, Whalley P D, Davison W. 1985b. Recommendations for the Determination of pH in Low Ionic-Strength Fresh Waters[J]. Pure and applied chemistry, 57(6): 877-886.

Crosson E. R. 2008. A cavity ring-down analyzer for measuring atmospheric levels of methane, carbon dioxide, and water vapor. Applied Physics B: Lasers and Optics, 92(3): 403-408.

DeGrandpre M D, Baehr M M, Hammar T R. 1999. Calibration-free optical chemical sensors[J]. Analytical Chemistry, 71(6): 1152-1159.

DelValls T A, Dickson A G. 1998. The pH of buffers based on 2-amino-2-hydroxymethyl-1, 3-propanediol ('tris') in synthetic sea water[J]. Deep-Sea Research I, 45(9): 1541-1554.

Dickson A G. 1993a . The measurement of sea water pH[J]. Marine Chemistry, 44: 131-142.

Dickson, A G, Sabine, C L, Christian, J R. 2007. Guide to best practices for ocean CO_2 measurements [M]. PICES Special Publication, 3, 191 pp.

Johnson K M, Arthur E K, McN Sieburth. 1985. Coulometric TCO_2 analysis for marine studies: An introduction [J]. Marine Chemistry, 16: 61-82.

Körtzinger A, et al. 2000. The international at-sea intercomparison of fCO_2 systems during the R/V Meteor Cruise 36/1 in the North Atlantic Ocean. Marine Chemistry, 72(2-4): 171-192.

Lewis E, Wallace D. 1998. Program developed for CO_2 system calculations. ORNL/CDIAC-105. Carbon Dioxide Information Analysis Center, Oak Ridge National Laboratory, US Department of Energy, Oak Ridge, Tennessee. WR.

Liu X W, Wang Z A, Byrne R H, Kaltenbacher E A, Bernstein R E. 2006. Spectrophotometric measurements of pH in-situ: Laboratory and field evaluations of instrumental performance [J]. EnvironmentalScience & Technology, 40(16): 5036-5044.

Lu Z M, Dai M H, Xu K M, Chen J S, Liao Y H. 2008. A high precision, fast response, and low power consumption in situ optical fiber chemical pCO_2 sensor[J]. Talanta, 76(2): 353-359.

Martz T R, Carr J J, French C R, DeGrandpre M D. 2003. A submersible autonomous sensor for spectrophotometric pH measurements of natural waters[J]. Analytical Chemistry, 75(8): 1844-1850.

McElligott S, et al. 1998. Discrete water column measurements of CO_2 fugacity and pH(T) in seawater: A comparison of direct measurements and thermodynamic calculations[J]. Marine Chemistry, 60(1-2):63-73.

Millero F J, 2013. Chemical Oceanography. CRC Press, 591 pp.

Nakano Y, Kimoto H, Watanabe S, Harada K, Watanabe Y W. 2006. Simultaneous vertical measurements of in situ pH and CO_2 in the sea using spectrophotometric profilers[J]. Journal of Oceanography, 62(1): 71-81.

Nemzer B V, Dickson A G. 2005. The stability and reproducibility of Tris buffers in synthetic seawater[J]. Marine Chemistry, 96(3-4): 237-242.

Park K, Kennedy G H, Dobson H H. 1964. Comparison of gas chromatographic method and pHalky method for detn. of total CO_2 in sea water [J]. Analytical Chemistry, 36: 1686.

Pelletier G J, Lewis E, Wallace D W R. 2006. CO_2 SYS. XLS: a Calculator for the CO_2 System in Seawater for Microsoft Excel/VBA. Version 16. Washington State Department of Ecology (available at:), http: //www. ecy. wa. gov/programs/eap/models. html.

Pierrot D, et al. 2009. Recommendations for autonomous underway pCO_2measuring systems and data-reduction routines. Deep Sea Research Part II: Topical Studies in Oceanography, 56(8-10): 512-522.

Robbins L L, Hansen M E, Kleypas J A, Meylan S C. 2010. CO_2 calc-A user-friendly seawater carboncalculator for Windows, Max OS X, and iOS (iPhone): U. S. [R]. Geological Survey Open -File Report.

Robertbaldo G L, Morris M J, Byrne R H. 1985. Spectrophotometric Determination of Seawater pH Using Phenol Red[J]. Analytical Chemistry, 57(13): 2564-2567.

Saruhashi K. 1953. Total carbonaceous matter and H-ion concn. in the sea water-metabolism natural mater(I) [J]. Pap. Met. Geophys., Tokyo, 3: 202.

Seidel M P, DeGrandpre M D, Dickson A G. 2008. A sensor for in situ indicator - based measurements of seawater pH[J]. Marine Chemistry, 109(1-2): 18-28.

SØRENSEN S P L, ENZYMSTUDIEN M. Über die messung und die bedeutung der wasserstoffionen-konzentration bei enzymatischen prozessen[J]. Biochem Z, 1909, 21: 131-304. Tapp M, Hunter K, Currie K, Mackaskill B. 2000. Apparatus for continuous - flow underway spectrophotometric measurement of surface water pH [J]. Marine Chemistry, 72: 193-202.

Wang Z A, Cai W J, Wang Y C, Upchurch B L. 2003. A long pathlength liquid-core waveguide sensor for real-time pCO_2 measurements at sea[J]. Marine Chemistry, 84(1-2): 73-84.

Wells, R C. 1918. Extn. of K salts from Pintados Salar [J]. Engineering and Mining Journal, I05: 678-679.

Wong C S. 1970. Quantitative analysis of total carbon dioxide in seawater: a new extraction method [J]. Deep-Sea Research, 17: 9-17.

Yao W S, Byrne R H. 1998. Simplified seawater alkalinity analysis: Use of linear array spectrometers [J]. Deep-Sea Research Part I, 45(8): 1383-1392.

Yao W S, Liu X W, Byrne R H. 2007. Impurities in indicators used for spectrophotometric seawater pH measurements[J]. Assessment and remedies, 67-172.

Zeebe R E, Wolf-gladrow D. 2001. CO_2 in seawater: equilibrium, kinetics, isotopes[M]. Elsevier Oceanography Series, Elsevier, 346 pp.

Zhang H N, Byrne R. H. 1996. Spectrophotometric pH measurements of surface seawater at in-situ conditions: Absorbance and protonation behavior of thymol blue[J]. Marine Chemistry, 52(1): 17-25.

第 7 章　海水中营养盐的形态分析

海洋中的许多元素是海洋生物生长繁殖过程中所必需的物质。在上层水体中，营养元素通过光合作用参与有机物的合成，在传统化学海洋学领域内，这类营养元素一般专用于指示由氮、磷、硅所组成的盐类。但在实际上，一些生物生长所需的重金属如 Fe、Mn、Co、Zn、Se 等也属于营养盐，但由于在海水中含量较低，一般称其为痕量营养盐。本章主要介绍传统化学海洋学领域内的营养盐，即氮、磷、硅等营养要素。

氮、磷、硅是海洋生物生长过程所必须的重要元素，也是海洋初级生产力和食物链的基础；反过来，营养盐在海洋中的分布也明显受到海洋生物活动的影响，故氮、磷、硅一般也成为生源要素。海水营养盐的来源主要包括大陆径流的输入、大气沉降、海底热液作用、海洋生物残骸的分解等。

本章对氮、磷、硅等营养要素的不同形态、生物地球化学循环过程、分布形态以及监测方法进行简要介绍。

7.1　海洋营养盐的生物地球化学循环

海洋中生源要素的循环是全球生物地球化学过程研究的核心内容，是全球变化研究的重要组成部分。浮游植物的生长过程中需要不断地吸收营养盐，浮游植物又被浮游动物摄食，它们代谢过程中的排泄物和生物残骸可再生为营养盐重新进入海水中(张正斌，2004)。沉降至海底的颗粒态营养盐和部分生物残骸，经沉积物中微生物作用转化为无机营养盐，通过再悬浮、扩散等方式重新进入海水。由此构成了海洋中生源要素的不断循环。由于氮、磷、硅等营养盐参与了海洋生物生命活动的整个过程，它们的存在形式和分布相应地受到海洋生物的制约。另外，海水中营养盐的分布还受海洋中其他理化因素的影响，所以它们在海洋中的含量和分布一般具有明显的季节性和区域性特征。

7.1.1 海洋中的氮

7.1.1.1 海洋中氮的形态

氮作为海洋生物地球化学循环的主要生源要素之一，在其迁移转化过程中，各类形态均在海洋中出现(表 7.1)。在海洋中，氮以溶解 N_2、无机氮化合物和有机氮化合物等多种形式存在。其中，溶解在海水中的 N_2是海水中氮的主要存在形式，约占海洋中氮含量的 95.2%。尽管无机氮化合物和有机氮化合物占海洋中氮含量的比例较小，但却是参与海洋生物地球化学循环过程的主要形态。

海水中氮化合物主要以溶解态氮和颗粒态氮存在，二者均包含无机氮和有机氮两种主要形态。无机氮化合物包含硝酸盐、亚硝酸盐和铵盐三类，可被海洋浮游植物直接利用。有研究表明，在无机氮化合物含量不足的情况下，海洋浮游植物也可直接利用一部分溶解有机氮化合物(DON)。

沉积物中氮包括两个大的体系，即沉积物间隙水溶解相体系和沉积物固相体系。对于沉积物中氮形态的研究一般都以总氮、总有机氮、总无机氮(主要是氨态氮)三种形态来表述(Li et al，2008；Ma et al，2009；Lori et al，2007)。在对沉积物中氮进行研究时，对氮的形态具有不同的分类方式。De Lange(1992)将沉积物中的氮分为可交换氮、固定氮和有机氮，并指出沉积物中可交换氮和沉积物中的有机碳相关，而且相关性极好。何清溪等(1992)对大亚湾沉积物中氮进行地球化学形态研究，将沉积物中氮分为总氮、有机结合态氮和无机结合态氮。其中，无机结合态氮又分为氮的可交换态和非交换态。

表 7.1 海洋中氮的存在价态与形态

价态	化学式	名称
+5	NO_3^-	硝酸根
+4	NO_2	二氧化氮
+3	NO_2^-	亚硝酸根
+2	NO	一氧化氮
+1	N_2O	氧化亚氮

续表

价态	化学式	名称
0	N_2	氮气
-1	NH_2OH	羟胺
-2	N_2H_4	肼(联氨)
-3	NH_3	氨气

7.1.1.2 海洋中氮循环

氮循环作为海洋生态系统物质循环的重要组成部分，直接参与海洋生物圈和能量圈的循环过程。海洋中氮循环主要由微生物驱动，一般包括生物固氮、硝化作用、反硝化作用、氨化作用等过程，涵盖了海洋氮收支的迁入和迁出过程。研究表明，厌氧环境中，厌氧氨氧化和异化硝酸盐还原为铵等新型氮循环过程逐渐被发现，和反硝化作用同为海洋沉积物厌氧环境中氮循环的关键过程(洪义国等，2009；宋国栋，2013)。

生物固氮(biological nitrogen fixation)：分子态氮(N_2)在海洋某些细菌和蓝藻的作用下还原为NH_3、NH_4^+或有机氮化合物的过程，该过程所释放的氮化合物可为浮游植物和其他微生物提供氮营养盐。

硝化作用(nitrification)：在某些微生物类群的作用下，NH_3或NH_4^+氧化为NO_3^-或NO_2^-的过程，包括NH_4^+在亚硝化细菌媒介的作用下被氧化成NO_2^-，后在亚硝酸盐氧化酶的作用下将NO_2^-继续氧化NO_3^-的过程。

反硝化作用(denitrification)：NO_2^-和NO_3^-在某些异养细菌的作用下，还原为气态氮化合物(N_2、NO、N_2O)的过程，从而将生物可利用氮以气体的方式从生态系统中移除。反硝化作用是将环境中生物可利用氮转化为生物不可利用氮的主要途径。

氨化作用(ammoniafication)：有机氮化合物经微生物分解产生NH_3或NH_4^+的过程。

厌氧氨氧化(anammox)：在厌氧条件下，无机化能自养细菌以NO_2^-为电子受体，NH_4^+为电子给体的微生物氧化还原过程，最终产物是游离态的N_2。厌氧氨氧化及厌氧氨氧化细菌已成为海洋生物地球化学、微生物学、有机地球化学等研究领域的热点(姚鹏 等，2011)。

异化硝酸盐还原为铵：NO_3^-在异化硝酸盐还原细菌的作用下，经过一系列的还原过程将NO_3^-直接还原为NH_4^+的转化过程，过程中并未有氮的丢失。

7.1.1.3　海洋中氮的分布

全球海洋中氮空间分布特征明显，受大陆径流、大气沉降、水文状况、沉积作用和人为活动等的影响，海洋中氮平面分布通常表现为沿岸、河口水域的含量高于大洋，开阔大洋中高纬度海域高于低纬度海域。但有时因生物活动和水文条件的变化，在同一纬度上，也会出现较大的差异。

在我国近海海域，渤海、黄海、东海及南海海水中无机氮含量，受陆源冲淡水、沿岸流、上升流、台湾暖流、黑潮支流、南海环流等水系动力作用和海洋生物活动的影响，整体呈现近岸高、外海低的分布。除夏季外，表层海水中无机氮含量较高的区域主要分布于辽东湾、渤海湾、莱州湾、连云港-盐城近岸、长江口-杭州湾、闽浙沿岸、珠江口及邻近海域等海域。与其他季节不同，夏季浮游生物生长旺盛而消耗了海水中大量的无机氮，渤海辽东湾、连云港-盐城近岸和闽浙沿岸海域表层海水中无机氮含量剧减，均符合第一类海水水质标准，高值区主要出现在渤海湾湾顶、莱州湾湾顶、长江口-杭州湾和珠江口近岸海域。

我国近海海域水体中无机氮含量存在明显的季节变化特征。以渤海为例，全年表层海水中的溶解无机氮含量均呈现春季最高、冬季次之、夏季最低的季节变化特征，水体中无机氮含量受浮游植物生长的影响显著。

7.1.2　海洋中的磷

7.1.2.1　海洋中磷的形态

磷是海洋环境中维持海洋生物生命活动的重要生源要素之一，在生命物质的遗传和新陈代谢中，起着极其重要的作用。

海水中的磷主要以颗粒态和溶解态的形式存在，如溶解态无机磷酸盐、溶解态有机磷化合物、颗粒态有机磷物质以及吸附在悬浮物上的磷化合物。海水中不同形态的磷之间通过生物、化学及物理等因素的影响不断地进行着相互转化。溶解态无机磷酸盐为海水中磷存在的主要形式，其在海水中存在以下平衡：

$$H_3PO_4 \Leftrightarrow H^+ + H_2PO_4^- \Leftrightarrow 2H^+ + HPO_4^{2-} \Leftrightarrow 3H^+ + PO_4^{3-} \quad (7.1)$$

沉积物是海洋中磷酸盐储存和再生的重要场所。沉积物中的磷占海洋中磷总量的96.2%，但其中只有一部分能参与生物循环，即通过物理化学生物过程转变成生物可以利用的形态。沉积物中的磷以多种复杂的形式存在，它可与不同的组分结合形成不同的化学形态。一般将其分为五种：不稳定或可交换态，铁、锰、铝氧化物结合态，钙结合态，惰性态，有机结合态(Koch et al，2001)。有关沉积物中磷的形态分布研究，起始于对农业土壤中磷的各种形态及有效性的探讨，并总结出了较为成熟的分步提取和分析方法(刘素美 等，2001)。然而，迄今为止国际上还没有确立通用的沉积物磷形态的分级分离方法，各种方法所获取的目标提取相不尽相同，使沉积物磷形态在不同方法或不同研究对象间缺乏可比性。

7.1.2.2 海洋中磷的循环

磷在海水、生物和沉积物等介质中进行着复杂的生物地球化学循环。在海洋中，浮游植物通过光合作用吸收海水中的无机磷和溶解有机磷。浮游动物摄食海洋中的浮游植物，部分磷元素同化为动物体自身组织。未被动物消化吸收的磷元素则在动物代谢过程中通过排放粪便、尿等方式释放无机磷、有机磷或颗粒磷等重新进入海水中。溶解有机磷和颗粒磷再经过细菌的吸收代谢而还原为无机磷。部分吸附于悬浮物中的磷元素以及死亡后的海洋生物体会逐渐沉降于海底，在海底沉积物中微生物作用下矿化为无机磷。沉积物中的磷元素，只有小部分被埋藏在沉积物中，大部分则通过再悬浮、扩散等方式释放进入上覆水中(见图7.1，张正斌 等，1999)。

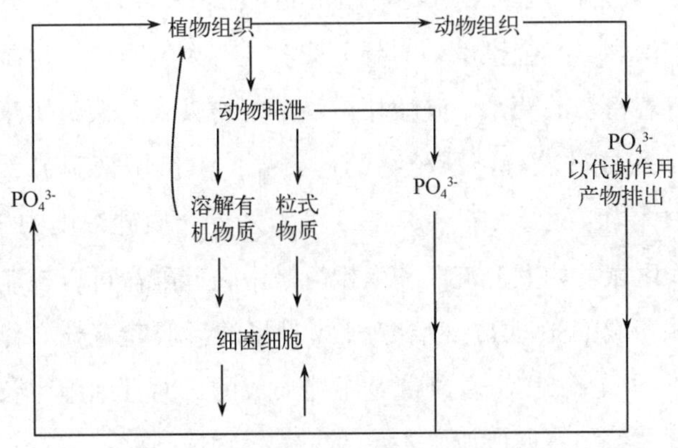

图7.1 海洋中磷生物地球化学循环

7.1.2.3 海洋中磷的分布

海洋中的磷元素主要来自大陆径流输入、大气沉降以及火山活动等。海水中磷含量的分布变化受海洋水文、生物、化学和陆源输入等诸多因素的综合影响。

海洋中磷酸盐含量随海区和季节的不同而变化，一般近岸海域含量较高，开阔大洋含量较低。近岸海域磷酸盐含量一般冬季较高，夏季较低。近岸海域磷酸盐垂直方向上分布比较均匀，而在大洋中则有明显分层。

全球海洋活性磷酸盐的平均含量约为 2. 3 μmol/L，大洋海水中无机磷酸盐含量大多介于 0. 5~1. 0 μmol/L 之间。我国近海表层海水中活性磷酸盐含量总体处于第二、三类海水水质标准值(30 μg/L)范围内，但局部海域的最大值超第四类海水水质标准值 (45 μg/L)。近海表层海水中活性磷酸盐高浓度海域主要集中在近岸海域，常年分布在长江口-杭州湾、珠江口一带。我国渤海、黄海、东海海域近岸表层海水活性磷酸盐平均含量均表现为冬季较高，而南海由于受温度等因素的影响各季节活性磷酸盐的平均含量变化不大。

7. 1. 3　海洋中的硅

7. 1. 3. 1　海洋中硅的形态

自然界中含硅岩石的风化，随陆地径流入海，是海洋中硅的主要来源，致使近岸及河口区硅含量较高。海水中可溶性无机硅是海洋浮游植物所必需的营养盐之一，尤其对硅藻类浮游植物，硅更是构成机体不可缺少的元素。在海洋浮游植物中硅藻占很大部分，硅藻繁殖时摄取硅使海水中硅的含量下降。

在自然水域中，硅一般以溶解态单体正硅酸盐[$Si(OH)_4$]形式存在。在浮游植物中，只有硅藻和一些金鞭藻纲的鞭毛藻对硅有大量需求。硅酸盐与硅藻的结构和新陈代谢有着密切的关系。硅酸盐被浮游植物吸收后大量用来合成无定形硅($SiO_2 \cdot nH_2O$)。组成硅藻等浮游植物的硅质壳，少量用来调节浮游植物的生物合成。浮游植物体内亦可累积硅，其浓度可为外界介质硅浓度的 30~350 倍。在一些重要的海洋区域，如上升流区和南极海域中，硅酸盐可以控制浮游植物的生长过程。在这些海域，$Si(OH)_4$对浮游植物水华的形成起着核心作用。硅藻对硅有着绝对的需要；没有硅，硅藻外壳是不能形成的，而且细胞生长周期也不会完成。由此可知，硅是硅藻形成所必不可少的营养物质。

7. 1. 3. 2　海洋中硅的循环

对于全球的硅循环，硅化的浮游植物对世界海洋的初级生产力有着极为重要的贡献。Nelson 等 1995 年的估计，显示了整个初级生产力的 40% 多都归因于硅藻。在海洋的浮游植物水华中，硅藻占优势。

在硅藻水华结束时，硅酸盐的有用性是人们经常提到的因子。在高营养的河口区，硅的限制会使浮游植物的藻类结构从硅藻类转变成非硅藻类，而且这些硅藻通过沉降离开真光层，在海底及其附近分解导致大面积缺氧。然而，硅的重要性被低估了，因为，确信只是硅引起藻中结构的变化，而没有考虑硅对初级生产力的改变。硅酸盐的降低减少了大量硅藻的优势。除了硅酸盐之外，营养盐浓度的增长导致了许多在沿岸水域新的、有害的非硅藻的浮游植物的水华增多。

通过1984—1988年对美国Chesapeake湾的调查发现，沿着Chesapeake湾的盐度梯度，溶解无机氮、硅和磷的分布以及季节上的明显变化，溶解硅在春季水华期控制着硅藻的生产量，引起了春季水华的衰败，导致水华结构的变化；而且在这一阶段叶绿素的生物量的高沉积速率可能是由于硅的缺少引起的。这样，溶解硅的供给也可以控制浮游植物生物量至海底的通量。结果显示，在Chesapeake海湾，溶解硅的利用限制着硅藻的生产；而且新营养盐的输入刺激了每年的浮游植物的生产。

在硅营养盐缺乏的条件下，浮游植物代谢及其生理状态鉴定认为，在硅缺乏不严重的情况下，浮游植物的生长速率可能不降低，但细胞壁硅含量减少，壁变薄；在硅缺乏严重时，则出现C/N、C/P、C/Si、C/Chl增加，脂类合成过剩的现象。研究表明，在硅藻作用下，硅从表层转移到海底，这与胶州湾的研究结果相吻合。

7.1.3.3 海洋中硅的分布

海水中的活性硅酸盐，是海洋生物所需的营养盐之一，也是构成硅藻类浮游植物、放射虫和有孔虫等原生动物及硅质海绵等海洋生物有机体不可缺少的组分。海水中活性硅酸盐主要来自入海径流输入，也来自硅质生物死亡后矿化过程的产物。

我国四大海区近海表层海水中的活性硅酸盐含量范围及平均值见表7.2。除渤海秋冬季外，近岸海域表层海水中的活性硅酸盐含量普遍高于近海海域，东海区近海和近岸海域海水中活性硅酸盐含量的差异最为明显。

四大海区近海表层海水中活性硅酸盐的平均含量呈现明显的区域差异，东海最高，渤海次之，黄海最低。各海区表层海水中活性硅酸盐平均含量的季节变化各不相同，但春季各海区近海表层海水中的硅酸盐平均含量都是最低值：渤海为夏季大于冬季大于秋季大于春季，黄海为冬季大于秋季大于夏季大于春季，东海为秋季大于冬季大于夏季大于春季，南海为夏季大于秋季大于冬季大于春季。

表 7.2　我国近海表层海水中的硅酸盐含量分布统计　　单位：μg/L

季节	渤海		黄海		东海		南海	
	范围	平均值	范围	平均值	范围	平均值	范围	平均值
春季	12.9~3 750	403	4.00~1 740	213	13.2~3 920	725	5.00~2 840	261
夏季	24.9~5 010	807	1.00~2 480	269	15.4~3 594	756	4.00~5 880	479
秋季	17.4~1 460	468	6.00~1 741	288	20.0~3 720	904	8.00~3 820	376
冬季	2.25~1 246	600	9.00~2 090	345	30.0~4 110	896	10.0~3 802	332

表层海水中活性硅酸盐含量的高值区主要分布于渤海海域及长江口-杭州湾-闽浙沿岸一带等。除渤海外，黄海、东海、南海表层海水中活性硅酸盐含量，皆整体呈现出由近岸向外海依次递减的分布特征；底层海水中活性硅酸盐含量的分布与表层基本类似，但在东沙和西沙群岛上升流核心区域，底层水体中活性硅酸盐的含量全年均大于 1 000 μg/L，并表现出季节波动的特征，其中秋季最高，夏季和冬季相当，春季最低。

7.2　营养盐的分析方法

海水中营养盐监测一般包含三种监测手段：①手工测定单个元素含量；②手工测定方法的自动化，可同时测定多个营养元素；③通过与海水样品接触传输物理信号的传感器法。

目前，海水中营养盐的主要测定原理为朗伯-比尔定律，即营养元素显色后在一定波长下测定其分光光度值。最初开展海水中的营养盐监测时，是对每个样品中的单要素进行独立的手工分析，这是传统的手工测定法，主要监测仪器为分光光度计。随着手工监测方法的完善和自动化技术的发展，基于手工测定方法原理同时测定多个营养元素的自动分析仪逐步发展，样品测定效率明显提高。目前营养盐自动分析仪，按操作环境可分为实验室用和船载用两大类，按照分析方法可分为连续流动分析和流动注射分析两类，主要是基于连续流动分析(在线湿化学反应和分光光度监测方法)，可同时监测多个营养盐参数，其检测速率大于 30 个/h。在我国海洋环境监测中，流动注射法是海水中营养盐监测的通用方法，如德国 Seal 公司和荷兰 Skalar 公司生产的连续流动分析仪，在我国海水营养盐监测中较为常用。近年来，有关海水中营养盐监测的各种方法报道逐渐增多，如电化学方法、化学发光法、荧光法和微流体分析法等。

常规营养盐的分析方法可满足海洋中一般营养盐的测定。但全球约 40%的海域为寡营养盐海域，海洋中营养盐含量为纳摩尔级，或由于浮游植物的大量消耗营养盐含量显著降低，急需建立高灵敏度和低检出限的低浓度营养盐的监测方法。低浓度营养盐监测一般可选用以下几种方式(Ma et al，2014)：

(1)化学检测方法的优化：由于对营养盐分析方法研究广泛，化学监测方法优化机率较低；

(2)待测物或其衍生物预富集监测：固相萃取法(SPE)或液-液萃取法；

(3)增加吸收池光路长度，放大监测器的吸光度信号值：液芯波导分光光度法；

(4)更换高灵敏度的监测仪器：荧光法。

7.2.1 样品前处理方法

7.2.1.1 海水

1)样品过滤

海水含有溶解态和颗粒态等不同状态的组分，如需进行固-液分离操作，为减少对样品测定结果准确度的影响，一般要求在采样后立即进行。在通常情况下，通过采用0.45 μm 滤膜过滤的方法，人为区分海水中营养盐的溶解态和颗粒态。这是用操作方式定义海水中的溶解态和颗粒态的方法。通过滤膜部分的海水样品被认为是溶解组分，而截留在滤膜上的颗粒物样品通常被认为是颗粒态。这种分离方式假定滤膜是均匀的，但实际上，商品滤膜标准的孔径通常为平均孔径，一般以截留某粒度颗粒量的50%代表其实际孔径。因此，以0.45 μm 滤膜过滤后的实际结果是，溶解态中也含有少许粒径>0.45 μm 的成分，颗粒态中也同时含有少许粒径<0.45μm 的成分。

通常使用0.45 μm 的醋酸纤维滤膜过滤海水中营养盐，目前国内外也使用0.70 μm 的玻璃纤维滤膜(GF/F 膜)过滤海水中营养盐，两种过滤方式对营养盐的测试结果的影响差别较小，在实际操作中均可使用。需要指出的是，为避免样品过滤中的沾污，所使用的滤器、滤膜等均需处理干净后方可使用。

2)样品保存

样品保存方式直接影响营养盐测定结果的准确性。处理后的高密度聚乙烯瓶，是目前营养盐样品采集和保存的主要容器。最理想的测定方式为样品采集后即刻测定，但受到采样和测定条件的限制，大多数情况下不易实现，则需要对采集后的样品进行保存。

传统的海水样品保存方式是通过杀死或抑制样品中微生物的活动，减缓或停止细菌对营养元素的利用，从而对样品进行有效的保存(林晶 等，2007)。常用的方法包括冷藏、冷冻(Dore et al，1996)、加入氯仿、加入氯化汞(Kattner，1999)和酸化等，其中冷冻法和加入氯化汞法是目前营养盐监测中最常用的保存方法。随着科学技术的发展，近年来样品保存方式逐渐多元化，γ射线辐射、热处理(高压消煮、巴斯德消毒法)等物理手段也因其便捷有效而逐渐得到应用(表7.3)。

表 7.3　海水中营养盐的不同保存方法的比较

保存方法	对基质的改变	干扰分析	局限
冷藏(0~5℃)	不改变	不干扰	短期保存
冷冻(-20℃)	不改变	不干扰	硅酸盐聚合，运输困难
加入氯仿	很小	不干扰	挥发性强，可能导致保存失败
加入氯化汞(20mg/L)	很小	干扰铵和硝酸盐分析	毒性大
酸化(pH 约为 2)	显著	干扰对 pH 依赖反应	测定前需校正 pH 值
高压消煮	很小	不干扰	需要特殊设备
巴斯德消毒法	很小	不干扰	仅适用硝酸盐和亚硝酸盐
γ射线	不改变	不干扰	无法抑制酶活性，硝酸盐离散度大

7.2.1.2　沉积物

沉积物样品采集包含表层沉积物和柱状样两种采样方式。沉积物样品采集后，表层沉积物按照测定需求选取一定量的表层样品，柱状样沉积物根据不同间隔(如1cm)进行分层切割，取好的沉积物放入已洗净的聚乙烯袋中于-20℃冷冻保存。样品测定前，将待测样品进行冷冻干燥，研磨后常温保存待用。

间隙水样品可采用离心的方式进行制备，采样过程应在现场进行。将制备间隙水的沉积物柱状样进行分层（例：前 2 cm 间隔 0.5 cm 进行切割，2 cm 之后间隔 1cm 进行切割)，然后将切割的沉积物恒温离心(3000 r/min，15min)，取上清液经 0.45μm 的滤膜过滤制得间隙水，-20℃冷冻或加入 $HgCl_2$避光保存。

7.2.2 手工测定方法

手工测定方法是营养盐的经典测定方法，是自动分析方法发展所必需的前提基础。手工测定主要为分光光度法，依据朗伯-比尔定律，在一定波长下测定营养盐的含量，其主要监测仪器为分光光度计。常用的五种营养盐的传统测定方法和测定原理如表 7.4 所示。

表 7.4 海水中营养盐的常规手工测定方法

元素	监测方法	测定原理
亚硝酸盐	BR 反应	酸性介质中亚硝酸盐与磺胺进行重氮化反应，其产物再与盐酸萘乙二胺偶合生成红色偶氮染料，于 543 nm 波长测定吸光值
硝酸盐	镉铜还原(锌镉还原)-BR 反应	将硝酸盐通过异相还原(镉铜还原/锌镉还原)还原成亚硝酸盐后进行测定
铵盐	靛酚蓝法	在弱碱性介质中，以亚硝酰铁氰化钠为催化剂，氨与苯酚和次氯酸盐反应生成靛酚蓝，在 640nm 处测定吸光值
	次溴酸盐氧化法	在碱性介质中，次溴酸盐将氨氧化为亚硝酸盐，然后以重氮-偶氮分光光度法测亚硝酸盐氮的总量
磷酸盐	磷钼蓝法	在酸性介质中，活性磷酸盐与钼酸铵反应生成磷钼黄，用抗坏血酸还原为磷钼蓝后，于 882 nm 波长测定吸光值
硅酸盐	硅钼黄法	活性硅酸盐与钼酸铵-硫酸混合试剂反应，生成黄色化合物(硅钼黄)，于 380 nm 波长测定吸光值
	硅钼蓝法	在酸性介质中，活性硅酸盐与钼酸铵反应，生成黄色的硅钼黄，当加入含有草酸(消除磷和砷的干扰)的对甲替氨基苯酚-亚硫酸钠还原剂时，硅钼黄被还原为硅钼蓝，于 812 nm 波长测定其吸光值

7.2.2.1 分光光度计概述

1)分光光度计的类型

目前市售的分光光度计类型很多。但可归纳为三种类型，即单光束分光光度计、双光束分光光度计和双波长分光光度计。

(1)单光束分光光度计。

单光束分光光度计是指一束经过单色器的光轮流通过参比溶液和样品溶液，以进行光强度测量。

早期的分光光度计都是单光束的。例如国产的751型、721型，英国UNICAM SP-500型等。这种分光光度计的特点是结构简单，价格便宜，主要适于作定量分析。其缺点是测量结果受点源的波动影响较大，容易给定量结果带来较大的误差。此外，这种仪器操作麻烦，不适于作定性分析。

(2)双光束分光光度计。

经过单色器的光一分为二，一束通过参比溶液，另一束通过样品溶液，一次测量即可得到样品溶液的吸光度。目前，一般自动记录分光光度计均是双光束的，它可以连续地绘出吸收光谱曲线。由于两束光同时分别通过参照池和测量池，因而可以消除光源强度变化带来的误差，这类仪器有国产的710、730型，英国的UNICAM SP-700型，日立220系列及岛津公司的UV-210等。

(3)双波长分光光度计。

单光束和双光束分光光度计，就测量波长而言，都是单波长的。它们让相同波长的光束分别通过样品池和吸收池，然后测得样品池和参比池吸光度之差。由同一光源发出的光被分成两束，分别经过两个单色器，从而可以同时得到两个不同波长的单色光。它们交替地照射同一溶液，然后经过光电倍增管和电子控制系统。这样得到的信号是两波长吸光度之差。当两个波长保持1~2 nm间隔，并同时扫描时，得到的信号将是一阶导数光谱，即吸光度对波长的变化率曲线。

双波长分光光度计不仅能测定高浓度试样，多组分混合试样，而且能测定一般分光光度计不易测定的混浊试样。双波长法测定相互干扰的混合试样，不仅操作比单波长法简单，而且精确度要高。

用双波长法测量时，两个波长的光通过同一吸收池，这样可以消除因吸收池的参数不同、位置不同、污垢以及制备参比溶液等带来的误差，使测定的准确度显著提高。另外，双波长分光光度计是用同一光源得到的两束单色光，可以减小因光源电压变化产生的影响，得到高灵敏和低噪声的信号。

目前，还生产双光束/双波长分光光度计。它通过光学系统的转换，可作为双光束和双波长两种分光光度计使用。这种仪器除具有双波长和双光束分光光度计的功能外，还能分别记录和绘制吸光度随时间变化的曲线。用这种方法，可以进行化学反应动力学的研究。

2) 主要组成部件

紫外及可见光光度计通常由五个部分组成，即辐射源、单色器、吸收池、光敏检测器和读数指示器。

(1) 辐射源。

光源的主要要求：在仪器操作所需的光谱区域内，能发射连续的具有足够强度和稳定的辐射，并且辐射能随波长的变化尽可能小，使用寿命长。

紫外及可见光区的辐射光源有白炽光源和气体放电光源两类。

在可见和近红外区，常用光源为白炽光源，如钨灯和碘钨灯等。钨灯可使用的范围在320~2500nm。在可见光区，钨灯的能量输出大约随工作电压的四次方而变化，所以为了使光源稳定，必须严格控制电压。

紫外区主要采用低压和直流氢或氘放电灯。当氢气压力为100Pa时，用稳压电源供电，放电十分稳定，因而光强恒定。放电灯在波长165~350 nm范围内发出连续光谱，而在165 nm以下为线光谱。在波长360 nm处，氢放电产生了叠加于连续光谱之上的发射线，所以在这一波长范围内的分析，一般用白炽光源。应该指出的是由于受石英窗吸收的限制，紫外光区波长的有效范围通常为350~200 nm。

(2) 单色器。

单色器是由光源辐射的复合光中分出单色光的光学装置。单色器通常由入口狭缝、准直元件、色散元件、聚焦元件和出口狭缝组成。最常用的色散元件有棱镜和光栅。棱镜通常用玻璃、石英等制成。玻璃适用于可见光区，石英材料适用于紫外光区。光栅的分辨率在整个光谱范围内是均匀的，使用起来更为方便。

(3) 吸收池。

在紫外及可见光光度法中，一般使用液体试液，试样放在分光光度计光束通过的液体池中。对吸收池的要求，主要是能透过有关辐射线。通常，可见光区可以用玻璃吸收池，而紫外光区则用石英吸收池。典型的可见和紫外光吸收池的光程长度，一般为1 cm，但变化范围是很大的，可从十分之几毫米到10 cm或更长。

(4)光敏检测器。

分光光度计检测器的要求：在测定的光谱范围内应具有高的灵敏度，对辐射强度呈线性响应，响应快，适于放大，并且有高稳定性和低的“噪音”水平。

常用的光电检测器有两种：光电管和光电倍增管。光电管因敏感的光谱范围不同而分为蓝敏和红敏光电管两种。前者是在镍阴极表面上沉积锑和铯，可用波长范围为210~625nm；后者是在阴极表面沉积了银和氧化铯，可用范围为625~1000nm。

光电倍增管比普通光电管更灵敏，因此可使用较窄的单色器狭缝，从而对光谱的精细结构有较好的分辨能力(刘约权，2015)。

7.2.2.2 亚硝酸盐

1)测定原理

测定海水中亚硝酸盐所用的分光光度法，是基于酸性介质中亚硝酸盐与磺胺进行重氮化反应，其产物再与盐酸萘乙二胺偶合生成红色偶氮染料，于543 nm波长测定吸光值。该方法是海水中亚硝酸盐测定一般公认的分析方法。

2)操作步骤

(1)工作曲线。

准确移取一定浓度的亚硝酸盐储备液标准，根据拟开展测定的工作曲线浓度范围，配置100mL适宜浓度的工作曲线。工作曲线一般设置5~6个浓度，根据实际操作需要，浓度梯度配置为等差数列或等比数列。如亚硝酸盐储备液标准浓度过高，可先通过稀释的方式配置标准使用液，采用标准使用液配置工作曲线。

分别移取50mL不同浓度的亚硝酸盐标准使用液于具塞比色管中，先加入1.0mL 10 g/L的磺胺溶液，混匀放置5min，后加入1.0mL 1 g/L的盐酸萘乙二胺溶液，混匀，放置15min后使用5cm比色池，在543nm下进行测定，记录测定的吸光度值A_i。零浓度点吸光度值为标准空白吸光度A_0。以吸光值(A_i-A_0)为纵坐标，浓度为横坐标绘制标准曲线。

(2) 样品的测定。

移取50mL已过滤样品置于具塞比色管中，按照工作曲线的测定方法对样品进行显色测定，记录分析样品的吸光度A_w，同时使用二次去离子水测定样品的空白吸光度A_b。由A_w-A_b，查工作曲线或用线性回归方程，计算亚硝酸盐氮的浓度值。

3)注意事项

样品测定时需注意以下事项。

(1) 尽可能现场过滤并测定海水样品中的亚硝酸盐的浓度，如不具备实验条件，或船上条件恶劣时，可在采样后立即将水样过滤到塑料瓶中，并冷冻保存。

(2)标准曲线系列溶液与样品溶液的显色时间应相同，显色时间不同可能会带来吸光值的差异。

(3)海水中亚硝酸盐测定基本不受天然海水中化学组分的干扰。但当水体中硫化氢含量较高时，影响亚硝酸盐测定的准确度。而硫化氢和亚硝酸盐在天然海水中无法长期共存。

7.2.2.3 硝酸盐

1)测定原理

海洋中硝酸盐测定方法主要分为两类：一类是将硝酸盐还原成亚硝酸盐后使用分光光度法进行测量；另一类是将硝酸盐还原成 NO 气体后，使用臭氧化学发光法进行测定。目前普遍采用的测定方法是前者。即将硝酸盐还原为亚硝酸盐后，对亚硝酸盐所形成的偶氮染料进行测定，通过对原溶液中含有的亚硝酸盐进行校正，计算硝酸盐的含量。其中，硝酸盐还原为亚硝酸盐的反应，可通过均相反应和异相反应进行。早期的还原反应为均相还原，使用有机还原剂肼，反应时间长，产率约 70%，且易受干扰；现阶段，还原方式为异相还原，即用固体还原剂(金属)进行还原，反应速度较快。

硝酸盐还原为亚硝酸盐的产率，受到所用金属、溶液 pH 以及金属表面活性等多种因素的影响。反应液碱性太强或金属表面活性不好，硝酸盐均会出现部分还原；溶液酸性太强，使金属表面活性太强，会造成硝酸盐的过度还原(即还原产物超过亚硝酸盐阶段)。这两种情况均影响硝酸盐测定的准确度。

目前主要使用的异相还原方式有镉铜还原和锌镉还原两种。

镉-铜柱法使用表面镀铜的镉粒或镉屑将水体中的硝酸盐定量的还原为亚硝酸盐，还原效率达 95% 以上，且不受盐效应影响。用于测定海水中硝酸盐含量时，具有重复性好，准确度高的优点，是目前国际上公认的测定海水中硝酸盐的标准方法，也是《海洋监测规范 第 4 部分：海水分析》(GB 17378.4—2007)中硝酸盐测定的仲裁方法。但在实际使用中，一方面，目前市场上难以直接购买到粒径符合要求的镉粒，实验室自制镉粒十分繁琐；另一方面，制备镉铜柱所用的容器为玻璃U形柱，用于外业调查时，极易破损；另外，单支镉铜柱一次只能处理一个样品，批量测定速度较慢，因此，在海洋监测工作中，镉铜柱还原法在海上调查时较少采用。在计算过程中，由于镉-铜柱法基本已将硝酸盐全量还原为亚硝酸盐，而后再用重氮偶氮法同时测定水样中硝酸盐被还原成的亚硝酸盐和水样中原有亚硝酸盐含量，因此，最终计算时，用镉铜柱法测得水样中总亚硝酸盐含量扣除水样中原有亚硝酸盐含量，即得到水样中硝酸盐含量。

锌镉还原法使用镀镉的锌片，将水样中硝酸盐定量还原为亚硝酸盐。与镉-铜柱还原法相比，锌镉法测定硝酸盐的还原效率较低(约70%)，且受水样盐度影响较大，实验表明，在蒸馏水介质和海水介质中，锌镉法的还原率存在明显差异，蒸馏水介质中的还原率只有海水中还原率的25%，二者差别的原因未见进一步报道。因此在近岸海域，盐度变化较大时，锌镉法测定结果将有显著差异。锌片与海水样品接触的有效比表面积对还原率也有一定影响，特别是较高浓度和较低浓度硝酸盐含量时，锌卷的形状对还原率影响较为明显，方法重复性也较差。另外，在实际操作中，人工海水空白值往往较高，对于基层监测机构而言，硝酸盐本底值较低的大洋海水较难获得，这也影响了锌镉法测定海水中硝酸盐含量的准确性。在计算过程中，由于锌镉法未能将水样中的硝酸盐全部还原为亚硝酸盐，还原后用重氮偶氮法测定的亚硝酸盐吸光值，应扣除同样测定条件下水样中原有亚硝酸盐的吸光值，方能得到被锌镉还原的硝酸盐的吸光值，如此代入硝酸盐工作曲线，得到硝酸盐含量即为海水中硝酸盐的含量。需要注意的是，“同样测定条件下水样中原有亚硝酸盐的吸光值”中的“同样测定条件”，一是指测定亚硝酸盐和锌镉法测定硝酸盐时因比色皿大小不一应进行吸光值换算，二是指亚硝酸盐和锌镉法测定硝酸盐的时间应尽量同步，以避免因不同步测定，硝酸盐在水样中会存在形态转变，从而导致测定结果有差异。尽管锌镉法在使用过程中存在一些问题，但其相对于镉-铜柱法的突出优点是测定方法操作简单，反应速度较快，可同时批量分析多个海水样品，因此在海上调查时较为广泛地用于海水样品中硝酸盐的测定。

2)操作步骤

以镉铜还原—重氮偶氮反应为例，介绍海水中硝酸盐测定的操作步骤。

(1)还原柱的制作。

a)镉屑镀铜：称取 40g 镉屑(或镉粒)于 150mL 锥形分液漏斗中，用盐酸溶液(2mol/L)洗涤，除去表面氧化层，弃去酸液，用水洗至中性，加入 100mL 硫酸铜溶液(10g/L)振摇约 3 min，弃去废液，用水洗至不含有胶体铜时为止。

b)装柱：用少许玻璃纤维塞紧还原柱底部并注满水，然后将镀铜的镉屑装入还原柱中，在还原柱的上部塞入少许玻璃纤维，已镀铜的镉屑要保持在水面之下以防接触空气，为此，柱中溶液即液面，在任何操作步骤中不得低于镉屑。

c)还原柱的活化：用 250mL 活化溶液，以 7~10mL/min 的流速通过还原柱使之活化，然后再用氯化铵缓冲溶液过柱洗涤 3 次，还原柱即可使用。

d)还原柱的保存：每次用完还原柱后，需用氯化铵缓冲溶液洗涤 2 次，而后注入氯化铵溶液保存。如长期不用，可注满氯化铵溶液后密封保存。

e)镉柱还原率的测定：分别配制浓度为 100μg/L 的亚硝酸盐-氮和硝酸盐-氮溶液。按照测定硝酸盐的步骤测定硝酸盐-氮的吸光值，其双样平均吸光值记为 $A(NO_3^-)$。同时测量分析空白，其双样平均吸光值记为 $A_b(NO_3^-)$。亚硝酸盐氮的测定除了不通过还原柱外，其余各步骤均按硝酸盐氮的测定步骤进行，其双样平均吸光值记为 $A(NO_2^-)$。同时测定空白吸光值，其双样平均值记为 $A_b(NO_2^-)$。按下述公式计算硝酸盐还原率 R：

$$R = \frac{A(NO_3^-) - A_b(NO_3^-)}{A(NO_2^-) - A_b(NO_2^-)} \tag{7.2}$$

当 $R<95\%$时，还原柱须重新进行活化或重新装柱。

(2) 校准和测定。

镉铜还原法受 pH 影响严重。pH 介于 1~3 时，其还原产物为 NH_3；pH 介于 8.0~9.0 时，其产物为 NO_2^-；pH 大于 9 时，容易形成沉淀。结果表明：如果反应溶液不具有缓冲性时，反应溶液的 pH 将发生变化，影响硝酸盐的测定准确度。因此，反应过程中需加入氨-氯化铵缓冲溶液，控制反应溶液保持在 pH=8.5。

工作曲线配置：准确移取一定浓度的硝酸盐标准储备液，根据拟开展测定的工作曲线的浓度范围，配置适宜浓度的工作曲线。工作曲线一般设置 5~6 个浓度，根据实际操作需要，浓度梯度配置为等差数列或等比数列。如果硝酸盐标准储备液的浓度过高，可先通过稀释的方式配置标准使用液，采用标准使用液配置工作曲线。

测定步骤：分别移取 50mL 不同浓度的硝酸盐标准使用液，分别加入 50mL 氯化铵缓冲溶液，混匀后，逐一倒入镉铜还原柱中，再加入 30mL 氯化铵溶液通过还原柱，以 6~8 mL/min 的流速通过还原柱，直至溶液接近镉屑上部界面，弃去流出液，然后重复上述操作，用 50mL 带刻度的具塞比色管接取 25. 0mL 反应液，用水稀释至 50mL，混匀后，按亚硝酸盐的测定步骤进行显色分析。测定波长 543nm，5cm 比色池。将吸光度值作为纵坐标、浓度作为横坐标，绘制工作曲线。应该注意的是，氯化铵缓冲液中不应存在任何显著量的硝酸盐或亚硝酸盐。

水样的测定按工作曲线的测定步骤进行。应同时分析水样吸光度 A_w 和空白吸光度 A_b，由 A_w-A_b，查工作曲线或用线性回归方程，计算硝酸盐氮和亚硝酸盐氮浓度 $c_{总}$(mg/L)。

3) 注意事项

在操作中应注意的事项如下。

(1) 所用试剂均为分析纯，水为二次去离子水或等效纯水。

(2) 水样可用有机玻璃或塑料采水器采集，用 0. 45μm 滤膜过滤，贮于聚乙烯瓶中。

(3) 分析工作不能延迟 3h 以上，如果样品采集后不能立即分析，应快速冷冻至−20℃，待样品融化后应立即分析。

(4) 水样通过还原柱时，液面不能低于镉屑，否则会引进气泡，影响水样流速，如流速达不到要求，可在还原柱的流出处用乳胶管连接一段细玻璃管，即可加快流速。

(5) 水样加盐酸萘乙二胺溶液后，应在 2 h 内测量完毕，并避免阳光照射。

(6) 铁、铜或其他金属浓度过高时会降低还原效率，向水样中加入 EDTA 即可消除此干扰。

(7) 油和脂会覆盖镉屑的表面，用有机溶剂预先萃取水样可排除此干扰。

(8) 测定池与参比池之间的吸光值(A_c)可能有显著差异，应在 A_w 及 A_i 中扣除。

(9) 海水中硝酸盐测定基本不受天然海水中化学组分的干扰，但当水体中硫化氢含量较高时，将影响硝酸盐测定的准确度。

7. 2. 2. 4 氨氮

水环境中的氨氮主要是指以游离态氨(NH_3)和离子铵(NH_4^+)形式存在的氮，

其组成比取决于水环境的 pH。当 pH 高于 9.75 时，主要以游离态氨的形式存在；当 pH 低于 8.75 时，主要以离子铵的形式存在。

1) 分析方法对比

目前海水中氨氮的测定方法主要有靛酚蓝法、次溴酸盐氧化法和荧光法三种。靛酚蓝法和次溴酸盐氧化法是《海洋监测规范　第四部分：海水分析》(GB 17378.4—2007) 中规定的标准方法，并将靛酚蓝法列为仲裁方法。但在实际监测过程中，次溴酸盐氧化法的应用更为广泛。荧光法主要在科学研究领域中使用，目前尚未上升为海水中氨氮的标准监测方法。

三种监测方法均存在各自的优缺点：靛酚蓝法具有明显的基体效应，且存在操作繁琐、反应时间长、灵敏度低等缺点；次溴酸盐氧化法因操作简单，灵敏度高等优点，在实际监测过程中应用广泛，但是由于次溴酸盐氧化法测定结果中包含一定浓度的氨基酸，测定结果较靛酚蓝法高，两者之间存在着显著性差异。荧光法具有灵敏度高、操作方便的优点，其监测结果亦与靛酚蓝法相似，但目前在国内的应用并不普遍，尚未上升为标准方法，且该法是否具有基体效应尚未形成定论，有待继续验证(宁志铭 等, 2013)。

2) 测定原理

(1) 靛酚蓝法：在弱碱性介质中，以亚硝酰铁氰化钠为催化剂，氨与苯酚和次氯酸盐反应生成靛酚蓝，在 640nm 处测定吸光值。该法适用于大洋海水、近岸海水及河口水。

(2) 次溴酸盐氧化法：在碱性介质中，次溴酸盐将氨氧化为亚硝酸盐，然后以重氮-偶氮分光光度法测定亚硝酸盐氮的总量，扣除原有亚硝酸盐氮的浓度，得到氨氮的浓度。该法适用于大洋海水、近岸海水及河口水，不适用于污染较重，含有机物较多的养殖水体。

(3) 荧光法：荧光法的原理是基于邻苯二甲醛(OPA) 与 NH_4^+-N 之间的荧光衍生化反应，通过测定生成的荧光产物，确定水体中铵氮的浓度(余翔翔 等, 2007)。该法由于 Hg^{2+} 会产生荧光淬灭，不适用于使用 $HgCl_2$ 保存的海水样品。

3) 操作步骤

以目前海洋监测中常用的次溴酸盐氧化法为例，介绍氨氮的手工测定方法。

(1) 绘制工作曲线。

准确移取一定浓度的氨氮标准储备液，根据拟开展测定的工作曲线浓度范围，配置适宜浓度的工作曲线。工作曲线一般设置5~6个浓度，根据实际操作需要，浓度梯度配置为等差数列或等比数列。如氨氮标准储备液浓度过高，可先通过稀释的方式配置标准使用液，采用标准使用液配置工作曲线。

（2）工作曲线和样品的测定。

a)工作曲线的测定：分别移取50mL不同浓度的氨氮标准使用液于具塞比色管中，加入5.0mL次溴酸钠溶液，混匀放置30min，而后加入5mL 2g/L的磺胺溶液，混匀放置5min，最后加入1.0mL 1 g/L的盐酸萘乙二胺溶液，混匀，放置15min后，使用5cm比色池，在543nm下进行测定，记录测定的吸光度值A_i。零浓度点吸光度值为标准空白吸光度A_0。以吸光值(A_i-A_0)为纵坐标，浓度为横坐标绘制标准曲线。

b)样品的测定：移取50mL已过滤样品于具塞比色管中，按照工作曲线的测定方法对样品进行显色测定，记录分析样品的吸光度A_w，同时使用无氨水测定样品的空白吸光度A_b。由A_w-A_b，查工作曲线或用线性回归方程计算氨氮的浓度。

4)注意事项

本方法执行中应注意如下事项：

(1)本法所用试剂均为分析纯，水为无氨蒸馏水或等效纯水；

(2)工作曲线应使用无氨水进行配置，最好使用无氨海水进行配置；

(3)水样经0.45μm滤膜过滤后，贮于聚乙烯瓶中；

(4)分析工作不应延迟3 h以上，若样品采集后不能立即分析，则应快速冷冻至-20℃保存，待样品解冻后，立即分析；

(5)测定中应严防空气中的氨对水样、试剂和器皿的沾污；

(6)当水温高于10℃时，氧化30 min即可，若低于10℃时，氧化时间应适当延长；

(7)该法氧化率较高，快速，简便，灵敏，但部分氨基酸也被测定；

(8)本法受盐效应影响。造成这种盐效应的原因在于镁离子的浓度和海水的缓冲能力，因此，氨氮的盐效应也可看成pH效应。

7.2.2.5 活性磷酸盐测定

1)原理

在酸性介质中，活性磷酸盐与钼酸铵反应生成磷钼黄，用抗坏血酸还原为磷钼蓝后，于 882 nm 波长测定吸光值。用抗坏血酸作为还原剂的最大优点是，反应生成的磷钼酸混合物可以在几小时内保持稳定，且蓝色强度不会受到盐度变化的影响。

需要指出的是，在实验过程中可通过磷钼蓝比色法直接测定的磷酸盐称为活性磷酸盐(SRP)，与无机磷酸盐的含量略有差异。活性磷酸盐并不完全等同于无机磷酸盐，一般包含无机磷酸盐和可在分析过程中降解为活性磷酸盐的部分有机磷，是无机磷酸盐的最高限值。此外，能被生物可利用部分的磷称为生物可利用磷，目前尚无准确的测定方法。

2)测定步骤

测定时，在 50mL 水样中，依次加入 1mL 抗坏血酸和 1mL 混合试剂，混合均匀。生成的蓝色磷化合物的吸光度在几分钟内即可达最大，并能稳定几小时。建议在 10~30min 内于 880nm 处测定吸光度。水样如果未经过滤，测得的磷含量包括水溶液中的无机磷含量，也包括加入酸后从颗粒物上解析到水溶液中的磷；如果水样经过过滤，则不会包括颗粒物解析到水溶液中的磷含量。

3)注意事项

(1) 所有玻璃和塑料器皿均需用试管刷刷洗或用洗涤剂清洗后用水彻底淋洗，严禁使用含磷洗涤剂；

(2) 磷酸盐测定中用于显色的玻璃制品需专门储存；

(3) 蓝色的磷钼酸化合物是一种胶体，易粘贴到试管壁上，可先用稀氢氧化钠或氢氧化钾溶液淋洗掉，然后用大量水冲洗；

(4)配制钼酸铵溶液时，可先将纯水加热至 70℃左右，再加入称量好的钼酸铵，得到澄清的钼酸铵溶液；

(5)钼酸铵溶液浑浊时应重新配制；

(6)推荐使用优级纯抗坏血酸降低干扰，最好现用现配；

(7)最好选用 5 cm 长的比色皿，对于低浓度样品，应选用更长的比色皿；

(8)就 5 cm 比色皿而言，零浓度点的吸光值应不高于 0.005。

4)干扰及其消除

在测定海水中磷酸盐时，天然海水中的部分离子(如硅酸盐、砷酸盐等)的干扰影响应值得注意。

(1)硅酸盐：Murphy and Riley 研究发现，硅含量低于350μmol/L时，对磷酸盐的测定无影响。Koroleff 认为，当显色 5 min 后测定吸光度时，硅含量会有影响。在延续下来的显色时间里，蓝色的硅钼酸混合物会逐渐生成。在开始的 1 h 内，颜色强度随时间的增加呈线性关系，随后变化较小。硅酸盐的影响与反应溶液的酸性条件有关，在 0. 2mol/L 的硫酸溶液中，颜色强度比在 0. 1mol/L 的硫酸溶液中增加得小。如果在显色 10min 后测定吸光度，天然海水中硅酸盐的含量(不超过 200μmol/L)对测定基本没有影响。如果测定在半小后以后进行，200μmol/L 的硅酸盐含量将会导致吸光度为 0. 003 的净吸收(以 10cm 比色皿计)，这种增加几乎可以忽略不计。

(2)砷酸盐：砷酸盐产生一种与磷酸盐相近的颜色，因为它们也能形成杂多酸。不过，它们在天然海水中的含量只有 0. 01~0. 03 μmol/L，因此，除非要求高精度测定低含量磷酸盐的情形，砷酸盐对磷酸盐的测定没有太大影响。

Koroleff 研究了砷钼酸的形成，发现在没有磷酸盐存在的条件下，反应半小时后，不论是纯净水还是天然海水中，最初存在的砷酸盐只有不多于 24%参加了反应。但是，磷酸盐可以起催化作用，即使是 0. 5μmol/L 含量的磷酸盐也可使全部砷酸盐反应。砷的影响可以通过将砷还原为亚砷酸盐而消除。

(3)硫化氢：在流动性较差的海域，底层水经常是缺氧的，并含有溶解态硫化氢。黑海中溶解态硫化氢的浓度可达 600 μmol/L。在一些低盐度河口区域，溶解硫化氢的浓度超过了 4mmol/L。当酸性钼酸盐加入到这类水体中时，会形成绿色的胶体硫。Koroleff 发现，低于 60μmol/L 的硫化物不会干扰磷酸盐的测定。在通常情况下，硫化物含量较高时，磷酸盐含量也较高，硫化物的影响可以通过用超纯水稀释样品而消除。如果样品中磷酸盐含量较低，不适合稀释，则应向样品中加入溴水氧化所含硫化物，并按每 100mL 水样中加入 0. 2 mL 浓度为 4. 5 mol/L 的酸的比例酸化样品。多余的溴可以通过用空气曝气的方式去除。水样中的硫化氢也可以通过将水样酸化后，向水样中通 15min 氮气来去除。

(4)其他干扰：在海水中尚未发现有干扰磷酸盐测定的其他化合物。但是，在部分化工厂废水中，铜含量超过 160 μmol/L 时，会引起显色强度降低。此外，浓度高于 40μmol/L 的六价铬和 600μmol/L 的三价铬都会对测定产生影响。金属离子对显色强度的影响大致为，浓度每增加 180μmol/L，显色强度增加 1%。

污水中硝酸盐含量超过 2mmol/L 时也会影响磷酸盐的测定。氟化物的干扰比较严重，浓度大于10mmol/L的氟离子会抑制显色的进行。但浓度低于1.6mmol/L时，氟离子对显色无影响。Buchanan和Easty研究表明，在纸浆和造纸厂废水中，木质素磺酸盐浓度高于200mg/L时，会降低显色强度(Grasshoff et al，1999)。

7.2.2.6 硅酸盐测定

1)原理

天然水中溶解态硅化物的测定，是以钼酸盐溶液处理酸性水样形成黄色硅钼酸为基础的。用这种方法能测定海水中的所有溶解态硅酸盐，甚至当氧化钠与氧化硅比值小于1时也能测定。在天然海水中，胶体硅酸很快改变其胶体状态，并能以比色法检测出。黄色硅钼酸络合物受pH影响以两种异构体存在。两者的差别仅在于水合作用。α-异构体在pH3.5~4.5时形成，一旦形成就非常稳定。β-硅钼酸在pH0.8~2.8时迅速形成，但稳定性要差得多。

2)测定过程

形成β-黄色硅钼酸的最佳酸度为0.07~0.13mol/L，酸的当量浓度对钼酸铵百分浓度值比为0.30~0.40。平均反应时间10min之后，加入草酸，理由是：①避免过多的钼酸盐还原；②抑制样品中磷酸盐的影响，因为磷钼蓝法测定磷时，酸度为0.2~0.4mol/L，酸的当量浓度对钼酸铵百分浓度之比为4~5。在草酸存在下，硅络合物的稳定性很低，因而加入草酸之后应立即加入还原剂(抗坏血酸)，草酸和抗坏血酸也可同时加入，但此时磷酸盐的影响也会略高。抗坏血酸的用量为测定磷酸盐用量的1/4。

测定硅酸盐的水样不能与玻璃接触，因此最好将样品直接转入聚氯乙烯或聚乙烯瓶中。分析前样品应置于冷暗处。在高生产力季节期间，样品贮存时间不能超过一天，深层水样亦然。将样品冷冻到-20℃以下贮存，仅对硅酸盐含量低于50μg/L(以硅计)的样品较适宜。冷冻贮存时，硅已聚合，样品融化后，必须放置3h以上才能测定。

3)干扰及消除

硅酸盐测定的干扰因素主要是硫化氢。缺氧水中存在硫化氢时，黄色硅钼酸将部分还原，有绿色出现。只要抑制了胶体硫的形成，就不影响最后的颜色。大约能容许5 mg/L硫的存在。含量更高时，样品应作稀释或最好用溴水氧化硫化物：50 mL水样中加入0.5 mL 9mol/L硫酸溶液，滴加溴水直到溶液呈现淡黄色，且能保持 5 min 左右。然后从表层溶液之上的毛细管通过快速空气流以驱赶过量的溴。

在草酸存在时，磷酸根离子对黄色硅钼酸的颜色无干扰作用。但当草酸和还原剂一起加入时，可观察到颜色稍有增加，1 μg/L 元素 P 相当于增加约 0.05 μg/L 元素 Si。

与磷酸盐的测定相同，当氟化物的量高于 50 mg/L 时，能降低硅络合物的蓝色。用硼酸络合氟离子可减少这种干扰，即每 35 mL 水样中加 1 mL 0.1mol/L 硼酸。

铁、铜、钴、镍等微量金属，在高浓度时即可发生干扰作用，这是由于这些离子本身的颜色产生的吸光度。此时应采用参比样品，即在 35 mL 水样中加入 0.5 mL7.2mol/L 的硫酸溶液和 1 mL 抗坏血酸。

7.2.2.7 总氮测定

1)分析方法对比

总氮和有机氮的测定是海洋化学中比较繁琐的方法之一。最老的方法就是凯氏消化法，这一方法至今还在小范围内使用。凯氏法的缺点是会将氮化合物分解成氨而使测定结果偏低。现在已有许多方法氧化样品中的氮，比如加热或者 250 nm 处紫外消解等。

Koroleff 引入了用过硫酸钾氧化有机氮化合物的方法，并对碱性介质中的氧化作用作了研究。从各种有机氮化物(包括有机氮含量很高的污水)中得到硝酸盐的定量回收，结果优于凯氏法。在某些情况下，五元杂环中的氮不能释出，然而在天然淡水中这类化合物含量很少，可以忽略不计。

目前，过硫酸钾氧化法已成为国际上使用最多的总氮样品处理方法，其原理是，海水样品在 110~120℃的碱性条件下，用过硫酸钾氧化，有机氮化合物被转化为硝酸盐氮，同时，水样中亚硝酸盐氮和氨氮也被定量地转化为硝酸盐氮。硝酸盐氮经还原为亚硝酸盐氮后用重氮-偶氮法进行吸光值测定。

2)测定步骤

如果有可能，最好先估测样品中的含氮量，若含氮量远大于 100 μg/L 时，需先用蒸馏水稀释水样。样品置于消化瓶中，加入 10 mL 碱性过硫酸钾溶液，使海水样品中形成氢氧化镁沉淀。立即盖紧盖子，并检查是否严密，加压处理样品半小时，自然冷却至室温后，取出反应瓶，加入 1 mL 0. 9mol/L 硫酸溶液，以溶解氢氧化物。加入数滴酚酞，在轻轻摇动下用 0. 12 mol/L NaOH 中和至第一次出现浅红色。转移至有 50 mL 刻线的带塞瓶中，用蒸馏水洗涤反应瓶，合并至 50 mL 带塞瓶中，用水稀释至刻线，然后按工作曲线测定方法进行。

3) 注意事项

(1) 过硫酸钾氧化剂对空白的影响作严格的测定是必要的。操作为：在反应瓶中只加入 10 mL 碱性过硫酸钾溶液，盖紧瓶子及在加压下煮沸等，均按工作曲线和样品的测定方法进行。如自始至终使用特定的蒸馏水，用 1 cm 比色皿测得的空白吸光度为 0. 030 左右时，当用 5 cm 比色皿时的数值应为此值的 5 倍。此空白应定期作双样测定。若更换新的氧化剂，应重新分析其空白值。在氧化步骤之后，作稀释用的蒸馏水中应无硝酸盐，这也是极其重要的。

(2) 在清洁的或微受污染的天然水中，一般的离子或化合物对该方法并不产生干扰。缺氧水中存在的硫化氢，即使是在波罗的海中发现的最大浓度(2 mg/L)下亦不发生干扰。当硫化氢与氮的浓度比高达 10 倍时，或许应该增加过硫酸盐的用量，但对此问题至今尚未有相关研究。

7. 2. 2. 8　总磷测定

1) 原理

研究表明，在碱性条件下，有机磷会被过二硫酸盐完全氧化而分解为无机磷，此外，60%被聚合的磷酸盐也会被水解。在天然水体中，聚合态磷酸盐占比重很小，可被忽略不计。因此，可使用酸性过硫酸钾氧化法测定水体中的总磷。即：海水样品在 110~120℃酸性条件下，用过硫酸钾氧化，有机磷化合物被转化为无机磷酸盐，无机聚合态磷水解为正磷酸盐。消化过程中产生的游离氯，以抗坏血酸还原。消化后水样中的正磷酸盐与钼酸铵形成磷钼黄。在酒石酸锑钾存在下，磷钼黄被抗坏血酸还原为磷钼蓝，于 882 nm 处进行吸光值测定。

2) 测定过程

氧化剂：在 1 L 浓度为 15. 00 g/L 的氢氧化钠溶液中，加入 50 g 过二硫酸钾和 30g 硼酸，溶解，混匀。该溶液贮存于聚乙烯瓶中，拧紧盖子，并用铝箔包好，常温下可保存数周。或者也可使用 MERK 公司的 Oxisolv 氧化剂。

在 50 mL 标准使用溶液或样品中加入 5mL 氧化剂或一药勺 MERK 公司的

Oxisolv 氧化剂，拧紧瓶盖，并置于高压灭菌锅中，消煮 30 min。打开高压灭菌锅后，检查瓶盖处于拧紧状态，涡旋样品，以使瓶底部的所有沉淀溶解。然后在室温下冷却。用无分度吸管吸取 5 mL 样品，用于测定总氮，剩余溶液转移至测定磷酸盐用的玻璃器皿中。测定磷酸盐时，在剩余溶液中首先加入抗坏血酸，然后再进入流动分析系统。

3) 注意事项

同时消化有机磷和有机氮时，反应开始时 pH 为 9.7，结束时为 4~5，这一条件通过硼酸-氢氧化钠体系来实现。在海水样品中，加入混合氧化剂溶液时，没有沉淀生成，随着温度升高，沉淀生成，但最终随着氧化进程而逐渐溶解。

7.2.3 营养盐自动分析方法

营养盐自动分析法始于 20 世纪 50 年代末期。自问世以来，营养盐自动分析技术经过多年的实践和发展，从基础理论到实验技术均日臻完善，其仪器硬件技术、应用领域及市场普及方面都取得了显著的发展。相对于传统的实验室手工分析方法(国标法)，营养盐自动分析技术适合大批量样品的测定，其具有样品和试剂消耗量小、检出限低、分析速度快、降低样品污染机率等优点，可以节省人力，大大提高样品测定效率。但营养盐自动分析仪需要具有化学分析技术，并经过相关培训的人员才能进行操作。

作为水质监测的常规测定项目，样品营养盐分析在我国环境监测中的工作量也越来越大。为了更为快速有效地完成样品测定任务，越来越多的部门引进了营养盐自动分析技术。目前，营养盐自动分析仪已经被我国环境监测机构、高校、科研院所等部门广泛用于样品分析中。

7.2.3.1 自动分析法原理

所有的现代营养盐自动分析技术都是基于手工法显色反应原理。营养盐自动分析仪通过不同的组合模式，以蠕动泵作为动力，推动样品和试剂在封闭的管道中流动、混合、反应，然后通过检测器进行检测，最终配以软件系统对数据进行分析，整个反应过程均是在完全封闭的管道中完成。当前国内外主流的分析技术主要有两种：连续流动分析(CFA)和流动注射分析(FIA)。

Skeggs(1957)建立了连续流动自动分析系统，首次把样品分析从传统的试管、烧杯等容器中转移到管路中进行。其主要原理是利用蠕动泵将标准溶液和样品吸入到封闭的管道中，同时按规定间隔加入大小相同的气泡隔开溶液，使管路中形成液流分隔系统，然后按顺序和比例吸入试剂，通过混合线圈和加热模块进行混合、加热完成化学反应，最终通过测定吸光度，利用计算机控制软件，根据标准溶液计算样品中营养盐的浓度。CFA 的两大优点是比色过程中的稳定性和空气气泡的加入。CFA 属于稳态分析技术，检测时样品与试剂的反应达到化学平衡状态，它不会随时间变化而改变，因此具有较高的稳定性和灵敏性。空气气泡的作用主要包括：① 防止溶液的扩散，保证样品的完整性；② 气泡的动力学作用产生涡流，促进样品与试剂的混合；③ 清洗管道内壁；④ 通过观察气泡的流动形态判断仪器运行是否正常。

FIA 是在 CFA 的基础上发展起来的。Ruzicka 和 Hansen(1991)提出了流动注射分析。其主要原理是将一定体积的样品注入到无气泡间隔连续流动的包含试剂的载流中，在对流和分子扩散的作用下，样品在载流中分散成具有一定浓度梯度的样品带，在流动中与载流中与试剂发生化学反应，被测组分尚未达到化学和物理的平衡就快速进入检测器进行检测，利用计算机控制软件，根据标准溶液计算样品营养盐浓度。FIA 属非稳态分析技术，即当试剂和样品反应未达到平衡态时进行测定，但只要严格控制标准溶液和样品的反应条件(如反应时间、温度等)，也可以保证测定结果的高度重现性。

7.2.3.2　营养盐自动分析仪结构

CFA 和 FIA 系统通常由进样器、蠕动泵、分析模块、检测器和数据处理系统等部分组成。另外，根据不同营养盐组分分析的实际需要，分析模块中还包含其他一些配件，如总氮、总磷测定时所需要的在线消化装置等。

1)进样器

一般来说，进样器包括一个样品盘[带有架子的圆形或方形平台，样品杯(管)置于架子上]和一套取样装置。样品杯(管)数量、大小取决于测定样品数量和不同营养盐组分测定所需的样品体积。CFA 仪器取样装置通常为细不锈钢或硬质塑料材质的取样针吸取样品；FIA 仪器是通过注射阀注入样品。取样装置需要与计算机连接，按照计算机控制软件中事先设置的程序，吸取或注入样品后在蠕动泵的作用下进入分析模块。

2)蠕动泵

蠕动泵是营养盐自动分析仪的关键部分。虽然在样品测定过程中试剂的加入是过量的，但不同比例的试剂加入会通过稀释作用导致营养盐测定结果发生变化。不同类型的蠕动泵目前已经商业化，其自身所携带的泵管内径都具有固定尺寸，不同试剂的泵管尺寸有所不同。在蠕动泵保持匀速运转时，试剂的加入量由泵管内径决定。泵管通常是由特殊的PVC材料(Tygon)制作的，但蠕动泵的挤压和试剂的腐蚀会对其产生损坏，因此泵管都有一定的使用期限。

3)分析模块和检测器

手工法进行样品测定时，一种或多种试剂连续加入样品中，混合均匀。显色后利用分光光度计进行比色测定。而用CFA和FIA仪器测定样品时，是通过多通道蠕动泵、泵管、线圈及其他配件使试剂和样品在仪器固定的流速下混合反应。

待样品和试剂都进入管路中后会经过一个反应线圈进行充分混合反应。为加快样品与试剂的反应速度，混合线圈一般置于一个恒温器中，使样品和试剂在一定温度下进行快速反应。由于温度会影响样品与试剂混合液的吸光度，所以在混合液进入检测器之前需要在室温下进行热平衡，无论其在反应过程中是否被加热。此步骤通常是由置于仪器外部的、处于室温状态下的冷却线圈来实现。

混合液通过冷却线圈进行热平衡后进入检测器进行检测。由于光学和电子元件的迅速发展，目前用于CFA和FIA仪器的分光光度计都实现了简单化、小型化和商业化。大多数分光光度计的光源为钨灯或卤素灯。近些年来，LED等开始引入使用，其具有体积小、稳定、能耗小、便宜等优点。采用CFA仪器进行样品测定时通常在待测液进入检测器之前需要除去每个小片段之间的气泡，但以SEAL AA3为代表的部分仪器利用电子放大器等配件选择性检测有效片段(液体样品)，从而减少了除气泡的步骤。

当前CFA和FIA仪器大部分均为多通道集成系统，一个控制台可配置多个分析模块，可同时测定多种营养盐组分，如硝酸盐、亚硝酸盐、铵盐和磷酸盐等。

4)数据处理系统

数据处理系统一般为一台带有仪器控制软件的计算机和一台打印机。控制软件均是基于操作舒适的理论进行设计的。进行样品测定时，首先在计算机上打开仪器控制软件，设置控制程序，在仪器运行稳定之后运行程序进行测定。检测器检测到的信号通过模拟数字转换接口传送到计算机上(在计算机上通常转化为峰值形式)。控制软件的一个重要用途就是检测峰高，峰高代表不同营养盐组分的浓度。最后根据标准品获得的峰高，计算出样品中营养盐的浓度。测定结果以电子文档形式储存在计算机中的同时，也可利用打印机进行打印。

相对于CFA仪器来说，利用FIA进行营养盐含量测定时的最大优点是分析速度快，但快速分析的优点需要大量的试剂消耗和系统的高灵敏度来实现。因此，如果单位时间内测定的样品不够多，推荐使用CFA仪器。当前用于营养盐测定的自动分析仪中CFA仪器相对较多，其代表产品主要有SEAL AA3、SKALAR SAN++、FUTURA II等。以下以SEAL AA3为例简单介绍各营养盐组分自动分析过程。

7.2.3.3 测定过程

1)亚硝酸盐测定

(1)原理。

在酸性介质中亚硝酸盐与磺胺进行重氮化反应，其产物再与盐酸萘乙二胺偶合生成红色偶氮化合物，在550 nm波长下检测。

(2)试剂及配制。

系统清洗液：将6 mL 30% Brij-35溶液加入1000 mL去离子水中。

特殊清洁液：次氯酸钠溶液与水1∶5的稀释液。

显色剂：将100 mL磷酸加入约700 mL去离子水中，加入10 g磺胺，完全溶解后，再加入0.5 g盐酸萘乙二胺，稀释至1000 mL，并混合均匀，最后加入4 mL30%Brij-35溶液。每月更换1次。

(3)主要测定步骤。

a)打开仪器、计算机及计算机上的仪器控制软件，连接仪器与计算机；

b)检查管路是否通畅，并用特殊洗液(每月1次)和系统洗液(每天1次)冲洗管路；

c)将吸液管插入放有配制好试剂的试剂瓶中，运行仪器至基线稳定；

d)在计算机上设置仪器程序；

e)将放有标准样品和待测样品的样品杯依据所设置的程序编号放入自动进样系统；

f)运行计算机上仪器控制程序，开始测定；

g)分析结束后冲洗管路10 min，关闭仪器，测定结束。

(4)测定范围及检出限。

测定范围为 0~25 μmol/L；检出限为 0.0015 μmol/L；标准偏差($n=25$)为 0.003 μmol/L。

(5)注意事项。

a)标准样品的稀释液必须和待测样品具有同样的基底；

b)为了避免来自人工海水中无机氮含量带来的干扰，分析时使用人工海水或低养分的海水；

c)所有化学试剂应具有较高纯度，低纯度试剂的使用可能会导致仪器参数不稳定；

d)样品杯必须非常干净，使用前用稀盐酸浸泡 24 h 以上，取出后用高纯水冲洗 3 次以上，晾干后使用；

e)样品测定时管路必须保持润滑，气泡必须要有规律；

f)如气泡无规律，可用特殊洗液和系统洗液清洗系统；

g)实验室温度要稳定，分析仪周围不应有强的气流，运行时最好盖上模块的盖子。

2)硝酸盐测定

(1)原理。

硝酸盐在铜的催化作用下，被镉柱定量还原成亚硝酸盐，然后测定亚硝酸盐氮的总量，从中扣除原有亚硝酸盐氮的含量，得到硝酸盐氮的含量。

(2)试剂及配制。

系统清洗液：将 6 mL 30%Brij-35 溶液加入 1000 mL 去离子水中。

特殊清洁液：次氯酸钠溶液与水 1:5 的稀释液。

显色剂：将 100 mL 磷酸加入约 700 mL 去离子水中，加入 10 g 磺胺，完全溶解后，再加入 0.5 g 盐酸萘乙二胺，稀释至 1000 mL。试剂必须无色，储存于棕色瓶中，冷藏。每月更换 1 次。

氯化铵溶液：将 10 g 氯化铵溶入 900 mL 去离子水中，用氨水调 pH 为 8.5±0.1，用去离子水稀释至 1000 mL，再加入 0.5 mL 30% Brij-35 溶液。每周更换 1 次。

(3)主要测定步骤。

a)打开仪器、计算机及计算机上的仪器控制软件，连接仪器与计算机；

b)检查管路是否通畅，并用特殊洗液(每月1次)和系统洗液(每天1次)冲洗管路；

c)将吸液管插入放有配制好试剂的试剂瓶中，当氯化铵溶液流至镉柱连接处后，将处理好的镉柱接入管路；

d)活化镉柱，测定镉柱还原率，当镉柱还原率达到95%以上时可正常运行仪器至基线稳定；

e)在计算机上设置仪器程序；

f)将放有标准样品和待测样品的样品杯依据所设置的程序编号放入自动进样系统；

g)运行计算机上仪器控制程序，开始测定；

h)分析结束后，切断镉柱与管路连接，冲洗管路10 min，关闭仪器，测定结束。

(4) 测定范围及检出限。

测定范围为0~285 μmol/L；检出限为0.010 μmol/L；标准偏差($n=25$)为0.022 μmol/L。

(5)注意事项。

a)镉柱还原率必须在95%以上，测定时镉柱中不能有气泡进入，并注意还原率的稳定性，如测定过程中镉柱还原率下降或有气泡进入，应对镉粒重新处理后再测定；

b)由于样品需经镉柱还原后测定，导致样品测定时间延长，所以程序设置时应减小进样速率；

c)其他注意事项同亚硝酸盐测定。

3)铵盐测定

(1)原理。

在硝普钠存在的条件下，铵与水杨酸钠和次氯酸离子反应生成蓝色化合物，在660 nm波长下进行测定。

(2)试剂及配制。

系统清洁液：含有2 mL/L的30% Brij-35溶液的去离子水。

特殊清洁液：1mol/L盐酸(约83 mL/L浓盐酸)。

络合试剂：将30 g EDTA、120 g柠檬酸钠和0.5 g硝普钠溶入约800 mL去离子水中，稀释至1000 mL。再加入3 mL 30% Brij-35溶液，并混合均匀。每2周更换1次。

水杨酸钠溶液：将300 g水杨酸钠溶入800 mL去离子水中，稀释至1000 mL并混合均匀。贮存在棕色瓶中，每2周更换1次。

二氯异氰脲酸钠溶液：将3.5 g氢氧化钠和0.2 g二氯异氰脲酸钠溶入约80 mL去离子水中，稀释至100 mL并混合均匀。每天更换1次。

(3)主要测定步骤。

a)打开仪器、计算机及计算机上的仪器控制软件，连接仪器与计算机；

b)检查管路是否通畅，并用特殊洗液(每月1次)和系统洗液(每天1次)冲洗管路；

c)将吸液管插入放有配制好水杨酸钠溶液的试剂瓶中，当水杨酸钠溶液充满整个管路后再将吸液管插入其他试剂瓶中。运行仪器至基线稳定；

d)在计算机上设置仪器程序；

e)将放有标准样品和待测样品的样品杯依据所设置的程序编号放入自动进样系统；

f)运行计算机上仪器控制程序，开始测定；

g)分析结束后，先停止除水杨酸钠溶液外其他试剂的吸入，待其他试剂全部流出管路后再移走水杨酸钠溶液。冲洗管路10 min，关闭仪器，测定结束。

(4)测定范围及检出限。

测定范围0~300 μmol/L；检出限0.034 μmol/L；综合标准偏差($n=25$)0.05 μmol/L。

(5)注意事项。

a)大气和一般环境中的氨是一种普通的污染剂。注意样品和试剂不能被污染。

b)没有水杨酸钠，加入二氯异氰脲酸钠后，会出现锰离子或钙离子的氢氧化物沉淀。因此，运行时必须要先加入水杨酸钠，结束时最后移走水杨酸钠的管道。

c)其他注意事项同亚硝酸盐测定。

4)活性磷酸盐测定

(1)原理。

磷酸盐和钼酸盐反应生成磷钼黄，在 pH<1 的条件下被抗坏血酸还原生成一种蓝色化合物在 880 nm 下检测。

(2)试剂及配制。

系统清洁液：将 8 g SDS 溶于 1000 mL 纯水中，混匀。

特殊清洁液：次氯酸钠溶液与水 1∶5 的稀释液。

酒石酸锑钾储备液：将 2.3 g 酒石酸锑钾加入 80 mL 去离子水中，稀释至 100 mL，混匀。每月更换 1 次。

钼酸铵溶液：将 64 mL 浓硫酸边搅拌边加入 500 mL 水中，再依次加入 6 g 钼酸铵和 22 mL 酒石酸钾锑储备液，稀释至 1000 mL，混匀后，储存于棕色瓶中，每月更新 1 次。

抗坏血酸溶液：8 g 抗坏血酸溶于 600 mL 纯水，加入 45 mL 丙酮和 8 g SDS，稀释至 1000 mL，混匀，储存于棕色瓶中，每周更新 1 次。

(3)主要测定步骤。

a)打开仪器、计算机及计算机上的仪器控制软件，连接仪器与计算机；

b)检查管路是否通畅，并用特殊洗液(每月 1 次)和系统洗液(每天 1 次)冲洗管路；

c)将吸液管插入放有配制好试剂的试剂瓶中，运行仪器至基线稳定；

d)在计算机上设置仪器程序；

e)将放有标准样品和待测样品的样品杯，依据所设置的程序编号放入自动进样系统；

f)运行计算机上仪器控制程序，开始测定；

g)分析结束后冲洗管路 10 min，关闭仪器，测定结束。

(4)测定范围及检出限。

测定范围为 0~260 μmol/L；检出限为 0.020 μmol/L；标准偏差($n=25$)为 0.012 μmol/L。

(5)注意事项。

样品测定时注意事项同亚硝酸盐测定。

5)硅酸盐测定

(1)原理。

在酸性介质中，活性硅酸盐与钼酸盐反应生成硅钼黄，再与抗坏血酸反应生成硅钼蓝，于 820 nm 波长测定其吸光值。

(2)试剂及配制。

系统清洁液：将 2 g SDS 溶于 1000 mL 纯水。

特殊清洁液：5%次氯酸钠溶液与水 1∶10 的稀释液。

显色剂：将 4.2 mL 浓硫酸边搅拌边加入 800 mL 水中，再加入 15 g 钼酸胺和 5 g SDS，稀释至 1 L，混匀后，储存于棕色聚乙烯瓶中，每 2 周更新 1 次。

抗坏血酸溶液：将 50 g 抗坏血酸溶于 700 mL 纯水，稀释至 1000 mL。溶液混均匀，储存于棕色聚乙烯瓶中，每周更新 1 次。

草酸溶液：将 95 g 草酸溶于 800 mL 纯水，稀释至 1000 mL。溶液混均匀，储存于棕色聚乙烯瓶中。

(3)主要测定步骤。

a)打开仪器、计算机及计算机上的仪器控制软件，连接仪器与计算机；

b)检查管路是否通畅，并用特殊洗液(每月 1 次)和系统洗液(每天 1 次)冲洗管路；

c)将吸液管插入放有配制好试剂的试剂瓶中，运行仪器至基线稳定；

d)在计算机上设置仪器程序；

e)将放有标准样品和待测样品的样品杯依据所设置的程序编号放入自动进样系统；

f)运行计算机上仪器控制程序，开始测定；

g)分析结束后，冲洗管路 10 min，关闭仪器，测定结束。

(4)测定范围及检出限。

仪器参数：测定范围为 0~1000 μmol/L；检出限为 0.016 μmol/L；标准偏差($n=25$)为 0.051 μmol/L。

(5)注意事项。

a)为避免玻璃器皿对测定的影响，储存样品和试剂的容器必须由合格的塑料制成，最好使用高密度的聚乙烯和聚丙烯瓶；

b)其他注意事项同亚硝酸盐测定。

6)总氮测定

(1)原理。

在 110℃高温和 0.14 MPa 压力下，含氮化合物分别经碱性和酸性条件下过硫酸钾的消化，消化后样品中含氮化合物转化为硝酸盐，硝酸盐被镉柱定量地还原成亚硝酸盐，再与磺胺和盐酸萘乙二胺反应，550 nm 波长下检测。

(2)试剂及配制。

50%曲拉通 X-100 溶液：50 mL 曲拉通用乙醇稀释至 100 mL。

系统洗液：取 2 mL 50%曲拉通溶液，加入 800 mL 纯水混匀，然后稀释至 1000 mL。每周更新一次。

特殊洗液：10 mL 次氯酸钠，用纯水稀释至 100 mL，然后加入 1 g SDS。每次使用时配制。

氢氧化钠溶液：在 800 mL 纯水中加入 200g 氢氧化钠，混合，然后稀释至 1000 mL。可保存一年。

消化液：在 400 mL 纯水中溶解 12.5 g 过硫酸钾、5.0 g 硼酸、0.5 g 氯化钠和 0.5 g 硫酸钠，然后加入 2.0 mL 氢氧化钠溶液，用纯水稀释至 500 mL，调节 pH 为 8.0。低温保存一个月。

硫酸溶液：向 150 mL 纯水中加入 16 mL 浓硫酸，混合，冷却至室温，稀释至 200 mL。可保存一年。

咪唑溶液：取 30g 咪唑溶于约 800 mL 纯水中，加入 4.0 mL 硫酸溶液，然后用纯水稀释至 1000 mL。再加入 1 mL 50%的曲拉通溶液。每月更新一次。

磺胺溶液：将 5.0 g 磺胺和 50 mL 盐酸溶于 400 mL 纯水，然后用纯水稀释至 500 mL，可稳定 3 个月。

盐酸萘乙二胺溶液：将 0.5 g 盐酸萘乙二胺和 5 mL 盐酸溶于 400 mL 纯水，然后用纯水稀释至 500 mL，可稳定 3 个月。

(3)主要测定步骤。

a)打开仪器、计算机及计算机上的仪器控制软件，连接仪器与计算机；

b)检查管路是否通畅，并用特殊洗液(每月一次)和系统洗液(每天一次)冲洗进样后面管路；

c)检查消化模块各项参数，当各参数达到要求后，将试剂泵入消化器中，运行仪器，等待系统稳定(时间大约 1 h)；

d)打开氮气瓶，调整气压为 0.5 MPa，将吸液管插入放有配制好试剂的试剂瓶中，当咪唑溶液流至镉柱连接处后，将处理好的镉柱接入管路；

e)在计算机上设置仪器程序；

f)将放有标准样品和待测样品的样品杯依据所设置的程序编号放入自动进样系统；

g)运行计算机上仪器控制程序，开始测定；

h)分析结束后，关闭消化器(具体操作步骤：当镉柱中充满咪唑溶液时，断开镉柱与管路的连接；将消化试剂管插入纯水中，其他试剂插入曲拉通溶液中；关闭氮气瓶和加热器；5 min 后拔出消化试剂管和进样针，吸入空气。关闭压缩机，启动快速泵；当消化器中充满空气，停止泵，取下压盘；打开压缩机 5 s，然后关闭，吹干净残留在压缩机管路中的液体；关闭消化器)；

i)冲洗管路 10 min，关闭仪器，测定结束。

(4)测定范围及检出限。

测定范围为 0~714 μmol/L；检出限为 0.643 μmol/L；标准偏差($n=25$)为5 μmol/L。

(5)注意事项。

a)试剂纯度对样品测定影响较大，在使用高纯度化学试剂的同时，每天应检查试剂空白；

b)如果空白值较高，需重新配置试剂；

c)每天每月除对管路进行清洗外，每周还需要在管路中泵入 20 min 0.1 mol/L NaOH 溶液进行清洗，然后再泵入系统洗液清洗；

d)其他注意事项同硝酸盐测定。

7)总磷测定

(1)原理。

在 110°C 高温和 0.14 MPa 压力下，含磷化合物分别经碱性和酸性条件下过硫酸钾的消化，消化后样品中含磷化合物转化为活性磷酸盐，再与钼酸盐反应，被抗坏血酸还原成络合物，在 800 nm 下比色测定。

(2) 试剂及配制。

15% SDS 溶液：在 87 mL 纯水中加入 15 g 十二烷基硫酸钠，混匀。

系统洗液：在 800 mL 纯水中加入 20 mL 15%十二烷基硫酸钠，混合，然后用纯水稀释至 1000 mL。

特殊洗液：同总氮测定。

氢氧化钠溶液：同总氮测定。

消化液：同总氮测定。

硫酸溶液：同总氮测定。

显色剂：在 400 mL 纯水中依次加入 3.0 g 钼酸钠、20 mL 硫酸，混匀，然后用纯水稀释至 500 mL，加入 10 mL 15% SDS，混匀，可稳定 3 个月。

抗坏血酸溶液：在 400 mL 纯水中加入 25.0 g 抗坏血酸，混匀，稀释至 500 mL，加入 4 mL 15% SDS，混匀，每周更新 1 次。

(3) 主要测定步骤。

a) 打开仪器、计算机及计算机上的仪器控制软件，连接仪器与计算机；

b) 检查管路是否通畅，并用特殊洗液(每月 1 次)和系统洗液(每天 1 次)冲洗进样后面管路；

c) 检查消化模块各项参数，当各参数达到要求后，将试剂泵入消化器中，运行仪器，等待系统稳定(时间大约 1 h)；

d) 仪器运行稳定后，将吸液管插入放有配制好试剂的试剂瓶中，运行仪器至基线稳定；

e) 在计算机上设置仪器程序；

f) 将放有标准样品和待测样品的样品杯依据所设置的程序编号放入自动进样系统；

g) 运行计算机上仪器控制程序，开始测定；

h) 分析结束后，关闭消化器(具体操作步骤：将消化试剂管插入纯水中，关闭加热器；5 min 后拔出消化试剂管和进样针，吸入空气；关闭压缩机，启动快速泵；当消化器中充满空气，停止泵，取下压盘；打开压缩机 5 s，然后关闭，吹干净残留在压缩机管路中的液体；关闭消化器和加热器电源)；

i) 冲洗管路 10 min，关闭仪器，测定结束。

(4) 测定范围及检出限。

测定范围为 0~258 μmol/L；检出限为 0.065 μmol/L；标准偏差($n=25$)为 0.129 μmol/L。

(5) 注意事项。

a) 试剂纯度对样品测定影响较大，在使用高纯度化学试剂的同时，应每天检查试剂空白；

b) 如果空白值较高，需重新配置试剂；

c)除每天和每月对管路进行清洗外，每周还需要在管路中泵入 20 min 0.1 mol/LNaOH 溶液进行清洗，然后再泵入系统洗液清洗。

d)其他注意事项同亚硝酸盐测定。

7.2.4 改进的营养盐分析方法

7.2.4.1 亚硝酸盐

1)基于 Griess 反应改进的分光光度法

Griess 反应是海水中亚硝酸盐监测方法的基础。由于传统的分光光度法的灵敏度较低，因而在分光光度法原理的基础上对传统的分光光度法进行了改进，新改进的两种方法分别为固相萃取法和长光程(即液芯波导)分光光度法。

固相萃取法通过对目标物进行固相萃取富集，将其洗脱后进行光度法监测。方法灵敏度较高，检出限较低，但操作繁琐，分析速度慢，样品用量大，不适宜作现场大批量样品的分析。

液芯波导分光光度法是一种新型的光谱技术，根据朗伯-比尔定律，溶液的吸光度与吸光物质的浓度和比色池的长度成正比，可通过增加光程改善分光光度法的灵敏度，降低方法检出限。但由于采用长流通池的检测总是受到光衰减和干扰物质的影响，容易导致线性偏移。波导纤维由于其折射率(1.31 或 1.29)小于水的折射率(淡水：1.33；海水：1.34)，使得入射光能在液体样品与波导管界面上产生内部全反射而得以应用。液芯波导技术的工作原理就是基于这种光学的内部全反射现象，通过波导管的传输，入射光穿过海水样品的有效光程远远大于波导管的几何长度，因此将少量的待测样品置于这种波导管内，就可获得更长的有效光程，从而显著提高光谱信号强度和检测极限。近年来，通常使用的液芯波导比色池有 LCW(材质为 Teflon AF)和 LCWW(材质为外表镀 Teflon AF 包层的石英毛细管)两种。YAO 等人将液芯波导技术成功引入海水低浓度 NO^{2-} 的分析测定中，并与分光光度法联用组装成了一种新型的海水分析仪—SEAS (Spectro-photometric Elemental Analysis System)，实现了样品的现场连续监测。但是，由光路的延长所引起的空白增加以及如垂直和水平方向上温度不同导致水体的反应程度完全不同，对测定结果的准确性产生影响。

2)高效液相色谱法

高效液相色谱法通过使用液-液富集的方式，使用液相色谱柱对水相中的物质进行富集，已达到检测低浓度亚硝酸盐的目的。Kieber 等人报道了一种用高效液相色谱方法测定海水中低浓度 NO_2^- 的方法。将海水中的 NO_2^- 与 2，4-二硝基苯肼(2，4-DNPH)发生衍生化反应，生成一种叠氮化合物，然后用高效液相色谱法进行测定。高效液相色谱法的最大优点是检测限低。

3)荧光法

荧光法是指由于荧光试剂与亚硝酸盐反应而改变荧光的强度，反应前后荧光强度的变化与水体中亚硝酸盐浓度成正比的方法。主要有 3 种：①在酸性介质中，亚硝酸盐与荧光试剂发生反应，使荧光猝灭；②在酸性介质中，亚硝酸盐氧化碘生成游离态的碘，使荧光试剂发生荧光猝灭；③在酸性介质中，亚硝酸盐催化氧化剂氧化荧光试剂，使荧光猝灭。荧光法具有灵敏度高、选择性好、检出限低等优点，可以和流动注射(或反向流动注射)相结合，从而提高分析测定速度和分析准确度。

4)化学发光法

化学发光法包括鲁米诺化学发光法和臭氧化学发光法。

鲁米诺化学发光法，在酸性条件(H_2SO_4)下，NO_2^-与过氧化氢发生反应，生成过氧化亚硝酸盐，再与碱性鲁米诺发光剂反应，产生化学发光，光信号的强弱与 NO_2^-的浓度成正比。此法可以测定淡水体系中低浓度的 NO_2^-。这种方法易受水体中部分离子的干扰，所测结果有一定误差。因海水中含有更多的金属离子，此方法不能直接应用于海水样品中亚硝酸盐的测定(Pavel et al，2003)。

臭氧化学发光法，是先将水体中的 NO_3^-和 NO_2^-用不同的还原剂选择性地还原成 NO 后，NO 再与臭氧反应，生成激发态的 NO_2^*，激发态的 NO_2^* 再回到基态时会放出光子，当臭氧过量时，放出光子的数量与 NO 的浓度呈正比，通过检测放出的光子数，便可测定出 NO_3^-和 NO_2^-的浓度(Cox，1980)。

Fontijin 等(1970)首先应用臭氧化学发光法测定空气中的 NO。Cox(1980)提出了用化学发光法测定淡水中纳摩尔级硝酸盐和亚硝酸盐后，迅速引起了科学界的关注。Garside(1982)正式将这种方法引入海洋中，用来测定海水中的 NO_3^-和 NO_2^-。Braman 等(1989)在此基础上改进了反应中的还原剂，用 VCl_3 测定海水中的 NO_3^-和 NO_2^-，从而使这种方法可以大批量测定样品，使其成为测定海水中低浓度 NO_3^-和 NO_2^-的重要方法之一。该方法具有检出限低、灵敏度高、操作简便、选择性好、仪器简单等特点，有望发展成为一种在线监测方法或现场监测手段，但由于发光体系单一，对操作人员技术要求较高。表 7.5 列出了不同方法测定海水中硝酸盐/亚硝酸盐的优缺点。

表 7.5　海水中低浓度硝酸盐/亚硝酸盐测定方法

测定方法		技术	性能指标	优缺点
高效液相色谱法			亚硝酸盐 检出限：0.1 nmol/L 范围：2~200 nmol/L	
荧光法			亚硝酸盐 检出限：1.0 nmol/L 范围：1~50 000 nmol/L RSD：0.4%（1000 nmol/L） 硝酸盐 检出限：6.9 nmol/L 范围：0.5~2 500 nmol/L	
液芯波导比色法	镉柱还原法，Griess 反应	FIA，2 m LWCC	硝酸盐 检出限：2 nmol/L 范围：0~100 nmol/L	硝酸盐/亚硝酸盐正在使用的实时监测系统； 应用于沿海和近海海洋
液芯波导比色法	Griess 反应	硝酸盐： CFA，反应池为 15 cm 类型 I LCW 亚硝酸盐： CFA，反应池为 106 cm 类型 I LCW	硝酸盐： 检出限：2 nmol/L 范围：2~20 000 nmol/L 亚硝酸盐： 检出限：0.35 nmol/L	上层 200m 原位检测； 高分辨率的垂直分布监测方法
液芯波导比色法	镉柱还原法，Griess 反应	RFIA，1m LWCC	硝酸盐和亚硝酸盐 检出限：0.6 nmol/L 范围：2~500 nmol/L	rFIA 方法增加灵敏度； 系统评估基体干扰

续表

测定方法		技术	性能指标	优缺点
固相萃取比色法	Griess 反应	流动分析，C18 固相柱萃取 Griess 反应生成氮衍生物	亚硝酸盐 检出限：0.1 nmol/L 范围：0.71~429 nmol/L	船载分析
固相萃取比色法	Griess 反应	流动分析，HLB 固相萃取 SPE 柱萃取 Griess 反应的氮衍生物	亚硝酸盐 检出限：0.5 nmol/L 范围：1.4~85.7 nmol/L	
固相萃取比色法	镉柱还原法，Griess 反应	流动分析，HLB 固相萃取 SPE 柱萃取 Griess 反应的氮衍生物，流通池为 16cm 的液芯波导管(类型 1)	亚硝酸盐 检出限：0.3 nmol/L 范围：2~100 nmol/L 硝酸盐 检出限：1.5 nmol/L 范围：5~200 nmol/L	避免了 LCW 方法的基体效应； 样品量减少； 同时测定硝酸盐和亚硝酸盐； 复杂系统
比色法	Griess 反应	实验室芯片分析器，预实验	亚硝酸盐 检出限：14 nmol/L 范围：0.05~5 μmol/L	天然水体中没有使用
比色法	Griess 反应	集成的实验室芯片分析器	亚硝酸盐 检出限：15 nmol/L 范围：0~5μmol/L	分析贫营养盐海水灵敏度不够
比色法	镉柱还原法，Griess 反应	集成的实验室芯片分析器	亚硝酸盐 检出限：20 nmol/L 硝酸盐 检出限：25 nmol/L 范围：0~350 μmol/L	分析贫营养盐海水灵敏度不够
化学发光法	NO 化学发光法	离子偶色谱法，在线紫外光解	亚硝酸盐 检出限：50 nmol/L 范围：0.1~20 μmol/L 硝酸盐 检出限：400 nmol/L 范围：1~200 μmol/L	2min 内同时测定硝酸盐和亚硝酸盐； 分析贫营养盐海水灵敏度不够

续表

测定方法		技术	性能指标	优缺点
质谱分析	^{15}N 同位素稀释法	将样品衍生物的顶空或 SPME 萃取引入 GC-MS	亚硝酸盐 检出限：70 nmol/L 硝酸盐 检出限：2 μmol/L	分析贫营养盐海水灵敏度不够
质谱分析	^{15}N 和 ^{18}O 同位素稀释法	将样品衍生物的顶空或 SPME 萃取引入 GC-MS	亚硝酸盐 检出限：11 nmol/L 硝酸盐 检出限：43 nmol/L	分析贫营养盐海水灵敏度不够

7.2.4.2　硝酸盐

硝酸盐测定方法主要分为两类：一类是将硝酸盐还原成亚硝酸盐后进行测量；另一类是将硝酸盐还原成 NO 气体后，运用臭氧化学发光法进行测定。

(1)还原成亚硝酸盐后测定。

将硝酸盐还原成亚硝酸盐也有两种方法，最常用的是将硝酸盐通过镉铜柱还原成亚硝酸盐后测定；另一种方法是通过紫外光解作用，将硝酸盐还原成亚硝酸盐(刘素美 等，2001)。

将硝酸盐还原为亚硝酸盐后，可使用亚硝酸盐低浓度的监测方法分析水体中硝酸盐的含量。分析方法包含固相萃取法、长光程(即液芯波导)分光光度法、高效液相色谱法、荧光法及鲁米诺化学发光法。

(2)将硝酸盐还原成 NO 气体，再利用臭氧化学发光法进行测定。

7.2.4.3　铵盐

水体中氨氮的主要测定方法有分光光度法、荧光分析法、化学发光法、离子选择性电极法、离子色谱法和光纤传感检测法等。

1)基于靛酚蓝法改进的分光光度法

液芯波导分光光度法通过使用长液芯波导纤维作为检测流通池，提高了检测方法的灵敏度。使用液芯波导分光光度法监测海水中低浓度氨氮的报道较少，Li 等(2005)和 Zhu 等(2014)使用 LWCC 比色池对靛酚蓝法产生的光学信号进行监测，氨氮的检出限分别为 5nmol/L 和 3.6nmol/L。

固相萃取法通过使用 C18(Clark et al，2006)或 HLB 固相柱(Chen et al，2011)对靛酚蓝衍生物进行富集，洗脱后通过分光光度法或 GC-MS 进行监测，检出限可达 3.5nmol/L。

2)荧光光度法

荧光光度法基于邻苯二甲醛(OPA)与 NH_4-N 之间的荧光衍生化反应，在碱性介质中反应生成具有荧光性的异吲哚衍生物(Sraj et al，2014)，该方法可用于监测铵盐或氨基酸，使用该方法监测铵盐时，需避免水体中有机胺的干扰(Li et al，2008)。目前，荧光法测定海水中铵盐的报道较多，一般选用 OPA-2-巯基乙醇、OPA-亚硫酸盐等监测方法，同时结合手工分析、CFA、FIA 以及微平板分析等多种监测手段，属于海水中铵盐测定的新方法，具有船载应用的潜在可能性。

3)化学发光法

化学发光法基于氨与次溴酸根的反应产物能定量降低鲁米诺的荧光强度测定水体中的氨。

4)离子色谱法

离子选择电极测氨的方法，尽管早期报道得较多，但由于受电极寿命的制约，方法的应用还不是很广泛。离子色谱法受基体干扰严重，需要结合富集纯化、衍生化等技术才能进行痕量分析，而且仪器较贵重，因此其应用还很少。

5)传感器法

近期氨氮分析的热点是各种类型的氨传感器技术。传感器检测方法具有许多优点，如探头可小型化，适于实时、在线检测，可同时进行多参数或连续多点检测，测定成本低，为非破坏性分析等，因此更能满足环境检测特别是海上现场原位检测的要求。近年来，已有各种氨传感器的研究报道，其大部分是基于电化学反应的原理。在电化学氨传感器(又称气敏电极法)中，电极对氨具有较高的选择性，且不需蒸馏分离即可直接测定，较常规方法简便，可测浓度区间宽，适于自动、连续检测。但由于内电解液的污染、参比电极的设计和小型化、检测限及稳定性等问题，限制了这类传感器在海水中的应用和发展。表 7.6 列出了不同方法测定海水中低浓度铵盐的各种优缺点。

表 7.6　海水中低浓度铵盐测定方法

测定方法		技术	性能指标	优缺点
比色法	靛酚蓝法	手动分析，溶剂萃取	检出限：< 5 nmol/L 范围：0~2 000 nmol/L	有机溶剂用量大； 轻微盐度效应
固相萃取 GC-MS	靛酚蓝法	手工分析，C18 柱固相萃取	检出限：< 10 nmol/L 范围：10~100 nmol/L	
固相萃取比色法	靛酚蓝法	流动分析，HLB 固相萃取	检出限：3.5 nmol/L 范围：0~428 nmol/L	全自动方法； 通过 SPE 消除背景干扰
液芯波导比色法	靛酚蓝法	CFA，2 m LWCC	检出限：5 nmol/L 范围：0~1 000 nmol/L	大体积样品修改后的自动分析方法； 轻度盐度效应
液芯波导比色法	靛酚蓝法	2.5m LWCC	检出限：3.6 ×nmol/L 范围：0 ~ 500 nmol/L 或 0~30 000 nmol/L	中国南海表层低浓度氨氮监测
荧光法	OPA－2－巯基乙醇	气态扩散和 FIA 结合	检出限：1.1 nmol/L 范围：0~2 000 nmol/L	较大的盐度效应； 甲胺可能产生干扰
荧光法	OPA－2－巯基乙醇	气态扩散和 FIA 结合	检出限：1 nmol/L	较大的盐度效应
荧光法	OPA－亚硫酸盐	气态扩散和 FIA 结合	检出限：7 nmol/L 范围：0~1 000 nmol/L	没有盐度效应
荧光法	OPA－亚硫酸盐	SFA	检出限：1.5 nmol/L 范围：0~250 μmol/L	海水分析中第一次使用 OPA－亚硫酸盐方法； 盐效应小于 3%； 检测范围广
荧光法	OPA－亚硫酸盐	手工分析	检出限：< 31 nmol/L 范围：31~50 μmol/L	
荧光法	OPA－亚硫酸盐	FIA	检出限：30 nmol/L 范围：<50 μmol/L	盐度效应： 盐度在 5~35 时小于 2%；盐度低于 5 时在-9%左右； 潜在在线分析方法

续表

测定方法		技术	性能指标	优缺点
荧光法	OPA - 亚硫酸盐法，添加甲醛	CFA 或 FIA	检出限：1.1 nmol/L 范围：0~600 nmol/L	正在进行的船载应用； 氨基酸影响低浓度氨
荧光法	OPA - 亚硫酸盐法	Autonomous bath Analyzer	检出限：1 nmol/L 范围：0~25 μmol/L	新方法； 船载应用
荧光法	OPA - 亚硫酸盐法，添加甲醛	Portable autonomous bath analyzer	检出限：10 nmol/L 范围：0.05~10 μmol/L	荧光检测器增加了 LED 光学信号
荧光法	OPA - 亚硫酸盐	SIA	检出限：60 nmol/L	船载应用
荧光法	OPA - 亚硫酸盐	CFA，双通道补偿荧光背景值	检出限：< 5 nmol/L 范围：0.05~1 μmol/L（线性） 1~25 μmol/L（二级多项式）	灵敏度随盐度变化； 氨基酸或胺浓度高时信号衰减； 适合贫营养海域氨的测定
荧光法	OPA - 亚硫酸盐	多泵流系统分析	检出限：13 nmol/L 范围：0~1 μmol/L 或 0~16 μmol/L	
荧光法	OPA - 亚硫酸盐	IC 用于分离氨，并使用 OPA 化学法监测	检出限：100 nmol/L 范围：0.05~1 μmol/L	海水样品需要 10 倍稀释
荧光法	OPA - 亚硫酸盐	在 48 个微模板中进行化学反应	检出限：5 nmol/L 范围：0.05~10 μmol/L	严重的盐度效应； 可能受空气中氨影响
荧光法	OPA - 亚硫酸盐	荧光衍生物的固相萃取浓缩，批量流动分析	检出限：0.7 nmol/L（实验室）；1.2 nmol/L(船载) 范围：1.67~300 nmol/L	南海垂向分布高灵敏度方法
电导分析法	—	FI-GD-IC	检出限：20~40 nmol/L 范围：0~2000 nmol/L	分离铵盐和甲胺； 船载应用

续表

测定方法		技术	性能指标	优缺点
电导分析法	—	从样品中清除和分离游离态氨	检出限：75 nmol/L 范围：0.05~6.0 μmol/L	没有盐度效应
电导分析法		GD，氨通过膜扩散，改变接收溶液的电导率	检出限：10 nmol/L 范围：0~2.0 μmol/L	河口、海湾和沿海的原位传感器； 和靛酚蓝法一致性较好
间接光谱法	基于酸指示剂	FIA-GD，氨通过膜扩散，改变接收溶液（基于酸指示剂）的颜色	检出限：50 nmol/L 范围：0~10 μmol/L	LED 光度检测器

7.2.4.4 磷酸盐

1）共沉淀法

氢氧化镁共沉淀（MAGIC）法是测定低浓度磷酸盐的重要方法。通过海水中的 Mg^{2+} 与 OH^- 生成 $Mg(OH)_2$ 沉淀时会共沉淀磷酸根离子，从而富集了海水中低浓度的磷酸根离子；富集了磷酸根离子的 $Mg(OH)_2$ 沉淀，被适量 HCl 溶液溶解后，可用磷钼蓝分光光度法测定。该方法的灵敏度高，测定下限可达 5nmol/L；所用仪器简单，仅需低速离心机和可见分光光度计即可完成测定；方法经过改进后，其分析时间大为缩短；因此成为目前广泛采用的方法。然而，由于该法操作固有的局限性，无法用于现场自动分析。

2）液芯波导分光光度法

同硝酸盐、亚硝酸盐、铵盐的监测方法一样，使用长的液芯波导比色池增加磷钼蓝法的分光光度值，通过和 MAGIC 方法结合，检出限可低至 0.3nmol/L（Li et al，2008）。Ma 等（2009）将 LWCC 和 r-FIA 系统相结合使用，使低浓度磷酸盐的检出限和线性范围分别可达 0.5nmol/L 和 0~165nmol/L。r-FIA 和 LCWW 方法相结合的监测方法，是低浓度磷酸盐潜在的船载和在线分析方法。同硝酸盐和亚硝酸盐测定一样，装备 LCW 的 SEAS（ Spectro-photometric Elemental Analysis System）用于测定贫营养海水中纳摩尔级的磷酸盐，实现了样品的现场连续监测。

使用 50cm 长的光路比色池，磷酸盐的检测范围为 1～1000nmol/L（Lori et al，2007）。

3）固相萃取法

较之液-液萃取，固相萃取具有富集倍数高、溶液消耗少及可以方便地在线萃取等优点。因此，从 20 世纪 80 年代后期开始，研究者纷纷将研究目光投向固相萃取（SPE）方法。目前固相萃取法使用 C18 柱（Ma et al，2008）和 HLB（Ma et al，2008）富集磷钼蓝衍生物。固相萃取技术与 MAGIC 方法的检测结果不具有显著性差异。与 LCW/LCWW 方法相比，固相萃取法使用的样品量较大，不适用于分析样品量较少的样品。

4）微流体分析

Legiret 等（2013）基于钒钼酸方法，建立了一种高性能的船载磷酸盐自动分析系统。方法基于磷酸盐和酸性钒钼酸试剂发生反应，产生黄色络合物。该络合物可稳定 1 年，稳定性远高于磷钼蓝法。作者将实验室芯片系统和微流体分析相结合，使用 25mm 的路径长度，检出限为 52nmol/L。该方法可用于监测沿海海水中磷酸盐，但监测贫营养海水中磷酸盐（特别是表层）时，其检出限太高，且不适宜。

5）电化学方法

Jońca 等（2011；2013）报道了使用电化学方法监测海水中磷酸盐的方法。通过将钼氧化为钼酸盐并释放出质子，钼酸盐随后与磷酸盐反应生成磷钼酸络合物，可通过电流检测。该方法受硅酸盐的干扰。使用安培检测法和伏安检测法，其检出限分别为 0.11 μmol/L 和 0.19 μmol/L。由于检出限较高，因此不太适宜低浓度海水中磷酸盐的监测。表 7.7 中列出了不同方法测定海水中磷酸盐的各种优缺点。

表 7.7 海水中低浓度磷酸盐测定方法

测定方法		技术	性能指标	优缺点
MAGIC-液芯波导比色法	磷钼蓝法	5 倍 MAGIC 浓度，SCFA 和 2mLWCC 组合	检出限：0.3 nmol/L 范围：1～25 nmol/L	灵敏度高； MAGIC 方法需手工操作； 过滤器选择非常重要

续表

测定方法		技术	性能指标	优缺点
液芯波导比色法	磷钼蓝法	R-FIA，2 m LWCC	检出限：0.5 nmol/L 范围：0.5~165 nmol/L	rFIA 增大了方法的灵敏度； 评估硅酸盐和砷酸盐的干扰； 可用于船载和现场试验
液芯波导比色法	磷钼蓝法	FIA，2 m LWCC	检出限：1.5 nmol/L 范围：0~100 nmol/L	磷酸盐正在使用的监测系统
液芯波导比色法	磷钼蓝法	SFA，2.5m LWCC	检出限：0.8 nmol/L 范围：0~250 nmol/L	连续分析方法正在使用的高分辨率系统； 与不连续系统分辨率及监测范围都有很大差异
液芯波导比色法	磷钼蓝法	SCFA,2m LWCC	检出限：0.5 nmol/L 检出范围：0~700 nmol/L	离散样品系统； 通过增加样品注射和冲洗时间，降低纹影效应
液芯波导比色法	磷钼蓝法	CFA，比色池为50cm 类型I 的LCW	检出限：< 1 nmol/L 范围：1~1 000 nmol/L	上层 200m 原位测定应用； 垂向分布高分辨率唯一报道方法
固相萃取比色法	PMB-CTAB	流动分析，C18 固体柱萃取	检出限：1.57 nmol/L 范围：3.4~515 nmol/L	
固相萃取比色法	磷钼蓝法	流动分析，HLB 固相萃取法	检出限：1.42 nmol/L 范围：3.4~1 134 nmol/L	
微流体比色法	钼钒酸法	集成的实验室芯片分析器	检出限：52 nmol/L 范围：0.1~ 60 μmol/L	分析贫营养盐海水灵敏度不够

续表

测定方法		技术	性能指标	优缺点
电流分析法	将钼氧化为钼酸盐，与磷反应生成磷钼酸盐络合物	μ - Autolab III 稳压器和电极	检出限：120 nmol/L 范围：0.49 ~3.3 μmol/L	不使用试剂的磷酸盐原位电化学传感器； 与光度法一致性较好； 分析贫营养盐海水灵敏度不够
伏安法	将钼氧化为钼酸盐，与磷反应生成磷钼酸盐络合物	μ - Autolab III 稳压器，以及改进的电极	检出限：190 nmol/L 范围：0.65~ 3.01 μmol/L	和光度法测定结果一致； 分析贫营养盐海水灵敏度不够

7.2.4.5 硅酸盐

1）*液芯波导分光光度法*

Amornthammarong 等(2009)报道了 LCW 分光光度法测定天然水体中的硅酸盐，使用的是硅钼蓝显色法。该法使用2m 的 LCW，检出限为100nmol/L。Ma 等(2012)将 LCW 方法和 FIA 监测方法相结合，每小时监测 12 个样品，使用 160cm 的 LCW 比色池，检出限可达 10nmol/L。监测范围为 10 ~5000nmol/L，该方法可用于船载系统测定海水中硅酸盐。

2）*MAGIC 方法*

Rimmelin-Maury 等(2007)将氢氧化镁共沉淀法引入海水中低浓度硅酸盐的测定。该法通过向水样中加入 NaOH，$Mg(OH)_2$沉淀时定量共沉淀硅酸根离子。离心后，溶解在体积较少的酸中，可用硅钼蓝分光光度法测定。检出限可达 3nmol/L。

3）*以离子筛析色谱法(IEC)为基础的检测方法*

作为硅酸盐经典显色方法的替换方法，以离子筛析色谱法为基础发展了多种硅酸盐的监测方法。包含 IEC - ICP - MS (Nonose et al，2014；Akiharu et al，1997)、IEC-电导率监测方法(Li et al，2000)等。这些检测方法使用的仪器贵重，且难以操作。表 7.8 列出了不同方法测定海水中低浓度硅酸盐的各种优缺点。

表 7.8　海水中低浓度硅酸盐测定方法

测定方法		技术	性能指标	优缺点
液芯波导比色法	硅钼蓝法	2 m LWCC 和流动分析	检出限：100 nmol/L 范围：0.1～10 μmol/L	较小的盐度效应； 船载系统
液芯波导比色法	硅钼蓝法	FIA，160 cm 类型 I LCW	检出限：9 nmol/L 范围：大于 5 μmol/L	潜在在线或船载分析
比色法	硅钼蓝法	手工分析，溶液萃取	检出限：< 5 nmol/L 范围：大于 500 nmol/L	使用大量的有机溶剂； 显著盐度效应
比色法	硅钼蓝法	手工方法，MAGIC 方法和 12.5 倍预浓缩，10cm 比色池	检出限：3 nmol/L 范围：3～500 nmol/L	改进的 MAGIC 法
ICP-MS	—	IEC 从海水其他离子中分离出硅酸盐	检出限：80 nmol/L	CRM 的变通方法； 分析贫营养盐海水灵敏度不够； 仪器设备昂贵
电导率法	—	IEC 从海水其他离子中分离出硅酸盐	检出限：20 nmol/L 范围：0.1～1000 μmol/L	不适用于低浓度样品； 分析贫营养盐海水灵敏度不够； 仪器设备昂贵

思考题

1. 海洋中的氮循环一般包括哪些关键过程？
2. 海水中硅酸盐的主要组成成分是什么？
3. 各类营养盐常用的监测方法及原理是什么？
4. 营养盐的测定方法主要有哪几种？

参考文献

何清溪，张穗，方正信．1992. 大亚湾沉积物中氮和磷的地球化学形态分配特征[J]．热带海洋，11(2)：38-44.

洪义国，李猛，顾继东．2009. 海洋氮循环中细菌的厌氧氨氧化[J]．微生物学报，49(03)：281-286.

林晶，吴莹，张经．2007. 海水中营养元素保存的最新进展[J]．海洋湖沼通报，(3)：160-164.

刘素美，张经．2001. 沉积物中磷的化学提取分析方法[J]．海洋科学，25（1）：22-25.

刘约权．2015. 现代仪器分析(第三版)[M]，高等教育出版社．

宁志铭，刘素美，任景玲．2013. 铵氮不同分析方法的对比[J]．海洋环境科学，(05)：763-766.

宋国栋．2013. 东海沉积物中氮循环的关键过程[D]．青岛：中国海洋大学，171.

姚鹏，于志刚．2011. 海洋环境中的厌氧氨氧化细菌与厌氧氨氧化作用[J]．海洋学报(中文版)，33(04)：1-8.

余翔翔，郭卫东．2007. 海水中低含量铵氮的高灵敏度荧光法测定[J]．海洋科学，(04)：37-41.

张正斌．2004. 海洋化学[M]．青岛：中国海洋大学出版社．

张正斌，陈镇东，刘莲生，等．1999. 海洋化学原理和应用——中国近海的海洋化学[M]．北京：海洋出版社．

Akiharu H, Joseph W H L, McLaren J W. 1997. On-Line Determination of Dissolved Silica in Seawater by Ion Exclusion Chromatography in Combination with Inductively Coupled Plasma Mass Spectrometry[J]. Anal Chem, 1(69): 21-24.

Amornthammarong N, Zhang J. 2009. Liquid-waveguide spectrophotometric measurement of low silicate in natural waters[J]. Talanta, 79(3): 621-626.

Braman R S and Hendrix S A. 1989. Nanogram nitrite and nitrate determination in environmentaland biological materials by vanadium(III) reduction with chemiluminescence detection [J]. Analytical Chemistry, 61: 2715-2718.

Chen G H, Zhang M, Zhang Z, et al. 2011. On-Line Solid Phase Extraction and Spectrophotometric Detection with Flow Technique for the Determination of Nanomolar Level Ammonium in Seawater

Samples[J]. Analytical Letters, 44(1-3): 310-326.

Clark D R, Fileman T W, Joint I. 2006. Determination of ammonium regeneration rates in the oligotrophic ocean by gas chromatography/mass spectrometry[J]. Marine Chemistry, 98(2-4): 121-130.

Cox R. D. 1980. Determination of nitrate and nitrite at the parts per billion level by chemiluminescence [J]. Analytical Chemistry, 52, 332-335.

De Lange G J. 1992. Distribution of exchangeable, fixed, organic and total nitrogen in interbedded turbiditic/pelagic sediments of the Madeira Abyssal Plain, eastern North Atlantic[J]. Mar. Geol, 109(2): 115-139.

Dore J E, Houlihan T, Hebel D V, et al. 1996. Freezing as a method of sample preservation for the analysis of dissolved inorganic nutrients in seawater[J]. Marine Chemistry, 53(3-4): 173-185.

Fontijin A, Sabadell A J, Ronco R. J. 1970. Homogeneous chemiluminescent measurement of nitric oxide with ozone [J]. Analytical Chemistry, 42 (6): 575- 579.

Garside C. 1982. A chemiluminescent technique for the determination of nanomolar concentration of nitrate and nitrite in seawater [J]. Marine Chemistry, 11: 59- 167.

Grasshoff K, Kremling K, Ehrhardt M. 1999. Methods of Seawater Analysis[M], Third, Completely Revised and Extended Edition. Wiley-VCH, ISBN 3-527-29589-5.

Jońca J, Fernández V L, Thouron D, et al. 2011. Phosphate determination in seawater: Toward an autonomous electrochemical method[J]. Talanta, 87(0): 161-167.

Jońca J, Giraud W, Barus C, et al. 2013. Reagentless and silicate interference free electrochemical phosphate determination in seawater[J]. Electrochimica Acta, 88(0): 165-169.

Kattner G. 1999. Storage of dissolved inorganic nutrients in seawater: poisoning with mercuric chloride [J]. Marine Chemistry, 67(1-2): 61-66.

Koch M S, Benz R E, Rudnick D T. 2001. Solid-phase phosphorus pools in highly organiccarbonate sediments of Northeastern Florida Bay[J]. Estuarine, Coastal and Shelf Science, 52: 279-291.

Legiret F O, Sieben V J, Woodward E M S, et al. 2013. A high performance microfluidic analyser for phosphate measurements in marine waters using the vanadomolybdate method[J]. Talanta, 116(0): 382-387.

Li H, Chen F. 2000. Determination of silicate in water by ion exclusion chromatography with conductivity detection[J]. Journal of Chromatography A, 874(1): 143-147.

Li Q P, Hansell D A. 2008. Intercomparison and coupling of magnesium-induced co-precipitation and long-path liquid-waveguide capillary cell techniques for trace analysis of phosphate in seawater [J]. Analytica Chimica Acta, 611(1): 68-72.

Li Q P, Zhang J Z, Millero F J, et al. 2005. Continuous colorimetric determination of trace ammonium in seawater with a long-path liquid waveguide capillary cell[J]. Marine Chemistry, 96(1-2): 73-85.

Lori R A, Eric A K, Danielle R G, et al. 2007. High-Resolution In Situ Analysis of Nitrate and Phosphate in the Oligotrophic Ocean[J]. Environ. Sci. Technol., 11(41): 4045-4052.

Ma J, Adornato L, Byrne R H, et al. 2014. Determination of nanomolar levels of nutrients in seawater [J]. Trends in Analytical Chemistry, 60: 1-15.

Ma J, Byrne R H. 2012. Flow injection analysis of nanomolar silicate using long pathlength absorbance spectroscopy[J]. Talanta, 88(0): 484-489.

Ma J, Yuan D X, Liang Y. 2008. Sequential injection analysis of nanomolar soluble reactive phosphorus in seawater with HLB solid phase extraction[J]. Marine Chemistry, 111(3-4): 151-159.

Ma J, Yuan D X, Liang Y, et al. 2008. A modified analytical method for the shipboard determination of nanomolar concentrations of orthophosphate in seawater[J]. Journal of Oceanography, 64(3): 443-449.

Ma J, Yuan D X, Zhang M, et al. 2009. Reverse flow injection analysis of nanomolar soluble reactive phosphorus in seawater with a long path length liquid waveguide capillary cell and spectrophotometric detection[J]. Talanta, 78(1): 315-320.

Nonose N, Cheong C, Ishizawa Y, et al. 2014. Precise determination of dissolved silica in seawater by ion-exclusion chromatography isotope dilution inductively coupled plasma mass spectrometry[J]. Analytica Chimica Acta, 840(0): 10-19.

Pavel Mikuška, Zbyněk Večeřa. 2003. Simultaneous determination of nitrite and nitrate in water by chemiluminescent flow-injection analysis [J]. Analytica Chimica Acta, 495: 225-232.

Rimmelin-Maury P, Moutin T, Quéguiner B. 2007. A new method for nanomolar determination of silicic acid in seawater[J]. Analytica Chimica Acta, 587(2): 281-286.

Ruzicka J, Hansen E H. 1991. 徐淑坤等译. 流动注射分析[M]. 北京: 北京大学出版社.

Skeggs L T. 1957. An automatic method for colorimetric analysis[J]. American journal of clinical pathology, 28: 311-322.

Sraj L O, Almeida M I G S, Swearer S E, et al. 2014. Analytical challenges and advantages of using flow-based methodologies for ammonia determination in estuarine and marine waters[J]. Trends in Analytical Chemistry, 59(0): 83-92.

Zhu Y, Yuan D X, Huang Y M, et al. 2014. A modified method for on-line determination of trace ammonium in seawater with a long-path liquid waveguide capillary cell and spectrophotometric detection[J]. Marine Chemistry, 162(0): 114-121.

第 8 章　海洋环境中重金属的监测技术

重金属是海洋环境中最重要的物质之一。一方面，重金属几乎参与了海洋生命的多个方面，从细胞壁的形成到蛋白质的合成，重金属都发挥着十分重要的作用；另一方面，随着工农业的发展，由工业废水等引起的重金属污染也成为人们日益关注的问题。但是，由于重金属在海洋环境中的浓度较低，且基质十分复杂，对海洋环境中，特别是海水中的痕量重金属的准确分析一直都是一项困难的工作，其中在从样品采集至样品分析的整个过程中，外界环境对样品的沾污问题是困扰重金属分析准确性的重点和难点。基于此，本章主要就海洋环境中主要重金属的性质、含量分布等内容进行简要概述，并重点就有关重金属的样品采集、样品处理及分析方法等进行介绍。

8.1　海洋环境中的重金属

8.1.1　重金属的基本性质

所谓重金属，一般指密度大于 4.0 g/cm^{3}的一类金属元素(张正斌，2004)，通常所指重金属主要包括铜(Cu)、铅(Pb)、锌(Zn)、镉(Cd)、汞(Hg)、锡(Sn)等可能对环境带来危害的一类元素，其中，砷(As)虽然为非金属元素，但其作用行为与重金属类似，一般也将其归类到重金属中一并研究。此外，铁(Fe)元素对海洋生态系统的结构和功能有着重要意义，在本章中也作为主要的讨论内容之一。

海水中多数重金属的浓度均小于 0.05μmol/L，因此也称为痕量金属元素。

海水中的部分痕量重金属，如铁(Fe)、锰(Mn)、铜(Cu)、锌(Zn)、钴(Co)、镍(Ni)、镉(Cd)、硒(Se)等，在海洋生物体生化反应中起着重要的作用，这一类金属也称之为生命必需元素，如Cu存在于多种酶和蛋白中，是浮游植物光合反应过程中重要的辅助因子；$ZnCl_2$(路易斯酸)可与含氮、氧的化合物结合，是组成碳酸酐酶的最主要的金属，此外还广泛参与到DNA和RNA聚合酶的反应中；而Cd虽然多数情况下是对生物有害的，但其也可替代Zn成为浮游植物中碳酸酐酶的主要金属。但是，即使是生物必需的金属元素，当其浓度达到一定水平时，也可对生物体产生危害，如图8.1为Zn浓度对海洋硅藻生长速率的影响示意图(Mason，2013)。

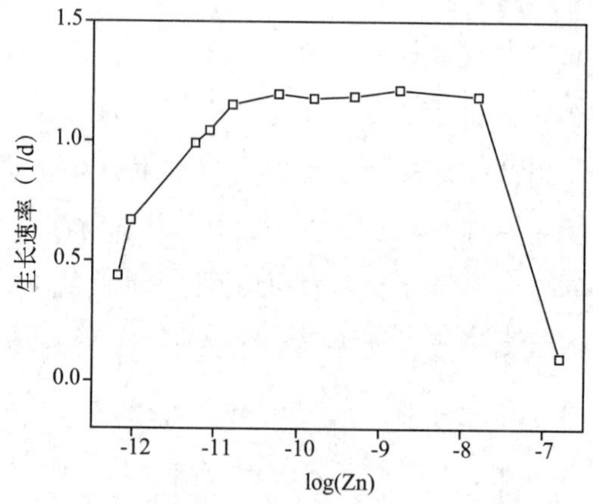

图8.1　Zn浓度与海洋硅藻生长速率的关系

随着工农业的发展，由废水排放等引起的海洋金属元素污染已经成为人们日益关注的问题。重金属对生物体的危害程度，不仅与金属的性质、浓度和存在形式有关，而且也取决于生物的种类和发育阶段。重金属对人体和动物的危害主要是通过重金属在食物链和食物网内的生物富集和生物放大作用引起的，表8.1为几种重金属在浮游植物和鱼类体内的生物富集因子。这其中最典型的为甲基汞(MeHg)，环境中的MeHg在不同介质及营养级生物体内的含量差异较大，在水和沉积物中含量较低，甲基汞占总汞的比例通常小于10%和2%，在浮游植物体内其比例通常小于20%，在肉食性鱼类体内的含量最高，通常可大于90%。生物体对摄入体内的多数重金属都有一定的解毒功能，如体内的巯基蛋白可与重金属结合形成金属巯蛋白而排出体外，但生物体对于MeHg基本不具有解毒功能，使得MeHg被认为是对人体和动物危害最为严重的一种重金属污染物。

表 8.1 几种重金属在浮游植物和鱼类体内的生物富集因子(Mason, 2013)

元素	藻类	鱼类
Zn	4.7	2.5~5.0
Cd	3.7	<2.0~3.5
Ag	5.0	2.7
Hg	4.5	3.0~3.8
CH_3Hg	5.0	6.3
As	4.3	3.0~3.5
Se	4.1	3.8
Pb	5.0	2.3~4.0
Cu		1.5~3.5
Co	3.7	2.8

8.1.2 海洋环境中重金属的主要来源

概括起来讲，海洋中的重金属的来源主要包括天然来源和人为来源两部分。天然来源主要包括地壳岩石风化、海底火山喷发和陆地水土流失，从而使得大量的重金属通过河流、大气直接注入海洋中，构成海洋重金属的本底值。而人为来源则主要包括工业污水、矿山废水的排放、煤和石油等化石燃料燃烧释放的重金属经大气搬运进入海洋等。表 8.2 列出了部分重金属通过各种途径的入海通量。

表 8.2 部分重金属通过各种途径进入海洋的通量(陈敏, 2009)

单位：10^9 g/a

金属元素	大陆径流	大气湿沉降	大气干沉降	采矿活动	工业活动和矿物燃料释放
Cd	1 200	510	3	170	55
As	3 000	2 900	28	460	780
Hg	50	410	0.4	89	110
Co	3 500	62	70	260	44
Cu	11 000	2 600	190	71 000	2 600
Cr	17 000	720	580	23 000	940
Pb	4 700	5 700	59	35 000	20 000
Sn	2 900	—	52	2 400	430
Zn	25 000	10 000	360	58 000	8 400
Mn	160 000	3 000	6 100	92 000	3 200

8.1.3 海水中重金属的含量和分布特征

海洋中重金属的地球化学行为往往与其存在形态密切相关，重金属的浓度往往不能反映其生物可利用性和毒性，金属的存在形态的变化会影响海洋生物对该金属的吸收、金属对生物的毒性效应以及金属在海水中的溶解度大小。在海水溶解态金属中，通常认为自由水合离子具有较高的生物可利用性和毒性，而金属的无机络合物和有机络合物的生物可利用性很小(薛亮 等，2008)。海水中的重金属通常结合的无机配位体主要有 OH^-、CO_3^{2-}、Cl^-、SO_4^{2-}等，有机配位体包括酚类、胺类、羰类和氨基酸等。不同金属元素结合的无机配体也会存在差异，某些金属(如 Cu^{2+}、Ag^+、Hg^{2+})主要与 Cl^-、Br^-等卤族元素结合，绝大多数的二价和三价金属元素会与 OH^-、CO_3^{2-}形成强的络合物，而绝大多数的过渡金属元素(Fe、Co、Cu、Zn)会与有机配位体络合。表 8.3 中给出了海洋水体中部分重金属的存在形态、平均浓度和垂直分布的类型。

表 8.3　海水中部分重金属的形态、浓度和垂直分布类型(陈敏，2009)

元素	海水中可能的主要形态	S=35 海水中浓度范围及平均浓度	垂直分布类型
Co	Co^{2+}, $CoCO_3^0$, $CoCl^+$	0.01~0.1nmol/L, 0.02 nmol/L	表层缺乏、中层极小值型
Cu	$CuCO_3$, $CuOH^+$, Cu^{2+}	0.5~6 nmol/L, 4 nmol/L	营养盐型+清除
Zn	Zn^{2+}, $ZnOH^+$, $ZnCO_3^0$, $ZnCl^+$	0.05~9 nmol/L, 6 nmol/L	营养盐型
As	$HAsO_4^{2-}$	15~25 nmol/L, 23 nmol/L	营养盐型
Cd	$CdCl_2^0$	0.001~1.1nmol/L, 0.7nmol/L	营养盐型
Hg	$HgCl_4^{2-}$	2~10 pmol/L, 5 pmol/L	
Pb	$PbCO_3$, $Pb(CO3)_2^{2-}$, $PbCl^+$	5~175pmol/L, 10 pmol/L	表层富集型
Cr	CrO_4^{2-}, $NaCrO_4^-$	2~5 nmol/L, 4 nmol/L	营养盐型

海洋中溶解态重金属的水平或垂直分布受控于其输入与迁出速率的影响。在水平分布上，对于多数重金属来说，受陆源输入和大气沉降等因素的影响，近岸海域和大陆架区域的浓度经常高于开阔大洋表层。而垂直分布则反映该元素收支平衡的状态，海水中多数重金属的垂直分布均为非保守型，而通过与营养盐、溶解氧及颗粒物的垂直分布进行比较，可获得控制重金属垂直分布的地球化学过程信息。根据海水中痕量金属垂直分布的特点，可将其分成以下 7 类(陈敏，2009)：保守行为型、营养盐型、表层富集型、中层极小值型、中层极大值型、

中层亚氧层的极大或极小值型、缺氧水体的极大或极小值型。图 8.2 中给出了多种元素在海洋中典型垂直分布特征。

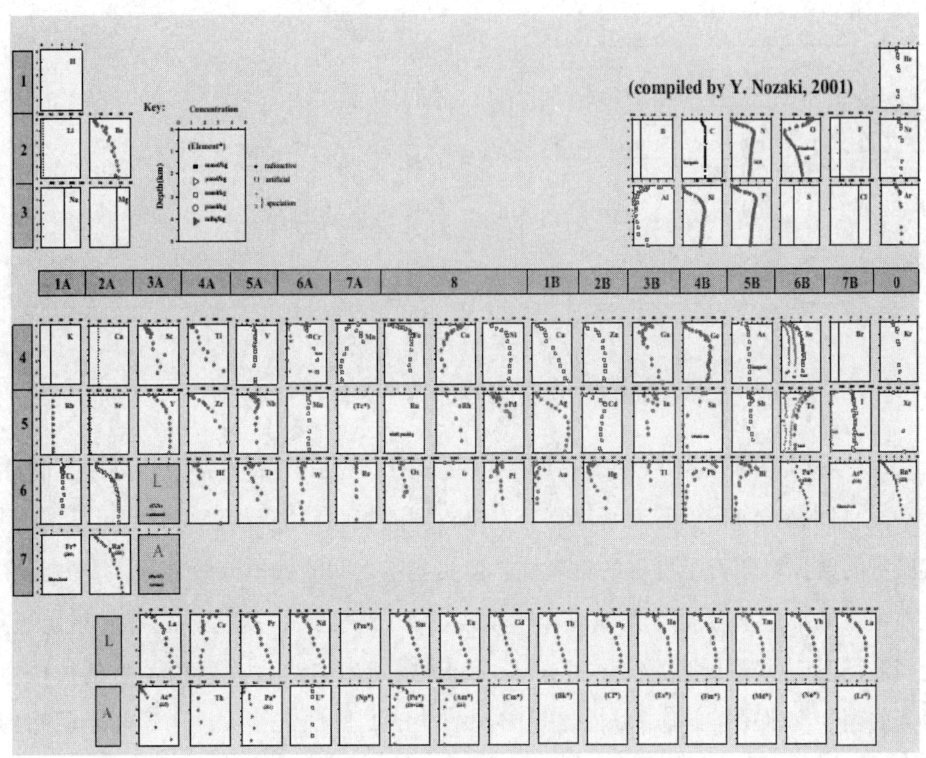

图 8.2 北太平洋各元素的垂直分布特征

8.2 重金属分析技术概况

8.2.1 重金属分析的历史问题

海水中痕量金属的分析始于 20 世纪 20 年代，起初主要是采用 $Fe(OH)_3$共沉淀法从海水中提取 Au，20 世纪 50 年代开始采用光度法和荧光法分析 Mo、As、Hg、Al 等元素，其中有些方法至今仍在沿用，包括发射光谱法(AES)、同位素稀释质谱法(ID-MS)、中子活化(NAA)等仪器分析方法。20 世纪 60 年代原子吸收(AAS)和阳极溶出伏安法(ASV)由于仪器操作简单，海水中痕量重金属的分析得到了快速的发展。对于海水中痕量重金属的了解，主要开始于 20 世纪 70 年代，在此之前，由于仪器灵敏度低和采样分析过程引入污染等问题，在此之前报道的数据含量往往较高，存在较大的问题(见图 8.3)。

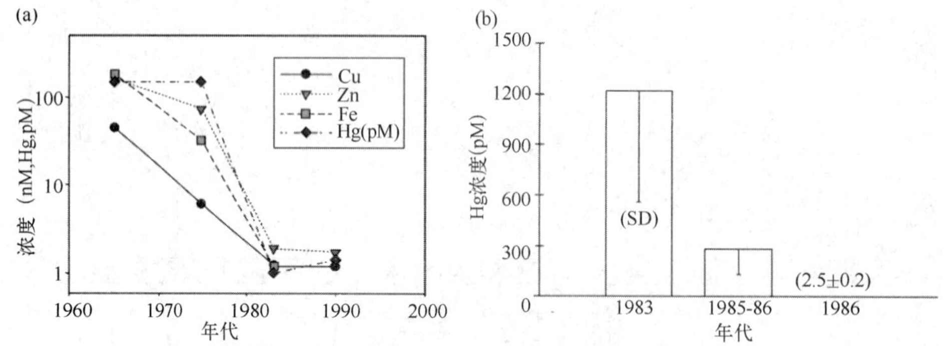

图 8.3　不同时期所测海水中部分痕量金属元素浓度(Mason，2013)

在 1969 年开始的 GEOSECS(Geochemical Ocean Section Study)计划中，将在太平洋和加勒比海采集的海水样品分发给不同的实验室进行对比测量，尽管每个实验室的数据都获得了良好的重现性，但实验室之间的数值差距却很大。并且在此前报道的痕量重金属与其他海洋学常规参数(如温度、盐度、主要营养盐等)之间往往没有明显的相关性，而 Boyle 和 Edmond(1975)发现新西兰附近海域所得到的表层海水中溶解态 Cu 的含量与硝酸盐浓度呈现正相关性，这与已了解到的 Cu 是生物生长必需元素这一认识相吻合，证明了 Cu 在海洋中的分布与生物活动密切相关，也间接证明了 Boyle 等人所得到的数据是可靠的。20 世纪 70 年代末期，Paterson 提出“洁净实验室原则”，以尽可能排除各种污染。20 世纪 80 年代之后，伴随着洁净采样技术的发展，海洋痕量重金属数据的准确性得到进一步提高。因此，科学家认为 1975 年前所测得的痕量重金属的结果是不可信的，许多痕量重金属浓度降低，不是因为海洋环境中这些元素的污染程度下降，而是由于分析过程中沾污的控制使分析结果准确度提高了。但即便目前已经有很多针对采样和分析过程中沾污等问题的解决手段，真正具备海水中痕量重金属测试能力的实验室仍然较少。

8.2.2　主要分析仪器设备

8.2.2.1　原子吸收分光光度计

原子吸收分光光度计是重金属分析应用最为广泛的分析技术，主要分为石墨炉原子吸收法(GFAAS)和火焰原子吸收法(FAAS)，因GFAAS具有更高灵敏度所以更为常用，其工作原理如图8.4所示。

无火焰原子吸收采用石墨管用直流电弧加热实现原子化，其特点有：①原子化温度高，温度能达到3 000℃，FAAS一般温度小于2300℃。②原子蒸气在光路中停留时间长，信号灵敏度提高。③原子化等各过程的温度可以控制，能进行最佳化选择。使用N_2、Ar等惰性气体副反应少，干扰小。高温除残可消除记忆效应。④样品注入量少，信号响应速度快，但GFAAS的重现性(5%~10%)不如FAAS(3%)。⑤基体干扰严重，样品需进一步预浓集和分离，且需要进行背景校正。

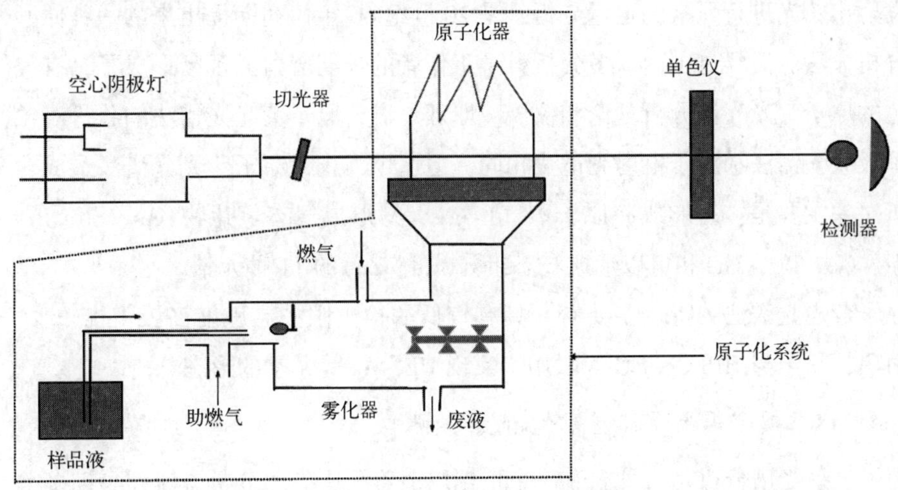

图8.4 原子吸收分析原理图

8.2.2.2 溶出伏安法仪

溶出伏安法分为阳极溶出伏安法(ASV)和阴极溶出伏安法(CSV)，由于易于进行扫描控制，海水痕量元素电化学测定应用也很多。主要的特点是：①灵敏度高，为10^{-10}~10^{-11}(ASV)和10^{-9}~10^{-10}(CSV)；②可同时进行浓集和测定的在线分析；③可在流动体系中进行测量；④有利于进行形态分析。

阴极溶出伏安法(CSV)：金属元素以氧化态、表面活性络合物或以不溶性氧化物或盐沉积的方式富集在电极上，以负电位扫描溶出后测定还原电流进行定量。此方法已经成功运用于海水中20多个元素(金属和准金属)检测，成为溶出分析的重点。阳极溶出伏安法(ASV)：金属离子在还原电位下浓集在电极上，用正电位扫描(线性扫描、示差脉冲和方波)溶出后，通过测定氧化电流来定量。此方法的缺点在于：①相对于 CSV 法，ASV 法可测定的元素有限(Cu、Zn、Pb、Cd，As、Hg、Sn、Bi、Ag、Sb)；②重现性不好，干扰因素较多。基质中有机物的干扰是测定结果不稳定的主要因素。在方法互校中发现，ASV 法的结果与 CSV 方法相比有较大的偏离。但一些不可逆氧化的元素如 Cr、Ti、Fe、Pd 等，或电位较负的元素如 Al，不可用 ASV 法进行测定，但可用 CSV 法测定。CSV 法有很大选择余地，只要有合适的螯合剂就可测定某些元素。

8.2.2.3　原子荧光分光光度计

原子荧光光谱法(AFS)是基于气态和基态原子的核外层电子吸收共振发射线后，发射出荧光进行元素的定量分析，是 20 世纪 60 年代初期提出来的一种原子光谱分析方法。但经过国内众多分析科学工作者的长期努力，现已形成了具有我国特色的原子荧光光谱分析理论和仪器。原理上讲，原子荧光光谱法的分析对象与原子吸收光谱法和原子发射光谱法相同，但迄今为止，原子荧光光谱法最成功的分析对象主要是：易形成冷原子蒸气(Hg)、易形成气态氢化物(As、Sb、Bi、Se、Te、Ge、Pb、Sn)和可以形成气态组分(Cd、Zn)的 11 种元素。

原子荧光光谱法的特点主要有：具有较低的检出限，灵敏度高；干扰较少，谱线简单；易于与 HPLC、GC 等联用，实现 Hg、As 等元素的形态分析。

8.2.2.4　电感耦合等离子体发射光谱法/质谱仪

原子发射光谱分析是一种已有一个世纪以上悠久历史的分析方法，早期多采用电弧或火花光源作为激发能源。等离子体光源是 20 世纪 60 年代发展起来的新型发射分析用光源。等离子体是指含有一定浓度阴、阳离子能导电的气体混合物，高温等离子体最常用的是电感耦合等离子，自电感耦合等离子体发射光谱仪(ICP-OES)技术诞生以来，很多学者都尝试了利用 ICP-OES 来进行海水中痕量元素的分析，但均是采用预富集的方法达到基体与待测元素分离的目的。ICP-OES 灵敏度较低的特点，限制了其在海水中痕量元素测定方面的应用。但是ICP-OES 在测定海水中常量元素，例如：K、Na、Ca、Mg、S、B、Sr、Si 等具有明显的优势，我国学者陈国珍教授在《海水痕量元素分析》一书中对利用 ICP-OES 进行海水中主要元素分析的相关研究做了较为详细的阐述(陈国珍，1990)。而电感耦合等离子体质谱仪由于其灵敏度高、背景低、检出限低、线性范围宽、干扰较少，可多元素同时分析等特性，已经成为痕量金属元素分析的主要技术手段。

图 8.5 中列出了等离子体工作原理图。图 8.6 中列出了等离子体质谱中样品的离子化过程示意图。

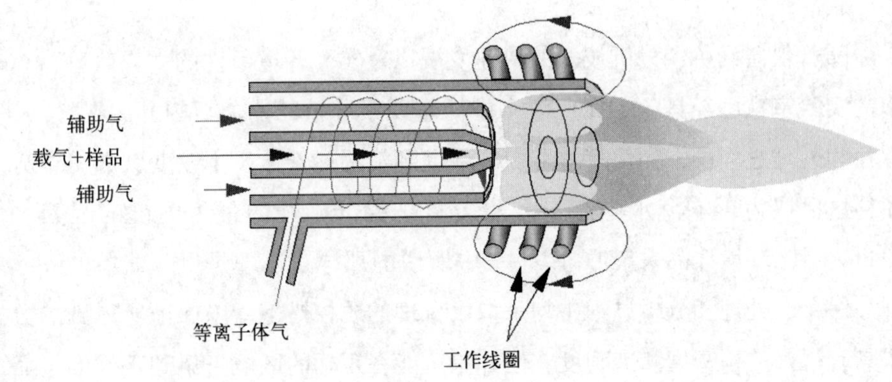

图 8.5 等离子体工作原理图

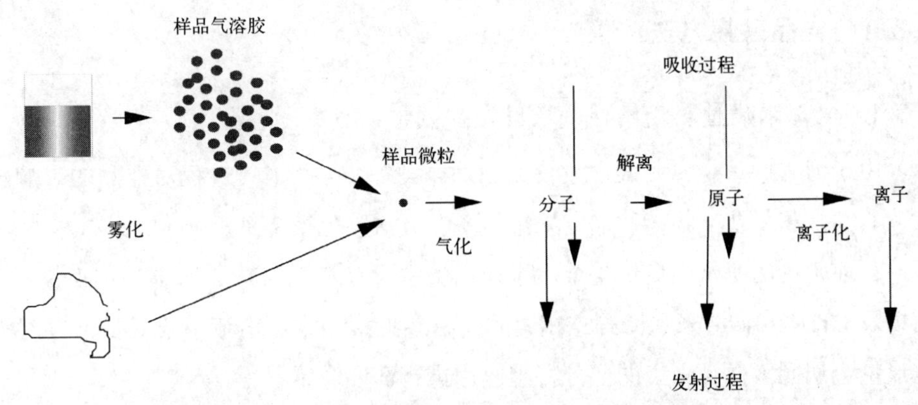

图 8.6 等离子体质谱中样品的离子化过程示意图

8.2.2.5 同位素稀释质谱仪

同位素稀释质谱法(ID-MS)是基于同位素比值定量测定样品中元素浓度的方法。待测元素必须有两个稳定同位素，在样品预处理前向样品中加入富含已知比值同位素标准作标记，通过测定同位素比值的变化可计算被测元素的含量。ID-MS 法具有最高灵敏度(10^{-12}~10^{-14})，最高的准确度(0.1%)特点，加入同位素标准稀释可消除分离和测定过程中同位素分馏的影响。是目前被认可的最为准确的分析方法，常被用来进行标准物质的研发等需要分析精度较高的样品的测定。

8.3 海水样品采集与前处理

随着仪器设备、分析技术的快速发展以及实验环境条件的大幅改善，越来越多的实验室都已经具备了完成海水中微量元素分析的能力。因此，在样品采集、保存和处理过程中，如何有效避免样品受到沾污或性质发生改变就显得十分重要了，这已成为影响海水中微量元素分析结果准确性的最为关键的因素。正如Keith在其《环境样品采集原理》一书中所说的那样，道理是十分简单的，即使在样品保存、处理和分析过程中均采取了合理的质控措施，以保证所得到的数据结果具有很好的精密度和准确度，但如果未能在正确的区域采集到正确的样品，那么所得到的数据结论也是错误的，它可能会对人们认识和了解所感兴趣的研究区域中污染物存在与否、分布水平及作用机制带来严重的误导(Keith，1996)。

8.3.1 样品采集方法

8.3.1.1 海水痕量重金属样品采集设备

由于海水中重金属元素含量较低，采样设备及样品采集过程对样品的影响较大。有关沉积物及生物体样品的采集设备及方法参见第2章。

目前常用的海水中痕量重金属采样设备主要有：Go-Flo采水器、Niskin采水器以及CTD-Rosette采水器等，相应的介绍参见第2章。本节主要对目前针对海水痕量金属元素样品采集的部分特殊应用进行简要介绍。

1995年麻省理工学院Edward A. Boyle教授的研究小组研制了一种新型的痕量重金属采水器Mitess(Bell J et al，2002)，该采水器由特氟龙材质组成，采用内置的FEP或HDEP塑料瓶进行样品收集，有效避免了Go-Flo、Niskin等采水器在采样过程中交叉污染等问题，采样器如图8.7所示。此外，最近我国科研工作者基于Mitess采水器的工作原理，基于Niskin采样器设计研发了一套X-Vane采样系统(Zhang et al，2015)，该系统能够有效解决海水样品采集过程中的沾污问题，与Mitess采样系统相比，可采集较大体积的海水样品，造价更低且易于维护，对船舶作业条件要求也相对比较低，该采样系统的示意图如图8.8所示。此外，在线样品采集过滤系统也是应用于海水中痕量重金属样品采集的一种有效手段。Li等(2015)在我国渤海湾采用蠕动泵-囊式过滤器的方式，对海水样品进行在线采集和过滤(图 8.9)。这种采样方式可使样品在进入样品瓶前与外界环境隔离，因而最大程度地避免了海水样品的沾污问题。

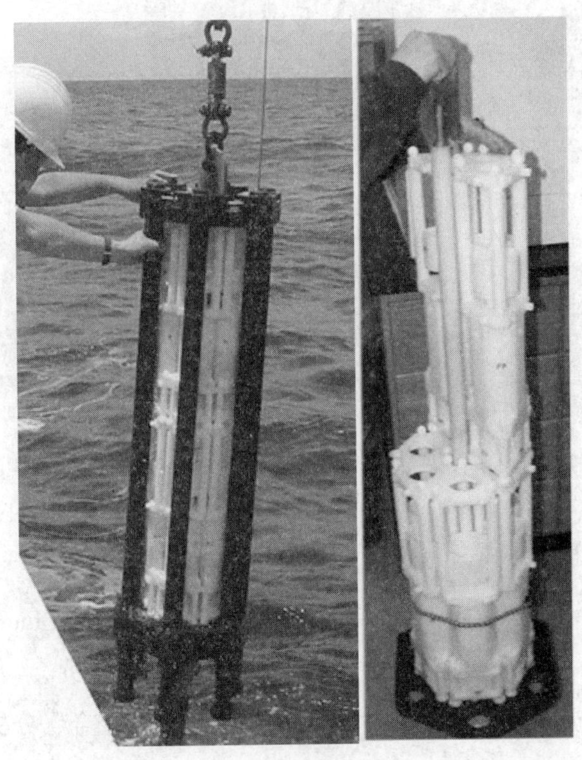

图 8.7 Mitess 痕量重金属采水器

图 8.8 X-Vane 痕量重金属采水器

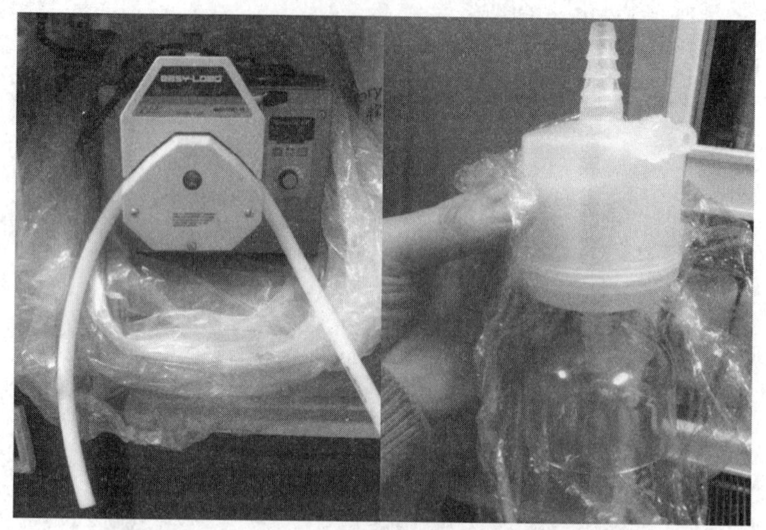

图 8.9 海水现场蠕动泵采集过滤系统(图片由 Li 等提供)

8.3.1.2 海水样品采集过程的国际互校

20 世纪 70 年代末至 80 年代初，国际海洋考察理事会(International Council for the Exploration of the Sea，ICES)和政府间海洋学委员会(Intergovernmental OceanographicCommission，IOC)组织开展了海水中痕量重金属分析的国际互校工作(Olafsson，1978；Bewers et al，1981)，这项工作使人们对于海水中重金属的含量水平有了新的认识，也极大地提高了海水中痕量重金属的分析测试能力，这次的国际互校工作，也使人们认识到在海水重金属样品采集过程中必须采取最严格的质控措施，才能得到可信的测定结果。为此，20 世纪 80 年代，在世界气象组织(World Meteorological Organization，WMO)和联合国环境规划署(United Nations Environment Program，UNEP)的资助下，IOC 在百慕大生物学研究站开展了一项专门针对海水中痕量重金属样品采集过程的互校工作，重点对不同采水器和不同材质的缆绳进行了比较。部分研究结果见表 8.4。

互校实验表明：① 采用芳纶绳和不锈钢丝绳采样所得到的结果通常要比涂塑钢丝绳稍高一些，但差异很小；如果在采样时多加注意，芳纶绳和不锈钢丝绳在多数情况下也是可以使用的。② 将采水器进行一定的改进，有助于降低采水器对样品的沾污。如将 Go-Flo 采水器排水孔的硅胶材质更换为 Teflon 材质后，能够显著地降低多数重金属的含量。将 Niskin 采水器的内弹簧更换为硅胶管后，能够获得与改进的 Go-Flo 采水器同样的效果。除锰和汞外，Hydro-Bios 采水器比改进的 Go-Flo 采水器所得到的结果要稍高一些。③ 总体上，在避免了其他沾污途径的前提下，除 Cu、Zn、Ni 三种元素外，采用不同缆绳和采水器所获得的数据之间的差异并不是特别大，说明除了采样过程中可能的沾污外，样品保存及分析过程也是 20 世纪七八十年代海水重金属分析结果大幅降低的另一主要原因。

表 8.4　痕量元素样品采集过程国际互校结果

金属元素	浓度/(μg/L)	采样和测定合成不确定度/(μg/L)	缆绳	采水器
Cd	0.035± 0.016	0.001	PCS<(KEV ≈SS)	(MGF≈NIS)<HB<GF
Cu	0.13± 0.04	0.010	PCS<(KEV ≈SS)	(MGF≈NIS)<HB<GF
Ni	0.21± 0.05	0.02	PCS<(KEV ≈SS)	(MGF≈NIS≈GF)<HB
Zn	0.35± 0.18	0.05	PCS<(KEV ≈SS)	MGF<(NIS≈GF≈ HB)
Fe	0.41± 0.29	0.05	PCS<(KEV<SS)	(MGF≈NIS)<HB<GF
Mn	0.064± 0.038	0.01	PCS≈KEV ≈SS	MGF≈NIS≈HB≈GF
Hg	0.007± 0.002	0.02	—	—

注：PCS = Plastic-coated steel hydrowire; SS = Stainless steel hydrowire; KEV = Kevlar hydrowire; HB = Hydro-bios sampler; MGF = Modified Go-Flo sampler; GF = Unmodified GO-FLO sampler; NIS = Modified Niskin sampler。

此外，Wong 等(1983)也在加拿大萨尼奇地区开展了一项海水样品采集过程的国际互校工作。分别采用了 5 种海水样品采集方法，包括：① 特氟龙管蠕动泵采样系统；② Niskin PVC 采水器；③ Go-Flo 采水器；④ Hydro-Bios COC (close-open-close)采水器；⑤ Seakern 采水器。Wong 等的研究表明，在对采水器进行了严格清洗的前提条件下，除 Seakern 采样器外，其余四种采样器均能较好的应用于海水中多数微量元素的样品采集。如图 8.10 所示。

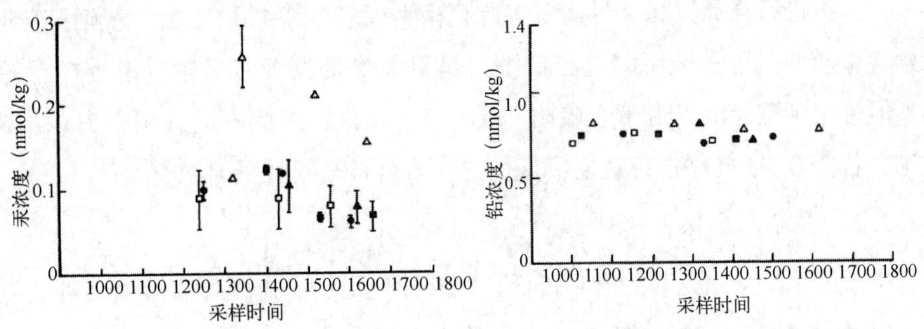

图 8.10　汞和铅不同采样器的国际互校结果

●蠕动泵采水器；▲Hydro-Bios 采水器；△Seakern 采水器；□Niskin 采水器；■Go-flo 采水器

综合国际上有关海水中重金属采样过程的互校结果，为了避免或降低海水样品采集过程中的沾污问题，采样设备应满足以下要求。

(1)采样设备直接接触海水的部分必须是耐酸的塑料材质(如 Teflon、PP 和 PE 等)，以便于在样品采集前可以对采样设备进行酸浸泡清洗，亚克力和聚碳酸酯等材质的采水器由于很难彻底用酸清洗干净应尽量减少使用。

(2)在进行痕量重金属采样时，应选择具有易清洗的特氟龙涂层的采样器。另外还需要对原厂的采样设备进行一定的改进，改进的内容主要包括将 O 形圈和密封垫更换为硅胶材质或特氟龙材质；将采样器内的不锈钢材质弹簧更换为硅胶管或特氟龙涂层的不锈钢材质；将采水器排水口更换为特氟龙材质等。

(3)为避免不同深度样品之间的交叉污染，在采样过程中，采水器应尽可能遵循“闭-开-闭”的操作原则。

8.3.2 样品前处理

海水样品的前处理过程主要包括样品的过滤和酸化保存两个步骤。

8.3.2.1 样品过滤

对海水样品进行过滤通常是为了获得溶解态和颗粒态金属元素的含量。对于大洋海水来说，由于颗粒物的含量极低，可不对海水样品进行过滤，但是对于河口和近岸海水来说，由于颗粒物的含量较高，必须进行过滤。目前，通常情况下仍是以水样通过 0.45 μm 滤膜作为区分溶解态和颗粒态的方式。需要注意的是，海水样品采集后应尽快进行过滤处理。

最为典型的样品过滤方式为真空抽滤。为避免细胞破裂，真空泵的压力不应过大，一般情况下应小于 26 kPa(200 mmHg)，采用初滤的样品清洗滤器和滤瓶，弃去后，再进行样品过滤。目前市售滤膜种类很多，其中聚碳酸酯滤膜由于金属元素含量较低，且易于用酸进行清洗，是目前痕量重金属过滤应用最广泛的滤膜，但是聚碳酸酯滤膜由于会吸附一部分 Hg 元素，因此不适宜用于 Hg 样品的过滤。若需对 Hg 样品进行过滤，最优的材质是特氟龙材质的滤膜。

8.3.2.2 样品固定保存

由于海水中金属元素的含量极低，因此即使很小的损失和沾污也会对最终结果造成很大的影响。20 世纪 60—70 年代，人们发现，对样品进行酸化处理是解决样品瓶壁吸附而导致金属元素损失的一种最有效的办法，并且样品酸化过后一般可保存较长的时间(1~2年)。因此对于海水中微量元素的分析，将样品酸化至pH为1.5~2，已成为一种标准的处理方法。在通常情况下，1L海水中加入1 mL高纯度硝酸或盐酸，混匀后保存于4℃冰箱内，Cd、Co、Cu、Fe、Mn、Ni、Pb和Zn等常见的金属元素样品，可保存长达两年以上。

8.4 主要重金属的测定方法

8.4.1 样品富集和消解

8.4.1.1 海水样品预富集方法

由于海水中金属元素含量较低，且存在大量的基体盐分，因此多数情况下都需要对海水样品预富集同时消除基体后进行测量。目前常用的海水预处理方法主要包括溶剂萃取、固相萃取、共沉淀等。

1)溶剂萃取(液-液萃取)

液-液萃取是目前海水中微量金属元素分析最为常用的样品处理方法，见表8.5。目前最常用的为二硫代氨基甲酸盐体系螯合剂，如二乙基二硫代氨基甲酸钠(DDTC)和吡咯烷二硫代氨基甲酸铵(APDC)。液-液萃取对于第一行过渡金属元素和一些重金属(Cd、Pb等)具有很好的分离能力，其基本原理如图8.11所示。

表8.5 海水中痕量元素的溶剂萃取测定方法

待测元素	螯合试剂	有机试剂	测定方法	参考文献
Mn	8-Quinolinol	氯仿	GF-AAS	Klinkhammer et al，1980
Cd，Co，Cu，Ni，Zn	双硫腙	氯仿	AAS	Smith et al，1980；Ármannsson，1979
Ag，Cd，Cr，Cu，Fe，Ni，Pb，Zn	APDC	MIBK	GF-AAS	Jan et al，1978
Au，Pt	APDC	MIBK	GFAAS，ICP-MS	Wood et al，1990
Cd，Co，Cu，Fe，Mo，Ni，Pb，V，Zn	APDC+DDDC	Freon TF，氯仿	AAS，ICP-OES	Danielsson et al，1978；Mcleod et al，1981

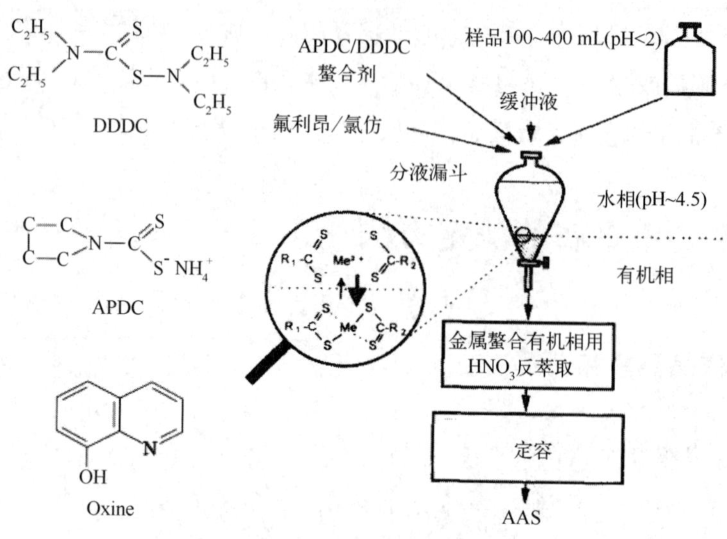

图 8.11　溶剂萃取原理图

海水中微量金属元素萃取的经典方法大致如下(Grasshoff et al, 1999)。

(1)将海水样品转移至250 mL特氟龙分液漏斗中，按照每100 mL水样的比例分别加入1 mL醋酸铵缓冲溶液、1 mLADCP和DDTC溶液、10 mL超纯氯仿(或氟利昂、MIBK等)；

(2)振荡2 min，静置5 min分层后，将有机相转移至125 mL特氟龙分液漏斗中；

(3)再向250 mL分液漏斗水相中加入10 mL氯仿，振荡2 min，静置5 min分层后，转移至125 mL分液漏斗中；

(4)向125 mL分液漏斗中加入0.2 mL浓硝酸，振荡1 min，静置5 min；

(5)弃去有机相，将水相转移至特氟龙烧杯内，用2 mL超纯水清洗分液漏斗，并将洗液一并转移至特氟龙烧杯内；

(6)将特氟龙烧杯放置于超净台内，红外灯照射至样品近干(约0.05 mL)，加入1 mL或2 mL超纯水，转移至样品瓶内待测。

2)固相萃取法

固相萃取法的基本原理与液-液萃取类似，其处理过程一般包括活化、上样、淋洗和洗脱四个步骤。固相萃取技术由于其特殊的技术优势，得到了广泛的应用：

(1)由于在液-液萃取方法中需要使用大量的有毒有害试剂，对环境和人体健康都具有较大的危害。而固相萃取法由于减少了有机试剂的使用和暴露，缩短了样品预处理时间而逐渐得到应用。此外，固相萃取技术能实现多元素的同时富集，且富集倍数一般较液-液萃取要高。

(2)固相萃取技术能实现对样品的现场预处理，这就最大限度的避免了水样在保存、运输等过程中可能发生的性质变化。此外，固相萃取技术由于固相吸附剂的多样性和可选择性，使得样品处理具有高选择性。

(3)固相萃取技术除了可进行离线富集外，在线富集-联用已成为微量金属元素分析的一项重要研究进展。

在固相萃取方法中，能够吸附重金属的螯合物主要有含氮基团(胺基、偶氮基、氨基、腈基等)、含氧基团(羧基、羟基、羰基等)、含硫基团(巯基、硫代氨基甲酸盐等)，目前商业化的螯合树脂多是基于亚氨基二乙酸盐(iminodiacetate，IDA)官能团的离子交换树脂，其中最常用的是 Chelex 100 螯合树脂。其他一些基于 IDA 的螯合树脂还有，MetPac CC-1（Dionex，Sunneyvale，CA，USA）、Chelite-C（Serva，Heidelberg，Germany）、Muromac A-1（Muromachi Chemical Co.，Tokyo，Japan）、Prosep IDA（Bioprocessing，Consett，Durham，UK）、Toyopearl AF - Chelate 650M（Tosohaas，Montgomeryville，PA，USA），Nobias Chelate-PA1(Hitach，Japan)。其中 Nobias Chelate-PA1 螯合树脂已经在 Geotraces 项目中得到了广泛的应用。

3)共沉淀法

共沉淀法也是海水中痕量元素分析时最常用的预处理方法之一。可进行多元素浓集，效率较高。共沉淀剂包括：无机共沉淀剂，如硫化物(Cu、Pb)，水合氧化物[$Fe_2O_3(H_2O)_3$、$Mg(OH)_2$]等；有机共沉淀剂，如 APDC(与 Cu、Zn 等形成沉淀，浓集痕量金属元素)。

其中 $Mg(OH)_2$ 共沉淀法的应用较多(Wu et al，1998；Wu，2007；Qi et al，2005；Grotti et al，2009)，通常将海水样品中加入 NH_4OH 形成 $Mg(OH)_2$ 共沉淀后，再将共沉淀产物进行离心分离，将沉淀物用酸试剂溶解后进行测试。共沉淀法的优势主要如下。

(1)所需要样品量较少，一般情况下所需的样品量小于 20 mL；

(2)所需的试剂比较少，仅需要 NH_4OH、硝酸或者盐酸即可，这些试剂很容易进行提纯，从而保证了实验具有较低的空白值；

(3)能够实现多元素同时处理。

8.4.1.2　沉积物和生物体样品消解方法

1)常用酸试剂和样品瓶

样品消解处理是沉积物和生物体等固体样品中金属元素分析的关键过程。目前沉积物和生物样品的消解主要以湿法消解为主。

湿法消解过程中常用的酸试剂包括氧化性酸(硝酸、高氯酸、浓硫酸、过氧化氢)、非氧化性酸(盐酸、氢氟酸、磷酸)等，这些酸均具有很强的腐蚀性，特别是在加热和浓缩后的情况下，在实验操作过程中应当十分小心，做好相应的防护措施。表8.6和表8.7中列出了实验室常用酸试剂的性质以及样品瓶材质，以供参考。

表8.6　实验中常用酸试剂的性质

名称	化学式	分子量	浓度		密度(kg/L)	沸点(℃)
			W/W(%)	摩尔质量		
硝酸	HNO_3	63.01	65	14	1.40	122
盐酸	HCl	36.46	38	12	1.19	110
氢氟酸	HF	20.01	48	29	1.16	112
高氯酸	$HClO_4$	100.46	70	12	1.67	203
硫酸	H_2SO_4	98.08	98	18	1.84	338
磷酸	H_3PO_4	98	85	15	1.71	213
过氧化氢	H_2O_2	34.01	30	10	1.12	106

表8.7　实验室常见样品瓶材质

材质	化学名称	工作温度(℃)	热变形温度(℃)	备注
硼硅玻璃	SiO_2(81%~96%)	<800		普通实验室玻璃，湿法消解适用性一般
石英玻璃	SiO_2(99.8%)	<1200		非常适用于湿法消解，但不适用于HF体系
聚乙烯(PE)	Polyethylene	<60		不适用于湿法消解

续表

材质	化学名称	工作温度（℃）	热变形温度（℃）	备注
聚丙烯（PP）	Polypropylene	<130	107	不适用于湿法消解
聚四氟乙烯（PTFE）	Polytetrafluorethylen	<250	150	适用于密闭罐消解体系
可溶性聚四氟乙烯（PFA）	Perfluoralkoxy	<240	166	适用于湿法消解，主要用于微波消解
聚全氟乙丙烯（FEP）	Tetrafluorperethylene	<200	158	不适用于湿法消解

2）*样品消解方法*

由于多数的仪器设备均是以液体样品作为进样方式，因此对固体样品进行消解处理是进行样品分析前最重要的工作。由于沉积物和生物样品中重金属相对较高，与海水中重金属的处理方法相比，对样品消解处理相对比较成熟，且沾污的影响也较海水分析要好控制一些。相关的样品消解方法有很多，表 8.8 中列出了部分样品消解的应用实例，以供参考。需要指出的是，当向沉积物样品中加入氢氟酸时，由于氢氟酸能够溶解沉积物的硅晶格，从而能够将沉积物样品全量消解，这种情况下也称之为全消解法。而沉积物中不加氢氟酸时，仅能使由水解和悬浮物吸附而沉淀的大部分重金属溶出，称之为酸溶法。酸溶法消解的是易于被生物利用而造成环境影响的金属形态，是目前《海洋监测规范》中沉积物样品消解的最主要的处理方式。因此在沉积物样品的消解过程中，样品中是否加入氢氟酸，应视监测目的和需求来确定。

表 8.8　样品消解的应用实例

样品基体	酸试剂	消解方法	参考文献
水	HNO_3、H_2O_2	UV 灯照射	Golimowski et al，1996
颗粒物	王水+HF	敞开或密闭式	Sneddon，1998；Lamble et al，1998
植物	$HNO_3+H_2O_2+HF$	敞开或密闭式	Sneddon，1998；Iyengaret al，1997
海洋生物体	HNO_3	敞开或密闭式	Sneddon，1998；Iyengaret al，1997
土壤	王水+HF	敞开或密闭式	Smith et al，1996
沉积物	王水+HF	敞开或密闭式	Smith et al，1996

在湿法消解处理过程中，主要包括敞开式和密闭式两种消解方式。敞开式样

品消解是最为传统的样品处理方式，一般采用电热板加热消解方式。与敞开式消解方式相比，密闭式消解方式切断了样品消解过程中与环境的接触，从而能最大程度的避免样品受到沾污，并且密闭消解方法还提高了消解罐内的温度和压力，比传统的敞开式样品消解方法有更高的效率。不同消解方法的优缺点比较见表 8.9。

1975 年，Abu-Samra 等将微波技术应用于生物体样品中微量元素的预处理之后，微波消解技术已被广泛的应用到地质、生物、医学、植物、食物、环境、淤泥、煤灰和合成材料等多个领域。传统的电加热方式，热量首先需穿过瓶壁才能传递到样品内部。相反地，微波能够穿透陶瓷、玻璃和塑料等材料，被水、含水或脂肪等的物质吸收，分子吸收微波后产生高频磁场，从而产生大量的热量，被加热物质在微波高频磁场的不断作用下，其表面不断被破坏而产生新的表面，使溶剂和试样能充分结合，进一步加速了试样的分解。

表 8.9　不同消解方法的优缺点比较

消解方法		可能存在的损失	空白来源	所需样品量(g)		最大温度(℃)	最大压力(Bar)	消解时间	消解效果	可用试剂	经济性
				沉积物	生物体						
敞开式	传统加热方式	挥发、残留	酸、器皿、空气	<5	<10	<400		数小时	不完全	HNO_3、HCl、HF、H_2O_2、$HClO_4$、H_2SO_4	较为价廉，需实时观察
	微波加热方式	挥发、残留	酸、器皿、空气	<5	<10	<400		<1h	不完全		

续表

<table>
<tr><th colspan="2" rowspan="2">消解方法</th><th rowspan="2">可能存在的损失</th><th rowspan="2">空白来源</th><th colspan="2">所需样品量(g)</th><th rowspan="2">最大温度(℃)</th><th rowspan="2">最大压力(Bar)</th><th rowspan="2">消解时间</th><th rowspan="2">消解效果</th><th rowspan="2">可用试剂</th><th rowspan="2">经济性</th></tr>
<tr><th>沉积物</th><th>生物体</th></tr>
<tr><td rowspan="2">密闭式</td><td>传统加热方式</td><td>残留</td><td>酸、器皿</td><td><0.5</td><td><3</td><td><320</td><td><150</td><td>数小时</td><td>完全</td><td rowspan="2">HNO_3、HCl、HF、H_2O_2</td><td>无需实时观察</td></tr>
<tr><td>微波加热方式</td><td>残留</td><td>酸、器皿</td><td><0.5</td><td><3</td><td><300</td><td><200</td><td><1h</td><td>完全</td><td>较昂贵，无需实时观察</td></tr>
</table>

8.4.2 主要重金属的测定

微量金属元素测定的关键过程是样品的前处理过程，由于沉积物和生物体样品的前处理过程和样品分析测试相对容易实现，因此，本节内容将重点针对海水样品，在前述样品处理论述的基础上，选取目前在海水中微量元素分析中较有代表性的分析方法，对其测定流程进行简要介绍。

8.4.2.1 液-液萃取-多元素分析方法

海水中铜、铅、锌、镉等元素的测定以液-液萃取法的处理方法最为经典，目前仍是海水中痕量金属元素最可靠的分析方法之一。

一般的分析流程为：将过滤酸化后的样品，在 pH 为 4~5 的条件下，与 APDC 和 DDTC 螯合后，经氟利昂或氯仿或甲基异丁酮萃取分离，反萃取至水溶液中后，进行测定。液-液萃取步骤详见 8.4.1.1 部分。但是对于总铬的测定则一般需要将样品中的低价态的三价铬氧化至六价铬后，对样品中六价铬进行萃取分离后，进行测定。

8.4.2.2 离线螯合树脂预富集分析方法

用于海水中重金属预富集的螯合树脂种类很多，此处以经典的 Chelex 100 树脂和 Geotraces 项目中应用较多的 Nobias Chelate-PA1 树脂来对其测试过程进行简单说明。

1) Chelex 100 树脂预富集测定海水中 28 种金属元素

该方法的测试流程简要描述如下(Yabutani et al，2001)：

(1)取 250 mL 过滤酸化后的海水样品放入烧杯中，用醋酸和氨水调节 pH 至 6；

(2)向样品中加入 0.2g(干重)Chelex -100 树脂，磁力搅拌器搅拌 2 h；

(3)采用玻璃纤维滤膜(G4)过滤海水样品，将树脂收集于滤膜上后，用 8 mL 的 1mol/L 醋酸铵溶液淋洗树脂，以去除少量吸附于树脂上的 Ca、Mg 离子；

(4)所得到的玻璃纤维滤膜，用 6 mL 的 2mol/L 硝酸溶液进行洗脱，所得洗脱液用于测定水样中的 Al、V、Mn、Fe、Co、Ni、Cu、Zn、Y、Mo、Cd、La、Ce、Pr、Nd、Sm、Eu、Gd、Tb、Dy、Ho、Er、Tm、Yb、Lu、W、Pb 和 U 等元素。

2) Nobias Chelate-PA1 树脂预富集测定海水中 9 种痕量元素(Biller et al，2012)

Nobias Chelate-PA1 树脂是近些年在 Geotraces 项目中应用较为广泛的树脂之一。该树脂是一种亲水性的甲基丙烯酸共聚物，具有 EDTriA 和 IDA 双官能团(图 8.12)，因而具有非常良好的重金属富集能力，理论上可富集金属元素(图 8.13)。

该方法采用 2 个 8 通道蠕动泵来进行样品载入、清洗和洗脱等操作。但在进行预富集前，首先需要对所有的海水样品在 18 mW/cm^2 强度下紫外线氧化处理 1.5h，以破坏可能与金属元素结合的强有机配位体。

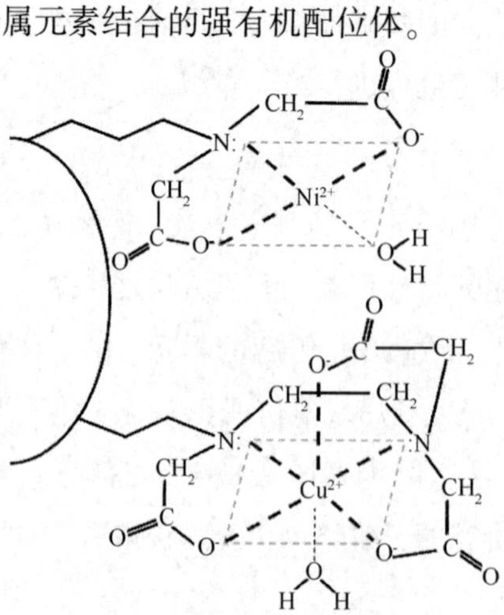

图 8.12 Nobias Chelate-PA1 树脂结构图

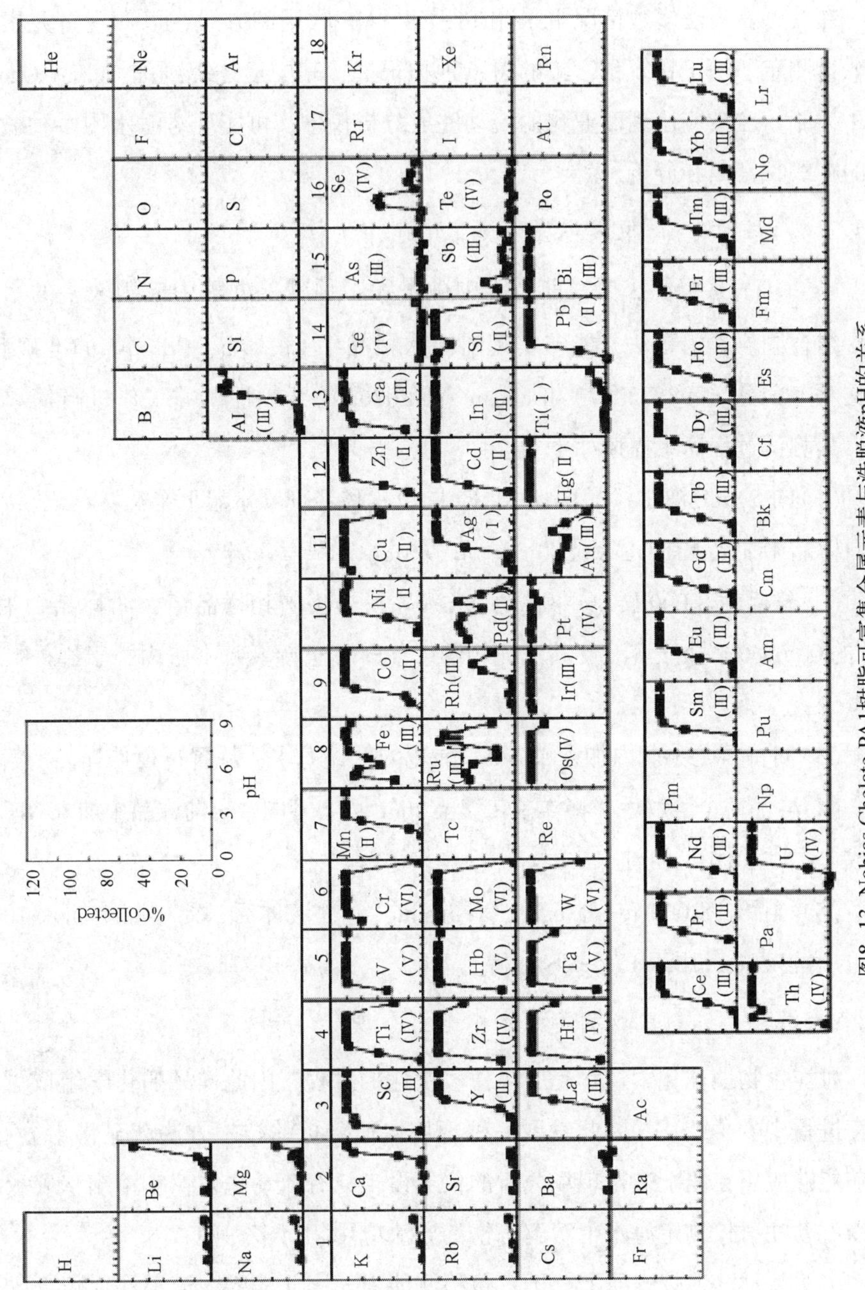

图8-13 Nobias Chelate-PA1树脂可富集金属元素与洗脱液pH的关系

8.4.2.3 在线预富集联用分析方法

在线预富集法多数情况下采用FI-ICP-MS联用的方式，以实现多元素的同时分析测定。用于在线预富集的树脂种类很多，其中上述提到的Nobias Chelate-PA1树脂，已被应用到商业化的流动注射分析仪中，可实现对海水中多种微量元素的在线预富集和分析。

8.4.2.4 共沉淀-同位素稀释法测定海水中的铁

$Mg(OH)_2$共沉淀法是目前海水中微量元素预富集处理中应用较多的一种方法，结合同位素稀释法，能够实现对海水样品中Cu、Pb、Cd、Fe的准确测定。下文对Wu等(1998，2007)和Lohan等(2006)的开创性研究工作进行简单的介绍，其测试过程简单描述如下。

(1)向50 mL海水样品中加入^{57}Fe同位素稀释剂，室温下平衡2 min，待平衡后向样品中加入NH_4OH约280μL，形成$Mg(OH)_2$共沉淀；

(2)样品于8 000转/分下离心1.5 min，弃去液相样品后，向样品中加入2 mL的0.5mol/L盐酸溶液使共沉淀物溶解，转移至特氟龙小瓶内，于红外灯下加热蒸干；

(3)向特氟龙小瓶内加入1.6 mL酸化的低铁海水，静置过夜使样品溶解；

(4)样品完全溶解后，将样品转移至2 mL离心管内，再向样品中加入NH_4OH，形成二次$Mg(OH)_2$沉淀；

(5)样品于8 000转/分下离心1.5 min，弃去液体后，向样品中加入100 μL 4%的硝酸溶液，用于ICP-MS分析。

8.4.2.5 流动注射现场测定海水中溶解态铁

海洋生物地球化学过程是一个比较快速的过程，因此样品的化学组成可能在储存过程中发生变化，因此发展一种现场快速分析的技术方法就显得十分必要。目前能够应用在船上进行现场分析的仪器设备只有流动注射仪和溶出伏安仪，其中以流动注射仪测定海水中溶解态铁的方法应用相对多一些。

由于流动注射仪本质上并不具备检测能力，因此需要在流动注射仪上配备检测器，目前用于海水中溶解态铁分析的主要有化学发光法(chemiluminescence，CL)和分光光度法(spectrophotometry，SP)，其中分光光度法更易于操作，更容易实现船上现场操作。FI-SP主要原理是利用Fe(Ⅲ)对N，N-二甲基对苯二胺二盐酸盐(N, N-dimethyl-*p*-phenylenediamine dihydrochloride, DPD)的催化氧化反应。在进样前，需向样品中加入双氧水以确保样品中溶解态铁均以Fe(Ⅲ)的形态存在，样品载入1~5 min后，采用超纯蒸馏水或者醋酸铵溶液(pH=3.5)淋洗15s，铁离子从树脂柱上洗脱下来后，与DPD/缓冲液(pH= 5.5~6)和双氧水混合，生成彩色半醌衍生物，利用分光光度仪在514 nm处对其进行测定(Lohan et al, 2006)。

8.4.2.6 原子荧光法测定海水中汞和砷

在对海水中砷的测试过程中，需要在酸性介质下，采用硼氢化物将砷还原为砷化氢气体，以氩气作为载气将其导入原子荧光光谱仪的原子化器进行原子化，进而测定砷原子的荧光强度进行定量。与氢化物原子吸收分光光度法相比，原子荧光法仪器设备价格相对较低，更易于在实验室推广，且能够获得与氢化物原子吸收分光光度法相当的灵敏度，因此该法是目前《海洋监测规范》中砷测定的最主要分析方法。

有关海水中汞的测定，过去主要采用冷原子吸收法(CVAAS)测定。随着原子荧光仪的出现，冷原子荧光法(CVAFS)由于能够获得比CVAAS更好的选择性和灵敏度，已成为汞测定的最主要方法。目前对于总汞的测定主要是基于Bloom于1989年提出来的方法体系(Bloom, 1989)，首先需对水样进行氧化处理，将样品中的汞离子转化为更为稳定的Hg^{2+}，再将Hg^{2+}还原为汞蒸气(Hg^0)后，将Hg^0吹扫捕集至金砂管而形成金汞齐，再对金汞齐进行加热释放出汞，采用荧光光谱仪进行测定，该方法也是目前EPA1631中所采用的总汞测定方法。在《海洋监测规范》中，汞的测定也可采用硼氢化物将汞离子还原为单质汞后，以氩气作为载气将汞蒸气带入原子荧光光谱仪的原子化器进行原子化，进而测定荧光强度并进行定量。

总体上，海水中汞和砷的测定方法均已成熟，难点主要在于如何保持样品不受环境的影响，特别是汞，由于其极易受到空气、器皿、人员等的影响，因此在样品采集、保存及测试过程中必须采取严密措施，以保证样品不损失或沾污。

8.4.3 元素形态分析简介

“形态”(speciation)一词是从生物学领域借鉴而来的，2000年国际纯粹与应用化学联合会(IUPAC)对形态进行了分类和定义：

(1)化学物种(chemical species)：化学元素的某种特有形式，如：同位素组成，电子或氧化状态，配合物或分子结构等。

(2)元素形态(speciation)：一种元素的不同物种在特定体系中的分布情况。

(3)形态分析(speciation analysis)：识别和(或)测定某一样品中的一种或多种化学物种的分析过程。

(4)分步提取(fractionation)：根据物理性质(如粒度、溶解度)或化学性质(如结合状态、反应活性等)把样品中一种或一组被测定物质进行分类提取的过程。

随着环境科学、化学、食品科学以及生命科学技术的发展，研究者发现元素的生理、毒理影响以及生物利用性、环境行为和迁移转化并不取决于总浓度，而主要与其存在形态有关。因此只有通过形态分析才能阐明污染物进入环境中的方式、迁移和转化过程的本质。此外，随着现代分析技术的快速发展，如气相色谱和液相色谱等分离手段、原子光谱和质谱等高灵敏度检测器的联用技术的进步，也为环境中金属元素形态分析的快速发展提供良好的技术条件，使得形态分析得到了快速的发展。

8.4.3.1　形态分析样品的采集、处理和保存

用于形态分析的样品采集的设备、质量控制措施与元素总量分析样品的要求基本上是一致的。但由于环境条件的改变有可能会造成样品中元素的形态发生变化，因此用于形态分析的样品的保存和处理更为严格。如温度会影响微生物活性，进而会直接影响金属的甲基化过程，使得元素形态发生变化。而微生物的甲基化过程多在厌氧的环境下进行，样品采集后，厌氧条件的改变也可能影响元素的形态分布。此外，部分元素形态还会在光照作用下发生光化学降解等。因此，用于形态分析的样品保存和处理是进行形态分析十分关键的一个过程。

虽然不同形态分析的样品对于样品采集、处理和保存的要求可能会存在较大的差异，也很难保证样品在采集、保存过程中形态完全不发生变化，但在一般情况下，应遵循如下的原则。

(1)样品采集过程的沾污问题也应遵循痕量元素分析的质量要求；

(2)样品保存一般采用低温或冷冻保存；

(3)尽可能将试样放在暗处保存，以避免因光的作用而发生光解；

(4)水样不宜放置过长时间，一般不适合做酸化处理，但也应视所分析形态的特征而定，如测定水样甲基汞时，可将水样用盐酸酸化至1%，样品可保存至

少6个月。

8.4.3.2 样品前处理技术

一般而言，元素形态分析对样品前处理的要求包括：① 避免待测物损失或污染；② 将待测物的全部形态从原试样中定量提取出来；③ 不破坏原始样品中的形态及其分布。一般选择温和的试剂和操作条件，避免使用强腐蚀性的强酸和强氧化物。

目前，常用的样品前处理技术包括：微波辅助提取技术、超声提取技术，此外，部分元素还需进行一定的衍生化处理，才可进行下一步的分析。

1) 微波辅助提取技术

微波提取技术是基于将微波能聚焦于样品上，通过对微波加热参数的选择，以实现有效成分从固体试样中的溶出，而不致破坏试样的金属-碳键。为了避免待测物形态的变化，一般选择的微波功率均较小(40~60W)。有机酸或有机碱常被用作形态分析的提取剂。对于生物样品，常采用KOH-甲醇、四甲基氢氧化铵(TMAH)等，对于固体试样中金属形态的提取，一般采用一些憎水性的非极性有机溶剂。表8.10列出了部分有关微波提取的应用实例。

表 8.10 微波提取应用

形态	样品类型	提取液及条件	文献
汞形态	DORM2生物标准物质	2-巯基乙醇，L-半胱氨酸，60℃，2 min	Chiou et al，2001
甲基汞	沉积物	HCl/甲苯，120℃，10 min	Vazquez et al，1997
As(V)、As(III)、DMA、MMA	鱼组织	甲醇-水，60℃，10 min	Ackley et al，1999
As(V)、As(III)、DMA、MMA	沉积物	HCl/HNO_3，H_3PO_4，20W，12 min	Demesmay et al，1997

2) 超声辅助提取技术

超声辅助提取技术是利用高频超声波作用于含有固体样品的溶液，使两者充分混合，并发生物理或化学反应，这一过程称为“空化作用”。空化作用极大地提高样品的预处理过程，具有较高的提取效率，成为形态分析主要的样品前处理手段之一。

典型的超声辅助提取步骤为，称取一定量的样品，放置于带盖的离心管中，加入提取试剂，选择一定的频率进行超声振荡，提取完成后将溶液离心，以上清液作为待分析溶液。表 8.11 列出了部分有关超声提取的应用实例。

表 8.11　超声提取应用

形态	样品类型	提取液及条件	文献
无机汞、甲基汞	鱼组织	5 mol/L 盐酸，超声处理 5 min	Río-Segade et al，1999
As(Ⅴ)、As(Ⅲ)、DMA、MMA	植物	甲醇-水，超声振荡 2 h	D'Amato et al，2011
As(Ⅴ)、As(Ⅲ)、DMA、MMA	鱼组织	甲醇-水，超声处理 6 min	Santos et al，2013

3) 衍生化技术

衍生化主要是应用于气相色谱(GC)的一项样品前处理技术。通过衍生化可以使待测物转化为中性的、易挥发的和具有热稳定性的有机化合物，同时达到分离样品中的干扰基体，使待分析的样品更为洁净，并达到浓缩的目的。

目前在金属元素形态分析中，最常用的两种衍生化技术是烷基化反应和氢化物发生技术，最常用的烷基化试剂有四乙基硼化钠($NaBEt_4$)和格氏试剂(Grignard)，而常用的氢化物发生试剂主要为硼氢化物(如 $NaBH_4$)。

以汞为例，其烷基化反应如下：

$$Hg^{2+} + 2NaB(C_2H_5)_4 \rightarrow (C_2H_5)_2Hg + 2Na^+ + 2B(C_2H_5)_3 \qquad (8.1)$$

$$CH_3Hg^+ + NaB(C_2H_5)_4 \rightarrow CH_3HgC_2H_5 + Na^+ + B(C_2H_5)_3 \qquad (8.2)$$

氢化物形成反应如下：

$$Hg^{2+} + 2NaBH_4 + 6H_2O \rightarrow Hg^0 + 7H_2 + 2Na^+ + 2H_3BO_3 \qquad (8.3)$$

$$CH_3Hg^+ + NaBH_4 + 3H_2O \rightarrow CH_3HgH + 3H_2 + Na^+ + H_3BO_3 \qquad (8.4)$$

8.4.3.3　分离检测方法

在目前有关元素形态的研究中，将高选择性的色谱(GC、HPLC)分离技术与高灵敏度的原子光谱/质谱检测技术进行联用，已成为形态分析最有效的技术手段。

1) 气相色谱联用技术

GC 适合于挥发性金属及金属有机化合物的分析，对于难挥发金属及其金属有机物，需要采用上述提到的衍生化方法转变成挥发性的化合物，此外在 GC 联用技术中，接口技术是最重要的技术难点之一。

常用的联用检测手段包括 GC-AFS 和 GC-ICP-MS。原子荧光光谱较为简单，干扰少，对于易挥发性元素的测定具有很高的灵敏度，通过原子荧光与 GC 联用，目前已经成为环境样品中汞形态分析最为高效、经济的技术手段。而 ICP-MS 高灵敏度和选择性，使 GC-ICP-MS 已成为形态分析理想的联用技术，在水、沉积物等环境样品中的 Sn、Pb、Hg 等形态分析中得到了广泛的应用。与 GC-AFS 相比，GC-ICP-MS 的分析成本相对较高，但 ICP-MS 所具有的同位素稀释分析能力，使得 GC-ICP-MS 在研究元素形态的分布及转化机制方面具有独特的应用潜力。

2) 高效液相色谱联用技术

与 GC 相比，HPLC 通常是在室温下进行，对高沸点和热不稳定化合物的分离不需经过衍生化，因而使得 HPLC 更适合于环境分析以及生物活性物质分析。同时，HPLC 可通过改变固定相和流动相等因素，使得 HPLC 的适用性更为广泛。与 GC 相比，HPLC 需要以液体进样，因此其接口技术相对简单，但存在样品的雾化效率较低的问题，使得其灵敏度一般较 GC 联用的灵敏度要低。

8.5 质量控制

8.5.1 影响分析准确性的主要因素及质控措施

8.5.1.1 环境空气的沾污

普通实验室空气组分与周围大气组分接近，有很多尘埃，含多种重金属离子，会对痕量、超痕量分析产生影响，而且实验室内还有各种装置、辅助的仪器设备、试剂和分析工作者本人等因素在分析过程中带来的沾污。由于实验室环境的洁净程度决定着分析测试的检测数量级，因而在一般实验室中分析大洋海水的痕量、超痕量重金属含量，分析结果会很难让人信服，因此为了避免环境空气的沾污问题，在洁净实验室内或洁净工作台上进行样品的前处理等过程是十分必要的。

8.5.1.2 实验用水与试剂的沾污

应特别注意水和试剂的纯度，进行样品分析测试前，首先要测试所用试剂和水的空白值，选择低空白值的试剂和水。对于空白值达不到要求的试剂，可以选择高纯度，或通过提纯的方法降低空白值。实验用水和试剂的提纯方法主要有如下几种。

1）亚沸蒸馏法

亚沸蒸馏法是基于热辐射原理，保持水和试剂温度在低于沸点温度时蒸发、冷凝而制取高纯的水和试剂，加热装置封闭在壳体内，又不接触空气，整个提纯过程不受环境污染。适用于提纯水、硝酸、盐酸、乙酸、氢氟酸和氨水等。表8.12列出了亚沸蒸馏提纯与市售的高纯酸试剂的比较。可以看出，试剂经亚沸蒸馏后比市售的高纯度试剂的各元素的本底值都要低很多。

表8.12 亚沸蒸馏效果与市售高纯酸的比较（Mester et al，2003）

试剂	浓度	纯度	元素含量（μg/L）						
			Cd	Cu	Fe	Al	Pb	Mg	Zn
H_2O		亚沸蒸馏	0.01	0.04	0.32	<0.05	0.02	<0.02	<0.04
HCl	10mol/L	亚沸蒸馏	0.01	0.07	0.6	0.07	<0.05	0.2	0.2
	10mol/L	Suprapure	0.03	0.2	11	0.8	0.13	0.5	0.3
	12mol/L	P. a.	0.1	1.0	100	10	0.5	14	8.0
HNO_3	15mol/L	亚沸蒸馏	0.001	0.25	0.2	<0.002	<0.002	0.15	0.04
	15mol/L	Suprapure	0.006	3.0	14	0.7	0.7	1.5	5.0
	15mol/L	P. a.	0.1	2.0	25	0.5	0.5	22	3.0
HF	54%	亚沸蒸馏	0.01	0.5	1.2	0.5	0.5	1.5	1.0
	40%	Suprapure	0.01	0.1	3.0	3.0	3.0	2.0	1.3
	54%	P. a.	0.06	2.0	100	4.0	4.0	3.0	5.0

2）蒸馏法

蒸馏法是实验室中一种最常用的纯化方法。适用于提纯挥发性液体试剂，如水、盐酸、硝酸、氢氟酸、氢溴酸、高氯酸、氨水、甲基异丁酮、环己烷等多种无机酸、碱和有机溶剂。

3）等温扩散法

等温扩散法适用于在常温下溶质强烈挥发的水溶液试剂的提纯。此法设备简单，容易操作，所制得的试剂纯度较高。缺点是产量小、耗时。如盐酸、硝酸、氨水等。海水萃取中用于调节溶液 pH 的酸或碱，适合用此法提纯。

4) 萃取提纯法

有些试剂，可先配成试液，再用萃取剂萃取，去除其中杂质以达到提纯的目的。如海水萃取中使用的螯合剂 APDC、DDTC 等，可在配成溶液后，用甲基异丁酮-环烷的混合溶液直接萃取，以去除某些金属杂质。

8.5.1.3 器皿的沾污和损失

样品所能接触到的器皿均可能会对样品带来沾污，或由于瓶壁的吸附而造成损失。在目前常用的器皿中，能够满足微量元素保存和分析的材质有 PTFE、FEP、PE、PP、石英和 Pyrex 硼化玻璃等。

这类材质在使用前必须进行必要的清洗，对于 PTFE、FEP、PE 和 PP 等样品瓶的清洗过程如下：首先用洗涤剂浸泡 2~3 d，用于去除材质表面的油污等杂质，浸泡完后先用自来水冲洗干净，再用去离子水进行清洗，之后将样品瓶放入 1∶1 盐酸溶液中浸泡一周，再用去离子水清洗干净后，放入 1∶1 硝酸溶液中再浸泡一周后，用超纯水清洗干净，洁净台上晾干后放入洁净的塑料袋内备用。用于保存酸化海水的样品瓶，可在清洗干净的样品瓶内加入 0.1%~0.2%高纯度的硝酸或盐酸溶液进行保存。

石英或 Pyrex 硼化玻璃等材质主要用于汞样品的保存。一般的清洗过程如下：将样品瓶中加入含 0.1%的 $KMnO_4$ 和 $K_2S_2O_8$ 溶液(含 2%硝酸)，80℃下水浴锅内加热 2h，冷却至室温后，向样品瓶内加入 2 mL 的 12% $NH_2OH \cdot HCl$ 溶液，用于还原溶液中溶解的 Cl_2 和 MnO_2 颗粒，再加入 10 mL 的 10% $SnCl_2$ 将溶液中的汞还原为 Hg^0，氮吹除去后，用低汞超纯水洗净样品瓶，备用。用于汞样品保存的玻璃器皿，通常都需要经过多次处理后，才能达到满意的效果。

8.5.1.4 样品干燥和混匀过程

在通常情况下，为使分析样品具有较好的代表性和便于保存，对于沉积物和生物样品都需要经过干燥、过筛和混匀等过程。样品的干燥方法一般采用烘箱和冷冻干燥法。采用烘箱对生物体样品进行干燥时，由于样品有可能腐烂变质，因此烘箱的温度一般控制在 100℃左右，在干燥过程中可能会带来诸如样品残留以及一些挥发性元素(Hg、Sb 和 Se 等)的损失。因此冷冻干燥法是重金属分析最为理想的样品干燥方法。此外，为避免样品干燥过程中的系统误差，对于可采用湿样分析的样品，也可不对样品干燥而直接采用原始湿样进行分析，这种情况下，挥发性元素的损失和干燥过程中的沾污基本可以忽略。而无论是湿样还是干样，样品的混匀过程都是关系到分析品是否具有代表性的重要因素，在混匀过程中都应避免样品接触金属类材质的器具。

8.5.1.5　样品分离富集和消解等前处理过程

如前所述，样品的消解方式主要包括敞开式和密闭式。与敞开式消解方式相比，密闭式消解方法能够避免样品的损失而得到更多的应用。在消解过程中，易于挥发损失的元素类型主要包括以下几类。

(1)单质，主要为 Hg 元素；

(2)金属元素卤族化合物，包括 As、B、Cr、Ge、Sn、Te、Ti、Zn 和 Zr 等；

(3)在氧化条件下，包括 Os、Pb、Rh 和 Ru 等；

(4)在还原条件下，Se 和 W 等。

无论是海水样品的分离预富集，还是沉积物和生物体的消解过程，一般采用回收率的方式来考察样品前处理过程的准确性，但由于存在各种不确定性因素，回收率达到 100%往往是很难实现的，因此在考察样品前处理过程的可靠性时，回收率的稳定性要远比回收率接近 100%更为重要。

8.5.1.6　样品分析测试过程

在样品分析测试过程中，不确定性因素主要如下。

(1)样品长时间暴露在空气中的会存在一定的沾污问题，应避免样品长时间与空气接触，采用自动进样器的，应尽量选择表面积较小的进样瓶，选择具有防尘罩的自动进样器，以尽可能减少样品与空气的接触；

(2)标准曲线等溶液配制过程中的试剂沾污和瓶壁吸附损失等，可选用高纯度的或蒸馏过的试剂进行溶液配制，为避免瓶壁的吸附损失，标准溶液必须进行酸化处理；

(3)仪器信号不稳定或长时间运行后的信号漂移等，可通过加入内标等方式解决；

(4)应尽量使标准曲线和样品的基体保持一致，可采用内标法或标准加入法来进行定量，尽量减少样品基体差异的影响。

8.5.2 主要质量控制措施

质量控制的目的在于控制分析人员的实验误差，使之达到规定的范围，以保证检测结果的精密度和准确度能处于给定的置信水平内，达到容许限规定的质量要求。重金属监测的质量控制方法，主要采用全程空白试验、平行双样测试、加标回收试验、使用标准物质以及质控图5种手段。

8.5.2.1 全程空白试验

全程空白试验考察的是从现场采样到样品测定全过程中样品可能的沾污状况。因此，全程空白试验的空白样品应在采样现场制备。一般要求，每台采样设备每天应制备不少于一个现场空白样，现场空白样与监测样品应在相同条件下保存、输运、处理和测定。现场空白样的测定结果应低于该项目分析方法的最小检出限，并与实验室空白样测定结果没有显著性差异。

8.5.2.2 平行双样测试

平行双样测试是同一样品的两份子样在完全相同的条件下进行的同步分析测试。它反映分析检测的精密度(一般抽取样品总数的10%~20%)。平行双样的制备，建议最好在采样现场进行，即现场原始平行样。

8.5.2.3 加标回收试验

加标回收试验是在测定样品时，于同一样品中取双份，其中一份加入一定已知含量的被测物的标准物质，同时进行测定，然后在测定结果中扣除样品含量的测定值，计算回收率。做样品加标回收率的数量一般应为样品数量的10%~20%。注意应该在试样处理前加入标准物质，这样才能判断试样处理方法的可靠性。加标回收试验反映的是分析方法的准确度。

8.5.2.4 使用标准物质

标准物质是指一种或多种足够均匀并能很好地确定其特性量值的材料或物质，常用作校准测量仪器、评价测量方法、确定材料量值的测量标准以及实验室人员的分析考核标准。

目前，沉积物和生物体样品的标准参考物质种类较多，但海水中微量金属元素的标准物质仅有加拿大NRCC、欧洲标准局IRMM及英国LGC几个研究机构提供，其中以加拿大NRCC生产的大洋、近岸和河口水体中微量金属元素标准物质应用最多。海水中微量金属元素标准物质名录见表 8.13。

表 8.13　常用海水中微量金属标准物质名录

标准物质名称	定值元素	研制单位	水样类别	备注
NASS6	As, Cd, Cr, Co, Cu, Fe, Pb, Mn, Mo, Ni, Se, U, V, Zn	NRCC	大洋海水	
CASS5	As, Cd, Cr, Co, Cu, Fe, Pb, Mn, Mo, Ni, U, V, Zn	NRCC	近岸海水	
LESS3	Ag, As, Cd, Cr, Co, Cu, Fe, Pb, Mn, Mo, Ni, U, V, Zn	NRCC	河口水	
BCR-579	Hg	IRMM	近岸海水	
BCR-505	Cd, Co, Cu, Fe, Ni, Pb, Zn	IRMM	河口水	
LGC-6016	Cd, Cu, Mn, Ni, Pb, Zn	LGC	河口水	受工业污染较重，含量较高

需要了解更多的标准物质信息，可从以下几个主要的标准物质研究机构获取：

https：//ec. europa. eu/jrc/en/reference-materials

http：//nucleus. iaea. org/rpst/ReferenceProducts/About/index. htm

http：//www. nrc-cnrc. gc. ca/eng/solutions/advisory/crm_ index. html

http：//www. lgcstandards. com/CN/en/CATALOGUE-FINE-cat-China/c/CATALOGUE-FINE-CAT-CHINA

http：//www. nist. gov/srm/

8.5.2.5　质控图

分析质量控制图是保证分析质量的有效措施之一。它能直观地描述检测数据质量的变化情况、测定过程的受控情况，及时发现分析误差的变化趋势，判断分析结果的质量是否异常，从而采取必要的措施加以纠正。一般情况下，质控图分为精密度控制图（如均值极差控制图）和准确度控制图（如加标回收率控制图）2 种类型。

在理想条件下，一组连续测试结果，从概率意义上来说，有 99.7%的机率落在 $\bar{x}\pm3S$（即上、下控制限）内，95.4%的机率落在 $\bar{x}\pm2S$（即上、下辅助限）内。在使用质控图时，当落点在中心线附近上、下警告限（$\bar{x}\pm S$）之间，表明分析质量正常，测定结果可信；当落点在上、下警告限之外，但仍在上、下控制限之间，提示分析质量变劣，有趋于失控倾向，应进行初步检查；若落点在上、下控制限之外，表明测定过程失去控制，该批测定数据不可信，应立即查明原因，予以纠正并重新测定。

8.5.3 美国EPA重金属标准分析方法

国内外有关重金属分析的标准化方法较多，其中以美国EPA的方法标准化最为全面，表8.14至表8.15列出了部分重金属的分析方法及样品前处理方法，以供查阅。

表8.14 重金属分析方法

方法编号	方法名称
Method 1630	Methyl Mercury in Water by Distillation, Aqueous Ethylation, Purge and Trap, and Cold Vapor Atomic Fluorescence Spectrometry
Method 1631	Mercury in Water by Oxidation, Purge and Trap, and Cold Vapor Atomic Fluorescence Spectrometry
Method 1632	Determination of Inorganic Arsenic in Water By Hydride Generation flame Atomic Absorption
Method 200.7	Determination of Metals and Trace Elements in Waters and Wastes by Inductively Coupled Plasma-Atomic Emission Spectrometry
Method 200.8	Determination of Trace Elements in Waters and Wastes by Inductively Coupled Plasma-Mass Spectrometry
Method 200.9	Trace Elements in Water, Solids, and Biosolids by Stabilized Temperature Graphite Furnace Atomic Absorption Spectrometry
Method 200.10	Determination of Trace Elements in Marine Waters by On-Line Chelation Preconcentration and Inductively Coupled Plasma-Mass Spectrometry
Method 200.13	Determination of Trace Elements in Marine Waters by Off-Line Chelation Preconcentration with Graphite Furnace Atomic Absorption
Method 245.1	Determination of Mercury in Water by Cold Vapor Atomic Absorption Spectrometry (CVAAS)
Method 6010C	Inductively Coupled Plasma- Atomic Emission Spectrometry
Method 6020A	Inductively Coupled Plasma-Mass Spectrometry
Method 7000B	Flame Atomic Absorption Spectrophotometry
Method 7010	Graphite Furnace Atomic Absorption Spectrophotometry
Method 7061A	Arsenic(Atomic Absorption, Gaseous Hydride)
Method 7062	Antimony and Arsenic(Atomic Absorption, Borohydride Reduction)
Method 7063	Arsenic in Aqueous Samples and Extracts by Anodic Stripping Voltammetry(ASV)
Method 7195	Chromium, Hexavalent (Coprecipitation)
Method 7196A	Chromium, Hexavalent (Colorimetric)

续表

方法编号	方法名称
Method 7197	Chromium, Hexavalent (Chelation/Extraction)
Method 7198	Chromium, Hexavalent (Differential Pulse Polarography)
Method 7199	Determination of Hexavalent Chromium in Drinking Water, Groundwater and Industrial Wastewater Effluents by Ion Chromatography
Method 7470A	Mercury in Liquid Waste(Manual Cold-Vapor Technique)
Method 7471B	Mercury in Solid or Semisolid Waste(Manual Cold-Vapor Technique)
Method 7472	Mercury in Aqueous Samples and Extracts by Anodic Stripping Voltammetry (ASV)
Method 7473	Mercury in Solids and Solutions by Thermal Decomposition, Amalgamation, and Atomic Absorption Spectrophotometry
Method 7474	Mercury in Sediment and Tissue Samples by Atomic Fluorescence Spectrometry
Method 7741A	Selenium(Atomic Absorption, Gaseous Hydride)
Method 7742	Selenium(Atomic Absorption, Borohydride Reduction)

表 8.15　重金属样品前处理方法

方法编号	方法名称
Method 3005A	Acid Digestion of Waters for Total Recoverable or Dissolved Metals for Analysis by FLAA or ICP Spectroscopy
Method 3010A	Acid Digestion of Aqueous Samples and Extracts for Total Metals for Analysis by FLAA or ICP Spectroscopy
Method 3015A	Microwave Assisted Acid Digestion of Aqueous Samples and Extracts
Method 3020A	Acid Digestion of Aqueous Samples and Extracts for Total Metals for Analysis by GFAA Spectroscopy
Method 3031	Acid Digestion of Oils for Metals Analysis by Atomic Absorption or ICP Spectrometry
Method 3040A	Dissolution Procedure for Oils, Greases, or Waxes
Method 3050B	Acid Digestion of Sediments, Sludges, and Soils
Method 3051A	Microwave Assisted Acid Digestion of Sediments, Sludges, Soils, and Oils
Method 3052	Microwave Assisted Acid Digestion of Siliceous and Organically Based Matrices
Method 3060A	Alkaline Digestion for Hexavalent Chromium

8.5.4　仪器分析中常见问题及处理措施

表 8.16 和表 8.17 分别列出了 ICP-MS 和 GFAAS 分析中常见的问题和处理措

施，以供参考。

表 8.16 ICP-MS 常见问题及处理措施

问题	可能的原因	处理措施
重现性差	蠕动泵管使用时间过长或者蠕动泵管过紧或过松	检查蠕动泵管的松紧度，更换蠕动泵管
	雾化器堵塞	根据仪器维护要求清洗雾化器
	信号读取时间太短	提高样品的信号读取时间
	仪器被污染	根据仪器维护要求清洗各个可能受到污染的部件
背景噪音过高	等离子体发射功率过高	降低等离子体发射功率
	质谱真空度过高	检查真空系统是否有泄漏
	检测器问题	检查检测器是否正常，优化检测器各项指标
	离子透镜系统有问题	根据仪器维护要求清洗离子透镜
氧化物产率过高	雾化器氩气流量过高	优化载气等气体的流速
	锥体长时间未清洗，过脏	根据仪器维护要求清洗采样锥和样品锥
双电荷产率过高	溶液受污染	更换新的调谐溶液
	锥体、O 形圈等部位有漏点	检查或更换锥体、O 形圈
信号漂移严重	进样系统受到污染	根据仪器维护要求清洗或更换采样锥、样品锥、雾化器、样品管、蠕动泵管等
等离子体异常关闭	炬管安装不正确	检查炬管安装是否正常
	雾化室水分过多	检查废液排放是否正常
	废气排放口温度过高	检查排风系统是否正常
等离子体无法正常点火	炬管安装不正确	检查炬管安装是否正常
	氩气纯度不足	检查并更换氩气
	氩气管路有泄漏	逐项检查进气系统是否有泄漏
	雾化室水分过多	检查废液排放是否正常
	炬管安装不正确或损坏	检查炬管是否正常
等离子体点火后真空异常关闭	质谱接口可能有问题	检查采样锥和样品锥，可能的话更换
	炬管安装不正确	检查炬管安装是否正常
运行过程中真空度降低	锥口堵塞	检查并清洗锥体

续表

问题	可能的原因	处理措施
信号整体或部分丢失	调谐参数设置不正确	检查并优化仪器参数
	雾化器有问题	检查并清洗雾化器
	样品未进入雾化器	检查蠕动泵管路安装是否正确等
	锥口堵塞	检查并清洗锥体
	离子透镜电压问题	检查离子透镜电压设置是否正常
	质谱分辨率问题	检查并优化质量分辨率及峰宽、峰高
	检测器问题	检查检测器电压是否正常

表 8.17　GFAAS 常见问题及处理措施

问题	可能的原因	处理措施
石墨炉不加热	冷却水流速过低	调整冷却水流速，检查水路是否有堵塞
	气体流速过低	检查气体流速和气瓶压力
	石墨管与电极接触不好	检查并更换可能损坏的石墨管，清洗石墨管与电极的接触部位
灯能量过低	空心阴极灯有问题	更换空心阴极灯
石墨管快速损坏	炉室内存在氧气	检查炉室口的闭合状况
没有信号	自动进样器有问题	检查自动进样器的进样状况
	空心阴极灯有问题	更换空心阴极灯
	石墨管损坏	更换石墨管
	灰化温度过高	降低灰化温度
	原子化温度过低	提高原子化温度
记忆效应	石墨炉电极受污染	更换电极
信号值低或精密度差	自动进样器有问题	检查自动进样器的进样状况
	空心阴极灯有问题	更换空心阴极灯
	石墨管损坏	更换石墨管
	灰化温度过高	降低灰化温度
	原子化温度过低	提高原子化温度
	干燥温度过高	降低干燥温度
	原子化过程有气流	检查并保证原子化过程氩气关闭

思考题

1. 海洋中痕量重金属的垂向分布类型主要有哪些?

2. 海水中痕量重金属的样品前处理主要有哪几种方式?

3. 在海水痕量重金属的样品采集过程中，为避免样品采集过程中的沾污问题，有哪些需要注意的事项?

参考文献

陈敏. 2009. 化学海洋学[M]. 北京：海洋出版社.

陈国珍. 1990. 海水痕量元素分析[M]. 北京：海洋出版社.

薛亮，万爱玉，樊玉清，等. 2008. 海洋环境中的金属赋存形态及生物可利用性研究现状[J]. 海洋科学，(1)：88-93.

张正斌. 2004. 海洋化学[M]. 青岛：山东教育出版社.

Ackley K L, B'Hymer C, Sutton K L, et al. 1999. Speciation of arsenic in fish tissue usingmicrowave-assisted extraction followed by HPLC-ICP-MS[J]. Journal of AnalyticalAtomic Spectrometry, 14(5)：845-850.

Bell J, Betts J, Boyle E. 2002. MITESS：a moored in situ trace element serial sampler for deep-sea moorings[J]. Deep Sea Research Part I Oceanographic Research Papers, 49(11)：2103-2118.

Bewers J M, Dalziel J, Yeats P A, et al. 1981. An intercalibration for trace metals in seawater[J]. Marine Chemistry, 10(3)：173-193.

Biller D V, Bruland K W. 2012. Analysis of Mn, Fe, Co, Ni, Cu, Zn, Cd, and Pb in seawater using the Nobias-chelate PA1 resin and magnetic sector inductively coupled plasma mass spectrometry (ICP-MS)[J]. Marine Chemistry, s 130-131(1)：12-20.

Bloom N. 1989. Determination of Picogram Levels of Methylmercury by Aqueous Phase Ethylation, Followed by Cryogenic Gas Chromatography with Cold Vapour Atomic Fluorescence Detection[J].

Canadian Journal of Fisheries & Aquatic Sciences, 46(7): 1131-1140.

Boyle Amp E, Edmond J M. 1975. Copper in surface waters south of New Zealand[J]. Nature, 253 (5487): 107-109.

Chiou C S, Jiang S J, Danadurai K S K, et al. 2001. Determination of mercury compounds in fish by microwave-assisted extraction and liquid chromatography-vapor generation-inductively coupled plasma mass spectrometry [J]. Spectrochimica Acta Part B Atomic Spectroscopy, 56 (7): 1133-1142.

D'Amato M, Aureli F, Ciardullo S, et al. 2011. Arsenic speciation in wheat and wheat products using ultrasound- and microwave-assisted extraction and anion exchange chromatography-inductively coupled plasma mass spectrometry [J]. Journal of Analytical Atomic Spectrometry, 26 (1): 207-213.

Danielsson L, Magnusson B, Westerlund S. 1978. An improved metal extraction procedure for the determination of trace metals in sea water by atomic absorption spectrometry with electrothermal atomization[J]. Analytica Chimica Acta, 98(1): 47-57.

Demesmay C, Ollé M. 1997. Application of microwave digestion to the preparation of sediment samples for arsenic speciation[J]. Fresenius' journal of analytical chemistry, 357(8): 1116-1121.

Golimowski J, Golimowska K. 1996. UV-photooxidation as pretreatment step in inorganic analysis of environmental samples[J]. Analytica Chimica Acta, 325(3): 111-133.

Grasshoff K, Kremling K, Ehrhardt M. 1999. Methods of seawater analysis[M]. New York: John Wiley& Sons.

Grotti M, Soggia F, Ardini F, et al. 2009. Determination of sub-nanomolar levels of iron in sea-water using reaction cell inductively coupled plasma mass spectrometry after $Mg(OH)_2$ coprecipitation[J]. Journal of Analytical Atomic Spectrometry, 24(4): 522-527.

Iyengar G V, Subramanian K S, Woittiez J R. 1997. Element Analysis of Biological Samples: Principles and Practices[M]. CRC Press.

Jan T K, Young D R, Chem. A. 1978. Determination of microgram amounts of some transition metals in sea water by methyl isobuthyl ketone-nitric acid successive extraction and flameless atomic absorption spectrophotometry[J]. Analytical Chemistry, 50(9): 1250-1253.

Keith L H. 1996. Principles of environmental sampling[M]. Washington, DC: American Chemical Society.

Klinkhammer G P, Chem. A. 1980. Determination of manganese in sea water by flameless atomic absorption spectrometry after preconcentration with 8-hydroxyquinoline in chloroform[J]. Analytical Chemistry, 52(1): 117-120.

Lamble K J, Hill S J. 1998. Microwave digestion procedures for environmental matrices. Critical Review[J]. Analyst, 123(7): 103R-133R.

Li L, Liu J, Wang X, et al. 2015. Dissolved trace metal distributions and Cu speciation in the southern Bohai Sea, China[J]. Marine Chemistry, 172: 34-45.

Lohan M C, Aguilar-Islas A M, Bruland K W. 2006. Direct determination of iron in acidified (pH 1.7) seawater samples by flow injection analysis with catalytic spectrophotometric detection: Application and intercomparison[J]. Limnology & Oceanography Methods, 4(6): 164-171.

Mason R P. 2013. Trace metals in aquatic systems[M]. John Wiley & Sons.

Mcleod C W, Otsuki A, Okamoto K, et al. 1981. Simultaneous determination of trace metals in sea water using dithiocarbamate pre-concentration and inductively coupled plasma emission spectrometry [J]. Analyst, 106(1261): 419.

Mester Z, Sturgeon R E. 2003. Sample preparation for trace element analysis[M]. Elsevier.

Olafsson J. 1978. Report on the ices international intercalibration of mercury in seawater[J]. Marine Chemistry, 6(1): 87-95.

Qi L, Zhou M F, Malpas J, et al. 2005. Determination of rare earth elements and Y in ultramafic rocks by ICP-MS after preconcentration using $Fe(OH)_3$ and $Mg(OH)_2$ coprecipitation[J]. Geostandards & Geoanalytical Research, 29(1): 131-141.

Ármannsson H. 1979. Dithlzone extraction and flame atomic absorption spectrometry for the determination of cadmium, zinc, lead, copper, nickel, cobalt and silver in sea water and biological tissues[J]. Analytica Chimica Acta, 110(110): 21-28.

Río-Segade S, Bendicho C. 1999. Ultrasound-assisted extraction for mercury speciation by the flow injection- cold vapor technique[J]. Journal of Analytical Atomic Spectrometry, 14(2): 263-268.

Santos C M M, Nunes M A G, Barbosa I S, et al. 2013. Evaluation of microwave and ultrasound extraction procedures for arsenic speciation in bivalve mollusks by liquid chromatography-inductively coupled plasma-mass spectrometry[J]. Spectrochimica Acta Part B Atomic Spectroscopy, 86(2): 108-114.

Smith F E, Arsenault E A. 1996. Microwave-assisted sample preparation in analytical chemistry. [J]. Talanta, 43(8): 1207-1268.

Smith R G, Windom H L. 1980. A solvent extraction technique for determining nanogram per liter concentrations of cadmium, copper, nickel and zinc in sea water[J]. Analytica Chimica Acta, 113 (1): 39-46.

Vazquez M J, Carro A M, Lorenzo R A, et al. 1997. Optimization of Methylmercury Microwave-Assisted Extraction from Aquatic Sediments[J]. Analytical Chemistry, 69(2): 221-225.

Wong C S, Johnson W K, Stukas V, et al. 1983. An Intercomparison of Sampling Devices and Analytical Techniques Using Sea Water from a CEPEX Enclosure[M]. Springer US.

Wood S A, Vlassopoulos D, Mucci A. 1990. Effects of concentrated matrices on the determination of trace levels of platinum and gold in aqueous samples using solvent extraction-Zeeman effect graphite furnace atomic absorption spectrometry and inductively coupled plasma-mass spectrometry[J]. Analytica Chimica Acta, 229(00): 227-238.

Wu J, Boyle E A. 1998. Determination of iron in seawater by high-resolution isotope dilution inductivelycoupled plasma mass spectrometry after $Mg(OH)_2$ coprecipitation[J]. Analytica Chimica Acta, 367(1): 183-191.

Wu J. 2007. Determination of picomolar iron in seawater by double $Mg(OH)_2$ precipitation isotope dilution high-resolution ICPMS[J]. Marine Chemistry, 103(3): 370-381.

Yabutani T, Mouri F, Itoh A, et al. 2001. Multielement monitoring for dissolved and acid-soluble concentrationsof trace metals in surface seawater along the ferry track between Osaka and Okinawa as investigated by ICP-MS. [J]. Analytical Sciences, 17(3): 399-405.

Zhang R, Zhang J, Ren J, et al. 2015. X-Vane: A sampling assembly combining a Niskin-X bottle and titanium frame vane for trace metal analysis of sea water[J]. Marine Chemistry, 177: 653-661.

第 9 章　石油污染监测

海洋石油污染监测是海洋环境质量评价和海洋管理工作的重要组成部分。近年来，随着石油开采和海上运输的发展，海上溢油事故不断增加，加之工业废水和城市生活污水的排海，造成局部海域环境质量恶化。本章主要给出了石油污染的一些相关背景和基础内容，主要包括其来源、基本性质与化学组成和测定方法，并对海洋沉积物中正构烷烃的测定方法作了介绍。

9.1　石油污染来源

海洋环境中的石油烃有天然来源和人为活动产生的两类。前者包括天然渗漏和沉积岩的侵蚀输入；后者来源于石油生产、海洋运输、大气输运、城市污水排放、工业污水排放、都市(地表)径流携带、河流携带和大洋倾倒。

海洋溢油是造成海洋环境中石油类含量急剧升高的灾害事故。溢油即指海滩覆盖的和海水中溢漏或漂浮的原油及其炼制品。海洋环境中的溢油来源是多方面的，主要有：海域采油、海上运油、陆源漏油和战争破坏油设施。

国际上根据溢油规模和所需的资源进行分级，通常分为三级。一级是指能够通过使用该地区溢油应急反应资源加以处理和控制的较小的溢油事故；二级是指需要地区内其他溢油应急反应资源协助处理和控制的较大型的溢油事故；三级是指需要国内甚至国际溢油应急反应力量协助处理和控制的大型或灾难性的溢油事故。我国溢油级别按照溢油量进行定位分级，其具体定位是：溢油量 10 t 以下的为小型溢油，溢油量 10～100 t 的为中型溢油，溢油量 100 t 以上的为大型溢油(图 9.1。ITOPF，2017)。

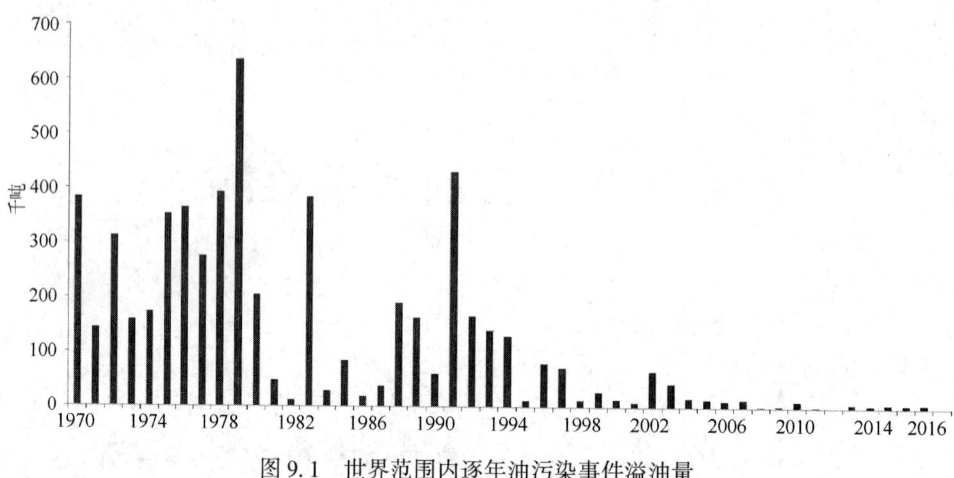

图 9.1 世界范围内逐年油污染事件溢油量

9.2 石油的基本性质与化学组成

石油是最重要的能源之一，也是有机合成工业的基本原料之一。石油又称原油，是从地下深处开采的可燃黏稠液体，通常为棕褐色或暗绿色，在常温下，大多呈流体或半流体状态。目前就石油的成因有两种说法：无机成因即石油是在基性岩浆中形成的；有机成因即各种有机物如动物和植物，特别是低等的动植物像藻类、细菌、蚌壳、鱼类等死后埋藏在不断下沉缺氧的海湾、潟湖、三角洲和湖泊等地，经过漫长的物理化学作用，最后逐渐形成石油。

石油的性质因产地而异，密度多为 0.8~1.0 g/cm^3，个别轻质石油低于 0.7 g/cm^3，黏度范围很宽，凝固点差别大(-60℃~30℃)。沸点范围为常温到 500℃以上，可溶于多种有机溶剂，不易溶于水，但可与水形成乳状液。组成石油的化学元素主要是碳(83%~87%)和氢(11%~14%)，其余为硫(0.06%~0.8%)、氮(0.02%~1.7%)、氧(0.08%~1.82%)及微量金属元素(镍、钒和铁等)。

石油的组成非常复杂，这主要取决于原油产地碳的来源以及地质环境。石油的化学组成非常复杂，它是由碳氢化合物和非碳氢化合物组成的复杂混合物。迄今为止，科学家们已经从石油中成功地鉴定出上千种化合物。所有的石油都是由脂肪烃、芳香烃和非烃类化合物组成，这三大类化合物所占的比例及各类化合物中组分分布在不同石油中差异很大。石油中的烃类按其结构不同，大致可分为烷烃、环烷烃和芳香烃等几类，不同烃类对各种石油产品性质的影响各不相同。非烃类化合物包括极性化合物、胶质和沥青质，极性化合物主要有含硫化合物、含氧化物和含氮化合物等。

9.2.1 脂肪烃

正构烷烃(直链饱和烃)通式是 C_nH_{2n+2}，它是原油饱和烃中的主要组成部分，易于被气相色谱(GC)检测，在色谱图上显示出一系列近于等间距分布的峰。正构烷烃广泛分布于菌、藻类以及高等植物等生物体中，自20世纪60年代以来就被作为生物标志化合物进行研究，而且也可能是生物标志化合物中研究得最广泛的一类。不同生源产出原油中正构烷烃的分布特征不同，因此是原油鉴别的重要指标。由于正构烷烃优先被细菌降解，所以在GC检测时，当确证原油经过生物降解，而且仅有极微量的正构烷烃叠加在一个不能分辨的复杂混和物鼓包UCM时，采用气相色谱/质谱(GC/MS)检测其分布非常有效。原油中从 n-C_5 到 n-C_{40} 范围的正构烷烃经常是最丰富的组分，较高碳数的正构烷烃($>n$-C_{18})通常指的是石蜡。高温时原油中的蜡会在溶液中出现，低温时会析出。

支链烷烃指的是含有支链的烷烃，也是原油的重要组成部分。几种比较重要的异构烷烃有：法呢烷(2，6，10-三甲基-十二烷)、2，6，10-三甲基-十五烷、姥鲛烷(2，6，10，14-四甲基-十五烷)和植烷(2，6，10，14-四甲基-十六烷)。这些烷烃类也称类异戊二烯化合物。

脂环烃包括含有一个或多个饱和环的环烷烃，环烷烃具有良好的化学稳定性，与烷烃近似，但不如芳香烃稳定。特点是密度较大，自燃点较高。它的燃烧性较好，凝点低、润滑性好，故也是汽油、润滑油的良好组分。石油中最丰富的环烷烃是单环的环戊烷和环己烷及其烷基化的同系物。

甾、萜类化合物是一些复杂的高沸点的脂环烃，一般是4环或5环结构，抗风化能力较强。它和类异戊二烯化合物在溢油鉴别中被作为非常重要的生物标志化合物鉴别指标。所谓生物标志化合物是指沉积有机质或矿物燃料(如原油和煤)中那些来源于活的生物体，在有机的演化过程中具有一定的稳定性，基本保持原始组分的碳架特征，没有或较少发生变化，记录了原始生物母质的特殊分子结构信息的有机化合物，具有特殊的标志意义，其意义有以下三个方面：①指示有机质的生物来源；②指示沉积环境意义；③反映有机质成熟演化特征。由于生物标志化合物具有明显的生物起源并具有相当稳定的化学性质，它们也被称为化学化石，因此生物标志化合物无论是作为溢油鉴别的重要指纹信息，还是其本身所反映的原始地球化学信息，都具有非常重要的研究价值。甾类化合物是由生物体中复杂的甾醇混合物在沉积圈中经历一系列的成岩改造过程，经过甾烯而转化为甾烷或芳香甾类化合物的，而萜类化合物是广泛分布于植物、昆虫及微生物等生物体中一大类有机化合物。

9.2.2 芳香烃

芳香烃是一种碳原子为环状联结结构，单双键交替的不饱和烃。它最初是由天然树脂、树胶或香精油中提炼出来的，具有芳香气味，所以把这类化合物叫做芳香烃。芳香烃都具有苯环结构，既有低分子量的单环芳香烃如苯、甲苯、乙苯、2-甲苯等苯系物和含碳原子数量不等的烷基化苯同系物，也有多苯环的芳香烃。芳香烃化学稳定性良好，与烷烃、环烷烃相比，其密度大，自燃点高，辛烷值高，故其为汽油的良好组分。芳香烃包含着丰富的地质和地化信息，因此应用芳香烃作为溢油鉴别的指纹信息也是重要的溢油鉴别方法，目前较常用的多环芳烃鉴别指标为2~6 环的多环芳烃及其取代物，如萘、菲、芴。芳香的生物标志化合物，如有甾和萜结构的芳香烃。此外考虑到油品毒性评估，也考虑一些优先控制的多环芳烃，如苯并芘和苯并荧蒽等。

9.2.3 杂环有机化合物

除碳氢化合物外，原油还包含少量氧、氮和硫的一些其他有机化合物，此外还有一些含有痕量金属(如镍和钒)的化合物，如金属卟啉。

树脂：树脂相对烃类化合物极性较强，具有较好的表面活性。分子量范围一般为700~1 000。树脂化合物包括杂环烃(例如含氮、氧和硫的多环芳烃)，苯酚、酸、醇和单芳甾化合物。含硫化合物是石油中最重要的杂原子组分，以元素硫、硫化氢、硫醇、噻吩(噻吩及其烷基化同系物)、苯并噻吩和二苯并噻吩(苯并噻吩、二苯并噻吩及其烷基化同系物)和萘苯并噻吩等不同形式存在。在大多数原油中，硫的含量为0.1%~3%，某些重质原油和沥青中硫的含量可达5%~6%。原油中含氮化合物多数存在于沥青中，中性的吡咯和咔唑结构比基本的嘧啶和卟啉形式占优势。含氮化合物具有较好的表面活性，它的浓度对于原油在金属/油界面和土地/油界面的物理化学行为有很大影响。氧与烃类反应形成各种含氧化合物，如呋喃、酚和酸，与多环芳烃相比，原油中这些氮、氧化合物的浓度非常低，一般为0.1%~3%。

沥青质：沥青质是一类分子非常大的化合物，不溶于石油烃，但可以像胶体一样分散。沥青分子一般含有6~20个或更多个芳香烃环和侧链结构，由于其沸点太高，不适合做气相色谱分析，因此一般不用做鉴别指标。沥青是一类极为复杂的聚合多环大分子化合物。将石油溶于过量的正戊烷或正己烷中，沥青将自行沉淀析出。如果原油中沥青质含量丰富，对石油环境行为将有重要影响。

卟啉：卟啉是卟吩的复杂衍生物，卟啉化合物是叶绿素(植物和某些细菌促进光合作用的色素)降解的产物。原油中大部分卟啉是与金属螯合的，其中最多的是钒，其次是镍，油中也可能存在卟啉与铁和铜螯合的情况。卟啉常被归为一类独一无二的生物标志化合物，因为它们被发现为是连接岩石圈和相应生物前躯物间的重要化合物。

原油和沥青中含有少量的螯合钒和镍的卟啉。一般而言，成熟、轻质原油含这些化合物较少，而重质原油可能含有较多螯合钒和镍的卟啉。

表9.1列出了石油及部分炼油制品的一些典型化学组成(孙培艳 等，2007)。

表9.1 普通原油和成品油典型组分构成 (%)

组分	化合物类型	汽油	柴油	轻原油	重原油	中质燃料油(IFO)	重质燃料油(Bunker C)
饱和烃组分		50~60	65~95	55~90	25~80	25~45	20~40
	正构烷烃	45~55	35~45	—	—	—	—
	环烷烃	0~5	35~50	—	—	—	—
	蜡		0~1	0~20	0~10	2~10	5~15
烯烃组分		5~10	0~10	—	—	—	—
芳香烃组分		25~40	5~25	10~35	15~40	40~60	30~50
	苯系物	15~35	0.5~2	0.1~2.5	0.01~2	0.05~1	0~1
	PAHs(多环芳烃)	—	0.5~5	0.5~3	1~4	1~5	1~5
极性化合物		—	0~2	1~15	5~40	15~25	10~30
	树脂		0~2	0~10	2~25	10~15	10~20
	沥青质			0~10	0~20	5~10	5~20
硫		<0.05	0.05~0.5	0~2	0~5	0.5~2	2~4
金属($\times10^{-6}$)		—	—	30~250	100~500	100~1 000	100~2 000

9.3 海水样品的采集和贮运

9.3.1 海水表层样品的采集及现场处理

9.3.1.1 采水器

我国海洋监测中经常使用GHH-1 型和 QCC-1 型采水器。前者为联合国教科文组织的全球海洋站系统海洋污染(石油)监测实施方案推荐的采水器。此装置由一个瓶架和一个 1 L 的棕色玻璃瓶组成。瓶架由一条 1 m 的尼龙绳附在浮标上，另一条是有适当长度接在浮标上的回收绳，瓶下的底架有一铅块，取样后用回收绳将样品瓶提出。在 1988 年 5 月渤海例行监测中，在每个站位上用两种采水器采集双样分析，测定结果(表 9.2)表明，两种采水器所采集海水的含油量无显著性差异，即两种采水器所采集水样的测定结果一致(赵冬至 等，2006)。

表 9.2 两种采水器采集的水样中油浓度 单位：mg/L

站位号	1	2	3	4	5	6
GHH-1	0.010	0.008	0.020	0.005	0.015	0.010
QCC-1	0.010	0.008	0.030	0.010	0.015	0.008

9.3.1.2 船上采样位置的比较

船头部位采样可视为无船体沾污影响。表 9.3 列出了逆风、逆流情况下用 GHH-1 型采水器在船头及船舷部位采集水样的分析数据(赵冬至 等，2006)。由表可知，在船舷位置较船头位置采集水样的分析结果偏高，说明船体对海水样品有一定的沾污，样品应在逆流、逆风的船头部位采集。

表 9.3 船上采样位置采水测油量数值比较 单位：mg/L

站位号	1	2	3	4	5	6	7	8	9	平均值
船头	0.033	0.009	0.010	0.014	0.019	0.024	0.014	0.031	0.010	0.018
船舷	0.071	0.038	0.106	0.134	0.024	0.427	0.086	0.084	0.013	0.110

9.3.1.3 船上采样的现场处理

海水样品的采集，必须保证必要的洁净，避免人为沾污、船上缆绳油污和分析器具上的油污等。实验人员绝对不能擦抹香脂和手油等化妆用品。

1) 采样器的清洗

采样器的钢架、尼龙绳和浮子等部件，应使用自来水清洗、晒干并避免油类污染。采样瓶应为玻璃材质，未使用过的新瓶，应预先在1+3或1+1的硝酸水溶液中浸泡数小时，再用相应的溶剂(环己烷或石油醚)洗净。采样瓶盖的材质应为玻璃或聚四氟乙烯，不可使用塑料。

用过的采水瓶，用1+3硝酸溶液清洗或浸泡后，依次用自来水、蒸馏水冲洗干净。烘干后，盖好瓶盖，妥善保存在采样箱中。下次采样前，将采样瓶用环己烷或石油醚冲洗后，方可使用。

2) 采样

将采样器抛下，当采样瓶沉入水深1 m处，注满水样(GHH-1型)；或落至1 m深处后，打开瓶盖，立即注满海水(QCC-1型)。收回后，立即于船上实验室进行样品前处理。

3) 现场处理

样品的现场处理方法有两种：① 若在7 d内进行样品测定，加 H_2SO_4(1+3)或盐酸(1+3)，使水样酸化至pH=2以下，盖好瓶塞，于暗处低温保存；② 现场进行萃取，将采集的水样置于两个500 mL分液漏斗中，各取500 mL水样做原始平行样，用硫酸(1+3)酸化水样至pH=2以下，准确加入2×10 mL石油醚或环己烷，摇动分液漏斗萃取2 min，静置分层后，收集上层溶剂，合并两次萃取液，存放于冰箱中。

9.3.1.4 现场实验室的要求

船上实验室是进行样品现场处理的场所。为保证采样质量，应该完成如下程序：室内经过彻底清扫和擦洗；防止船上油污通过各种途径带入实验室；实验室内布局合理，采水器、冰箱、蒸馏水和萃取用实验架应合理摆放；各种仪器应安全固定，使用方便，防止航行中造成损坏。

9.3.2 海水样品的贮存

样品的贮存是指样品从采集至实验室分析期间对样品所采取的管理措施。样品采集与分析间隔越短，则分析结果越可靠。从样品采集到实验室分析间隔多长，取决于样品的特性和贮存条件。

溶解/分散于海水中石油类污染物成分复杂，分子量范围很宽。样品自采集至分析期间，由于微生物活动和化学作用，石油组分发生变化。欲使样品具有代表性，最有效的办法还是力求缩短样品的贮存时间，尽快分析。若不能及时运输样品，及时分析，应采取可靠的贮存方式。用于石油类污染物分析的海水样品的贮存方法，一是物理法——冷藏法，即将样品贮存于低温暗处的方法；二是化学法，即加化学试剂法，例如氯化汞，可阻止生物作用。或酸化法，可抑制细菌的活动。

一般使用冷藏法和酸化法，不推荐加氯化汞的方法。由于氯化汞的加入，往往会干扰测试数据。样品贮存形式可分为两种，其一是将水样酸化后直接贮存；其二是将海水样品经溶剂萃取后，贮存溶剂样品。海水样品的贮存方法列于表9.4(赵冬至 等，2006)。

表 9.4　水样中石油样品的固定与贮存

序号	水样固定与贮存方法
1	用金属或玻璃容器，-20℃下冷冻
2	于二氯甲烷或四氯化碳萃取液中，低温避光保存一周有变化
3	采用四氯化碳有效地抑制细菌活动，玻璃瓶装样贮于暗处
4	聚四氟乙烯盖玻璃样品瓶 ——3 L 海水中加入 60 mL $HgCl_2$ 抑制微生物，冷冻(<5℃) ——二氯甲烷萃取水样后，低温、暗处保存 ——将萃取于二氯甲烷的样品蒸干，环己烷溶解、低温暗处贮存
5	硫酸调节 pH<2，于 4℃下可保存水样 7d(玻璃容器)
6	广口玻璃瓶，80 g 样品中加 1 mL 浓 HCl 酸化
7	广口玻璃瓶，使用前用溶剂洗净，空气中干燥，加硫酸至 pH<2，于 4℃保存
8	玻璃瓶，冷却至 4℃左右，加硫酸使 pH<2，最长保存 28 d
9	——冷藏法，4℃左右，暗处或冰箱保存 ——化学法，每升水加二氯化汞 20~60 mg，加酸至 pH<2，保存 7 d

由于例行监测所采集的石油样品不能立即分析。因此，进行样品稳定性考察，对于客观真实地表征海洋环境中石油烃的监测结果是很有必要的。

实验用20号重柴油作为标准油，分别用氟里昂 F_{113}、石油醚(60~90℃)、二氯甲烷和四氯化碳4种萃取剂，萃取分别于冰箱、实验室避光、恒温30℃及实验室光照条件下贮存15 d的海水样品。其结果列于表9.5至表9.8(赵冬至 等，2006)。

表9.5　氟里昂 F_{113} 萃取海水样品荧光强度在贮存期间的稳定性

时间	冰箱 (6~9℃)	室温避光 (22~28℃)	恒温30℃ (自然光照)	室内光照(日光)
0 d	62.6	64.2	64.2	64.2
1 d	62.5	63.2	65.2	57.8
2 d	61.9	59.3	63.3	45.7
7 d	61.1	57.7	61.7	37.9
15 d	60.4	57.8	62.7	35.2

表9.6　石油醚萃取海水样品荧光强度在贮存期间的稳定性

时间	冰箱 (6~9℃)	室温避光 (22~28℃)	恒温30℃ (自然光照)	室内光照(日光)
0 d	49.2	49.6	49.6	49.6
1 d	48.6	49.4	49.4	49.2
2 d	48.4	48.7	49.5	46.6
3 d	48.8	47.2	48.2	42.9
7 d	49.6	50.9	49.5	41.5
15 d	47.4	50.0	49.5	38.9

表9.7　二氯甲烷萃取海水样品荧光强度在贮存期间的稳定性

时间	冰箱 (6~9℃)	室温避光 (22~28℃)	恒温30℃ (自然光照)	室内光照 (日光)
0 d	74.8	76.8	76.8	49.6
1 d	72.3	76.1	75.1	49.2
2 d	71.2	74.8	70.6	46.6
5 d	65.7	69.6	61.4	42.9
7 d	65.1	69.7	60.2	41.5
12 d	65.8	69.8	59.0	26.2
15 d	57.3	70.4	56.6	22.6

表 9.8 四氯化碳萃取海水样品荧光强度在贮存期间的稳定性

时间	冰箱 (6~9℃)	室温避光 (22~28℃)	恒温 30℃ (自然光照)	室内光照(日光)
0 d	7.5	8.3	8.3	8.3
1 d	7.5	8.1	8.4	—
5 d	7.5	8.1	7.5	8.4
7 d	7.2	8.1	7.5	9.4
9 d	7.1	8.1	7.6	10.5
12 d	7.2(18 d)	7.7	7.9	11.5
15 d	7.8(21 d)	7.7	8.0	14.4

表 9.5 至表 9.8 中所列数据，均用荧光分光光度法测定。激发波长 310 nm，在荧光发射波长 360 nm 测定相对荧光强度的变化。表 9.5、表 9.7 和表 9.8 中数据是比表 9.6 的仪器增益扩大一倍时所测，因为四氯化碳、二氯甲烷和氟里昂均属荧光淬灭剂，其淬灭能力为：四氯化碳高于二氯甲烷高于氟里昂 F_{113}。

由上述 4 个表的数据可知，贮存 15 d 的最佳条件为低温避光。而窗台上的不定时日照对石油组分稳定性影响最大。因此，船上现场萃取的样品，最好用锡纸包裹玻璃管后，贮存在样品箱中。

9.4 海水中石油类的测试方法

海水中石油类含量的测定，《海洋监测规范》中规定了“荧光分光光度法”、“紫外分光光度法”和“重量法”可供选用，鉴于海洋监测中经常使用的是“荧光分光光度法”和“紫外分光光度法”，本节仅对这两种方法进行介绍。

9.4.1 荧光分光光度法

9.4.1.1 方法原理

海水中石油类的芳烃组分，用石油醚萃取后，在荧光分光光度计上，以 310 nm 为激发波长，测定 360 nm 发射波长的荧光强度，其相对荧光强度与石油醚中芳烃的浓度成正比。

9.4.1.2 样品测定

按以下步骤测定样品：

(1)将经 5 mL 硫酸溶液酸化的水样约 500mL 全量转入分液漏斗中，准确加入 10.0mL 脱芳石油醚振荡 2 min(注意放气)，静置分层，将水相放入原水样瓶中，石油醚萃取液收集于 20 mL 带刻度比色管中。用同法再萃取一次，合并两次石油醚萃取液，用脱芳石油醚定容至标线(V_1)。测量水样体积，减去硫酸溶液用量得水样实际体积 V_2。

(2)将石油醚萃取液移入 1 cm 石英测定池中，测定 360 nm 处的荧光强度 I_w。同时取 500 mL 脱油水代替水样测定分析空白荧光强度 I_b，由 I_w-I_b查标准曲线或用线性回归计算得浓度 Q。如果不能及时测定，应将石油醚萃取液密封避光贮存于 0℃左右的冰箱中，有效期 20 d。

9.4.1.3 结果计算

按下式计算：

$$\rho_{oil} = Q\frac{V_1}{V_2} \tag{9.1}$$

式中：

ρ_{oil}——石油类浓度，mg/L；

Q——由标准曲线查得石油醚萃取液的浓度，mg/L；

V_1——萃取剂石油醚的体积，mL；

V_2——实取水样体积，mL。

9.4.1.4 注意事项

本方法执行中应注意如下事项：

(1)除非另作说明，本方法所用试剂均为分析纯，水为去离子水或等效纯水；

(2)水样用 500 mL 小口玻璃瓶直接采集时，须一次装好，不可灌满或溢出，否则应另取水样瓶重新取样。采集的水样用 5 mL 硫酸溶液酸化。分析时需将瓶中水样全部倒入分液漏斗中萃取，萃取后需测量萃取过水样的体积，扣除 5 mL 硫酸溶液体积，即为水样实际体积；

(3)现场取样及实验室处理，应仔细认真，严防沾污；

(4)用过的玻璃容器，应及时用硝酸溶液(1+1)浸泡，洗净，烘干；

(5)判断石油醚的质量要求：经过脱芳处理的石油醚，其荧光强度与最大的瑞利散射峰强度比不大于2%；

(6)采样后4小时内萃取，有效期20 d。

9.4.2 紫外分光光度法

9.4.2.1 方法原理

水体中石油类的芳烃组分，在紫外光区有特征吸收，其吸收强度与芳烃含量成正比。水样经正己烷萃取后，以油标准作参比，进行紫外分光光度测定。

9.4.2.2 样品测定

按以下步骤测定样品：

(1)将经5 mL硫酸溶液酸化的水样约500 mL全量转入800 mL锥形分液漏斗中，加10.0 mL正己烷于分液漏斗中，振荡2 min注意放气，静置分层。将下层水样放入原水样瓶中。用滤纸卷吸干锥形分液漏斗管颈内水分，将正己烷萃取液放入20 mL带刻度比色管中。

(2)振荡水样瓶，将萃取过的水样倒回原分液漏斗，加10.0 mL正己烷重复萃取一次。将下层水样放入1 000 mL量筒中，测量萃取后水样体积。萃取液合并于上述带刻度比色管中，用正己烷定容至标线。测量水样体积，减去硫酸溶液用量得水样实际体积V_2。

(3)按油标准曲线步骤测定吸光值A_w。同时取500 mL蒸馏水测定分析空白吸光值A_b。

9.4.2.3 结果计算

以A_w-A_b查标准曲线得油浓度Q，或用线性回归方程计算油的浓度Q。按下式计算水样中油浓度：

$$\rho_{oil} = Q\frac{V_1}{V_2} \tag{9.2}$$

式中：

ρ_{oiL}——水样中油浓度，mg/L；

Q——正己烷萃取液中油浓度，mg/L；

V_1——正己烷萃取液体积，mL；

V_2——水样体积，mL。

9.4.2.4 注意事项

本方法执行中应注意如下事项。

(1)除非另作说明，本方法所用试剂均为分析纯，水为自来水加高锰酸钾蒸馏或等效纯水；

(2)水样用500 mL小口玻璃瓶直接采集时，须一次装好，不可灌满或溢出，否则应另取水样瓶重新取样。采集的水样用5 mL硫酸溶液酸化。分析时需将瓶中水样全部倒入分液漏斗中萃取，萃取后需测量萃取过水样的体积，扣除5 mL硫酸溶液体积，即为水样实际体积；

(3)测定池易受沾污，注意保持洁净，使用前须校正测定池的误差；

(4)用过的层析活性炭经活化，可重复使用；

(5)用过的正己烷经脱芳处理，可重复使用；

(6)塑料、橡胶材料对测定有干扰，应避免使用由其制成的器件；

(7)采样后4h内萃取，萃取液避光贮存于5℃冰箱内，有效期20 d。

9.5 沉积物中石油类的测试方法

溶入海水中的一些石油烃，有的被生物直接富集、吸收和利用，有的吸附在悬浮颗粒表面，在海流搬运作用下，粗颗粒沉降在近岸海域，细颗粒则沉降在较远海域，致使沉积物中油类的含量，随沉积物粒径不同而呈现出不同的分布特征。沉降到表层沉积物中的石油烃，多为石油烃风化的残留物，少为未风化的石油烃。悬浮颗粒对海水中石油烃的吸附，使得海水中石油烃逐渐减少，沉积物中石油烃逐渐增多，导致沉积物像“仓库”一样，容纳、富集了大量的污染物。沉积物受海水流动影响较小，具有海区站位的代表性，能更真实地表征海区环境质量，所以海洋监测的重点由海水转向沉积物更具有实际意义。

9.5.1 荧光分光光度法

9.5.1.1 方法原理

沉积物风干样中的石油类经石油醚萃取，用激发波长310 nm照射，于360 nm波长处测定荧光强度，其荧光强度与石油醚中芳烃的浓度成正比。

9.5.1.2 样品测定

称取0.3000 g~2.0000 g风干的沉积物样品，于20 mL具塞比色管中，加脱芳石油醚至标线，塞紧管塞，强烈振荡2 min，于室温下放置1 h后，再强烈振荡2 min，静置浸泡5 h，其间不时摇动，制成样品浸取液。移取上清液于1 cm石英测定池中，按选定的仪器测定参数，测定样品的荧光强度(I_s)及分析空白荧光强度(I_b)。以(I_s-I_b)的值从标准曲线上查出相应的油的浓度(μg/mL)。

9.5.1.3 结果计算

按下式计算沉积物干样中石油类的含量。

$$W_{oil} = \frac{\rho \cdot V}{M(1 - W_{H_2O})} \tag{9.3}$$

式中：

W_{oil}——沉积物干样中油类的含量，10^{-6}；

ρ——从标准曲线上查得的油的浓度，μg/mL；

V——样品浸取液的体积，mL；

M——样品的称取量，g；

W_{H_2O}——风干样的含水率,%。

9.5.1.4 注意事项

本方法执行中应注意如下事项：

(1)除非另作说明，本方法所用试剂为分析纯，水为蒸馏水或等效纯水；

(2)整个操作程序应严防沾污；

(3)玻璃容器用过后用硝酸溶液(1+1)浸泡、洗涤、烘干；

(4)判断石油醚的质量标准：经过脱芳处理的石油醚，荧光强度与最大的瑞利散射峰强度比，不大于2%。

9.5.2 紫外分光光度法

9.5.2.1 方法原理

沉积物用正己烷萃取后，以标准油作参比，沉积物中的芳烃组分，在紫外光区有特征吸收，其吸收强度与芳烃含量成正比，进行紫外分光光度测定。

9.5.2.2 样品测定

样品的测定按以下步骤进行：

(1)称取 2.000 g 风干的沉积物样品，于 50 mL 具塞比色管中，加 15.0 mL 正己烷，加盖振荡 2 min，待分层后，用玻璃注射器吸出正己烷萃取液，注入盛有 20 mL 硫酸钠溶液的 60 mL 锥形分液漏斗中，用 10.0 mL 正己烷重复萃取一次，静置分层，将萃取液吸出并入分液漏斗中；

(2)于原比色管中加入 10 mL 硫酸钠溶液，将析出的正己烷吸出合并于上述分液漏斗中。振荡分液漏斗 2 min，静置分层后，弃去水相(下层)。再用 20 mL 硫酸钠溶液重复洗涤 2 次，弃去水相，用滤纸卷吸干锥形分液漏斗下端管颈内的水分，将萃取液放入 25 mL 具塞比色管中；

(3)测定萃取的吸光值(A_s)。同时测定分析空白吸光值(A_b)。

9.5.2.3　萃取效率系数的测定

分别称取 2.000 g 已风干未受油沾污的沉积物样品于 9 支 50 mL 具塞比色管中，其中 6 支各加入 1.00 mL 油标准使用溶液后进行萃取，测定吸光值，从标准曲线上查出相应的油的浓度及计算出回收量并按下式计算萃取效率系数。

$$K = (\overline{m_1} - \overline{m_2})/m_0 \tag{9.4}$$

式中：

K——萃取效率系数；

$\overline{m_1}$——沉积物本底加油标准的回收量平均值，μg；

$\overline{m_2}$——沉积物本底分析空白的平均值，μg；

m_0——油标准的加入量，μg。

9.5.2.4　结果计算

按下式计算沉积物干样中油的含量：

$$W_{oil} = \frac{p \cdot V}{K \cdot M(1 - W_{H_2O})} \tag{9.5}$$

式中：

W_{oil}——沉积物干样中油类的含量，10^{-6}；

ρ——从标准曲线上查出油的浓度，μg/mL；

V——正己烷萃取液体积，mL；

K——萃取效率系数；

M——样品的称取量，g；

W_{H_2O}——风干样的含水率，%。

9.5.2.5　注意事项

本方法执行中应注意如下事项：

(1)除非另作说明，本方法所用试剂均为分析纯；

(2)所用玻璃器皿用去污粉和重铬酸钾洗液洗净，依次用自来水、蒸馏水淋洗，在150℃烘箱中烘干。量瓶、吸管自然晾干，使用前用脱芳正已烷洗涤2次；

(3)测定池易被沾污，应注意保持洁净，使用前应校正测定池的误差；

(4)用过的活性炭和正已烷经处理后可重复使用；

(5)塑料、橡胶材料对测定有干扰，应避免接触；

(6)若用本法测定沉积物中石油的含量，则在称样后加20 mL氢氧化钾-乙醇溶液，混匀后加盖，在室温下皂化15 h，最初2 h内，每隔0.5 h振摆试管一次，后再用正已烷萃取测定。萃取效率系数的测定中也相应地增加此皂化步骤。此时，2 mol/L氢氧化钾-乙醇溶液的用量为1.00 mL。95%乙醇的试剂空白吸光值大于0.01时，应该用蒸馏法提纯。

9.6　海洋生物体内石油烃的测试方法

浮游生物对污染物的毒性作用十分敏感，一直是生物监测关注的指示生物，但由于个体太小，难以分出足够量的纯种样品。浮游植物对污染物的累积能力决定于浮游植物群落的种类组成。因此，一般利用浮游生物群落结构的变化来监测污染。大型底栖海藻一般用来监测重金属污染物，对有机污染物监测受到一定的限制。将鱼类的监测结果代表采样海区的污染状况，显然不合理。底栖动物是目前公认的有机污染指示生物，特别是双壳类软体动物，如贻贝、牡蛎等。荧光光度法可灵敏快速地测定生物体内荧光性较强的芳烃组分。海洋生源烃类中，芳烃较少，多环芳烃更少。因此，荧光法测定生物体内的石油烃，可代表生物体内累积的石油烃状况。

9.6.1　方法原理

生物样品经氢氧化钠皂化，用二氯甲烷萃取。将萃取液中的二氯甲烷蒸发后，残留物用石油醚溶解，于激发波长310 nm，发射波长360 nm处进行荧光分光光度测定。

9.6.2 分析步骤

9.6.2.1 绘制工作曲线

按以下步骤绘制标准曲线：

(1)分别量取0 mL、0.10 mL、0.30 mL、0.50 mL、0.70 mL、0.90 mL油标准使用溶液于100 mL皂化瓶中，加入20 mL 2mol/L氢氧化钠溶液，在室温下避光皂化8~12 h，加入20 mL无水乙醇溶液，充分摇匀，4 h后进行下一步操作；

(2)将皂化液转入500 mL分液漏斗中，用10 mL二氯甲烷洗涤皂化瓶，洗涤液转入分液漏斗中，加30 mL 2 mol/L氯化钠溶液和100 mL水，振荡3 min(注意放气)，静置分层(若分层不好，应延长静置时间)；

(3)将有机相收集于旋转蒸发瓶中。用10 mL二氯甲烷再萃取一次，将有机相合并收集于旋转蒸发瓶中；

(4)将旋转蒸发瓶与旋转蒸发器连接，在50℃水浴中将二氯甲烷萃取液蒸发至0.5 mL，取下旋转蒸发瓶，用氮气将残留二氯甲烷萃取液吹干，准确加入10.0 mL脱芳石油醚溶解残留物；

(5)将石油醚溶液移入1 cm石英池内，按选定的仪器参数测定荧光强度(I_i)及分析空白荧光强度(I_b)；

(6)以荧光强度之差(I_i-I_b)为纵坐标，相应的石油烃的含量(μg/mL)为横坐标，绘制工作曲线或计算回归曲线。

9.6.2.2 样品皂化

准确称取2.000 g~5.000 g生物样于100 mL皂化瓶中，加入20 mL 2 mol/L氢氧化钠溶液，在室温下避光皂化8~12h，期间每隔1h摇动皂化瓶数次，加入20 mL无水乙醇，充分摇匀，4h后进行萃取，制得样品皂化液。同时，制备分析空白样品。

9.6.2.3 样品测定

按绘制工作曲线步骤，测定样品制备液的荧光强度(I_s)和分析空白样品的荧光强度(I_b)。以(I_s-I_b)值从工作曲线上查出相应的石油烃的量。

9.6.3 结果计算

按下式计算生物样品中石油烃含量。

$$W_{oil} = (m \cdot v)/(F \cdot M) \tag{9.6}$$

式中：

W_{oil}——生物体样品中石油烃的含量，10^{-6}；

m——从工作曲线上查得的石油烃的含量，μg/mL；

v——萃取剂的体积，mL；

F——样品的干/湿比；

M——样品的称取量，g。

9.6.4 注意事项

本方法执行中应注意如下事项：

(1)除非另作说明，本方法所用试剂为分析纯，水为去离子水或等效纯水；

(2)皂化萃取过程中，试剂加入的顺序，加入纯水的质量和数量对萃取分层有明显影响；

(3)全部操作应仔细认真，称量生物样品时，不可沾于瓶口或瓶壁，以免与氢氧化钠溶液接触不充分，影响皂化效果。

9.7 海洋沉积物中正构烷烃的测定

9.7.1 方法原理

海洋沉积物样品中的正构烷烃(C9～C36)，采用正己烷作提取剂，用快速溶剂萃取法或超声提取法提取，提取液经固相萃取柱净化浓缩后，用气相色谱-质谱仪测定，采用内标法定量。

9.7.2 分析步骤

9.7.2.1 样品制备

将采集的海洋沉积物弃去杂物，采用冷冻干燥机进行干燥(或于烘箱中低于40℃烘干)，研磨，过80目筛，收集备用。

9.7.2.2 样品提取和除硫

1）加速溶剂萃取法

称取 10.00 g 沉积物与 3.0 g 硅藻土，置于玻璃烧杯中混匀，倒入 ASE 快速溶剂萃取仪萃取池中，设置加速溶剂萃取的处理方法和批量处理表，运行之后，收集提取液于浓缩瓶中，加入 2.0 g 铜粉，超声提取 5 min，除硫后，再用氮吹仪或旋转蒸发器浓缩至 1.0 mL，待净化。加速溶剂萃取的方法条件见表 9.9。

表 9.9 加速溶剂萃取法方法条件

设置参数	设置数值
加热(Heat)	6 min
静态(Static)	5 min
冲洗体积(Flush)	60%
吹扫时间(Purge)	90s
循环(Cycles)	2
加热温度(Temperature)	100℃
内部压强(Pressure)	10.34 MPa(1500 Psi)
溶剂(Solvent)	正己烷
清洗(Rinse)	每个样品完成后，进行自动清洗

2）超声提取法

称取 10.00 g 沉积物与 10.0 g 无水硫酸钠，在玻璃烧杯中混匀，置于预先用正己烷处理过的圆形滤纸筒内，放入 100 mL 具塞比色管内，加入 60.0 mL 正己烷，浸泡 12h 后，超声提取 20 min，调整功率至溶剂界面有轻微波动，将提取液移入浓缩瓶中，再用 20.0 mL 正己烷重复超声提取 2 次，静止分层，合并收集正己烷相，作为样品提取液，加入 2.0 g 铜粉，超声提取 5 min，除硫后，再用氮吹仪或旋转蒸发器浓缩至 1.0 mL，待净化。

9.7.2.3 样品净化和浓缩

1）固相萃取法

固相萃取法使用的设备为固相萃取仪，操作步骤如下：

(1)将中性氧化铝固相萃取柱依次放置于固相萃取装置，拧紧所有旋钮。

(2)柱预处理/活化：加入 3.0 mL 正己烷于柱中，拧松开关，当溶剂完全浸润柱填充物时拧紧开关，保持 1 min。打开开关，使溶剂缓慢流过柱子，速度为 3 mL/min。当溶剂液面接近柱填充物时，再加入 3.0 mL 正己烷，共重复 3 次。

(3)样品过柱：将样品浓缩液加入固相萃取柱中，使浓缩液缓慢流过柱子，速度为 3 mL/min，收集过柱组分。

(4)洗脱：当浓缩液液面接近柱填充物时，缓慢加入 3.0 mL 正己烷洗脱固相萃取柱，注意不要搅动液面，流速为 3 mL/min，重复 2 次，收集过柱组分。

(5)合并(3)和(4)的过柱组分，待样品浓缩。

2)样品浓缩

将上述净化液用氮吹仪或旋转蒸发器浓缩至 0.5 mL，移取至进样瓶，加入 100 μL 正构烷烃内标，定容至 1.0 mL，混匀，待测。

9.7.2.4 样品测定参考条件

应在样品分析前进行调谐，确认调谐各项结果均满足要求。

气相色谱质谱分析参考条件为：载气：高纯氦气(99.999%)；离子源温度：200℃；进样口温度：280℃；接口温度：270℃；溶剂延迟：4 min；进样量：1 μL；进样方式：无分流进样；流速：1 mL/min(恒流模式)；升温程序：50℃保持 2 min，以 6℃/min 升温至 300℃，在 300℃保持 16 min。

9.7.3 结果计算

9.7.3.1 定性分析

定性分析采用全扫描方法，扫描范围 50~500 m/z。将样品待测组分与标准物质保留时间进行比较定性，或通过正构烷烃分布规律进行推测定性。

9.7.3.2 定量计算

定量分析采用 SIM 法，采集离子为：85 m/z。用正构烷烃混合标准使用溶液进行定量分析，用氘代正二十四烷($C_{24}D_{50}$)作为内标。按照公式(9.7)计算各正构烷烃组分(C9~C36)与进样内标的相对响应因子 RRF，按照公式(9.8)计算样品中各正构烷烃组分的含量。

内标法定量计算公式为：

$$RRF = \frac{A_{C0} \cdot W_{I0}}{A_{I0} \cdot W_{C0}} \tag{9.7}$$

式中：

RRF——相对响应因子；

A_{C0}——标准中组分峰面积；

W_{I0}——标准中内标量；

A_{I0}——标准中内标峰面积；

W_{C0}——标准中组分量。

$$c = \frac{A_{CI} \cdot W_{I1}}{A_{I1} \cdot RRF \cdot W_S} \tag{9.8}$$

式中：

c——样品中组分含量；

A_{C1}——样品中组分峰面积；

A_{I1}——样品中内标峰面积；

W_{I1}——样品中内标量；

W_S——样品质量。

正构烷烃的总量等于各组分含量之和。

9.7.4 注意事项

本方法执行中应注意如下事项：

(1)样品采集、贮存与运输应符合《海洋监测规范　第三部分：样品采集、贮存与运输》(GB 17378.3—2007)的规定。

(2)实验中所使用试剂和正构烷烃标准溶液，具有一定毒性，应采用防护措施。

思考题

1. 石油的基本化学组成是什么？其物理性质有哪些？

2. 在测定海水中石油类污染物的过程中，如何采集、贮运、现场处理海水样品？

3. 如何测定沉积物中的石油类污染物？

4. 如何测定贻贝体内石油烃总量？

5. 如何对海洋沉积物中的正构烷烃进行定性与定量分析？

参考文献

孙培艳，高振会，崔文林，等. 2007. 油指纹鉴别技术发展及应用[M]. 北京：海洋出版社，13-18.

赵冬至，张存智，徐恒振，等. 2006. 海洋溢油灾害应急响应技术研究[M]. 北京：海洋出版社，1-46.

ITOPF. 2017. Oil Tanker Spill Statistics. Hand-Book，8-9.

第 10 章　海洋环境中持久性有机污染物监测技术

持久性有机污染物(POPs)是海洋生态环境污染中的一个热点问题，一直受到广泛的关注。但是，由于其浓度较低，分析检测难度较大，一直是我国各级环境监测技术人员关注的重点和难点。基于此，本章主要给出了 POPs 的一些相关背景和基础内容，主要包括其种类、性质、环境过程和在海洋环境中的水平，并对涉及 POPs 样品前处理和分析测试等方面的内容进行初步介绍。

10.1　海洋环境中 POPs 的种类与性质

10.1.1　POPs 的定义与种类

在众多的环境污染问题中，POPs 以其持久性、生物富集性和远距离传输性以及致畸、致癌和致突变“三致”毒性效应，成为环境领域研究的热点和前沿问题(Kelly et al，2007；Palm et al，2002；Verreault et al，2005)。大量研究表明，在全球许多地区包括极地地区的生物体和人体内都检测到了 POPs。在过去的几十年中，由 POPs 引起的污染事件不断发生，如 1968 年的日本米糠油事件、1976 年的意大利塞韦索的二噁英中毒事件、1979 年台湾 PCBs 污染事件和 1999 年比利时布鲁塞尔的鸡肉二噁英严重超标事件等。POPs 的严重污染以及可能造成的严重生态后果，引起了世界各国政府、学术界、工业界和民众的广泛关注。

在此大背景下，经过国际社会的共同努力，1995 年 5 月召开的联合国环境规划署(UNEP)理事会通过了关于 POPs 的 18/32 号决议，强调了减少或消除 12 种

POPs 的必要性。本次会议给出了 POPs 的定义：具有毒性、难以降解和可产生生物积累，通过空气、水和迁徙物种作跨越国际边界的迁移，并沉积在远离其排放地点的地区，随后在那里的陆地生态系统和水域生态系统中积累起来。本次会议后，POPs 的概念正式得到国际社会的普遍认可。2001 年 5 月 23 日，联合国通过了旨在禁止和限制生产使用 POPs 的《关于持久性有机污染物的斯德哥尔摩公约》（以下简称“公约”），正式启动了人类向 POPs 宣战的进程。该公约已于 2005 年 5 月17 日正式生效，我国全国人大常委会也于 2004 年 6 月 25 日批准了该公约，并于 2004 年 11 月 11 日对我国正式生效，并制定颁布了国家实施方案。

在其首批公布的 POPs 名单中，包含了 12 类物质（即“肮脏的一打”）：艾氏剂、氯丹、滴滴涕、狄氏剂、异狄氏剂、七氯、灭蚁灵、毒杀芬、六氯苯、多氯联苯和多氯代二苯并对二噁英 \ 多氯代二苯并对呋喃。

上述 12 类 POPs 可分为以下三种类型。

（1）第一种（杀虫剂）：艾氏剂、氯丹、滴滴涕、狄氏剂、异狄氏剂、七氯、灭蚁灵、毒杀芬和六氯苯（既是杀虫剂也是工业产品）。

（2）第二种（工业化学品）：六氯苯和多氯联苯。

（3）第三种（生产中的副产品）：多氯代二苯并对二噁英（简称“二噁英”）和多氯代二苯并对呋喃（简称“呋喃”）。

按照公约的精神，POPs 清单是开放的，按规则的筛选程序和标准可以进行扩充。2009 年 5 月 4-8 日，公约第四次缔约国大会在瑞士日内瓦召开，决定将六溴联苯、全氟辛烷磺酸及其盐类和全氟辛基磺酰氟、工业五溴联苯醚和工业八溴联苯醚、林丹、α-六六六、β-六六六、开蓬和五氯苯 9 类物质增列为公约受控名单。2011 年 4 月，该公约通过了对硫丹的审核和评估，并将其纳入公约名单。至此，全球共有 22 种物质被列入公约的受控名单。除此之外，目前正在审查的化学品还包括多氯萘、短链氯化石蜡和六溴环十二烷等。表 10.1 列出了这些 POPs 的一些基本信息。

表 10.1　典型 POPs 的中文、英文名称、分子式以及 CAS 编号

名称	英文名称	分子式	CAS 编号
艾氏剂	Aldrin	$C_{12}H_8C_{16}$	309-00-2
狄氏剂	Dieldrin	$C_{12}H_8C_{16}O$	60-57-1

续表

名称	英文名称	分子式	CAS 编号
异狄氏剂	Endrin	$C_{12}H_8Cl_6O$	72-20-8
氯丹	Chlordane	$C_{10}H_6Cl_8$	57-74-9
七氯	Heptachlor	$C_{10}H_5Cl_7$	76-44-8
DDT	Dichlorodiphenyltrichloroethane	$C_{14}H_9Cl_5$	50-29-3
毒杀芬	Toxaphene	$C_{10}H_{10}Cl_8$	8001-35-2
灭蚁灵	Mirex	$C_{10}Cl_{12}$	2385-85-5
六氯苯	Hexachlorobenzene	C_6Cl_6	118-74-1
多氯联苯	Polychlorinated biphenyls	$C_{12}H_{(10-n)}Cl_n$，n=1-10	混合物
二噁英	Polychlorinated dibenzo-p-dioxins	$C_{12}H_{(8-n)}Cl_nO_2$，n=1-8	
多氯代二苯呋喃	Polychlorinated dibenzofurans	$C_{12}H_{(8-n)}Cl_nO$，n=1-8	
六氯环已烷	Hexachlorocyclohexanes	$C_6H_6Cl_6$	608-73-1，林丹：58-89-9
五氯酚	Pentachlorophenol	C_6Cl_5OH	87-86-5
六溴联苯	Hexabromobiphenyl	$C_{12}H_4Br_6$	59536-65-1
多溴代联苯醚	Polybrominated diphenyl ethers		混合物
短链氯带石蜡	Short-chain chlorinated paraffins	$C_xH_{(2x-y+2)}Cl_y$ x=10-13，y=1-13	85535-84-8
全氟辛酸铵	Perfluorooctane Sulfonate	$C_8F_{17}SO_3$	盐：29081-56-9
十氯酮	Chlordecone	$C_{10}Cl_{10}O$	143-50-0

10.1.2 POPs的基本性质

POPs和其他有机污染物类似，进入环境后也会发生一系列的物理或化学和生物反应，如分配、吸附、挥发和氧化等，但是，POPs因其自身具有独特的特征而区别于其他一般的有机污染物，这些特征性质主要包括持久性、生物富集性、高毒性和长距离迁移性(戴树桂，2002；余刚等，2005)。

10.1.2.1 持久性

持久性主要表现为半衰期、生命周期、存活时间长等。一些化学品，如DDT

和 PCBs，对生物降解、光解或化学分解等作用有较强的抵抗能力，会在环境中存在上百天甚至几年，这也就意味着它们有机会长距离迁移而广泛分布在环境中。经年累月的积累就意味着浓度的升高，即使污染源消失，污染物仍会在环境中存在很长时间。评价环境中污染物的半衰期(持久性)有很多的困难，与放射性同位素不同，它不受其他条件的影响，其半衰期是一个相对稳定的值，而环境中污染物的半衰期不仅与污染物本身的物理化学性质有关，还与其依存的环境介质、温度、光照、可能存在的降解微生物的数量和种类、环境的 pH、是否存在合适的反应物或催化剂等因素有关。事实上，环境中污染物的半衰期并不是固定值，会随着空间和条件的改变而变化。一般来说，一些具有较长半衰期的化学品，如卤素取代的化学品，受到了更多的关注，在许多优先污染物清单上都有出现。表 10.2 是对 POPs 持久性级别的分类。

表 10.2 对 POPs 半衰期(持久性)的分类

级别	平均半衰期/h	范围/h
1	5	<10
2	17(约 1 天)	10~30
3	55(约 2 天)	30~100
4	170(约 1 周)	100~300
5	550(约 3 周)	300~1 000
6	1 700(约 2 月)	1 000~3 000
7	5 500(约 8 月)	3 000~10 000
8	17 000(约 2 年)	10 000~30 000
9	55 000(约 6 年)	>30 000

10.1.2.2 生物富集性

生物富集的基本机制是 POPs 在环境介质/脂肪中的分配过程。生物富集只是一种现象，而不是结果。所以，关注的焦点并不是生物富集本身，而是这一现象对生物体造成的危害。事实上，在 20 世纪 50 年代就已经发现有机氯杀虫剂在鸟类体内富集的现象，这个发现促使 Rachel Carson 在 1962 年出版了《寂静的春天》一书。该书的出版唤起了全球人类对环境问题的关注，在环境科学中有着划时代的意义。事实上，绝大多数有机化学品都具有憎水性，即很大的正辛醇-水分配系数(K_{OW})，可以在脂肪组织中达到很高的浓度。例如 PCBs，在鱼体内的浓度会比鱼类所处的水体环境中的浓度高十万倍。在生物体内富集的这些化学品，还可以通过食物链向更高一级生物转移，这就是生物放大作用。例如，在水中 PCBs 的浓度为 1 ng/L，那么鱼体内的浓度则为 10^5ng/kg，如果一个人一年内喝掉了 1 000 L 水(含 1 000 ng PCBs)，吃掉了 10 kg 鱼(含 10^6ng PCBs)，那么这个人从鱼肉中摄取的 PCBs 是从水中摄取的 1 000 倍。所以，生物富集作用会放大污染物对生物体的毒性。

10.1.2.3 高毒性

绝大部分 POPs 具有较高的毒性，能够致生物体内分泌紊乱、生殖及免疫机能失调、神经行为紊乱以及患上癌症等严重疾病。POPs 进入生物体后，其毒性作用大致可分为两类：① 来自 POPs 本身特定的化学结构的毒性，其毒性作用相当于该物质所具有的生理作用。由于其毒性作用与其进入生物体内的量成比例，当 POPs 浓度特别低时，不显示任何作用，成为无作用剂量，但当 POPs 进入体内的量超过阈值后，开始出现固有的毒性作用；② 当 POPs 进入体内后，在生物代谢酶与极化过程中产生具有较强反应能力的不稳定中间体，一部分与蛋白质、核酸等细胞高分子成分发生共价结合，产生不可逆的化学改性。蛋白质的改性可导致组织发生坏死和变态反应，产生毒性作用。此外，还有一部分 POPs 在体内能够转变为另一种毒性更强的物质，产生对机体的毒害作用。POPs 物质在低浓度时也会对机体造成伤害，例如，二噁英类物质中最毒的物质的毒性相当于氰化钾的 1 000 倍以上，号称世界上最毒的化合物之一。

10.1.2.4 长距离迁移性和半挥发性

众所周知，在北极和南极地区没有任何的工业，人类活动也很少，可是生活在极地地区的野生动物体内却检到了高浓度的 POPs。很明显，这些 POPs 是通过大气和海洋长距离迁移到极地地区的。大部分 POPs 物质具有半挥发性，在室温下就可以挥发进入大气中，因此它们可以从水体或土壤等环境介质中以蒸气形式进入大气中或者附着在大气颗粒物上，由于其具有持久性，所以能够在大气环境中远距离迁移而不会被降解。而半挥发性的这种特性又使得它们不会永久停留在大气层，在一定条件下又沉降下来，然后又在某一条件下再次挥发。这样多次的挥发和沉降就可以导致 POPs 分散到世界各个地方。这种过程使得 POPs 容易从比较温暖的地方迁移到比较冷的地方，所以像极地这种远离污染的地方也受到了 POPs 的污染。

10.2 海洋环境中典型的 POPs

10.2.1 多环芳烃(PAHs)

10.2.1.1 多环芳烃的性质

多环芳烃(PAHs)虽然不是公约中 12 类 POPs 的一类，但由于 PAHs 的性质与 POPs 的性质类似，因此常把 PAHs 也看做 POPs 物质。PAHs 是含有两个或两个以上苯环的碳氢化合物以及由它们衍生出来的各种化合物的总称。按芳环的连接方式，可将多环芳烃分为两类。第一类是稠环芳烃，即相邻的苯环至少有 2 个共用碳原子的多环芳烃。例如萘的结构是 2 个苯环共用 2 个碳原子，是稠环芳烃中最简单的一种。第二类是苯环直接通过单键联结，或通过一个或几个碳原子联结的碳氢化合物，称孤立多环芳烃。如联苯等。通常情况下，PAHs 是指稠环芳烃。

自 20 世纪初沥青中存在的致癌物质被鉴定为 PAHs 后，PAHs 开始为世人所知。1930 年，第一种无取代基的多环芳烃二苯并(a，h)蒽被发现可使实验动物产生肿瘤病变。之后有超过 30 种 PAHs 及上百种 PAHs 衍生物被指出具有致癌性，使得 PAHs 成为目前已知环境中大量的最具有致癌性的化学物质。美国环境局将芴、萘、蒽和苯并(a)芘等 16 种 PAHs 列为优先控制污染物，我国也有 7 种 PAHs 被列入优先污染物。由于相同分子量的 PAHs 具有多种同分异构体，因此 PAHs 种类繁多。

PAHs 大多是无色或黄色结晶，个别具有深色，一般具有荧光。熔点及沸点较高，蒸气压较小，极不易溶于水，易溶于有机溶剂，K_{OW}很大。它是一类惰性很强的芳香烃，性质稳定，能广泛存在于各种环境介质中。某些 PAHs 属于最强的致癌物质，如苯并(a)芘。PAHs 在环境中虽是微量的，但分布很广，人体可通过大气、水、食物和吸烟等途径摄取，是人类致癌的重要起因，因此对致癌物作用方式的研究多数都是以 PAHs 为中心。表 10.3 和图 10.1 给出了美国环保局(EPA)优先控制的 16 种 PAHs 的结构和物化性质。

表 10.3 美国环保局列出的 16 种优先控制 PAHs

名称	分子式	分子量	沸点/℃	亲电性***	致癌性**	CAS 编号
萘*	$C_{10}H_8$	128	217	13.68		91-20-3
二氢苊	$C_{12}H_{10}$	154	279	–		208-96-8
苊	$C_{12}H_8$	152	275	–		83-32-9
芴	$C_{13}H_{10}$	166	298	–	3	86-73-7
菲	$C_{14}H_{10}$	178	340	19.45	3	85-01-8
蒽	$C_{14}H_{10}$	178	341	19.31	3	120-12-7
荧蒽*	$C_{16}H_{10}$	202	384	–	3	206-44-0
芘	$C_{16}H_{10}$	202	384	22.51	3	129-00-0
屈	$C_{18}H_{12}$	228	448	25.19	3	218-01-9
苯并(a)蒽	$C_{18}H_{12}$	228	438	25.10	2A	56-55-3
苯并(b)荧蒽*	$C_{20}H_{12}$	252	481	–	2B	205-99-2
苯并(k)荧蒽*	$C_{20}H_{12}$	252	481	–	2B	207-08-9
苯并(a)芘*	$C_{20}H_{12}$	252	500	28.22	2A	50-32-8
二苯并(a, h)蒽	$C_{22}H_{14}$	278	升华	30.88	2A	53-70-3
茚并(1, 2, 3-cd)芘*	$C_{22}H_{12}$	276	–	–	2A	193-39-5
苯并(g, h, i)苝*	$C_{22}H_{12}$	276	542	31.43		191-24-2

注：*代表中国优先污染物黑名单中的 7 种 PAHs。表中列出了法国国际癌症研究中心给出的 PAHs 致癌性潜能。

**2 表示具有致癌性，A 的致癌性比 B 高，3 的致癌性比 2 低。

***亲电性反应 $E\pi$ 值愈高时，PAHs 相对活性随之增高，而且随着 PAHs 分子量之增加有升高之趋势。通常 PAHs 亲电性不高，化合物较为稳定。

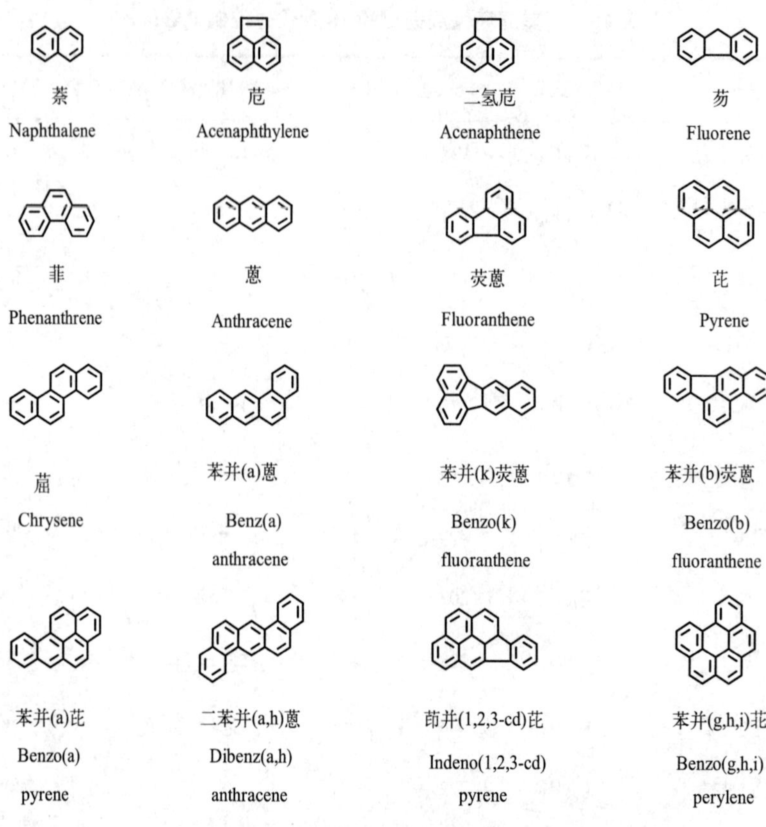

图 10.1　EPA 优先控制的 16 种 PAHs 结构

PAHs 的基本结构单元虽然是苯环，但化学性质与苯并不完全相同，由于稠环的结合方式不同，形成的化合物结构不同，各自的化学性质也有所不同。

(1)一些具有稠合多环结构的化合物，如三亚苯、二苯并(e，i)芘、四苯并(a，c，h，j)蒽等具有与苯相似的化学性质，这说明 π 电子在这些 PAHs 中的分布是和苯类似的。而芘的性质则与萘相似。这和化合物中的 π 电子振动能有关。

(2)一些呈直线排列的 PAHs，如蒽、丁省和戊省等化学性质较为活泼，且反应活性随着环数的增加而上升。这是由于总 π 电子增加，每个 π 电子的振动能降低，所以反应活性增强。如苯环数达 7 个的庚省，其化学性质非常活泼，几乎得不到纯品。

(3)有些成角状排列的 PAHs，如菲和苯并(a)蒽等，它们的活性总的来看要比相应的成直线排列的同分异构体小，它们在发生加合反应时，往往在相当于菲的中间苯环的双键部位，即菲的 9，10 键(简称中菲键)上进行。含有四个以上苯环的角状PAHs，除有较活泼的中菲键外，往往还存在有与直线PAHs类似的活泼对位——中蒽位，如苯并(a)蒽的7，12键。

(4)PAHs的光化学反应：PAHs在紫外光照射下可以光解。

(5)PAHs的生物降解：PAHs可以被微生物降解，如苯并(a)芘被微生物氧化可生成7，8-二羟基-7，8-二氢-苯并(a)芘以及9，10-二羟基-9，10-二氢-苯并(a)芘。PAHs在沉积物中的去除主要通过微生物降解途径，微生物生长的速度与PAHs的溶解度密切相关。PAHs生物降解性和其含有的苯环环数成正相关性，小分子PAHs相对大分子PAHs更易生物降解。

10.2.1.2 多环芳烃的来源

PAHs的来源可分为人为源和天然源，前者是PAHs污染的主要来源。

PAHs的自然来源有火山爆发、森林植被和灌木丛燃烧等。一些藻类、微生物和植物也能通过生物合成产生一定数量的PAHs。

人类活动特别是化石燃料的燃烧是环境中PAHs的主要来源。煤、石油、天然气、木材、纸张、作物秸秆和烟草等含碳氢化合物的物质，经不完全燃烧或在还原性气氛中热分解都会生成PAHs。其中煤燃烧时生成的量最高，石油次之，天然气最少。交通工具尾气排放、吸烟(在室内表现的尤为严重)和蚊香驱蚊等过程中也会产生PAHs。在充分的时间、100~150℃低温等适当环境下，有机物的裂解也能生成PAHs。如在餐饮业烹调食物时，食物中的有机高分子就可以分解生成PAHs。还有一部分PAHs来自于化石燃料的流失，主要包括炼油厂、石化厂的废弃物、原油泄漏和船舶漏油等。

PAHs的形成机理很复杂，一般认为PAHs主要是由含碳氢化合物不完全燃烧以及在还原气氛中热分解而产生的。有机物在高温缺氧条件下，热解产生碳氢自由基或碎片，这是PAHs形成的基本微粒，这些极为活泼的微粒在高温下又立即合成热力学稳定的非取代PAHs。如苯并(a)芘(BaP)是一切有机物高温热解过程中的产物，其合成的最适宜温度为600~900℃。其形成过程为：有机物首先在高温缺氧下裂解产生碳氢自由基结合成乙炔，由乙炔形成乙烯基乙炔，或1，3-丁二烯，然后芳环化成乙基苯，再进一步结合成丁基苯和四氢化萘或萘满，最后通过中间体形成BaP。

10.2.1.3 多环芳烃的毒性

PAHs具有很强的致癌、致畸和致突变的“三致”毒性，并且由于PAHs的亲脂和惰性，可以在环境和生态系统中存在很长时间，使得PAHs的环境生态风险性更大。PAHs的毒性表现在以下三个方面。

(1)“三致”毒性。一些PAHs，如苯并(a)芘、苯并(a)蒽、苯并(b)荧蒽等具有很强的致癌性或致癌诱变性。长期接触这类物质可能诱发皮肤癌、阴囊癌和肺癌等。流行病学调查统计也说明，焦炉工人的肺癌发病率较高。大气中的PAHs与居民肺癌发病有明显的相关性。1973年，美国的卡诺等人详细分析了系列有关肺癌流行病学的调查资料，认为大气中苯并(a)芘浓度每增加0.1 μg/100 m^3，肺癌死亡率相应升高5%。

(2)对微生物生长有强烈的抑制作用。PAHs因水溶性差及其稳定的环状结构而不易被生物利用，它们对细胞的破坏作用抑制普通微生物的生长。

(3)PAHs的光致毒效应。某些PAHs经紫外光照射后毒性可能会更大。PAHs吸收紫外光后，被激发成单线态或三线态分子，其中一部分将能量传给氧，从而产生反应能力极强的单线态氧，能损坏生物膜。而且PAHs与光化学烟雾接触能生成致突变性更强的物质，如苯并(a)芘与NO_2反应可以生成6-氮苯并(a)芘和1-氮苯并(a)芘。

10.2.1.4　我国近海环境中PAHs的环境水平

随着化石燃料使用量的增加，PAHs在环境中的水平呈上升趋势，并分散于各环境介质中。

表10.4列举了国内外部分海域水体中PAHs的含量。可以发现，PAHs含量在不同海域差别较大。溶解态PAHs以低环为主，颗粒态PAHs以高环为主。PAHs浓度一般随离岸距离的增加而降低。海洋微表层是海洋与大气相互作用的界面薄层，研究证实，微表层水体中PAHs的质量浓度高于次表层水体中的质量浓度。分析发现波罗的海上层水中PAHs的浓度高于下层水。南黄海中部海水中PAHs的垂直分布呈现出表层高于底层高于中层的趋势，但各层海水中PAHs总量相差很小。

表10.4　世界不同海域水体中PAHs的含量　　单位：ng/L

研究海域	溶解态	颗粒态	总浓度	PAHs种类数
黑海	0.300~0.594	0.049~0.258		14
波罗的海	3.85~14.1			15
日本海	0.9~6.5	0.8~3.7	7.4~10.2	13

续表

研究海域	溶解态	颗粒态	总浓度	PAHs 种类数
新加坡近海	2.7~46.2	3.8~31.4	10.1~77.6	16
地中海西部	0.4~0.9	0.2~0.8	0.6~1.7	14
墨西哥湾	0.07~85	2.1~5.04		18
Chesapeake Bay	20.0~65.7	1.89~25.4	24.1~90.1	17
San Francisco Estuary	7~120			25
Oder River Estuary			2.0~3.4	
南黄海			15.8~233.4	
台湾海峡西部	12.3~58.0	10.3~45.5	23.3~70.9	15
大辽河河口	139.16~1717.87	1542.44~20094.47		16
大亚湾	4228~29325			16
珠江口	12.9~182.4	2.6~39.1	2.6~215.1	15

目前，关于海水中 PAHs 的时间变化的研究以季节变化为主，年变化研究相对较少。在北半球，海水中 PAHs 季节变化比较显著。一般而言，夏季 PAHs 的浓度低于其他季节。如波罗的海海水中 PAHs 的最低浓度出现在夏季，最高浓度出现在冬季。珠江河口及近海表层水体中 PAHs 浓度春季高于夏季。水体中 PAHs 在丰水期的含量比枯水期要低。研究表明，水体的富营养程度是控制海水中 PAHs 浓度季节变化的重要原因之一：春季水体富营养化程度较高，导致浮游植物初级生产力升高，死亡的藻类碎屑向下垂直输运通量升高，从而促进具有颗粒活性的 PAHs 的清除。生物降解与光化学降解也是导致 PAHs 浓度季节变化的重要因素。控制 PAHs 浓度季节差异的因素还包括降雨和化石燃料的燃烧等。

目前，国内外学者不仅研究了海水中 PAHs 的空间分布，还探讨了其相关影响因素。河流径流、洋流、大气输入(干、湿沉降与海-气交换)、颗粒物的再悬浮作用、颗粒物的清除效应和生物降解等生物地球化学行为，以及温度、盐度、悬浮颗粒物和 DOC 等环境因子均会影响海洋中 PAHs 的空间分布。河流径流与大气输入是 PAHs 输入到海洋环境的主要过程，也是影响 PAHs 水平分布的主要因素之一。相关研究表明，河流径流与大气输入是造成河口与近岸海域 PAHs 浓度高于外海海域的重要原因。洋流也是影响海水中 PAHs 水平分布的主要因素。通过分析中国东海和南海表层水体中 PAHs 的分布与洋流的关系，发现其比较容易受到区域性小型洋流的影响。黑潮、闽浙沿岸流和河流径流则是影响台湾海峡西部近岸海域水体中PAHs空间分布的主要因素。河流径流与大气输入是造成表层水体中PAHs含量高于下层水体中含量的重要原因。

沉积物系由化学成分和结构形态高度不均匀的物质组成，是疏水性有机污染物的主要蓄积库。特别是K_{OW}较高的PAHs，它们在进入水环境的过程中，会伴随着发生吸附和解吸等物理化学行为，强烈地影响着它们在水体环境中的迁移行为和环境归趋。PAHs一旦结合在沉积物上，很难发生光化学降解或生物降解，因而沉积物成为PAHs的一种重要的环境归趋。海洋沉积物对PAHs的富集能力极强，有的海洋沉积物中PAHs的积累量是其背景值的1 000倍，是同一环境中贝类富集量的5~10倍。研究表明，95%的PAHs在海洋沉积物中能稳定两个月之久，且以大于4环的PAHs居多。海洋沉积物对PAHs的富集能力与沉积物本身的性质有关，沉积物颗粒的大小、形态、结构及化学组成对PAHs的吸附能力有重要影响。此外，还与该区域近海工业化和都市化进程有关，表现出明显的区域性特点。

引起沉积物中PAHs含量差异的因素很多，海洋沉积物基质中有机碳(TOC)含量越高，吸附PAHs的能力就越强，近海养殖区沉积物中PAHs的含量明显高于非养殖区的现象，除了与机动船的含油废水排放、汽油和柴油的燃烧及煤的污染有关外，养殖区沉积物中有机质含量较高也是一个重要因素。另外，海洋沉积物的颗粒粒径也是决定PAHs在海洋沉积物中浓度和分布的主要因素之一。一些研究发现，沉积物粒度与组成特征对PAHs的分布有控制作用；但也有研究指出，沉积物颗粒组成与PAHs的浓度和组成基本不存在相关关系。

我国从20世纪80年代开始对近海沉积物中PAHs污染进行研究。1984年戴敏英和周陈年分析了渤海湾沉积物中PAHs的浓度水平，7种PAHs的浓度一般在50~150 ng/g范围内。吴莹等对渤海海峡柱状沉积物中PAHs的分布进行了研究，13种PAHs的总浓度为60. 3~2076. 5 ng/g。刘现明等研究了大连湾沉积物中PAHs污染状况，表层沉积物中PAHs的浓度为32. 7~3558. 9 ng/g，其浓度在大连湾附近海域最高，东北部码头航道次之，由西北和东北向南逐步递减，呈现出明显的两点污染源特征。林秀梅等利用第二次全国海洋污染基线调查数据，分析了渤海表层沉积物中PAHs的空间分布特征和输入来源，沉积物中PAHs的浓度为24. 7~2079. 4 ng/g，高低顺序依次为秦皇岛沿岸、辽东湾、莱州湾、辽东半岛近岸、外海海区和渤海湾近岸。曹正梅等人考察了黄河口丰水期和枯水期表层沉积物 PAHs 的分布，发现 PAHs 浓度具有明显的季节性变化特征，丰水期 PAHs 浓度高于枯水期。

李斌等测得北黄海表层沉积物中 17 种 PAHs 的总浓度为 222.1~776.3 ng/g。北黄海表层沉积物中 PAHs 总浓度具有南北两端高和中部低、西部高和东部低的大致特征，北端的鸭绿江向海洋输入大量的颗粒物，携带大量的 PAHs，随着颗粒物在鸭绿江口附近沉降和积累。南端渤海海峡向黄海输入 PAHs，在海峡口南部 PAHs 出现了较高的浓度梯度，表明由渤海输入的 PAHs 在北黄海南部很快进入沉积物。北黄海西部 PAHs 总浓度分布显示出由北向南的趋势，说明辽南沿岸鸭绿江淡水携带来自鸭绿江的悬浮颗粒，在南移过程中逐渐沉降下来。东部海区由于黄海暖流分支的输入，限制了陆源沉积物的迁移，沉积物中 PAHs 浓度较低。

东海海域沉积物中 PAHs 的污染研究主要集中于厦门海域和长江口等。1994 年以来，厦门大学的研究者分别调查了厦门近岸海域表层沉积物中 PAHs 的浓度，经过对比发现，不同时间内的变化趋势不明显。袁东星等调查了厦门西港表层沉积物中 PAHs 的浓度，结果为 425.3~1522.4 ng/g；田蕴等的研究结果为 105.3~5118.3 ng/g。2001 年田蕴等研究了厦门马銮湾养殖海区 PAHs 的污染特征，发现马銮湾养殖海区沉积物中的 PAHs 含量明显高于非养殖区。张珞平等发现厦门西港沉积物 PAHs 分布与油污染源的分布情况一致。刘敏等分析长江口潮滩表层沉积物中 PAHs 分布特征，PAHs 总量范围在 263~6372 ng/g。张宗雁等人测定了东海近岸和远岸泥质沉积区沉积物中 PAHs 含量，近岸泥质区 PAHs 含量普遍较高，介于 180.3~424.8 ng/g 之间，冲绳海槽次之，济州岛西南泥质区最低，含量介于 117.1~211.7 ng/g 之间；主要是由于离污染源的远近、沉积物粒度、有机碳含量以及东海环流体系的影响，且热成因、大气干湿沉降和河流输入是其进入泥质区的主要途径。

南海海域沉积物中 PAHs 的研究内容涉及浓度和时空变化等。丘耀文等研究了大亚湾海域沉积物中 PAHs 污染，表层沉积物中 PAHs 的变化范围为 115~1134 ng/g。罗孝俊等分析了珠三角河口及南海北部近海区域 16 种 PAHs 污染情况，发现 PAHs 总量分布范围为 255.9~16670.3 ng/g，分布特征为珠江三角洲高于伶仃洋高于南海，可以看出，随着远离人类活动的区域，其沉积物 PAHs 浓度也随之降低。目前对南海远海沉积物中 PAHs 的相关报道还很少。

表10.5列出了我国4个海域(渤海、黄海、东海和南海)典型区域沉积物中PAHs的浓度值，可以发现，4个海区沉积物中PAHs浓度并没有显著差异。但是在各采样点间的浓度差别较大，渤海沉积物中PAHs浓度范围为24.7~3558.9 ng/g，高低值相差近150倍，黄海海域PAHs浓度范围76.2~27512.2 ng/g，高低值相差360倍，东海与南海沉积物中PAHs浓度的高低值相差也超过百倍，同一海区的不同地点在有机物污染均较为严重的情况下，沉积物中PAHs浓度差别很大，说明沉积物中PAHs受区域内污染源的影响较大，近海地区工业的发展程度与海洋沉积物中PAHs的污染程度存在明显的正相关关系。

表10.5　我国不同海区沉积物中PAHs的浓度　　单位：ng/g，干重

海区	地点	浓度范围	平均值
渤海	辽东湾近岸	31.2~652.9	143.4
	秦皇岛近岸	202.2~2079.4	1081.9
	渤海湾近岸	24.7~34.6	28
	莱州湾近岸	24.7~1392	55
黄海	大连湾	327~3558.9	1152.1
	胶州湾	82~4562	
	日照近岸海域	76.2~27512.2	2622.7
	北黄海	222.1~776.3	
	南黄海中部	90.4~732.65	299.57
东海	长江口	698~7907	357.7
	杭州湾	45.8~849.9	263.7
	厦门西港	425.3~1522.4	
	闽江口	316.8~1260.7	
	台州湾海域	85.4~167.6	138.6
	湄洲湾	196.7~299.7	256.1
南海	珠江三角洲	217~2680	1028
	南海近岸	75~219	135
	南海南部	24.7~275.4	145.9
	大亚湾	115~1134	481

如上所述，沉积物中PAHs的含量水平能够反映人类的生活生产程度，是衡量人类活动的指示物，其含量变化与区域能源消耗、工业水平及城市化进程有很

好的相关性，可间接作为定性表征周边地区社会经济的发展变化的指示因子。通过考察沉积物柱状样品中 PAHs 浓度的变化，可以反映较长一段时间内 PAHs 的变化趋势。

吴莹和张经考察了渤海海峡柱状沉积物中 PAHs 分布，位于辽东湾南岸的柱状样中 PAHs 含量，由柱样下方至表层呈显著递增，表明了人类活动在柱状样中的清晰记录，而靠近山东半岛的柱状样中 PAHs 分布的波动性体现了山东半岛和黄河入海物质对该区的影响比较明显。甘志芬等人考察了天津塘沽海域沉积物柱状样品中 PAHs 的分布特征。在整个采样深度中，16 种 PAHs 均有检出，最高值位于 15~20 cm 深度，在 0~50 cm 深度，PAHs 浓度相对较高且变化范围较大(347. 3~1040. 0 ng /g)，50 cm 深度以下逐渐降低且变化不大(113. 1~225. 4 ng/ g)。从整体水平看，渤海沉积物中 PAHs 浓度随垂直深度变小而加大，且受人为活动的影响越来越显著。

张蓬等人研究了南黄海沉积物柱状样品中 PAHs 的变化趋势。整个沉积剖面，PAHs 的含量范围为 26. 31~76. 92 ng /g，大致呈现随深度的增加而减小的趋势，两个显著的峰值将沉积剖面分为 3 段，从沉积时间的角度来看，从 1920—1932 年，沉积物中 PAHs 的含量在近百年来处于最低水平，从 1938—1944 年和从 1956—1962 年这两个阶段，沉积物中 PAHs 的残留水平达到 2 个峰值，经过短暂的减少后，PAHs 的含量呈现缓慢上升的趋势。Liu 等考察了长江口潮间带沉积物柱状样中 PAHs 的分布，浓度在 0. 08~11. 74 μg /g 之间，且随着深度的变化趋势非常明显，在 35 cm 之上 PAHs 浓度较高，而 35 cm 之下的浓度较低且相差不大，说明近年来有大量的 PAHs 进入沉积物中。分析结果表明，黄海表层沉积物中赋存高含量水平的 PAHs，反映了海域内各种 PAHs 的排放量持续增加，PAHs 阶段性的变化与我国经济发展阶段基本相吻合。

康跃惠等采集了澳门河口区的沉积物柱状样品，对 1959—1996 年期间该海域沉积物中有机污染物的污染史进行了研究，结果发现，柱状样品中 PAHs 的浓度为 0. 6~4. 5 μg /g，其中在 20 世纪 60 年代和 80 年代分别记录到 2 个高的污染峰，且从 1990—1996 年，毒性当量浓度呈线性趋势增加。这与刘国卿等研究的 PAHs 在珠江口的百年沉积记录结果不同，该地区近百年来 PAHs 在整个沉积剖面的含量为 59~330 ng /g，在 20 世纪 50 年代达到第一个高峰值，在 60—70 年代有所降低，80 年代后急剧上升，在 90 年代达到最高值。表明南海近岸海域沉积物中PAHs的浓度变化受点源的影响明显，且与邻近区域的经济发展特征有一定的联系。

在渤海海域，锦州湾沉积物中低环PAHs比例较高，主要来源于石油工业；秦皇岛近岸和莱州湾部分站点的PAHs主要来自燃油产物；而其他海区的大部分站点的PAHs则属于燃煤型来源。燃烧生成的PAHs易吸附于细微颗粒物上，其迁移和沉降可能是渤海外海海区PAHs含量高于渤海湾近岸的一个重要原因。石油污染和化石燃料的高温燃烧是黄河口海域沉积物中PAHs的主要来源，因子分析/多元线性回归分析显示，PAHs主要来源于交通燃油和天然气燃烧排放、石油污染、焦炉燃烧排放三大污染源，其中石油污染贡献最大(占74.5%)，而交通燃油和天然气燃烧排放、焦炉燃烧排放所占比例相对较小，分别为12.8%和12.7%。

在辽东半岛(黄海沿岸)和山东半岛的近岸海区，表层沉积物中的PAHs以中高环(4~5环)组分占优势，而在江苏近岸海区，低环组分(2~3环)比例明显上升。低环与中高环组分的相对丰度以及成对同分异构体的比值结果显示，各海区表层沉积物中PAHs的主要来源是各类燃烧释放过程，如燃煤、生物质和交通尾气等，而石油产品输入的影响居次要地位。

长江口沉积物中PAHs以石油污染物为主，主要有沿岸城市工业和生活污水排放、航道排污以及船舶漏油等，另外，在远离岸带、稀释扩散较强的海域，以化石燃料不完全燃烧(热解)的污染物输入为主。在厦门海域，沉积物中PAHs主要以化石燃料燃烧源为主，但在港区内，石油产品泄漏是PAHs的主要来源。

珠三角河口区域及南海近海表层沉积物中PAHs来源主要为石油排放、煤和木柴等燃烧排放。其中，煤、木柴燃烧占27%，机动车尾气占25%，自然来源占12%。珠江、东江河口沉积物中PAHs主要来源于区域内工业和生活废物的直接排放和机动车尾气的近距离沉降。南海沉积物中PAHs，河流输入是主要途径。另外，在由河流向海洋输送PAHs的过程中，苝可以作为一个有效指标示踪河流输送的PAHs。

虽然许多环境工作者已对我国典型海域沉积物中的PAHs污染进行了较为细致的研究，取得了一定的成果，但是，目前对我国近岸海域环境中PAHs的变化趋势、空间分布规律及主要影响因素、PAHs在海洋水体/沉积物/生物体内的迁移规律、PAHs来源的精细化和定量化分析以及定量的风险评价等研究得较少，应引起关注。

(1)PAHs 污染的时空趋势研究不系统。目前，我国研究者主要关注于一个相对较小和典型的海域进行考察和研究，尚缺乏对全国海域(渤海、黄海、东海和南海)和近岸海洋环境中 PAHs 污染的整体认识，对 PAHs 的时间变化趋势、空间分布规律及主要影响因素等研究较少，需要相关部门加大对海洋环境中 PAHs 的监测力度和数据的共享，摸清我国海洋中 PAHs 的整体污染状况和发展趋势。

(2)缺少对 PAHs 的溯源研究。由于地理位置、居民生活习惯的差异以及经济发展水平不同步等原因，PAHs 的主要污染源是有差别的。而且，环境中 PAHs 也往往是不同来源综合作用的结果，而每种来源产生的 PAHs 种类及浓度都不同，且贡献率也不一样。目前文献报道的沉积物中 PAHs 的源解析方法主要是应用比值对 PAHs 进行定性分析，无法摸清各类污染源影响程度及其贡献率，因此，需要发展和应用定量的源解析技术，对沉积物中 PAHs 的主要来源进行鉴定，并定量计算各自贡献率，为控制污染源和保护海洋环境提供基础数据。

(3)缺乏定量的风险评价研究。目前，沉积物中 PAHs 的生态风险评价技术多是定性的分析，很少有对沉积物中 PAHs 进行定量的生态风险评价。定量化和区域评价是目前海洋环境生态风险评价的趋势。定量的生态风险评价方法同时考虑了 PAHs 暴露水平的变化和不同水平生物耐受能力的差异，并将评价中的不确定性采用数学的方式进行定量表达，能对生态风险做出整体性的定量评价，使评价结果更精细化和直观化。

10.2.2 有机氯农药(OCPs)

《寂静的春天》一书使人们认识到了长期施用有机氯农药对生态环境的严重危害，越来越多的人意识到如果仍继续大规模生产和滥用农药，“这里的春天静悄悄”的悲剧会再次重现。除了 DDT 外，环境工作者也证实了很多其他农药对环境和人类具有很大的危害。虽然这些有机氯农药给生态环境带来了许多影响深远的各种危害，但是一刀切式的禁用所有的有机氯农药的做法也不妥，毕竟，农药的使用极大地促进了农业生产，对人类的发展具有举足轻重的作用。但是，由于 OCPs 种类众多，此处仅介绍几种典型的 OCPs 物质。表 10.6 给出了一些典型

OCPs 的物化参数值。

表 10.6 一些典型 OCPs 参数

名称	水溶解度(μg/L)	蒸气压(mmHg)	$\log K_{OW}$	半衰期(a，土壤)
艾氏剂	27(25℃)	2.3×10^{-5}(20℃)	5.17~7.4	1.6
狄氏剂	140(20℃)	1.78×10^{-7}(20℃)	3.69~6.2	3~4
异狄氏剂	220~260(25℃)	2.7×10^{-7}(25℃)	3.21~5.34	>12
氯丹	56(25℃)	0.98×10^{-5}(25℃)	4.58~5.57	4
七氯	180(25℃)	0.3×10^{-5}(20℃)	4.4~5.5	0.75~2
DDT	1.2~5.5(25℃)	0.2×10^{-6}(20℃)	6.19(pp'-DDT)	15
毒杀芬	550(20℃)	3.3×10^{-5}(25℃)	3.23~5.50	100d~12a
灭蚁灵	0.07(25℃)	3×10^{-7}(25℃)	5.28	>10
六氯苯	50(20℃)	1.09×10^{-5}(20℃)	3.93~6.42	2.7~5.7
林丹	7mg/L(20℃)	3.3×10^{-5}(20℃)	3.8	1
硫丹	320(25℃)	0.17×10^{-4}(25℃)	2.23~3.62	50d
五氯酚	14mg/L(20℃)	16×10^{-5}(20℃)	3.32~5.86	23~178d
阿特拉津	28mg/L(20℃)	3.0×10^{-7}(20℃)	2.3404	>100d
十氯酮	7.6mg/L(25℃)	3×10^{-5}(25℃)	4.50	1~2

10.2.2.1 滴滴涕(DDT)

DDT(Dichlorodiphenyltrichloroethane，二氯二苯三氯乙烷)，又称滴滴涕，它可能是 20 世纪引起最多争议的有机氯农药之一。一方面，它的广泛施用极大提高了粮食的产量，从害虫引起的疾病和死亡中拯救了无数人的生命：另一方面，它的持久性和亲脂性使得许多野生生物因它而几近灭绝，给环境和人类生存带来了长期负面影响。

DDT 最初是由斯特拉斯堡大学的一名叫做 Othmar Zeidler 的学生合成，但是当时并不知道 DDT 具有杀虫效果。直到 1939 年瑞士化学家 Paul Müller 才发现 DDT 具有优异的广谱杀虫效果，可以有效控制传播疟疾、斑疹伤寒的虱子、蚊子和苍蝇等。由于 DDT 性质稳定，具有优良的杀虫效果，可以对害虫长期有效，加之合成过程简单和经济，于是被大量生产和广泛应用，1963 年美国年产量就超过了 8×10^4 t，成为第一种被全世界广泛使用的农药。正是由于 DDT 的广泛使用，1953 年美国和其他一些国家基本上消除了疟疾这种困扰人类几个世纪的传染病。Paul Müller 也因为发现 DDT 的杀虫效果而获得了 1948 年的诺贝尔医学与生理学奖。

实际上，DDT 是许多化合物的混合物，而其中起杀虫作用的主要是 p,p'-DDT，其他异构体如 o，o'-DDT、o，p'-DDT、p，p'-DDD、o，p'-DDD 杀虫活性很低或不具有活性。因为 DDT 具有脂溶性，可以很容易地穿透害虫皮肤的蜡质层渗入体内，迅速与害虫的神经细胞结合，使传输 Na^+通道无法关闭，瘫痪害虫的神经系统。DDT 除具有神经毒性外，还有内分泌干扰作用。它会扰乱鸟类的内分泌系统导致产下的蛋的蛋壳变薄，在孵化的过程中容易破裂，繁殖成功率下降，鸟类数量急剧减少。在美国一些地区，大量施用 DDT 后，鹰隼和许多其他鸟类的数量都明显减少。而在采取严厉措施控制使用 DDT 和其他一些农药的几年之后，许多地区的鸟类数量又恢复到了原来的水平。

虽然研究者对 DDT 进行了大量的毒性研究，但是并没有发现 p，p'-DDT 对人体(血液、肝脏、皮肤、免疫系统、生殖系统以及行为等)有毒害效应，DDT、DDD、DDE 与人类癌症之间也没有直接的因果关系。但是，可能是基于历史原因，美国环保局(EPA)仍把 DDT 列为可能的致癌物质。我国也在 1982 年停止使用 DDT。

DDE 比 DDT 稳定，更不易被降解，即使在 DDT 被禁止使用很久之后，在生物体内仍发现有高浓度的 DDE。1984 年的一次调查发现，人体脂肪中 DDT 含量为 0.70 μg/g，而 DDE 的水平高达 3.42 μg/g。据信 DDE 是鸟类蛋壳变薄的元凶之一，在一种食肉飞鸟体内 DDE 含量达到了 150 μg/g，其蛋壳的厚度与正常相比薄了 20%。虽然蛋壳变薄的原因还不清楚，但可以肯定的是，DDE 影响了鸟类体内的钙质代谢过程。由于 DDT 可以通过根部吸收在植物组织内富集，特别是在叶片中积累量最大，所以 DDT 除了通过水生生物链富集，还会在陆生食物链中富集。

10.2.2.2 六氯环己烷(六六六)

六氯环己烷(Hexachlorocyclohexanes，HCHs)，又称六六六，是最古老的氯代烃类杀虫剂之一，1825 年由英国化学家 Michael Faraday 发明。苯和氯在阳光的照射下就可以生成 HCHs。六六六一共有 16 种可能的同分异构体，但常见的只有 5 种，分别用希腊字母编号为 α-HCH，β-HCH，γ-HCH，δ-HCH 和 ε-HCH。这五种同分异构体在工业六六六中的比例依次为：60%~70%，5%~12%，10%~15%，6%~10%和 3%~4%。其中只有 γ-HCH 表现出良好的杀虫效果，为纪念其发现者 L. van der Linden，又称其为林丹(Lindane)，中文称丙体六六六。

γ-HCH 被广泛用来防治农业害虫、木材中的白蚁和家庭中的害虫，在医学上还被用来去除人和家畜皮外寄生虫。由于 γ-HCH 较易挥发，且水溶解度较大，所以它可以从土壤和空气中进入水体，也可以随水蒸气进入大气，所以 γ-HCH 在环境介质中积累较少。我国在 1983 年已停止使用 γ-HCH。

但是，β-HCH 与 γ-HCH 不同，β-HCH 的水溶性和蒸气压在 5 种 HCHs 中都是最小的，而且也最稳定，不易脱 HCl 降解，并且易在生物体内富集。另外，α-HCH 也会在适宜的环境中转化为 β-HCH。所以，虽然 β-HCH 在工业六六六中的比例不高，但在环境中，特别是沉积物中的 β-HCH 的浓度却很高。美国的母乳样品中，有 83.3%的样品中检出了 β-HCH，而只有 3.9%的样品检出了 γ-HCH。日本在第二次世界大战后曾大量使用 HCHs，在 25 年后人体脂肪中 β-HCH 仍高达 6.55 μg/g。对我国长江流域沉积物中 HCHs 浓度调查后发现，β-HCH 的浓度也是最高的，其次才是 α-HCH 和 γ-HCH。有机氯农药的水平随着时间的推移在逐渐降低。在辽河，与其他月份相比，6 月份时 HCHs 的浓度比较高，特别是 α-HCH，这反映在辽河流域农业上使用 HCHs 比较多的事实。

10.2.2.3 艾氏剂、异狄氏剂和狄氏剂

艾氏剂、异狄氏剂和狄氏剂是一类结构相似的有机氯农药，与 DDT 相比急性毒性要大得多，但持久性要弱一些。艾氏剂用作土壤杀虫剂控制根部蠕虫、甲虫和白蚁。狄氏剂用来处理种子，控制蚊子及舌蝇，还可以用于木材防止白蚁和毛料防虫等。异狄氏剂用在烟草、苹果树、棉花、甘蔗和谷物类上，以防范啮齿类和鸟类。狄氏剂其实是艾氏剂的氧化产物，所以通常把这两类杀虫剂放在一起讨论，而异狄氏剂，虽然结构和功能与艾氏剂和狄氏剂相似，但仍有一些差别。

当这些杀虫剂在农业上被用作农药时，它们会直接进入土壤、地表水或者挥发进入大气，一旦进入环境，它们就会被生物体所富集。不管是在植物还是动物体内，艾氏剂都会很快转变为狄氏剂。狄氏剂很难再被分解，并且蒸气压很低，会牢牢地附着在土壤颗粒物或沉积物上。植物也可以直接从土壤中吸收艾氏剂和狄氏剂。它们一旦通过食物链进入人体，很难再被排出体外。

异狄氏剂也可以聚集于土壤和水体中。它不溶于水，而是附着在土壤颗粒物和沉积物中。在土壤中异狄氏剂可以稳定存在达十年之久。异狄氏剂的持久性依赖于环境条件，如较高的温度和强烈的光照会加速异狄氏剂的分解。

人类暴露于这 3 种农药的主要途径是食物摄入。在被调查的母乳样品中，有

超过99%的样品中都发现了狄氏剂的存在。由于狄氏剂的亲脂性，母乳中狄氏剂水平比血液中高出6倍。虽然如此，世界卫生组织(WHO)却认为目前母乳中的狄氏剂水平并不会对婴儿造成明显的影响。

10.2.2.4 海洋环境中OCPs的浓度分布

国内有关海水中OCPs污染报道较多。海河和渤海湾表层水中六六六和DDT的含量分别为0.105~1.107 μg/L和0.101~0.115 μg/L。海河干流流域内的工业废水排放等陆源输入可能是渤海湾中OCPs的重要来源。与国内外类似水体相比，海河中OCPs污染情况较为严重，而渤海湾则处于中等水平。在丰水期、枯水期，珠江干流河口水体中OCPs总量分别是917~2613 ng/L、4117~12215 ng/L，珠江干流河口水体中六六六和其他OCPs的浓度高于DDTs的浓度。OCPs的含量随季节变化明显，枯水期水体中OCPs的含量明显高于丰水期的含量。OCPs的含量和分布表明，珠江干流河口存在不同的OCPs化合物输入，这种非点源污染特性在丰水期表现更突出。澳门水域水柱不同水深水体中的OCPs总量变化范围为2511~6715 ng/L；水柱上层样品的DDT/(DDE+DDD)>1，说明目前可能仍有新使用的DDT农药进入该水域，中层和上层水样的关联程度相对较高，与底部界面水的相关性较低，揭示了OCPs在表层沉积物与水体间的垂向交换和迁移较弱，水环境受表层沉积物再次释放OCPs的影响较小。莱州湾海域表层水体中OCPs浓度范围为ND~32.7 ng/L(“ND”表示“未检出”，下同)，底层水中的浓度范围为ND~11.7 ng/L。其中，β-HCH是水体中主要的OCPs污染物。而且该海域OCPs的分布特征是近岸高，远岸低，由近岸向湾外延伸方向依次递减。厦门西港表层水体中的18种OCPs的浓度范围为6.60~32.6 ng/L(其中HCHs：3.51~27.8 ng/L；DDTs：0.95~2.25 ng/L)，同国内外其他港口海区相比，其污染程度相对较低。分析结果表明，近年来仍有OCPs的污染输入，其农药的使用主要集中在六六六和滴滴涕上。海南岛东寨港区域地表水中OCPs为2.53~241.97 ng/L，海水中OCPs为3.60~28.30 ng/L，地表水中的OCPs呈季节性分布，枯水期OCPs高于丰水期。地表水中同时期的DDTs高于HCHs，且地表水中DDTs组成随季节变化而变化。海水中OCPs分布规律为内外交接处高于外港高于内港。地表水和海水中OCPs组成也不同，地表水中OCPs是海水中OCPs的重要来源。辽河中下游水体中共检出13种OCPs，低于20世纪80年代蓟运河(汉沽区段)和松花江(哨口-松花江村段)水体中的检出浓度。黄浦江表层水体中的20种OCPs

浓度为87.28~148.97 ng/L，含量较高的组分有β-HCH、δ-HCH、α-HCH、p，p'-DDT和七氯等，ΣHCHs高于ΣDDTs。分布特征表明，水体中HCHs主要为环境中的早期残留，水体中DDTs主要来源于近期输入。水体中OCPs呈现较明显的季节性变化，且丰水期含量高于枯水期，主要因为丰水期农田径流和土壤剥蚀作用，进一步说明黄浦江水体中OCPs的来源具有面源特征。

大亚湾沉积物中OCPs的浓度为16.66~44.04 ng/g。其中，DDTs和HCHs含量最高。从(DDD+DDE)/DDT和α/β-HCH的比值来看，DDTs存在复合污染，一方面来源于历史早期的使用，另一方面存在近期的新源输入；而HCH主要来源于历史使用。OCPs的垂直分布表明，1950—1980年期间，中国OCPs应用非常广泛，近期仍然有新的OCPs进入环境。长江口及其附近海域表层沉积物中OCPs的浓度分别为1.16~36.01 ng/g。与国内外相比，长江口附近表层沉积物中有机污染虽然比工业发达国家要小，但污染状况不容忽视。中国东海沉积物中HCHs和DDTs的残留水平分别低于0.05 ng/g和0.06 ng/g，其中，DDTs是主要的污染物，且DDTs浓度与沉积物中的TOC含量呈正相关。通过有机氯的垂直分布特征来看，有机氯残留跟历史使用状况有关。黄浦江表层沉积物中的20种OCPs含量范围为2165~19154 ng/g。从上游到下游，沉积物中OCPs含量呈升高趋势，说明工业污染及苏州河对黄浦江中、下游水环境中的OCPs具有较大的输入贡献。组分分布特征研究表明，当前沉积物中的OCPs主要来自于早期残留。相关性研究表明，总有机碳是影响沉积物中OCPs分布的重要因素。

10.2.3 多氯联苯(PCBs)

10.2.3.1 PCBs的结构与性质

多氯联苯(PCBs)早在1881年就由德国人H. Schmidt及G. Schulte首先合成并申请专利，但大量生产供工业利用则是在1929年由美国孟山都(Monsanto)公司开始。PCBs的结构是由两个以共价键相连的苯环所组成(如图10.2所示)。由于氢原子被氯原子所取代的位置及数目不同，共有209种PCBs同系物(congeners)，如表10.7所示。

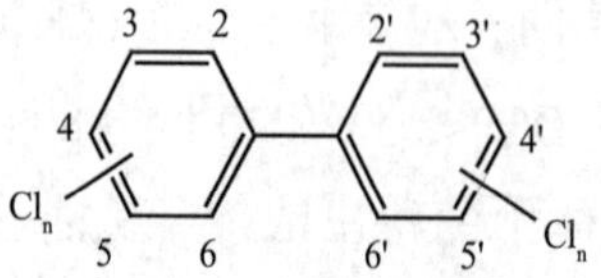

图10.2 多氯联苯结构

表 10.7 不同氯取代的同系物个数

PCB 简写	取代基个数	同族物个数
MonoCBs	1	3
DiCBs	2	12
TrCBs	3	24
TeCBs	4	42
PeCBs	5	46
HxCBs	6	42
HpCBs	7	24
OCBs	8	12
NoCBs	9	3
DeCB	10	1

PCBs 具有良好的热稳定性、低挥发性、低水溶性、高度化学惰性及高介电常数，且能耐强酸、强碱及腐蚀性，使得 PCBs 被广泛地应用于变压器和电容器内的绝缘介质以及热导系统和水力系统的隔热介质，另外，PCBs 还可以用在油墨、农药和润滑油等生产过程中作为添加剂和塑料的增塑剂。据世界卫生组织(WHO)统计，自 20 世纪 20 年代开始生产以来，至 80 年代末，全世界生产了约 200 万吨的 PCBs。商品化的 PCBs 一般含 60~90 种同系物，是复杂的混合体。PCBs 在各国的商品名称不同，如美国叫 Aroclor，德国叫 Clophen，日本叫 Kanechlor，法国叫 Phenochlor。国产 PCBs 主要分为两类，第一类外观流动性好，组成接近美国 Aroclor 1242，商品名“三氯联苯(PCB_3)”。另一类黏度大，氯含量高，组成类似 Aroclor 1254，商品名“五氯联苯(PCB_5)”。PCBs 的牌号用氯含量表示，如 Aroclor 1242，指氯含量为 42%的 PCBs。表 10.8 给出了不同牌号 PCBs 中各同系物的含量。

表 10.8 不同商品牌号 PCBs 的组成 (%)

	Aroclor					Clophen		Kanechlor		
	1016	1242	1248	1254	1260	A30	A60	300	400	500
MoCBs	2	1	–	–	–	–	–	–	–	–
DiCBs	19	13	1	–	–	20	–	17	3	–
TrCBs	57	45	21	1	–	52	–	60	33	5
TeCBs	22	31	49	15	–	22	1	23	44	26

续表

	Aroclor					Clophen		Kanechlor		
	1016	1242	1248	1254	1260	A30	A60	300	400	500
PeCBs	-	10	27	53	12	3	16	1	16	55
HxCBs	-	-	2	26	42	1	51	-	5	13
HpCBs	-	-	-	4	38	-	28	-	-	-
OCBs	-	-	-	-	7	-	4	-	-	-
NoCBs	-	-	-	-	1	-	-	-	-	-
DeCB	-	-	-	-	-	-	-	-	-	-

注：表中“-”表示含量小于1%。

国际纯粹化学和应用化学联合会(IUPAC)已经对所有209种多氯联苯同系物进行编号（http：//www.epa.gov/toxteam/pcbid/table.htm）。在这209种同系物中，有12种结构和性质类似于2，3，7，8-TCDD，常称它们为二噁英类PCBs。表10.9给出了其中12种同系物的编号及TEF值。这12种PCBs都有4个或更多的氯取代基，且不具有邻位取代或仅有一个邻位取代(图中2，2′，6或6′位)，其中尤以双对位和多于两个侧位氯取代的PCBs毒性最大，如PCB81，PCB77，PCB126和PCB169，它们的结构最接近2，3，7，8-TCDD。因为没有邻位氯原子的妨碍，两个苯环可以在同一平面旋转，所以这些PCBs又被称为共平面PCBs。

表10.9 共平面PCBs基于不同TEQ的TEF值

编号	结构	CAS编号	1994 WHO TEF	1997 WHO TEF		
				人类	鱼类	鸟类
77	3，3′，4，4′-Tetr	32598-13-3	0.0005	0.0001	0.0001	0.05
81	3，4，4′，5-Tetr	70362-50-4	—	0.0001	0.0005	0.1
105	2，3，3′，4，4′-Pent	32598-14-4	0.0001	0.0001	<0.000 005	0.0001
114	2，3，4，4′，5-Pent	74472-37-0	0.0005	0.0005	<0.000 005	0.0001
118	2，3′，4，4′，5-Pent	31508-00-6	0.0001	0.0001	<0.000 005	0.000 01
123	2，3′，4，4′，5′-Pent	65510-44-3	0.0001	0.0001	<0.000 005	0.000 01
126	3，3′，4，4′，5-Pent	57465-28-8	0.1	0.1	0.005	0.1
156	2，3，3′，4，4′，5-Hex	38380-08-4	0.0005	0.0005	<0.000 005	0.0001
157	2，3，3′，4，4′，5′-Hex	69782-90-7	0.0005	0.0005	<0.000 005	0.0001
167	2，3′，4，4′，5，5′-Hex	52663-72-6	0.000 01	0.000 01	<0.000 005	0.000 01
169	3，3′，4，4′，5，5′-Hex	32774-16-6	0.01	0.01	0.000 05	0.001
170	2，2′，3，3′，4，4′，5-Hept	35065-30-6	0.0001	—	—	—
180	2，2′，3，4，4′，5，5′-Hept	35065-29-3	0.000 01	—	—	—
189	2，3，3′，4，4′，5，5′-Hept	39635-31-9	0.0001	0.0001	<0.000 005	0.000 01

与其他 POPs 类似，PCBs 极难溶于水，水溶解度随着氯取代的增加而降低，具有较高的 K_{OW} 和生物富集系数。土壤和沉积物的吸附能力随着联苯中氯的含量、表面积与吸附物的碳数增加而增加。表 10.10 给出了部分 PCBs 的物化参数。

表 10.10 部分 PCBs 的物化参数

Aroclor	分子量	溶解度（μg/L）	辛醇-水分配系数 K_{OW}	有机碳-水分配系数 K_{OC}	生物富集系数 BCFs
1016	257.9	0.42	3.80×10^5	1.80×10^5	4.40×10^5
1221	200.7	40	1.20×10^4	5.80×10^3	1.99×10^4
1232	232.2	407	1.60×10^3	7.71×10^2	3.30×10^3
1242	266.5	0.23	1.30×10^4	6.30×10^3	2.10×10^4
1248	209.5	0.054	5.75×10^5	2.77×10^5	6.50×10^5
1254	328.4	0.031	1.10×10^6	5.30×10^5	1.20×10^6
1260	375.7	0.0027	1.40×10^7	6.70×10^6	1.10×10^7

瑞典科学家于 1988 年在野生动物和鱼类体内测到高浓度 PCBs 后，PCBs 污染问题才逐渐被重视。据世界卫生组织(WHO)的数据，自 1929 年开始工业生产 PCBs 以来，到 20 世纪 80 年代末，全世界生产了约 200 万吨的工业 PCBs，其中 31%左右已排放到环境中去。我国于 1965 年开始生产 PCBs，1974 年大多数生产厂停止生产，到 1980 年全部停止生产，累计产量近万吨，其中 1 000 t 做油漆添加剂，9 000 t 用于电力变压器和电容器。另外从 20 世纪 50 年代到 70 年代还从欧洲国家进口部分 PCBs 的变压器和电容器，这些产品已大多达到报废时间。我国生产的 PCBs 与国外相比虽然总量不多，但是由于人们对其认识不足，生产过程和使用过程中形成的挥发和泄漏以及对废旧的电力电容器的拆卸等环节，已经使相当数量的 PCBs 进入环境，造成局部地区的严重污染。

另外，PCBs 还可能作为工业生产副产品出现，这些工业产品在使用过程中有意无意的排放也会引起 PCBs 的严重污染，如国产五氯酚中就含有类二噁英的 PCBs。自 20 世纪 30 年代以来，五氯酚一直被广泛用作杀虫剂、杀菌剂、除草剂、木材防腐剂及相关行业，在我国曾大量生产五氯酚及其钠盐，用于血吸虫防治和木材防腐，估计已引起 PCBs 的污染。

10.2.3.2 PCBs 在环境中的迁移转化

PCBs 在环境中的首次报道是在 1966 年。由于 PCBs 的自净能力很弱，在环境中的降解很大程度上依赖于联苯的氯化程度，持久性也随着氯化程度的增加而增加，因此，随着 PCBs 的不断应用，在环境中的积累也不断增加，到 20 世纪 60 年代末 70 年代初达到顶峰，之后，随着 PCBs 的限用和禁用，污染程度逐渐降低。水体、土壤和植物中 PCBs 浓度的降低也使污染区动物体内的富集呈下降趋势。但是，已生产出的 PCBs 还有许多在使用，或被填埋，这些 PCBs 作为一个潜在的污染物将对生态环境影响很长时间。由于 PCBs 最终的汇是土壤和水体沉积物，随着 PCBs 的禁止生产和使用，原发污染源头的消失，在今后一段时间内，它们有可能作为第二污染源将过去储存的 PCBs 再次释放到环境中。

PCBs 主要通过下列途径进入环境：① 随工业废水排放进入环境水体中；② 从密封存放点渗漏或在垃圾场所沥滤释放到环境；③ 由于焚烧含 PCBs 的物质而进入大气；④ 增塑剂中的 PCBs 的挥发；⑤ 废弃物焚烧时 PCBs 的蒸发；⑥ 含PCBs 的电力器材的渗漏。

PCBs 经过各种途径进入大气后，经过干湿沉降转入水体或直接污染土壤，又经雨水淋溶进入水体，或直接排污进入水体，除一小部分溶解外，大部分 PCBs 被颗粒物吸附进入沉积相。因此，通过各种途径进入沉积物中是 PCBs 的主要迁移方式。影响 PCBs 分布、迁移的因素还有很多，如 PCBs 的物化性质、沉积物的组成（例如有机碳含量和颗粒粒径）和沉积相环境特征（如水深和颗粒物运载等）以及在间隙水的分布和在胶体颗粒上的吸附程度，均可以影响 PCBs 在沉积物中的变化，其中有机碳总量和颗粒粒径的影响最大。其迁移过程主要受有机碳吸附系数 K_{OC} 的影响，K_{OC} 小，则溶解度大，易于迁移；反之，K_{OC} 大，大部分束缚在颗粒物上不利于迁移。

PCBs 具有长距离迁移性，从北极的海豹到南极的海鸟蛋，在几千米高的西藏南迦巴瓦峰上的雪水中都发现了 PCBs 的存在。在人体中，有 3/4 的因纽特女人血液中 PCBs 含量超出了安全值的 5 倍。在俄罗斯靠近北极地区的人群中约有 5%的人血脂中 PCBs 的含量高达 10 000 ng/g，毫无疑问，这些地区的 PCBs 都来自长距离迁移作用。

在对 PCBs 通过食物链向高级生物传递的现象中，发现一个有趣的现象：PCBs 在牛奶中的挥发性低于其在构成牛的食物的植物中的挥发性。在这个特定的例子中，可以说是一个“生物稀释”过程而不是一个“生物放大”过程。在牛奶中观察到的 PCB52 挥发性特别低，是由于这个化合物在牛体内的代谢转化。最后，注意到母乳中PCBs的逸度比牛奶中的逸度高一至两个数量级。这个发现表明，人类不是从牛奶中获得大部分的PCB52，而是从其他来源中获得，例如，从水生生物中获得，而且这类食物来源中所含PCBs更多，并且人类从食物来源中对PCBs的生物放大更明显。另外，需要指出的是，对于那些喜欢吃肝脏的人，必须提醒他们，牛肝脏中的PCBs水平通常比其他部位中的PCBs水平高2~4倍。

PCBs在大气中的损失主要有两种过程，一是直接光解或与羟基自由基等以及臭氧反应。研究表明，PCBs由于羟基自由基引发的反应在大气中的半衰期为2~34d,而且每增加一个氯取代基，其反应活性就会降低一半。另一个重要途径是雨水冲刷和干、湿沉降。这一过程并没有减少PCBs在环境中的总量，而只是实现了PCBs从大气向水体或土壤的转移。据报道，进入美国五大湖的苏必利尔湖的PCBs有85%~90%是来自大气沉降过程。在自然条件下，PCBs的降解主要有光降解和生物降解。对所有PCBs，其吸收带都大于280nm，在光解脱氯反应中，氯含量高的比含量低的PCBs更易发生光解反应且反应速度更快。而对生物降解则刚好相反，因为生物降解主要取决于C-H键的数目，氯原子越少，C-H键越多，越容易进行生物氧化。PCBs分子中含氯原子数目越多，其在土壤(或沉积物)环境中生物降解越慢，这与其吸附性能增高的规律一致。因为PCBs的分子量越高，则它的吸附分配系数就越大，这使得可逆吸附于颗粒物的PCBs解吸并扩散到外部所需的时间越长，相应PCBs被降解的速度也就越慢。另外，PCBs在颗粒相中停留时间的增长，使得PCBs与土壤有机质反应，从而被土壤屏蔽的量也相应增加。由此可知，PCBs的吸附特性，对PCBs在土壤(或沉积物)中生物降解过程起着非常重要的作用，这是控制PCBs在环境中总降解速率的关键因素。

10.2.3.3 PCBs在海洋环境中的分布

国内海水中的PCBs污染报道较多。海河和渤海湾表层水中PCBs的含量为0.106~3.111 μg/L。海河干流流域内的工业废水排放等陆源输入可能是渤海湾中PCBs的重要来源。与国内外类似水体相比，海河中PCBs污染情况较为严重，而渤海湾则处于中等水平。莱州湾海域表层水体中PCBs总浓度范围在4.5~27.7 ng/L之间。而且，该海域PCBs的分布特征是近岸高，远岸低，由近岸向湾外延伸方向依次递减。厦门西港表层水体中的12种PCBs的浓度为0.08~1.69 ng/L，同国内外其他港口海区相比，其污染程度相对较低。辽河中下游水体中共检出4种

PCBs，浓度低于20世纪80年代蓟运河(汉沽区段)和松花江(哨口-松花江村段)水体中的检出浓度。

长江口和附近海域表层沉积物中PCBs的浓度为0.19~18.95 ng/g，主要来源于工业排放和农业废水。与国内外相比，长江口附近表层沉积物中有机污染虽然比工业发达国家要小，但污染状况也不容忽视。长江三角洲表层沉积物中的23个PCBs同系物的浓度为0.92~9.69 ng/g。PCBs的污染最高点都出现在河口区域，这可能与苏州和上海两个经济高度发达的城市的污染排放有关。从同系物的组成来看，PCBs主要以3~6氯为主，高氯联苯都低于检测限。珠江三角洲河口表层沉积物中PCBs的浓度为10~399 ng/g，工业化过程中大量使用的化学品可能是造成高浓度有机污染的主要原因，高浓度的有机污染，可能会对珠江和澳门海湾造成生态威胁。东北的大连湾、松花江、河北保定地区、中部的鸭儿湖、南部的珠江流域和台湾地区沉积物中PCBs污染比较严重，其余地区沉积物中PCBs的污染水平相对较低。PCBs污染较严重的地区多为一些港口、工农业发达的区域、发生过泄漏的多氯联苯退役设备封存点和多氯联苯设备非法拆卸的地区。分析表明，水流交换畅通、水体流量大、沉积物含砂质较多、适当的管理等会减轻多氯联苯污染，人口密集、工业发达、有历史或当前排污、航运繁忙等会导致多氯联苯污染加重。闽江口沉积物中的21种多氯联苯的调查表明，闽江口沉积物中多氯联苯的含量为15.13~57.93 ng/g；与其他河口和海域相比，闽江口的多氯联苯污染水平相对较为严重。同系物组成表明，多氯联苯主要部分为含3~6氯联苯，而且多氯联苯的主要组分间存在正相关性表明其具有相似的和稳定的来源特征。第二次全国海洋污染基线调查数据表明，PCBs的高值主要分布于秦皇岛近岸、辽东湾近岸和渤海湾近岸海区。而且渤海中部海区表层沉积物中PCBs的含量相对较低。

10.2.4 多溴联苯醚(PBDEs)

10.2.4.1 PBDEs的结构与性质

多溴联苯醚(PBDEs)作为典型的溴代阻燃剂，自1981年在生物体内首次发现以来，各种介质中关于PBDEs研究均有报道，目前已被认为是世界范围内普遍存在的环境污染物。近年来，国际上关于PBDEs的研究工作仍呈现增加的趋势，尤其在国内，关于PBDEs相关的研究上升的趋势更加明显，其中，关于

PBDEs 在生物体内富集以及沿食物链放大方面的研究仍是目前关注的热点，而在海洋领域，相关的报道很少。

PBDEs 的化学通式为 $C_{12}H_{(0\sim9)}Br_{(1\sim10)}O$，结构式如图 10.3 所示。与 PCBs 的编号系统类似，PBDEs 也是按 IUPAC 系统编号，依据溴原子数量的不同分为十个同系组，共 209 种同系物。虽然 PBDEs 在结构上和 PCBs 相似，但由于连接两个苯环的键可以自由旋转，PBDEs 分子在最优构象时两个苯环几乎呈垂直角度，所以 PBDEs 的某些性质与 PCBs 可能存在一定的差异。

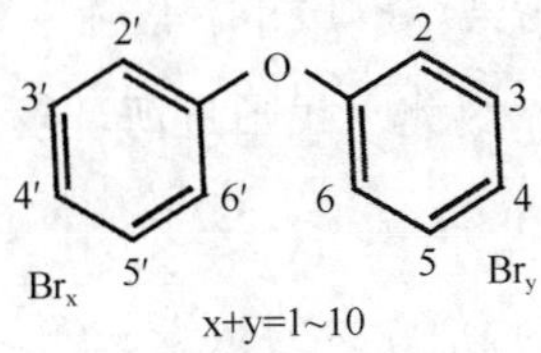

图 10.3　多溴联苯醚的结构式

PBDEs 具有稳定的化学结构，很难通过物理、化学或生物方法降解，但是在高温下可以释放溴原子，在燃烧的条件下可形成多溴二噁英和多溴二苯并呋喃。此外，十溴联苯醚(BDE-209)在光照(紫外光或太阳光)条件下可形成低溴代 BDEs 和 BDDs/DFs。室温下，PBDEs 具有蒸气压低和亲脂性强的特点，沸点为 310~425℃，在水中的溶解度小。PBDEs 具有相对较高的过冷饱和蒸气压，并且随着溴原子数的增加而降低，说明低溴代 BDEs 相对于高溴代 BDEs 单体具有更强的远距离迁移能力。PBDEs 具有较高的正辛醇/水分配系数($\log K_{OW} > 5$)，表明 PBDEs 具有潜在的生物富集效应。

虽然 PBDEs 有 209 种同系物，但商品 PBDEs 的种类非常有限，且商品均为不同溴代化合物的混合物，主要包括 3 种：① 十溴联苯醚(Deca-BDEs)：包括 98% 10Br-BDE 和 2% 9Br-BDEs；② 八溴联苯醚(Octa-BDEs)：包括 10% 6Br-BDEs、40% 7Br-BDEs、30% 8Br-BDEs、20% 4Br 和 9Br-BDEs；③ 五溴联苯醚(Penta-BDEs)：包括 40% 4Br-BDEs、45% 5Br-BDEs 和 6% 6Br-BDEs。PBDEs 被大量生产并用于聚合物中作阻燃剂，尤其在电器制造(电视机、计算机线路板和外壳)、建筑材料、泡沫、室内装潢家具、汽车内层和装饰织物纤维等方面。其中，Deca-BDEs 是一类产量和消耗量较大的添加型阻燃剂，因为其溴含量高达 83.3%，热稳定性好，阻燃效能高，且产品价格相对低廉，所以广泛为市场所接受。

我国对于PBDEs的生产主要以Deca-BDE为主，生产厂家主要分布在山东省和江苏省的东部沿海地带。截至2001年，我国阻燃剂总产量约为1.5×10^5 t，而Deca-BDEs的销售量已达1.35×10^4 t，而到2006年，我国Deca-BDEs的生产量已达到1.5×10^4 t。作为一类添加型阻燃剂，由于没有化学键束缚，PBDEs在生产、使用和废物处置阶段都会不同程度地释放到环境中，其中最明显的释放源是生产PBDEs的工厂和使用PBDEs作阻燃剂的工厂，如阻燃聚合产品生产厂和塑料制品厂等，其他可能的污染源有城市、医院、垃圾焚烧、电器的循环利用、垃圾填埋以及意外的火灾等。因此，我国近海环境中PBDEs的污染来源主要来自Deca-BDEs的生产和使用。

10.2.4.2　PBDEs在不同环境介质中的浓度

由于我国生产和使用大量的PBDEs，因此环境介质中PBDEs的检出率和检出水平均较高，其中位于广东贵屿地区的电子垃圾拆卸地中，土壤、沉积物和生物体中PBDEs的浓度水平远高于世界其他地区。有关典型环境介质中PBDEs的污染状况如下所述。

1)水体

PBDEs在世界范围内的水体中普遍被检出，浓度水平一般在pg/L级别。表10.11列出了部分地区水体中PBDEs的含量水平，其中，土耳其的Izmir湾所测得的平均浓度为525 pg/L；我国香港地区表层海水中溶解相和颗粒相中PBDEs的浓度分别为31.1~118.7 pg/L和25.7~32.5 pg/L。与上述区域相比，我国珠江三角洲附近水体中PBDEs的含量则相对较高。对伶仃洋海水样品的分析结果表明，PBDEs的平均浓度为5.0 × 10^3 pg/L，而珠江入海口处PBDEs的含量则高达6.8 × 10^4 pg/L。

2)沉积物

沉积物是环境污染物一个最主要的蓄积库，特别是对难降解、疏水性较强的持久性有机污染物，因此，了解PBDEs在沉积物中的迁移转化信息对研究其环境归宿问题非常重要。对比国内外的相关报道数据(表10.11)可以发现，国外发达国家沉积物中PBDEs的含量相对较高。环渤海地区表层沉积物中PBDEs的平均含量为2 500 ng/kg，长江入海口、杭州湾和钱塘江表层沉积物中PBDEs的平均含量为 13 550 ng/kg，海河流域 14 条河流沉积物的浓度范围为 60～2100 ng/kg，辽河口海域表层沉积物中 PBDEs 的浓度范围为 130～1980 ng/kg。

表 10.11　不同地区水体及沉积物中 PBDEs 的含量水平

介质	报道年份	研究地点	结果	单体数量
水体	2005	美国 San Francisco Estuary	ΣPBDEs：0.2～ 513 pg/L	22
	2006	美国 Michigan 湖	ΣPBDEs 平均值：21 pg/L	6
	2007	土耳其 Izmir 湾	ΣPBDEs 平均值：525 pg/L	7
	2008	伶仃洋	ΣPBDEs 平均值：5.0 ng/L	8
	2007	珠江入海口	ΣPBDEs：344～68 000 pg/L	17
	2006	香港海域	ΣPBDEs(溶解态)：31.1～118.7 pg/L； ΣPBDEs(颗粒态)：25.7～32.5 pg/L	8
沉积物	1999	英国主要河流	ΣPBDEs：3200 μg/kg(dw)	8
	2002	北美五大湖和 Hadley 湖	ΣPBDEs：24～71 μg/kg (dw)	8
	2002	日本河流	ΣPBDEs(except BDE-209) 21～59 μg/kg (dw) BDE-209：1.2×10^4 μg/kg (dw)	3
	2005	美国 San Francisco Estuary	ΣPBDEs：ND～212 ng/g(dw)	22
	2009	环渤海	ΣPBDEs：2.5 μg/kg(dw)	14
	2009	长江入海口、杭州湾和钱塘江	ΣPBDEs：13.55 μg/kg(dw)	11
	2005	珠江三角洲及南海	ΣPBDEs：4.8 μg/kg(dw)	10
	2005	香港	ΣPBDEs：1.7～53.6 ng/g(dw)	15
	2007	广东贵屿	ΣPBDEs：3200 μg/kg(dw)	20
	2008	山东莱州湾	ΣPBDEs：240 μg/kg(dw)	8
	2011	海河流域	ΣPBDEs：60～2100 ng/kg (dw)	27
	2011	辽河口海域	ΣPBDEs：130～1980 ng/kg (dw)	27

3) 生物体

根据采样点和样品的不同，世界范围内 PBDEs 在生物体内的水平在 1 ng/g～10 μg/g(lw) 的范围不等。与国外的报道结果相比，我国大部分地区生物体内 PBDEs 的含量水平相对较低，但典型污染地区生物体内的含量与国外报道数据相当，甚至高于国外发达地区。通过对 PBDEs 生产厂附近采集的贝类生物的研究发现，PBDEs 的含量高达 457.2 ng/g（脂重）；对 PBDEs 生产厂附近采集的鱼类研究发现，PBDEs 的含量达到 90.3 ng/g(脂重)；对广东清远电子垃圾回收厂附近采集的鱼和水鸟的研究发现，鱼样中 PBDEs 的平均浓度为 153.0 ng/g(脂重)，而水鸟中 PBDEs 的含量则高达 1165.2 ng/g(脂重)；此外，香港地区水鸟蛋和海豚中 PBDEs 的含量结果显示，水鸟蛋中 PBDEs 的含量为 435 ng/g(脂重)，而海豚体内 PBDEs 的含量则高达 3590 ng/g(脂重)，这一结果表明 PBDEs 能够进行生物富集和生物放大。

对比国内不同地区的报道结果发现，辽东湾海域浮游动物体内和无脊椎动物体内 ΣPBDEs 的含量水平(3.43~8.87 ng/g)要明显低于我国珠江三角洲地区(6.4~29 ng/g)；辽东湾鱼类样品中 ΣPBDEs 的脂肪归一化浓度(4.89~20.3 ng/g)高于广东大亚湾地区(5.43 ± 3.97 ng/g)，但同样低于珠江三角洲地区(1.3~407.1 ng/g)。总体而言，我国北方地区生物体内 PBDEs 的残留水平整体上低于珠江三角洲地区以及国外发达国家地区的残留水平(表 10.12)。

表 10.12　不同地区生物体内 BDE-47、BDE-99 和 ∑PBDEs 的浓度比较

物种/名称	国家/地区	BDE-47 (ng/g，lw)	BDE-99 (ng/g，lw)	ΣPBDEs (ng/g，lw)	样品采集年份
浮游动物	辽东湾	0.297	0.03	0.87	2010
	渤海湾	0.03		0.57	2005
	加拿大海域	0.46	0.46		1999—2000
	波罗的海			39.6 ~ 4280	2008
哲水蚤	挪威	0.64（湿重）	0.48（湿重）	1.35（湿重）	2003
	美国阿蒙森湾	5.33	7.68	16.44	2004
端足目动物	美国阿蒙森湾	2.88	0.14	5.63	2005
虾及贝壳	辽东湾	1.11~3.59	0.20~0.59	3.43~8.87	2010
	渤海湾	0.03~0.4	0.15~1.09		2005
	比利时北海			32.7~84.1	1999
	香港海域			27.0~83.7（dw）	2004
	悉尼港	3.7~15.2	0.1~1.9	6.4~16.4	2006
	珠江三角洲	1.9~18	0.51~8.4	6.4~29	2005

续表

物种/名称	国家/地区	BDE-47（ng/g，脂重）	BDE-99（ng/g，脂重）	ΣPBDEs（ng/g，脂重）	样品采集年份
	辽东湾	1.77~9.05	0.29~1.32	4.89~20.3	2010
	渤海湾		0.57~3.5	2005	
	大亚湾		5.43 ± 3.97	2003	
	珠江口	16.6~340.3	37.8~407.1	2004-2005	
鱼类	珠江口	0.57~47	nd~18	1.3~208	2005
	波罗的海		6.77~138	2008	
	西北大西洋	8.3~42	0.63~7.5	18~82	2006
	北海	26~133		1999	
	悉尼港	13.2~78.2	0.8~4.5	24.0~115.4	2006
黑嘴鸥	辽东湾	36.1 ± 7.8	12.1 ± 8.2	99.9 ± 34.8	2010
银鸥	渤海湾	16.2 ± 2.4	2.3 ± 1.5	27.3~37.3	2005
游隼	瑞典			110~9 200	1993—2000

10.2.5 酞酸酯(PAEs)

10.2.5.1 PAEs 的结构与性质

邻苯二甲酸酯类物质(PAEs)作为塑料的改性添加剂在增塑剂市场中占主导地位，20 世纪 90 年代初的世界年产量已超过 180×10^4 t。1995 年，PAEs 被世界卫生组织(WHO)公布为内分泌干扰物，是能对动物的生殖系统造成危害的一类环境污染物。邻苯二甲酸二甲酯(DMP)、邻苯二甲酸二乙酯(DEP)、邻苯二甲酸二丁酯(DBP)、邻苯二甲酸二(2-乙基己)酯(DEHP)、邻苯二甲酸二正辛酯(DOP)和邻苯二甲酸二丁基苄基酯(BBP)6 种同系物被 US EPA 列入“优先控制污染物名单”。欧盟委员会于 2003 年向成员国发布有关限制在进入欧盟市场的商品中使用某些危险物质和原料的指令，其中新增加对 DEHP 和 DBP 的禁用。我国已将 DMP、DBP 和 DOP 列入优先控制污染物黑名单。可见，PAEs 物质对人类存在的危害已经引起了世界的关注。

酸酐与醇类酯化反应生成的化合物，其侧链集团 R、R′可相同或不相同(图 10.4)。生产上最常使用的为 DEP、DBP、DOP 和 DEHP。PAEs 为无色油状黏稠液体，有些带有微弱特殊性气味，难溶于水，易挥发，其比重与水相近，凝固点较低，易溶于有机溶剂和类酯。在塑料制品中与塑料分子的相溶性较好，两者间没有严密的化学结合键，而是由氢键或范德华力相连结，彼此保持各自独立的化学性质。故当塑料制品接触到食品中所含的水和油脂等时，其中的 PAEs 便会溶入其中，造成危害。

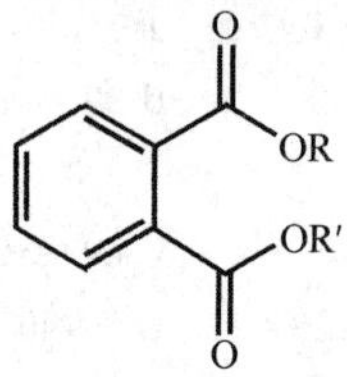

图 10.4　邻苯二甲酸酯类化合物的结构式

PAEs 是一类普遍使用的化学工业品，主要用作增塑剂，也应用于涂料、油漆、医疗产品、汽车玻璃、化妆品、杀虫剂等产品的生产过程中。PAEs 可以大量地进入环境中，因此在水、大气、土壤及生物体等各种环境介质中均有检出，已成为全球性最普遍的污染物之一。环境中 PAEs 的来源有几个主要的途径，水体中主要来自生产和使用 PAEs 的工厂废水，其次为农用塑料薄膜、塑料垃圾等经雨水淋洗和土壤浸润等；大气中的 PAEs 也可通过干、湿沉降转入水环境中，而大气中 PAEs 的污染主要源于喷涂塑料、塑料和农用薄膜中增塑剂的挥发以及垃圾的不完全燃烧，在大气中以蒸气或吸附于悬浮颗粒物中的形式存在。另外，PAEs 是脂溶性有机化合物，水中溶解度较小，因此 PAEs 在水体中浓度随着碳链长度的增加而减少，而悬浮物、底泥和水生生物中的浓度则随着碳链长度的增加而增加。

10.2.5.2　PAEs 在我国海洋环境中的分布特征

原国家海洋局自 2006—2011 年连续 6 年对 90 多个陆源入海排污口及其邻近海域开展了 PAEs 的监测工作，监测项目分别为邻苯二甲酸二甲酯(DMP)、邻苯二甲酸二乙酯(DEP)、邻苯二甲酸二丁酯(DBP)、邻苯二甲酸二丁基苄酯(BBP)、邻苯二甲酸二(2-乙基己基)酯(DEHP)和邻苯二甲酸二正辛酯(DOP)。监测结果表明，排污口污水中 PAEs 的排放浓度范围为 0.058~80.9 μg/L，平均浓度为 6.53 μg/L，其中 PAEs 总量较高的站位主要集中在福建省内。我国《污水综合排放标准》(GB 8978—1996)中 DBP 的一级、二级和三级标准分别是 0.2mg/L、0.4mg/L 和 2.0 mg/L，DOP 一级、二级和三级标准分别是 0.3mg/L、0.6mg/L 和 2.0 mg/L，我国重点监测排污口水体中 DBP 和 DOP 的污染排放均满足一级排放标准。

排污口邻近海域 PAEs 的监测结果表明，海水中 PAEs 的浓度范围为 0.02~52.7 μg/L，平均浓度为 2.70 μg/L(PAEs 总量的空间分布如图 10.5 所示)。我国海水水质标准中没有PAEs化合物的规定，美国1976年为保护水生生物(淡水)设立的标准，水中PAEs总量不得超过3 μg/L，参照该标准，我国重点监测排污口邻近海域水体(海水)中PAEs总量不满足保护水生生物要求的数量为21个，超标率为16.7%。

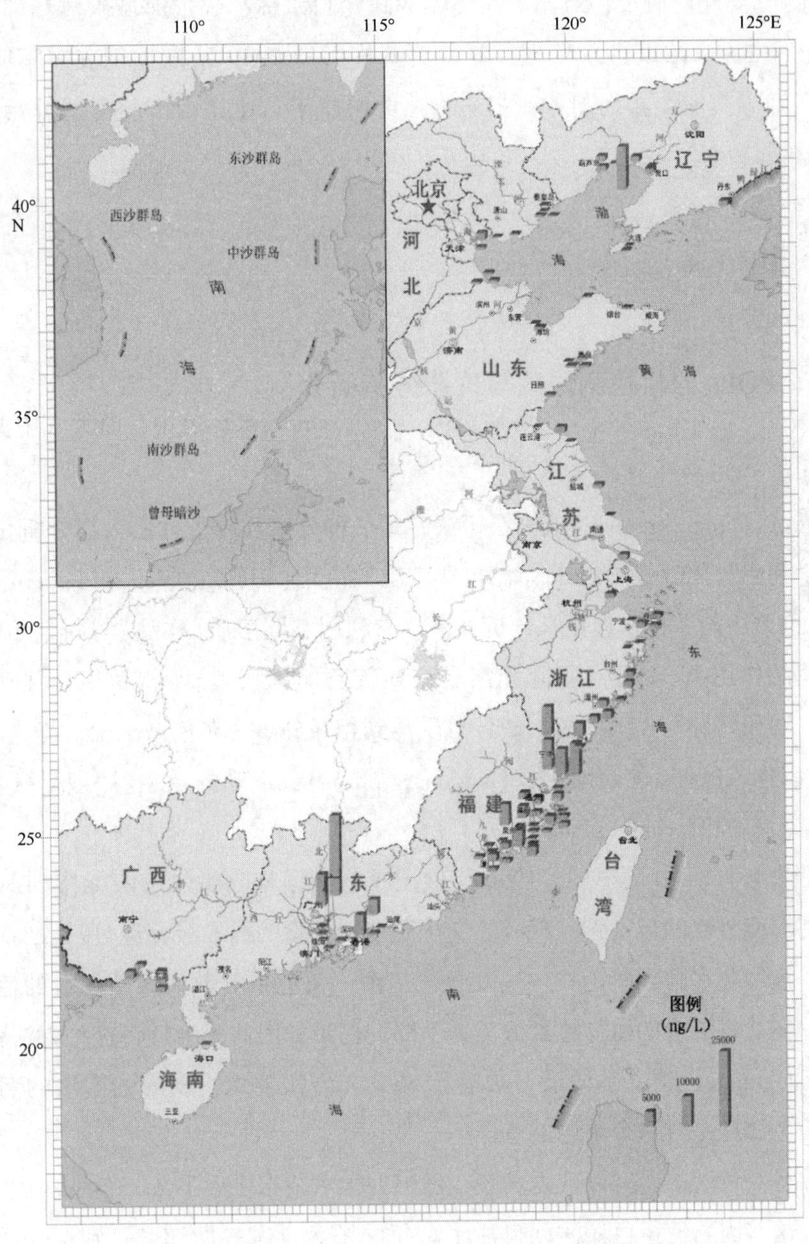

图10.5 我国陆源入海排污口邻近海域海水中PAEs的空间分布

邻近海域沉积物中 PAEs 的监测结果表明，我国排污口邻近海域沉积物中 PAEs 的含量范围为 0.012～31.2 μg/g(干重)，平均浓度为 2.90 μg/g，其中 PAEs 总量较高的站位主要分布在南部沿海区域。沉积物中 PAEs 浓度的地区分布特征比较明显，南方省份明显高于北方省份，说明我国南方省份较北方省份而言，PAEs 污染相对较重；对比不同类型的排污口水体、邻近海域水体和邻近海域沉积物中 PAEs 浓度可以发现，各种类型排污口 PAEs 浓度差别表现不明显，其中排污河等其他类排污口中 PAEs 的含量均高于工业类和市政类型排污口中 PAEs 的含量。

10.3 分析监测技术

10.3.1 POPs 分析检测原理与仪器分析简介

10.3.1.1 色谱技术原理与仪器

色谱法(chromatography)或称层析法，是一种分离和分析方法，在分析化学、有机化学和生物化学等领域中有着非常广泛的应用(王新红 等，2011；许国旺，2004)。色谱法是一种物理化学分析方法，它利用不同溶质(样品)与固定相和流动相之间的作用力(分配、吸附和离子交换等)的差别，当两相做相对移动时，各溶质在两相间进行多次平衡，使各溶质达到相互分离。在色谱法中，静止不动的一相(固体或液体)称为固定相(stationary phase)；运动的一相(一般是气体或液体)称为流动相(mobile phase)。

色谱法起源于 20 世纪初。1906 年俄国植物学家米哈伊尔·茨维特(Tswett)用碳酸钙填充竖立的玻璃管，以石油醚洗脱植物色素的提取液，经过一段时间洗脱之后，植物色素在碳酸钙柱中实现分离，由一条色带分散为数条平行的色带。由于这一实验将混合的植物色素分离为不同的色带，因此茨维特将这种方法命名为 chromatography，这个单词最终被英语等拼音语言接受，成为色谱法的名称。汉语中的色谱也是对这个单词的意译。

茨维特对色谱的研究以俄语发表在俄国的学术杂志之后不久，第一次世界大战爆发，这些因素使得色谱法问世后十余年间不为学术界所知，直到 1931 年德国科学家库恩将茨维特的方法应用于叶红素和叶黄素的研究并获得广泛承认，也让科学界接受了色谱法，此后的一段时间内，以氧化铝为固定相的色谱法在有色物质的分离中取得了广泛的应用，这就是今天的吸附色谱。色谱技术在20世纪50年代之后飞速发展，并发展出一个独立的三级学科——色谱学。历史上曾经先后有两位化学家因为在色谱领域的突出贡献而获得诺贝尔化学奖。

色谱法的分类方法很多，最粗的分类是根据流动相的状态将色谱法分成四大类(表10.13)。

表10.13 色谱法类型

色谱类型	流动相	主要分析对象
气相色谱法	气体	挥发性有机物
液相色谱法	液体	可以溶于水或有机溶剂的各种物质
超临界流体色谱法	超临界流体	各种有机化合物
电色谱法	缓冲溶液、电场	离子和各种有机化合物

1952年马丁和詹姆斯用气体作为流动相进行色谱分离，他们用硅藻土吸附的硅酮油作为固定相，用氮气作为流动相分离了若干种小分子量挥发性有机酸。气相色谱的出现使色谱技术从最初的定性分离手段进一步演化为具有分离功能的定量测定手段，并且极大的刺激了色谱技术和理论的发展。相比于早期的液相色谱，以气体为流动相的色谱对设备的要求更高，促进了色谱技术的机械化、标准化和自动化；气相色谱需要特殊和更灵敏的检测装置，促进了检测器的开发；而气相色谱的标准化又使得色谱学理论更加丰富，如塔板理论、Van Deemter方程、保留时间、保留指数和峰宽等概念都是在研究气相色谱行为的过程中逐渐形成的。

为了分离蛋白质和核酸等不易汽化的大分子物质，气相色谱的理论和方法被重新引入经典液相色谱。20世纪60年代末开发了世界上第一台高效液相色谱仪，开启了高效液相色谱的新时代。高效液相色谱使用粒径更细的固定相填充色谱柱，提高了色谱柱的塔板数，以高压驱动流动相，使得经典液相色谱需要数日乃至数月完成的分离工作得以在几个小时甚至几十分钟内完成。

10.3.1.2 质谱技术原理与仪器

质谱基本的工作原理为：以电子轰击或其他方式使被测物质离子化，形成各种质荷比(m/e)的离子，然后利用电磁学原理使离子按不同的质荷比分离并测量各种离子的强度，从而确定被测物质的分子量和结构。目前被广泛用于有机化学、生物学、地球化学、核工业、材料科学、环境科学、医学卫生、食品化学、石油化工和空间技术等领域。如图 10.6 和图 10.7 分别为气相色谱/质谱联用工作原理的示意图和电子轰击电离源(EI)的示意图。有机质谱仪主要用于有机化合物的结构鉴定，它能提供化合物的分子量、元素组成以及官能团等结构信息，按照内部构造的不同可分为四极杆质谱仪、离子阱质谱仪、飞行时间质谱仪和磁质谱仪等。

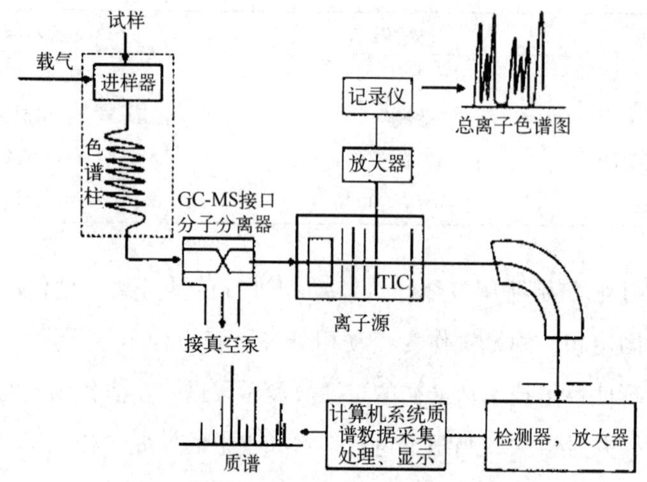

图 10.6　气相色谱/质谱联用工作原理示意图

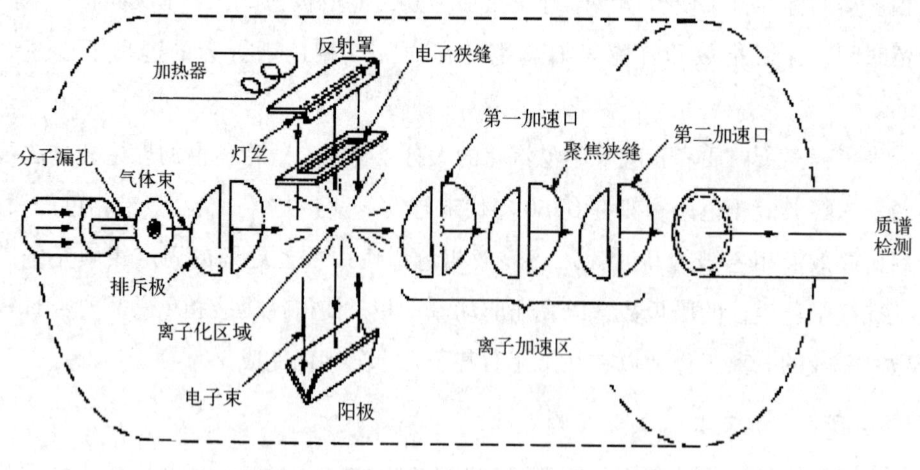

图 10.7　电子轰击电离源(EI)示意图

10.3.1.3 替代标准与内标物

依据美国 EPA 标准方法(EPA525.2)的定义，替代内标是一种在环境样品中都不可能被发现的纯物质，其在样品提取和进行其他处理前被加入的量是已知的。在样品中同其他组分一样被测定，其作用是监控分析方法的过程和性能的可靠程度。进样内标是加到样品浓缩液或标准溶液中已知量的内标物质，主要用来测定同一溶液中其他分析物质和替代物的相对响应值。

采用内标法定量时，内标物的选择是一项十分重要的工作。理想的内标物应当是一个能得到纯样的已知化合物，能以准确、已知的量加到样品中去，应同被分析的样品组分有基本相同或尽可能一致的物理化学性质(如化学结构、极性、挥发度及在溶剂中的溶解度等)、色谱行为和响应特征，最好是被分析物质的一个同系物。当然，在色谱分析条件下，内标物必须能与样品中各组分充分分离。需要指出的是，在少数情况下，分析人员可能比较关心化合物在一个复杂过程中所得到的回收率，此时，可以使用一种在这种过程中很容易被完全回收的化合物作内标，来测定感兴趣化合物的百分回收率，而不必遵循以上选择原则。

内标法的优点是测定结果较为准确，由于是通过测量内标物及被测组分峰面积的相对值来进行计算的，因而在一定程度上消除了操作条件等的变化所引起的误差。内标法的缺点是操作程序较为麻烦，每次分析时内标物和试样都要准确称量，有时寻找合适的内标物也有困难。以现行的《海洋监测技术规程》(HY/T 147—2013)为例，多环芳烃和酞酸酯类化合物的测定均包含内标定量，其中多环芳烃内标的选择是氘代 PAHs 同系物，5 组分的替代内标涵盖 16 组分 PAHs 同系物的低、中和高分子量，在保留时间上的跨度和分布比较合理，而 PAEs 替代内标的选择并非同位素内标，但环境中并未检出该类物质，加上其环境行为和色谱行为与目标化合物比较相近，因此同样可以作为替代内标进行使用。

10.3.2 海洋环境中 POPs 分析检测技术

10.3.2.1 样品提(萃)取技术

POPs 在环境中分布、迁移和转化等的研究都离不开对样品的检测分析，可以说检测分析是开展 POPs 研究不可缺少的技术手段和基础。然而，由于环境中 POPs 具有分布广泛、残留浓度低、干扰物质多和组成复杂等特点，且一些 POPs 具有多种同系物或异构体，因此，对环境中 POPs 进行分析时，要求对环境样品的检测分析手段必须具有灵敏、准确、快速和自动化程度比较高等特点。同样，POPs 样品的采集和前处理技术是环境样品分析的重要环节，只有科学合理的采样方法和高效、准确的前处理技术，才有可能保证 POPs 分析数据的可靠性。

因此，POPs 样品的萃取、浓缩和净化等过程的好坏，往往决定着 POPs 检测分析成败的关键。为此，探索和开发快速、高效、简便、易于自动化的前处理方法已成为当今环境分析的重要研究方向之一(江桂斌，2004)。

1)液体样品的萃取方法

(1)液-液萃取。

液-液萃取是根据分配定律，用于液体样品(通常是水)不混溶的溶剂与样品液体接触、分配和平衡，使样品相的目标物质转入到提取溶液的过程。液-液萃取是环境水样分析中提取 POPs 的最常用的方法，利用 POPs 的疏水性，用适当的有机溶剂将其从水相中提取出来。液-液萃取的效率取决于被萃取物在有机相和水相中的分配系数、萃取液体积与样品液体积比以及萃取次数等。

常见的液-液萃取方法有 3 种：摇瓶萃取、连续萃取和微萃取。

摇瓶萃取的优点是简单、快速，其缺点是完全手工操作，操作不当会引起回收率低，特别是对极性较强的化合物或者是对样品需要调节 pH 的情况。

连续萃取是在多次萃取能提供萃取效率的理论基础上发展起来的自动萃取方法，需要使用专门设计的玻璃仪器进行萃取。

微萃取的基本原理是建立在样品与微升级萃取溶剂之间的分配平衡，即采用微滴溶剂置于被搅拌或流动的溶液中，从而实现溶质的微萃取。该方法一般比较适合萃取较为洁净的液体样品，而且这种方法克服了传统液-液萃取技术的诸多不足，仅仅使用微升级的有机溶剂进行萃取，适应了现代分析科学微型化发展的需求。该方法富集倍数大，萃取效率高，便于实现与其他技术的联用。

(2)固相萃取。

固相萃取技术是利用固体吸附剂将目标化合物吸附，使之与样品的基体与干扰化合物分离，然后用洗脱液洗脱或者加热，从而达到分离和富集目标化合物的目的。该技术具有回收率高、富集倍数高、有机溶剂消耗量低、操作简单快速和费用低等优点。

固相萃取的原理可以看作是一个简单的液相色谱过程，吸附剂为固定相，样品中溶液相或者洗脱时的溶剂为流动相，该方法可根据吸附剂的特征对目标物产生的选择性保留特性，对样品进行富集和净化。这种保留特性可以通过改变吸附剂的类型、调整样品和洗脱溶剂的类型、pH、离子强度和体积等满足不同的萃取需求。

萃取吸附剂根据其对目标物质的保留机制和洗脱能力，常分为正相和反相吸附剂两类。正相吸附剂属于非极性保留，溶剂极性越强，洗脱能力越强。而针对POPs分析中的固相萃取主要用于水样，所以反相吸附剂用的比较多，也就是水样中POPs被吸附剂保留而水的洗脱能力最弱。

(3)固相微萃取。

固相微萃取(SPME)技术是20世纪90年代兴起的一项新颖的样品前处理与富集技术，属于非溶剂型选择性萃取法。SPME是在固相萃取技术上发展起来的一种微萃取分离技术，是一种集采样、萃取、浓缩和进样于一体的无溶剂样品微萃取新技术；与固相萃取技术相比，固相微萃取操作更简单，携带更方便，操作费用也更加低廉；克服了固相萃取回收率低、吸附剂孔道易堵塞的缺点，是目前所采用的样品前处理技术中应用最为广泛的方法之一。

美国的Supelco公司在1993年将固相微萃取实现商品化，其装置类似于一支气相色谱的微量进样器，萃取头是在一根石英纤维上涂上固相微萃取涂层，外套细不锈钢管以保护石英纤维不被折断，纤维头可在钢管内伸缩。将纤维头浸入样品溶液中或顶空气体中一段时间，同时搅拌溶液以加速两相间达到平衡的速度，待平衡后将纤维头取出插入气相色谱汽化室，热解吸涂层上吸附的物质。被萃取物在汽化室内解吸后，靠流动相将其导入色谱柱，完成提取、分离和浓缩的全过程。固相微萃取技术几乎可以用于气体、液体、生物和固体等样品中各类挥发性或半挥发性物质的分析。

固相微萃取有3种基本的萃取模式：直接萃取、顶空萃取和膜保护萃取。

直接萃取：涂有萃取固定相的石英纤维被直接插入到样品基质中，目标组分直接从样品基质中转移到萃取固定相中。在实验室操作过程中，常用搅拌方法来加速分析组分从样品基质中扩散到萃取固定相的边缘。

顶空萃取：在顶空萃取模式中，萃取过程可以分为2个步骤：① 被分析组分从液相中先扩散穿透到气相中；② 被分析组分从气相转移到萃取固定相中。这种改型可以避免萃取固定相受到某些样品基质中高分子物质和不挥发性物质的污染。对于挥发性组分而言，在相同的样品混匀条件下，顶空萃取的平衡时间远远小于直接萃取平衡时间。

膜保护萃取：膜保护萃取的主要目的是为了在分析很脏的样品时保护萃取固定相避免受到损伤，与顶空萃取 SPME 相比，该方法对难挥发性物质组分的萃取富集更为有利。另外，由特殊材料制成的保护膜对萃取过程提供了一定的选择性。

2）固体样品的提（萃）取方法

（1）索氏提取法。

索氏提取法，又名连续提取法或索氏抽提法，是从固体物质中萃取化合物的一种方法。该方法利用溶剂回流和虹吸原理，使固体物质每一次都能为纯的溶剂所萃取，所以萃取效率较高。1879 年德国化学家 Franz van Soxhlet 设计制造了索氏提取器，因此该方法也用其名字命名。最初的设计是为了从固体中提取脂类物质，但是，索氏提取器不仅可以用来提取脂类，一般来说，如果待提纯物质在溶剂中有有限的溶解度而杂质不溶于这种溶剂，就可以用索氏提取器进行提取。当溶剂加热沸腾后，蒸气通过导气管上升，被冷凝为液体滴入提取器中，对固体混合物中所需成分进行连续提取。当提取筒中回流下的溶剂的液面超过索氏提取器的虹吸管时，提取筒中的溶剂流回圆底烧瓶内，即发生虹吸。随温度升高，再次回流开始，每次虹吸前，固体物质都能被纯的热溶剂所萃取，溶剂反复利用，缩短了提取时间，所以萃取效率较高。该方法的主要特点是样品与提取液分离，利用虹吸管通过回流溶剂浸渍提取，不存在溶质饱和的问题，可达到完全提取的目的。该方法提取较为彻底，可作为其他提取方法提取效率的参照标准。但是，该方法一般需要时间较长，至少需要 8 h 甚至更长时间。此外，该方法也不适用于对热不稳定化合物的提取。

（2）超声波萃取法。

超声波萃取是利用超声波辐射压强产生的机械效应，空化效应和热效应以及高的加速度、乳化、扩散、击碎和搅拌作用等多级效应，增大物质分子运动频率和速度，增加溶剂穿透力，从而加速目标成分进入溶剂，促进提取的进行。超声对萃取的强化作用主要的原因是空化效应，即存在于液体中的微小气泡，在超声场的作用下被激活，气泡在极短时间内突然崩溃，可形成高达 5 000 K 的局部高温和高压，随着高压的释放，加剧了体系的湍动程度，进而加快了相间的传质速度。

超声萃取可以在常温常压下萃取，操作简单易行，萃取效率高，适用性广，能耗低，所需要的时间短，目前已被广泛应用于固体样品中 POPs 的萃取操作中。

(3)加速溶剂萃取。

加速溶剂萃取(ASE)或加压液体萃取是在较高的温度(50~200℃)和压力(1 000~3 000 psi)下用有机溶剂萃取固体或半固体的自动化方法。提高的温度能极大地减弱由范德华力、氢键、目标物分子和样品基质活性位置的偶极吸引所引起的相互作用力。液体的溶解能力远大于气体的溶解能力，因此增加萃取池中的压力使溶剂温度高于其常压下的沸点。该方法的优点是有机溶剂用量少、快速、基质影响小、回收率高和重现性好。

该方法是由 Bruce E. Richter 等于 1995 年提出的一种新的全自动提取技术。它适用于固体和半固体样品的提取，仅用极少量的溶剂，利用升高的温度来加快解析动力以达到加速提取的目的，在高温高压下提取的时间从传统的溶剂提取的几个小时或十几个小时降低到以分钟计，可以极大减少样品提取的繁琐操作。

提高温度使溶剂溶解待测物的容量增加。当温度从 50℃升高至 150℃后，蒽的溶解度提高了约 15 倍；烃类的溶解度，如正二十烷，可以增加数百倍。在提高的温度下能极大地减弱由范德华力、氢键、溶质分子和样品基体活性位置的偶极吸引力所引起的溶质与基体之间的强的相互作用力。加速了溶质分子的解析动力学过程，减小解析过程所需的活化能，降低溶剂的黏度，因而减小溶剂进入样品基体的阻滞，增加了溶剂进入样品基体的扩散，溶剂更好地浸润样品基体，有利于被萃取物与溶剂的接触。

液体的沸点一般随压力的升高而提高。例如丙酮在常压下的沸点为 56.3℃，而在 5 个大气压下，其沸点高于 100℃。液体对溶质的溶解能力远大于气体对溶质的溶解能力。因此欲在提高的温度下仍保持溶剂在液态，则需增加压力。另外，在加压情况下，可将溶剂迅速加到萃取池和收集瓶中。

由于加速溶剂萃取是在高温下进行的，因此，热降解是一个令人关注的问题。加速溶剂萃取是在高压下加热，高温的时间一般少于 10 min，因此，热降解不甚明显。曾有试验以 DDT 和艾氏剂为例研究了加速溶剂萃取过程中对易降解组分的降解程度。DDT 在过热状态下将裂解为 DDD 和 DDE。艾氏剂裂解为 endrin aldehyde 和 endrin ketone。实验结果表明，在 150℃下，对加入萃取池内的 DDT 和艾氏剂标准进行萃取(这些组分的正常萃取温度为 100℃)。萃取物用气相色谱分析，DDT 的 3 次平均回收为 103%，相对标准偏差为 3.9%。艾氏剂 3 次平均回收为101%，相对标准偏差为2.4%。在测定DDT时未发现有DDE或DDD存在。测定艾氏剂时亦未发现有endrin aldehyde或endrin ketone的存在。试验了温度为60℃，压力为16.5 MPa，氯甲烷作为溶剂时，预加入法对极易挥发的BTEX化合物(苯、甲苯、乙苯和二甲苯)的回收。结果表明，4次萃取的平均回收在99.5%~100%之间，相对标准偏差为1.2%~3.7%。以上实验结果可以看出，加速溶剂萃取法可用于样品中易挥发的组分的萃取。

ASE技术可用于环境样品中POPs的提取，但是，对于含有水分的样品，如蔬菜和水果等，样品常常需要加入硅藻土等，以减少水分的影响。

(4)微波辅助萃取。

微波辅助萃取(microwave assisted extraction，MAE)是指利用微波能强化溶剂萃取效率，即利用微波加热来加速溶剂对固体样品中目标萃取物(主要是有机化合物)的萃取过程。微波具有波动性、高频特性以及热特性或非热特性(生物效应)等特点。

样品及溶剂中的偶极分子在高频微波能的作用下，以每秒10^9圈的速度变换其正、负极，产生偶极涡流、离子传导和高频率摩擦，从而在短时间内产生大量的热量。偶极分子旋转导致的弱氢键破裂、离子迁移等加速了溶剂分子对样品基体的渗透，待分析成分很快溶剂化，使微波萃取时间显著缩短。微波加热具有均匀性和选择性的优点，溶质和溶剂的极性越大，对微波能的吸收越大，升温越快，促进了萃取速度。而对于不吸收微波的非极性溶剂，微波几乎不起加热作用。所以在选择萃取剂时一定要考虑到溶剂的极性，以达到最佳效果。由于大多数生物体内含有极性水分子，在微波场的作用下引起强烈的极性震荡，从而导致细胞分子间氢键松弛，细胞膜结构电击穿破裂，加速了溶剂分子对基体的渗透和待提取成分的溶剂化。因此，利用MAE从生物基体萃取待分析的成分时，能提高萃取效率。

该技术始于1986年匈牙利学者Ganzler，他当时报道了应用微波能可以加速提取食品中的某些有机成分，为环境样品中的有机分析的前处理开辟了一条新路。MAE技术与现有的其他萃取技术相比有明显的优势。其特点是：质量稳定，可有效保护样品中其他有用成分，效率高，产生的废物较少，对萃取物质有较高的选择性，溶剂用量少，省时，操作简单，能耗低。

表10.14列出了不同萃取方法的优缺点。

表 10.14 不同萃取方法的比较

项目	索氏提取法	超声萃取	微波辅助萃取法	超临界流体萃取法	加速溶剂萃取法
时间	24~48 h	30~60 min	4~20 min	30~60 min	15 min
预分离	不过滤	过滤和溶剂蒸发	洗脱	不过滤	不过滤
溶剂用量	大	大	小	小	小
费用	低	低	高	高	高
工作强度	大	大	低	低	低
污染程度	大	大	小	小	小

10.3.2.2 样品净化技术

绝大多数环境样品组成都比较复杂，经萃取浓缩后，虽然经过了初步的处理，但还伴存着相当数量的共萃取或其他杂质，无法直接进行色谱分析，尚需进行样品净化处理。

对环境样品中 POPs 的净化而言，一些极性吸附剂，如硅胶、氧化铝、硅酸镁(又称弗罗里硅土)，是如今应用最为广泛的去除杂质的吸附剂。由于环境样品中 POPs 的极性较弱，这些吸附剂对其吸附能力差，会随着洗脱液而首先流出，分子量较大的类脂物或其他有机杂质则会被留在吸附剂上。一旦选定吸附剂，对吸附剂的活化或者去活化则是净化过程成败的关键。在环境样品中 POPs 的净化中，柱层析法是应用最为广泛的方法。实质上，固相萃取技术就是简化的柱层析技术，也具有一定程度的净化效果。柱层析法的基本原理是：根据需要选定合适的一种或几种吸附剂，干法或湿法装入吸附柱(净化柱)，对吸附剂活化或者去活化后，将萃取液通过吸附柱，根据极性或其他性质，被吸附在吸附剂上，然后用适当极性的单一或混合溶剂来淋洗吸附柱，目标物 POPs 一般会被先淋洗出来，而脂肪、色素和蜡质等杂质则被保留在吸附柱上，从而达到分离与净化的目的。

1)凝胶渗透色谱

凝胶渗透色谱(GPC)于 20 世纪 60 年代被开发成功，最初用来分析化学性质相同而分子体积不同的高分子同系物，后来慢慢扩展到小分子物质的分离、鉴定和净化。

凝胶渗透色谱的原理是利用多孔的凝胶聚合物将化合物按分子大小选择性分离的机制，即让被测量的高聚物溶液通过一根内装不同孔径的色谱柱，柱中可供分子通行的路径有粒子间的间隙(较大)和粒子内的通孔(较小)。当聚合物溶液流经色谱柱时，较大的分子被排除在粒子的小孔之外，只能从粒子间的间隙通过，速率较快；而较小的分子可以进入粒子中的小孔，通过的速率要慢得多。经过一定长度的色谱柱，不同分子根据相对分子质量被分开，相对分子质量大的在前面(即淋洗时间短)流出，相对分子质量小的在后面(即淋洗时间长)流出。

使用凝胶渗透色谱做净化处理不会出现不可逆保留问题，而且一根柱子可以重复使用，成本不高，对富含脂肪物质的样品中 POPs 的净化非常适合。

2)化学净化法

化学净化法是用强酸或强碱将环境样品中的基体或干扰物质消解掉，留下目标物 POPs。该方法主要针对稳定性比较好的 PCBs、PBDEs 和 OCPs 等。例如对 PCBs，可以先用强酸处理欲萃取的物质，使脂类和色素等杂质水解后去除，从而达到净化的目的。

3)除硫方法

在环境样品中，特别是在沉积物和土壤样品中，含有大量的无机硫和有机硫化合物，这些含硫物质多是亲脂性的，在样品萃取和净化过程中，其行为与有机氯农药或有机磷农药相似，常常与目标物 POPs 成为共提物，用柱层析方法很难去除，严重影响色谱和质谱分析。美国环保局推荐了 3 种消除硫干扰的除硫剂：①铜粉；②汞；③四丁基铵-亚硫酸盐。由于汞和四丁基铵-亚硫酸盐比较繁琐且不易操作，所以，目前最常用的除硫方法是铜粉法，即是萃取液通过稀酸洗过的活化铜粉，其中的硫元素在铜粉表面反应生成硫化铜而离开萃取液。活化不完全的铜粉除硫效率低，同时，在对铜粉进行活化时，用于活化铜粉的酸可能会造成某些目标物 POPs 的降解，导致分析误差，因此也需要注意将活化处理后的铜粉上残留的酸洗净。

10.3.2.3　样品浓缩

由于环境样品中 POPs 物质的浓度非常低，且常规溶剂提取法所用的溶剂量又比较大，一般情况下提取溶剂中的 POPs 的含量都比较低，在进行仪器分析前，必须进行浓缩，使所检测溶液中 POPs 的浓度达到分析仪器的灵敏度以上的浓度值。

目前，实验室常用的浓缩方法主要有：旋转蒸发法、K-D 浓缩法和氮气吹干法。

1)旋转蒸发法

旋转蒸发法进行浓缩的原理是减压蒸馏，即在一定的真空度下，液体的沸点降低，在较低的温度下使大体积的溶液得到快速的挥发而不至于因升温而导致热分解。旋转蒸发器就是为提高浓缩效率而设计的。“旋转”可以使溶剂形成薄膜，增大蒸发面积；另外，在冷凝管作用下，可将热蒸气迅速液化，加快蒸发速率。其优点是蒸发速度相对较快，可浓缩的样品量大，控制水浴温度可控制热量输入，可控制真空度，从而控制旋转蒸发的速度。

2）K-D 浓缩法

K-D 浓缩法是利用 K-D（Kuderna-Danish）浓缩器直接浓缩到刻度试管中，适合于中等体积（10~50 mL）提取液的浓缩。K-D 蒸发浓缩器是为浓缩易挥发性溶剂而设计的，其特点是浓缩瓶与施耐德分馏柱连接，下接有刻度的收集管，可以有效地减少浓缩过程中 POPs 的损失，且其样品收集管能在浓缩后直接定容测定，无需转移样品。

K-D 浓缩器可以在常压下进行浓缩，也可以在减压下进行（一般丙酮和二氯甲烷等溶剂宜在常压下浓缩，而苯等溶剂只可在适当减压的情况下进行），但真空度不宜太低，否则沸点太低，提取液浓缩过快，容易使样品带出造成损失。

K-D 浓缩器的加热浴温度不宜过高，一般以不超过 80℃ 为好。使用时，上样量为浓缩瓶体积的 40%~60%。为减少目标物 POPs 的损失，在使用前应用有机溶剂将柱子预湿。浓缩后的溶液留在底部的刻度试管中，溶液不必进行转移，K-D 瓶也不需洗涤，定容后进行净化或检测。

3）氮气吹干法

氮吹法是直接利用氮气快速、连续、轻缓和可控地吹向萃取液，利用氮气流加速溶剂的蒸发从而达到样品浓缩的目的。其优点是浓缩速度较快，但该方法只适合于小体积样品的浓缩，存在将样品中物质吹出样品瓶而飞到实验室空气中的风险，必须在通风橱中操作。目前，已有全自动化氮吹装置，完全可以在无人监控的情况下设定体积后进行全自动氮吹。

10.3.2.4 分析测试方法

近年来，随着我国社会经济和科研能力的快速发展，POPs 的分析检测技术也有了长足的发展，以《海洋监测规范》（GB 17378-2007）为例，有关海洋环境介质中有机污染物的分析方法仅包含六六六、DDT、狄氏剂和多氯联苯类物质，并且使用的方法为气相色谱法，而最新制定的海洋行业标准《海洋监测技术规程》

(HY/T 147—2013)中，新增了包括各种环境介质中 PAHs、OCPs、PAEs、TBT 和 PBDEs 等近 30 个监测方法，方法也由过去的色谱法跨越到色谱-质谱联用技术。此外，PFOS/PFOA、十氯酮、毒杀芬、HBCD 和 TBBPA 等新型污染物的分析方法也正在研发中。

目前，从已有的技术规范来看，对照公约的 12 种 POPs 名单和 UNEP 的 27 种持久性有毒污染物名单，目前已具备其中 2/3 以上污染物的监测能力，且均为目前国际上在业务监测中开展较多的污染物(表 10.15)。尚未开展方法研究的包括二噁英、呋喃、氯化石蜡、灭蚁灵等对实验条件要求非常高或监测难度非常大的污染物。

表 10.15　我国已有的 POPs 的分析检测方法技术规范

标准	污染物	方法	备注
海洋监测规范 GB 17378-2007	六六六、DDT	气相色谱法	海水、沉积物和生物体
	多氯联苯	气相色谱法	
	狄氏剂	气相色谱法	
海洋监测技术规程	有机氯农药	气相色谱法	海水介质
	有机锡	气相色谱法	
	三嗪类和酰胺类除草剂	气相色谱/质谱联用法	
	多环芳烃	气相色谱/质谱联用法	
		气相色谱法	
		高效液相色谱法	
	酞酸脂	气相色谱/质谱联用法	
		气相色谱法	沉积物介质
	有机磷农药	气相色谱法	
	有机锡	气相色谱法	
	多溴联苯醚	气相色谱/质谱联用法	
	多环芳烃	气相色谱/质谱联用法	
		气相色谱法	
		高效液相色谱法	
	酞酸脂	气相色谱/质谱联用法	
		气相色谱法	生物体
	有机磷农药	气相色谱法	
	有机锡	气相色谱法	
	多溴联苯醚	气相色谱/质谱联用法	

10.3.2.5　质量保证与质量控制体系

由于海洋中的 POPs 处于痕量级，所以从样品采集到样品分析需十分注意空白干扰、方法提取效果和仪器的灵敏度对样品测试结果造成的影响。完整的质量控制和质量保证措施能避免干扰、降低空白、提高方法灵敏度，从而获取真实可靠的海洋环境样品中 POPs 的监测数据。

在开展海洋环境中 POPs 监测和调查之前，需对监测机构和人员的职责进行规定，要设计监测数据质量保证目标，规范化采样和分析方法的标准操作规程(程序文件)，同时对技术人员进行培训和能力考核，对仪器进行及时的维护和校准，定期开展内部质量控制活动和数据审核工作，以保证所获取的监测数据的质量。

有多种质控措施可用于 POPs 分析实验室，覆盖采样到数据上报整个过程。主要的质控手段包括：空白、平行样、加标回收、检出限、回收率、标准曲线校准、内标法定量和标参物测定等。

1) 空白

全程序空白：指将空白采样瓶带到采样现场，在采样现场开盖，加入蒸馏水，样品瓶历经采样、运输的全过程，采样结束后运回实验室，测定全程序空白样品，以进一步帮助了解采样全过程的情况，每一个不同环境的采样点可测试一个全程空白。

将采集的现场空白与样品以同样的步骤进行分析，得到的数值与方法空白相比较，可以判断采样过程中操作步骤和环境条件对样品质量影响的状况。若现场空白中有待测物检出，而方法空白中无待测物检出，说明样品在采样过程中受到了污染，则应查明原因，并将与其同时采集的样品废弃，重新采样。

分析方法空白：样品瓶中不加样品，其余条件同样品分析一样，在实验室内模拟样品分析测试全过程，以考察在样品测试过程中实验室所接触的试剂、溶剂、仪器和器皿所引起的干扰。通常要求方法空白中检出每个目标化合物的浓度不得超过方法的检出限。

溶剂空白：POPs 分析中需大量使用有机溶剂，有机溶剂浓缩后上机测试其中的目标化合物，以进行溶剂干扰的考察，通常要求将溶剂浓缩 300 倍后不得检出目标物质。

2) 标准曲线及校准

初始校准：在仪器首次使用、维修、换柱或连续校准不合格时需要进行初始校准。初始校准曲线根据仪器灵敏度和环境样品含量设置 5 个浓度梯度。如果采用内标定量，在校准曲线中每个点的内标浓度一致。校准曲线 5 个点的每个化合物要计算响应因子(RF)值，平均的相对响应因子为5个浓度RF值的均值。一般规定，每个化合物和替代物RF的相对标准偏差(RSD)要小于等于20%。

连续校准：选取校准曲线的第三点，其目的是评价仪器的灵敏度、线性和稳定性。连续校准应在每个样品分析工作日中分析1次。连续校准符合最近一次初始校准曲线的允许标准即可进行样品分析。每个目标化合物和替代物的相对偏差要小于或等于30%。确保内标物和替代物定量离子的峰面积不得低于前一次校准的30%以上，或不低于初始校准的40%以上。连续校准分析一定要在空白和样品分析之前进行。如果连续分析几个连续校准都不能达到允许标准，就要重新制作标准曲线。每天分析样品时，均需作连续校准，以评价仪器设备系统是否正常。

3)加标回收

空白加标：指不加样品，而加入一定量POPs标准物质，其余同样品前处理一样，计算其回收率。每一个实验室应分析3个空白加标样，以计算精密度。

基体加标：在前处理样品前，向实际样品中加入一定量的某待测物，其前处理过程同实际样品的一样，计算加标回收率，以了解非正常的基体效应存在与否。

每批样品(一批中最多有20个样品)须做1对基体加标平行样。加标浓度为原样品浓度的1~5倍。

替代内标加标：在前处理样品前，向每一个实际样品中加入定量的替代内标，其前处理过程同实际样品，计算替代内标加标回收率。

对于样品分析，如果替代物回收率超过允许标准，样品需重新分析。如果重新分析样品的替代物回收率合格，则报告重新分析的样品结果；如果重新分析样品的回收率和第一次测定结果一样，则两个结果都需报出，说明是基体效应。

上机内标加标：测试液浓缩后并未准确定容，向每一个待上机测试的样品测试液中添加同一剂量的上机内标，进行仪器测试。根据内标的量进行体积校正，上机内标添加可省去上机液准确定容的步骤，可避免定容不准造成的误差。

4)检出限

仪器检出限：根据3倍信噪比计算仪器检出限。若仪器自带计算信噪比功能，可根据此功能计算仪器检出限。

方法检出限(MDL)：连续分析7个接近于检出限浓度的实验室空白加标样品，计算其标准偏差作为方法检出限。

一般要求，加标样品测定平均值与MDL比值在3~5之间的化合物数目要大于50%，小于1和大于20的化合物数目要小于10%，这说明用于测定MDL的初次加标样品浓度比较合适。

对于初次加标样品测定平均值与MDL比值不在3~5之间的化合物，要增加或减少浓度，重新进行平行分析，直至比值在3~5之间。选择比值在3~5之间的MDL作为该化合物的MDL。

5）质控样

平行样：考察从采样到实验室分析整个过程中方法的稳定性，测试人员实验操作的稳定性，仪器的稳定性，计算方法的科学性等。同时能表达方法的重复性和精密度。

标准参考物质：每批样品分析中添加一个标准参考物质进行分析，根据标准参考物质的测试结果进行此批样品分析数据的可靠性分析，同时也说明整个分析过程的真实性。也可根据标准参考物质每次分析结果绘制质控图。

10.3.3 有机污染物分析的实验室安全

对分析POPs的实验室与一般化学实验室的安全要求基本一致，包括实验室的布局、安全与健康防护设施、危险化学品的存放与管理、设备的使用与记录、安全检查等。每个化学分析实验室都有其各自的实验室安全要求和安全操作指南，但是，除了一般实验室要求的防火、防毒品泄漏和防酸碱腐蚀等之外，POPs分析实验室还需要以下特殊的安全防护措施。

（1）POPs具有毒性和半挥发性，经常用到的试剂也多是挥发性的有机溶剂，这些物质会通过皮肤和呼吸进入人体内。因此，凡涉及有机试剂，实验操作时必须在通风橱内进行，禁止在无通风设施或密闭环境中进行实验操作。

（2）气相色谱的电子捕集检测器（ECD）含有放射源，不能长时间靠近放射源，更不能擅自拆卸清洗该放射源。

（3）在加热含有有机试剂样品的情况下，绝对禁止明火，且需要防止溢出或泄漏，溅触人体。

（4）严禁在密闭环境中对含有有机试剂的器皿加热，防止爆燃或爆炸；对使用有机试剂洗涤后的器皿，也必须在通风设备中使有机试剂完全挥发后方可进行加热干燥。

（5）在进行实验时，操作人员必须佩带符合规格要求的防护手套与防护眼镜。

(6)严禁将有机试剂直接倒入水槽或下水道中。

10.3.4 海洋环境中 POPs 分析检测技术的现状

目前关于 POPs 的分析方法，主要有色谱-质谱的仪器联用技术和生物分析的快速检测技术。在色谱-质谱的仪器联用技术的研究中，重点集中在样品前处理技术的研究，通过样品前处理实现复杂基质中痕量 POPs 的检测；而在生物分析的快速检测技术中最有发展前途的是基于免疫或适配体技术的各种高灵敏的传感分析技术。

色谱学分析法是一种传统而常用的检测方法，也是目前主流的检测方法之一。目前色谱分析多采用色谱联用技术，如液相色谱-质谱联用和气相色谱-质谱联用等。气相色谱-质谱联用(GC-MS)适宜于分析小分子、易挥发和能气化的样品。样品分析过程便捷。而液相色谱-质谱联用(LC-MS)则适用于分析大分子、热不稳定和不能气化的样品。色谱联用技术虽然能实现样品的精准检测，但操作技术要求高，设备相对昂贵，设备体积较大，这些问题使得色谱方法不适宜于样品的现场检测。但其具有分离能力高、耗时相对较少和多组分分析等特点，决定了其仍然是目前环境样品中 POPs 检测的主要手段。

目前，在 POPs 的分析研究中，由于 POPs 中同系物之间分子量差别很小、含量非常低和基体复杂等，使用普通质谱很难满足分析要求，需要采用高分辨质谱。加之 POPs 在环境中以多组分共存，使得对 POPs 的多组分同时检测显得尤为重要，在这方面色谱-质谱多级联用技术已经显现了优异的性能。常规的气相色谱难以分离数量庞大的原始样品中的所有卤代化合物，采用二维气相色谱和串联质谱相结合可望实现对卤代化合物的总量检测。

超临界流体色谱法(SFC)是近年来发展起来的一种新技术，它是以超临界流体做流动相，依靠流动相的溶剂化能力来进行分离和分析的色谱过程，兼有气相色谱和液相色谱的特点，既可分析气相色谱不适应的高沸点和低挥发性样品，又比高效液相色谱有更快的分析速度和条件。然而由于 SFC 的理论研究还不够深入和透彻，使其在应用上还缺少相应的理论基础，可选择的色谱柱仍有限。研究者更多的是将超临界流体固相微萃取技术与常规色谱以及色谱-质谱联用。以色谱-质谱联用为主的分析技术具有较高的准确度和灵敏度，可满足复杂样品中痕量 POPs 的准确测定，是目前 POPs 分析检测的主要手段。但是环境调查中往往存在庞大的样品量，从节省成本和时间的角度考虑，发展能用于现场快速筛查的低成本分析方法具有重大意义。

新原理、新方法和新技术研究开发仍然是环境分析化学获得质的飞跃的原动力。可适用于复杂基体中众多污染物同时定性鉴定和准确定量的具有高分辨能力的新型色谱和质谱联用技术需要给予高度关注，例如，色谱技术中的多维色谱由于其高分辨能力可在复杂环境样品分析中发挥重要作用，而亲水性相互作用色谱则可完成高度极性和水溶性代谢产物和降解产物的分析和鉴定。飞行时间质谱(TOF-MS)、四极杆飞行时间质谱(Q-TOF-MS)和高分辨质谱(HRMS)等具有全扫描和准确质量分析功能的质谱与各种色谱技术的联用，将使得同时鉴定和测定目标和非目标污染物以及超复杂基体样品的分析变得更加简单，从而在新型污染物发现和识别中扮演重要角色。先进的同位素质谱技术和手性分离分析技术，将在微量污染物的准确定量、污染源解析中获得更多应用。此外，还应高度重视新型污染物、纳米材料污染物、污染物代谢和降解产物的分析技术研究(盛鹏涛等，2013；董亮 等，2013)。

作为抗原/半抗原的各种 POPs 能与其相应抗体结合，利用这种抗原抗体的特异性结合作用，能够快速检测出相应 POPs。酶联免疫吸附实验(ELISA)是测定环境样品中典型 POPs 的一种常见的免疫传感法测定 POPs 的技术。即将已知的抗原或抗体吸附在固相载体表面，使酶标记的抗原抗体反应在固相表面进行的技术。以免疫方向为切入点的检测方法有灵敏度高、操作简单、检测速度快和特异性强等特点。特别是酶联免疫分析方法和非均相免疫分析法在 POPs 检测中得到了广泛应用。

随着学科交叉的深入和新技术的不断涌现，在不同领域中，对 POPs 检测的新技术的探索与应用愈来愈多(江桂斌 等，2012；王春霞 等，2011)。如近年来表面拉曼增强光谱法(SERS)，用于复杂体系中 POPs 的分析受到越来越多的重视。研究表明，SERS 既可用于定性分析，也可应用到 POPs 的定量分析。如利用荧光光谱法可用于环境样品中单一污染物的直接测定，如 PAHs。半导体激光器作为多光子激发荧光的激发光源，毛细管电泳-多光子激发荧光(CE-MPEF)检测系统，可对 POPs 物质进行电泳分离和多光子激发荧光探测。该法在选择性、灵敏度和重现性上均较以往有所突破。通过原位电纺制备漆酶电极，采用循环伏安扫描对水中五氯酚进行测定，发现此酶电极在不需要介体物质的存在下对五氯酚有良好的响应，可用于水中五氯酚的检测。

思考题

1. POPs为何会出现全球蒸馏效应？其主要影响因素是什么？
2. POPs的判别标准是什么？
3. 色谱与质谱技术如何对样品中POPs进行分离与测定？
4. 在POPs分析中，为何需要对环境样品进行净化和浓缩？
5. 在进行POPs分析时，其安全注意事项与一般的分析化学实验有何异同？

参考文献

曹正梅，郎印海，薛荔栋，刘爱霞．黄河入海口表层沉积物中多环芳烃(PAHs)分布特征及来源．科技创新导报．2008，20：129-130.

戴敏英，周陈年．渤海湾沉积物中的多环芳烃．海洋科学进展．1984，3.

戴树桂．2002. 环境化学[M]．北京：高等教育出版社．

董亮，张秀蓝，史双昕，许鹏军，周丽，杨文龙，张利飞，张烃，黄业茹．2013. 新型持久性有机污染物分析方法研究进展[J]．中国科学化学，43(3)：336-350.

甘志芬，赵兴茹，梁淑轩，高世珍，张雷，秦延文，郑丙辉．天津塘沽海滨浴场沉积物中POPs的垂直分布．环境科学研究．2010，23(2)：152-157.

江桂斌．2004. 环境样品前处理技术[M]．北京：化学工业出版社．

江桂斌，蔡亚岐，张爱茜．2012. 我国环境化学的发展与展望[J]．化学通报，75(4)：295-300.

康跃惠，盛国英，李芳柏，王子健，傅家谟．珠江口现代沉积物柱芯样多环芳烃高分辨沉积记录研究．环境科学学报．2005，25(1)：45-51.

李斌，吴莹，张经．北黄海表层沉积物中PAHs的分布及其来源．中国环境科学．2002，22：429-432.

林秀梅，刘文新，陈江麟，许珊珊，陶澍．渤海表层沉积物中多环芳烃的分布与生态风险评价．环境科学学报．2005，25(1)：70-75.

刘敏，侯立军，邹惠仙，杨毅，陆隽鹤，王晓蓉．长江口潮滩表层沉积物中多环芳烃分布特征．中国环境科学．2001，21：343-346.

刘现明，徐学仁，张笑天．大连湾沉积物中PAHs的初步研究．环境科学学报．2001，21(4)：507-509.

罗孝俊，陈社军，麦碧娴，曾永平．珠江三角洲地区水体表层沉积物中多环芳烃的来源、迁移及生态风险评价．生态毒理学报．2006，1(1)：17-24.

丘耀文，周俊良，Maskaoni，K. 大亚湾海域水体和沉积物中PAHs分布及其生态危害评价．热带海洋学报．2004，4：72-80.

盛鹏涛，李伟利，童希，王鑫，蔡金，蔡青云．2013. 持久性有机污染物的分析检测研究进展[J]. 中国科学化学，43(3)：351-362.

田蕴，郑天凌，王新红．厦门马銮湾养殖海区PAHs的污染特征．海洋环境科学．2003，22：29-33.

田蕴，郑天凌，王新红．厦门西港表层沉积物中PAHs的含量、分布及来源．海洋与湖沼．2004，35(1)：15-20.

王春霞，朱利中，江桂斌．2011. 环境化学学科前沿与展望[M]. 北京：科学出版社．

王新红，郑金树．2011. 海洋环境中的POPs污染及其分析监测技术[M]. 北京：海洋出版社．

吴莹，张经．多环芳烃在渤海海峡柱状沉积物中的分布．环境科学．2001，22(3)：74-77.

许国旺．2004. 现代实用气相色谱法[M]. 北京：化学工业出版社．

余刚，牛军峰，黄俊，等．2005. 持久性有机污染物：新的全球性环境问题[M]. 北京：科学出版社．

袁东星，杨东宁，陈猛．厦门西港及闽江口表层沉积物中PAHs和有机氯污染物的含量及分布．环境科学学报．2001，21：107-112.

张蓬．渤黄海沉积物中的多环芳烃和多氯联苯及其与生态环境的耦合解析：博士论文．中国科学院海洋研究所，2009.

张宗雁，郭志刚，张干，刘国卿，郭玲利．东海泥质区表层沉积物中多环芳烃的分布特征及物源．地球化学．2005，34(4)：379-386.

Kelly B C, Ikonomou M G, Blair J D, Morin A E, Gobas F A P C. 2007. Food web-specific biomagnificationof persistent organic pollutants [J]. Science, 317: 236-239.

Liu, M., Baugh, P. J., Hutchinson, S. M., Yu, L. Xu, S. Historical record and sources of polycyclic aromatic hydrocarbons in core sediments from the Yangtze Estuary, China. Environ Pollut. 2000, 110(2): 357-365.

Palm A, Cousins I T, Mackay D, Tysklind M, Metcalfe, C, Alaee M. 2002. Assessing the environmental fate of chemicals of emerging concern: a case study of the polybrominated diphenyl ethers [J]. Environmental Pollution, 117: 195-213.

Verreault J, Gabrielsen G W, Chu S, Muir D C G, Andersen M, Hamaed A, Letcher R J. 2005. Flame retardants and methoxylated and hydroxylated polybrominated diphenyl ethers in two Norwegian Arctic top predators: glaucous gulls and polar bears [J]. Environmental Science & Technology, 39: 6021-6028.

第 11 章　放射性核素监测技术

放射性核素监测是海洋监测的重要内容，是海洋监测技术人员应该掌握的一项基本监测技术。对此，本章主要对海洋环境中的放射性以及海洋放射性常规监测技术进行简要介绍。

11.1　海洋环境中放射性核素及时空分布

海洋中存在着天然的和人工的放射性核素，这两类放射性核素，大都可以用作海洋研究的示踪剂(刘广山，2006；2009)。

11.1.1　海洋中的天然放射性核素

海洋中的天然放射性核素主要有^{40}K、^{87}Rb、^{14}C、^{3}H、Th、Ra、U 等 60 余种，来源有以下三部分。

11.1.1.1　天然放射系——铀系、钍系、锕系

海洋中这 3 个放射系的核素，主要来源于大陆。海水中铀的 3 种天然同位素^{238}U、^{235}U 和^{234}U，分布比较均匀，平均含量约为 3 μg/L。在海洋沉积物中，铀的分布从近岸向外洋递减，近岸处的含量大约 3.0 μg/L，陆架区约 2.5 μg/L，外洋约 1.4 μg/L。在富有磷酸盐和有机物的缺氧沉积物中，含铀量通常较高。

钍在海水中多以颗粒状态存在，分布不均匀，极易与悬浮物质结合而沉积到海底。镭-226 与其母体钍-230 恰恰相反，容易从沉积物中溶解出来。因此，深层水中的镭含量，通常比表层高 1 倍。由于铀和钍的存在状态的差异，海水中的 Th/U 值大约为岩石圈的 1/300。中国沿海的海水中铀和钍的含量分别为 3 μg/L

和0.001~0.015 μg/L。

11.1.1.2 宇宙射线与空间物质作用而生成的核素

在这类核素中，以^{3}H和^{14}C的全球储量最大。大气中形成的氚，通过降水和在大气中的沉降进入海水，它在表层水中的含量比底层高两个数量级。由于核武器试验能产生^{3}H和^{14}C，所以这两种核素在海洋中的含量是两种来源的总和。

11.1.1.3 长久以来独立存在于海洋中的其他天然放射性核素

这类核素是在地球形成时产生的，它们的显著特点是半衰期都很长，其中最为重要的是钾-40和铷-87。在盐度为35的海水中，钾的平均含量为0.387 g/kg，钾-40为天然钾量的0.0118%，其放射性活度为11.8 Bq/L，占海水总放射性的90%以上；铷-87在天然铷中占27.85%，放射性活度为0.11 Bq/L。此外，在这类核素中，还有钒-50、铟-115、镧-138、钕-144、钐-147、钆-152、镥-176、铪-174、铼-187、铂-190、铂-192等，它们的半衰期为1010~1015 a。

11.1.2 海洋中的人工放射性核素

20世纪以来由于人类利用原子能而产生放射性核素，40年代以后，陆续出现了原子反应堆，原子弹、氢弹和核动力舰艇等，使海洋环境中出现了人工放射性污染。海洋的放射性污染主要来自以下几个方面。

11.1.2.1 核武器在大气层和水下爆炸使大量放射性核素进入海洋

核爆炸所产生的裂变核素和诱生(中子活化)核素共有200多种，其中^{90}Sr、^{137}Cs、^{239}Pu、^{55}Fe以及^{54}Mn、^{65}Zn、^{95}Zr-^{95}Nb、^{106}Ru、^{144}Ce等最引人注意。据估算，到1970年为止，由于核爆炸注入海洋的^{3}H为10^{8} Ci(1Ci=3.7×10^{10} Bq)，裂变核素约达$(2\sim6)\times10^{8}$ Ci(其中^{90}Sr约为8×10^{6} Ci，^{137}Cs为12×10^{6} Ci)，使整个海洋都受到污染。

11.1.2.2 核事故释放的放射性物质

核事故，即大型核设施(如核燃料生产厂、核反应堆、核电厂、核动力舰船及后处理厂)发生意外时，会对公众和环境造成严重的放射损伤和放射性污染。

例如1986年切尔诺贝利核电站事故中释放出的放射性物质^{133}Xe为6.5×10^{18} Bq、^{131}I为1.7×10^{18} Bq、^{137}Cs为8.5×10^{16} Bq、^{239}Pu为1.3×10^{13} Bq。而1979年的三里岛核电站事故释放的^{133}Xe为3.7×10^{17} Bq，^{131}I为5.5×10^{14} Bq等。由于核电站

多建于海边，核事故发生时会有大量放射性物质进入海水。如 2011 年福岛核事故中有超过 10^5 t 的放射性污水被排入海洋，核电站周围被污染的地下水也渗漏入海，将对海洋造成大量长期的放射性污染。如铯的衰变时间长达 30 年，而 ^{239}Pu 的半衰期更长，达 2.4×10^4 a。

11.1.2.3 核工厂向海洋排放低水平放射性废物

建在海边或河边的原子能工厂，包括核燃料后处理厂，核电站和军用核工厂在生产过程中，将低水平放射性废液直接或间接地排入海洋中。最典型的例子是美国汉福特工厂和英国温茨凯尔核燃料后处理厂。前者 1960 年排入太平洋的放射性废物达 3.6×10^5Ci，主要是 ^{51}Cr、^{65}Zn、^{239}Np 和 ^{32}P，后者自 20 世纪 50 年代初起，每天把大约 3785 m^3 含有 ^{137}Cs、^{134}Cs、^{90}Sr、^{106}Ru、^{241}Am 和 ^{3}H 等核素的放射性废水排入爱尔兰海，年排放总量近 2×10^5Ci。

11.1.2.4 向海底投放放射性废物

美国、英国、日本、荷兰以及欧洲其他一些国家从 1946 年起先后向太平洋和大西洋海底投放不锈钢桶包装的固化放射性废物，到 1980 年底为止，共投放约 10^6Ci。据调查，少数容器已出现渗漏现象，成为海洋的潜在放射性污染源。

11.1.2.5 核动力舰艇在海上航行也有少量放射性废物泄入海中

各种事故，如用同位素作辅助能源的航天器焚烧，核动力潜艇沉没，也是不可忽视的污染源。

有关海洋中主要的放射性核素种类见表 11.1。

表 11.1 海洋中主要的人工放射性核素及其感生放射性核素列表

人工放射性核素	^{89}Sr，^{90}Sr(^{90}Y)，^{91}Y，^{95}Zr(^{95}Nb)，^{103}Ru(^{103m}Rh)，^{106}Ru(^{106}Rh)，^{123}Sb，^{129m}Te(^{129}Te，^{129}I)，^{140}Ba(^{140}La)，^{137}Cs(^{137m}Ba)，^{141}Ce，^{144}Ce(^{144}Pr，^{144}Nd)，^{147}Pm，^{155}Eu，^{239}Pu，^{241}Am 等
感生放射性核素	^{32}P，^{35}S，^{51}Cr，^{54}Mn，^{55}Fe，^{57}Co，^{58}Co，^{63}Ni，^{65}Zn，^{108}Ag 等

11.1.3 海洋放射性核素的时空分布

研究中，^{90}Sr、^{137}Cs 和 ^{239,240}Pu 被认为是海洋放射性核素中最重要和最具代表性的人工放射性核素。它们是现存于海洋环境中储量最丰富的人工放射性核素，会给人类和海洋生物带来最高的辐射剂量。

有研究表明，海洋环境中人工放射性核素的主要来源是全球放射沉降物(黄奕普 等，2006)。太平洋中全球沉降物输入的^{137}Cs 活度为 311PBq，大西洋为 201PBq，印度洋为 84PBq。切尔诺贝利事故输入海洋的^{137}Cs 活度为 16PBq，主要集中在波罗的海和黑海，其地表水中的现有^{137}Cs 平均浓度分别约为 60Bq/m^3 和 25Bq/m^3，世界范围内由于全球放射性沉降物导致的平均浓度约为 2Bq/m^3。

表 11.2 是 2000 年^{90}Sr、^{137}Cs 和^{239,240}Pu 在全球大洋中的平均浓度。观测到的最高浓度在欧洲海洋，最低浓度在南半球，尤其是南大洋。

该机构同样研究了地表水中放射性核素浓度的时间变化趋势，如图 11.1 所示，以地中海中的^{137}Cs 为例，并估计了这些区域中放射性核素的平均滞留时间。结果表明，地表水中^{90}Sr、^{137}Cs 的滞留时间相似，在 11~30 a 之间变化，^{239,240}Pu 在 5~15 a 之间变化。地表水中放射性核素的平均滞留时间见表 11.3。太平洋和大西洋中部的平均滞留时间较长。全球大洋中^{90}Sr 和^{137}Cs 的平均滞留时间为 28±3 a，^{239,240}Pu 为 13±1 a。

放射性核素浓度沿水纵向剖面的变化见图 11.2，以地中海中的^{137}Cs 为例。由于放射性核素向中等水深处迁移，地表水中的放射性浓度沿水深有着明显的衰减。^{137}Cs 的储量和水深的关系如图 11.3 所示。

表 11.2 全球大洋范围内表层水中的^{90}Sr、^{137}Cs 和^{239,240}Pu 的平均活度

(2000 年 1 月 1 日)

单位：mBq/L

区域	^{90}Sr	^{137}Cs	^{239,240}Pu
北太平洋	1.4±0.2	2.4±0.3	3.3±2.8
赤道太平洋	1.3±0.3	2.1±0.3	3.1±0.7
南太平洋	0.8±0.3	1.3±0.5	2.8±2.1
南极	0.1	0.1	1.3±0.7
日本海	1.6±0.3	2.8±0.5	6.6±2.5
阿拉伯海	1.0±0.2	1.6±0.3	1.9±1.2
印度洋	1.1±0.2	2.1±0.3	3.0±1.5
南大洋	0.7±0.4	1.0±0.6	1.0±0.5
北极	2.3	14	6.4±1.5
巴伦支海	1.9±0.4	3.6±2.0	20±12
波罗的海	11.1±2.9	61±19	3.4±2.5
北海	4.0±1.2	6.7±2.9	15±10
爱尔兰海	49±83	57±55	500±400

续表

区域	^{90}Sr	^{137}Cs	$^{239,240}Pu$
英吉利海峡	4. 1±1. 4	4. 2±1. 5	13±8
黑海	17±6	25±3	5. 3±2. 3
地中海	1. 7±0. 2	2. 6±0. 4	14±4
北大西洋	1. 2±0. 6	1. 7±0. 8	5±3
中大西洋	0. 8±0. 1	1. 4±0. 2	2. 8±1. 3
南大西洋	0. 4±0. 2	0. 6±0. 1	1. 8±0. 6

表 11. 3　地表水中^{90}Sr、^{137}Cs和$^{239,240}Pu$的平均滞留时间　单位：a

区域	^{90}Sr	^{137}Cs	$^{239,240}Pu$
北太平洋	17. 9±1. 6	18. 4±2. 0	9. 7±1. 3
赤道太平洋	30. 5±2. 7	41. 3±4. 4	14. 7±3. 4
南太平洋	25. 8±1. 4	32. 0±7. 5	17. 5±5. 2
整个太平洋	23. 0±3. 5	22. 9±6. 2	10. 7±1. 6
北印度洋		29. 2±2. 7	30. 6±11. 0
南印度洋		31. 6±9. 2	12. 7±1. 5
整个印度洋		29. 4±2. 6	13. 0±2. 4
北大西洋	22. 6±6. 2	26. 9±6. 0	13. 0±0. 8
中大西洋	34. 9±3. 0	34. 3±8. 2	14. 1±4. 2
南大西洋	25. 0±12. 7	29. 2±9. 1	15. 4±7. 1
整个大西洋	32. 2±3. 5	29. 4±4. 3	13. 1±0. 8

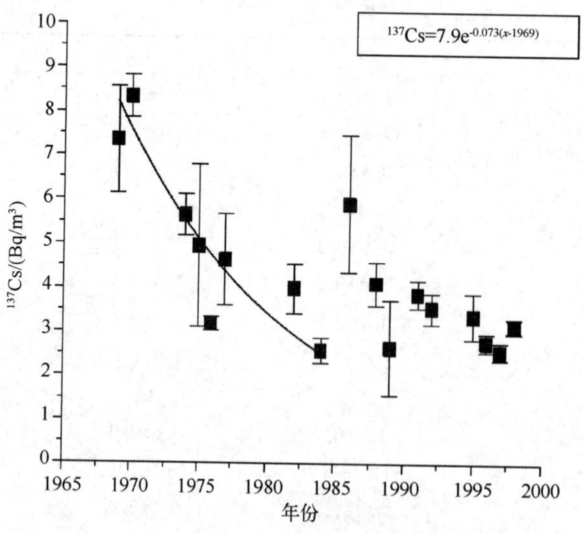

图 11. 1　地中海表层水中 1969—1998 年间^{137}Cs的时间变化趋势

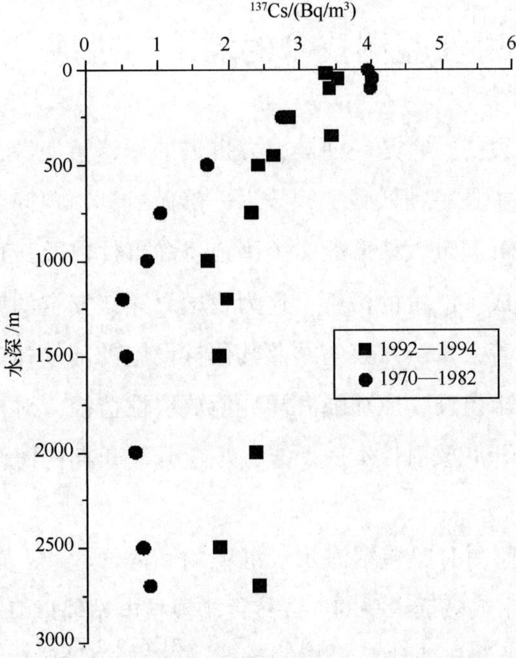

图 11.2 地中海 1970—1982 年和 1992—1994 年^{137}Cs 的平均浓度(衰变校正到 1994 年)

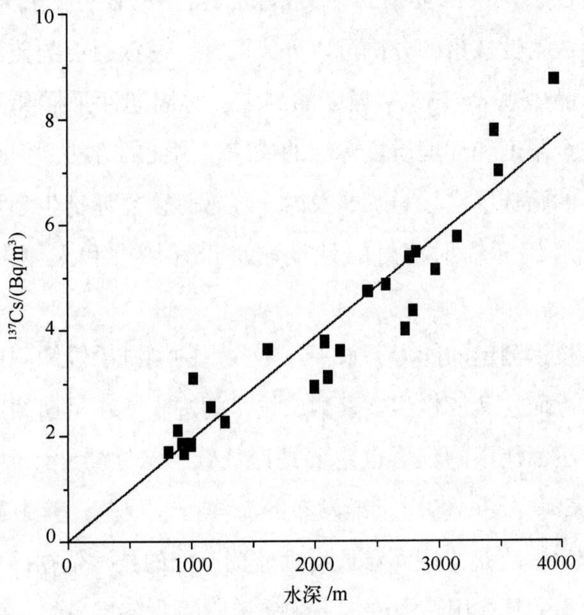

图 11.3 ^{137}Cs 的储量和水深的关系图(衰变校正到 2000 年)

11.2 海洋放射性监测技术的需求与进展

核技术是把双刃剑，它是一种被大力提倡的新清洁能源，其安全运行有利于社会、经济发展，是一种低碳工程技术，然而一旦出现问题又会酿成巨大的灾难。苏联切尔诺贝利重大核事故、美国三里岛事件以及最近的日本福岛核事故都对海洋环境造成了严重的污染，这为我国海洋核安全的监督和管理提出了更严格的要求。随着大量滨海核电站及其他核设施的陆续建成、运转，从国家环境保护管理的需求出发，应加强海洋环境放射性监控，对核设施影响到的近岸海域环境不仅要开展放射性本底调查，还应开展长期的海洋环境放射性常规监测。

海洋放射性的监测对象包括海水、沉积物和海洋生物(黄奕普 等，2006)。海洋放射性是低水平或极低水平的。除核设施或核电站邻近海域外，即使是核事故影响海域，剂量监测仪器基本上没有用途。海洋放射性监测需要测定各介质中放射性核素的活度，因此放射性监测实际使用的都是分析仪器。

环境中放射性核素来源复杂、种类繁多，监测的任务随目的不同而有所选择。环境样品中放射性核素的分析可以分成两种：总放射性的监测；单个放射性核素的分析。样品中总 α、β、γ 强度的测定，对周期性采样和常规监测方面判断是否为符合安全限度和环境质量标准的快速、简便的方法。但是总放射性的测定只能作为初步的筛选鉴定。为了能及时、经常且重复评价生态环境，需要对单个核素进行分析，因为辐射照射的计量取决于环境中和人体内放射性核素的测定。

一个实验室核素测定的能力、水平与实验室的测试手段和测试仪器的多寡与水平有很大关系，而这又依赖于核素测试技术的进步。在早期的放射性测量中更多的是使用计数法，使用的仪器也主要是计数管、定标器、计数器等。《海洋监测规范》是原国家海洋局(1991)批准发布的海洋行业规范，其中放射性核素监测(第 8 部分)多年来一直是我国海洋放射性监测工作的技术依据。但是当时制定规范时，考虑到我国的具体国情，许多监测实验室不具备昂贵的 γ 能谱仪，所以规范中的分析方法侧重以计数法为主，比如^{137}Cs、^{59}Fe、^{131}I 等核素。由于计数方法不能实现核素的区分，因此一般都需要复杂的分离和纯化过程，这也使得对操作人员的要求非常高。

随着技术的发展，γ谱仪的应用越来越广泛，γ谱仪的方法通常情况下不需要复杂的分离和纯化过程。环境样品中大部分放射性核素活度水平非常低，为了能得到更好的结果，需要尽量使用低本底或超低本底谱仪。反康普顿谱仪和反宇宙射线谱仪越来越多地使用到环境样品的测量中，也有将γ谱仪放置在岩洞里使用以降低本底值。

质谱仪也随着其灵敏度的提高被越来越多的应用于长寿命放射性核素的测量。等离子质谱仪(ICP-MS)已经被很好的应用于Pu、U、Th等放射性核素的测量中，而且其样品用量少、测量速度快、过程简单。共振离子质谱和加速器质谱方法也被越来越多的用于测定环境中的超低水平的长寿命放射性核素。

在线辐射环境监测技术随着核电的发展将越来越受重视，环境监测领域中的在线实时测量技术包括了γ剂量率、气溶胶放射性、水质放射性等测量技术。由于放射性监测大体积采样的困难，基于浮标技术的现场放射性监测系统可以实现海水放射性实时监测，能及时发现核事故，为海洋核应急放射性监测发挥重要作用。

11.3 海洋放射性检测仪器简介

海洋放射性监测中常用的测量仪器有：γ谱仪、α谱仪、液闪计数器、α/β计数器、质谱仪(等离子质谱仪、加速器质谱仪等)、光谱仪等。下面分别对γ谱仪、α谱仪、液闪计数器、α/β计数等作简要介绍。

11.3.1 能谱仪

α能谱法是基于α放射体核素所放出的α粒子能量的不同而加以区分的核素测定法，根据能量的不同对核素进行定性分析，根据核素能谱的峰高(或峰面积)进行核素的定量分析。由于α射线的穿透能力极弱，决定了进行α能谱测量的核素首先应当进行精细的富集、分离和纯化，以便将待测核素制成纯净、均匀、几乎无厚度的测量源。所以，α能谱分析的主要优点是核素检出限低，灵敏度高，测量结果准确，但伴随而来的是化学分离程序比较冗长、费时、测量费用也较高。

α 能谱仪在环境放射性监测中主要测量的核素有：^{210}Po、钍同位素（^{234}Th、^{232}Th、^{230}Th、^{229}Th）、铀同位素（^{234}U、^{238}U）、$^{239,240}Pu$ 等。低水平 α 放射性测量的探测器主要包括正比计数器、屏栅电离室等气体探测器、ZnS(Ag)、CsI(Tl)、塑料闪烁体等闪烁探测器，半导体探测器在 20 世纪 60 年代后得到了广泛的应用。

11.3.2 计数器

α/β 计数器的优点是仪器价格比 α 能谱仪和 γ 能谱仪低，仪器的保养比较简单、容易。采样 α/β 计数法测量海洋样品中的放射性核素，只能获得总的 α 计数或总 β 计数，无法确定是什么核素，只能知道是具有 α 或 β 射线的核素。因此，在运用 α/β 计数法测定核素前，必须对样品中的待测核素进行精细的化学分离与纯化，确保测定的放射源只有待测核素。

低本底 α/β 计数器常用的探测器主要有气体正比计数器、硅半导体探测器、塑料闪烁体探测器。由于不做能谱测量，所以可利用的探测器种类比较多。除了探测器以外，其余部分的结构和工作原理差别很小。

用于低本底 α/β 计数测量的气体探测器大多为正比计数器，一般用两个探测器平行叠放在一起，一个为主探测器，另一个为屏蔽的反符合探测器，通常屏蔽探测器比主探测器面积要大得多，主探测器又有两个探测器叠放在一起使用。α 粒子采用单计数器测量，β 射线用两个计数器符合方法测量，这是由于 α 射线射程短，只能在一个探测器中产生计数，而 β 射线射程长可以在两个探测器中同时产生计数，由于符合使本底降低。测量 α 射线时，主探测器输出的脉冲与屏蔽探测器输出脉冲反符合，如果主探测器和屏蔽探测器均有脉冲输出，则为宇宙射线脉冲，不记录；如果仅主探测器有脉冲输出，则记录。测量 β 射线时，主探测器两个技术管都有输出，符合后与屏蔽探测器进行反符合，当三个计数管都有输出信号时为宇宙射线信号，不记录；如果信号仅出现在主探测器的两个计数管中，则认为是样品中的 β 射线计数，记录。

11.3.3 液体闪烁能谱仪

液体闪烁能谱仪（简称液闪）的应用对象主要是软 β 发射体核素的测量，包括射线强度的测量及核素活度的测定。

对于 β 放射性的测量，最常使用的探测器有气体探测器和闪烁体探测器。气体探测器包括电离室、正比计数器和 G-M 计数器；闪烁体探测器分固体闪烁探测器和液体闪烁探测器。固体闪烁探测器又分为无机闪烁体探测器和有机闪烁体探测器。NaI 是无机闪烁体探测器；蒽晶体、萘晶体、塑料闪烁体和对联三苯等是有机闪烁体探测器。液体闪烁探测器就是液闪测量中使用的闪烁液。

β 射线是一种带电粒子。带电粒子与物质相互作用时，主要以三种方式损失其能量：引起电离、激发及分子热运动。

引起电离是气体探测器的工作原理。发生激发时，相互作用的物质——介质的轨道电子从 β 粒子那里获得能量后跃迁到激发态，然后从激发态退激回到基态时会发射出荧光光子。这正是闪烁探测器工作的基础。

发生热运动对粒子探测没有任何贡献，是我们所不希望的。但是，带电粒子与物质发生相互作用时，往往大部分的能量是以产生热运动的方式损失的，只有很少一部分能量能引起介质分子激发发光。人们把 β 粒子损失的能量能引起激发发光的概率称为闪烁效率。

液体闪烁计数器在核化学、医学、生物学、考古学中应用广泛。它具有探测效率高、样品易于制备、适合于大量样品的自动测量等优点。由于待测核素溶解在闪烁液中，形成 4π 测量立体角，具有高的探测效率，对于最大能量较高的 β 射线，探测效率可能接近 100%，这是其他测量方法难以比拟的。因此，与 α 能谱法及 α/β 计数法相比，液体闪烁法可有效地节省测量时间，提高仪器的测量效率。液体闪烁计数法是测量低能 β 放射性核素 ^{3}H 和 ^{14}C 最为有效的方法。

11.3.4 γ 能谱仪

γ 能谱分析是快速定性定量分析具有 γ 辐射的放射性核素的基本手段之一，在很多领域内得到了广泛的应用。在环境放射性监测中，使用低本底 γ 谱仪[以带有反符合环的 NaI(Tl) 晶体或大体积的 Ge(Li) 探测器配合多道分机器]可以直接监测放射性水平在 3.7×10^{-2} Bq 的环境样品。不但可确定是否污染，污染的程度，而且可以确定造成污染的核素组成。因此，γ 能谱分析是一种快速高效的监测方法。

γ 能谱分析是根据待测核素或其衰变子体发射的 γ 射线的能量进行核素的定性分析，根据其谱峰的高度(或面积)进行核素的定量分析。由于 γ 发射体发射的γ射线往往有多种能量(其分支比各不相同)，加上其子体或子子体又有不同能量的多种γ射线的干扰与叠加，所以γ能谱分析远比α能谱分析复杂很多。

γ能谱分析法的优点是无须对样品进行冗繁的化学分离与纯化，且可同时测量多种核素；不足之处是仪器本底较高，测量准确度不如α能谱分析，数据处理比较麻烦，样品测量耗时较长(因为一台仪器每次只能测一份样品)。

γ谱仪通常包括屏蔽室、探测器、单道或多道脉冲高度分析器、记录设备及数据处理系统等部分。

11.4 海洋放射性监测样品的采集与预处理

采样是海洋放射性调查和监测的重要步骤之一。为了取得有足够代表性的样品，除按本规程执行外，还可根据国际原子能机构(IAEA)关于海洋环境样品采集的一般原则，开展采样工作。

11.4.1 气溶胶样品

将滤纸置于大容量气溶胶采样器中，采样器离地面2.2 m左右，启动采样器，根据采样器类型控制流量在100~1 000 m^3/h，连续采集气体体积3 000 m^3左右。达到预期的采样量后，关闭采样器，取出滤膜，将采样面对折后置于洁净的密封袋中，记录下采样时间、地点、经纬度、气象信息等参数。

11.4.2 海水样品

11.4.2.1 样品采集

表层海水：将与水泵连接的管子放到海面以下0~2m水层处，每次抽水时先空放1~3 min，除去泵和管道存水，然后注入干净的25L聚乙烯塑料桶。分析海水中全放射性要素时采样总量为150L。注水完毕后，水样按每升海水加1mL盐酸的比例进行酸化固定处理。加酸不能迟于采样后5d。分析^{131}I、氚、悬浮物含量及其放射性的水样无需加酸酸化，尽快用0.45μm的滤膜过滤。

深层海水：用绞车将潜水泵放到指定的深度，启动潜水泵，空放3~5 min，后续步骤同表层海水的取样方法相同。

水样采集完毕后，用记号笔在桶侧注明测站编号，同时贴上标签，标签上用透明胶纸覆盖。做好相关记录，包括采样站位经纬度、采样时间、潮位、温度和盐度。

11.4.2.2 样品预处理

海水带回实验室后，静置2~3 d，待澄清后，虹吸出上清液，根据分析项目的不同按相应的分析方法进行分析。

11.4.3 沉积物样品

11.4.3.1 样品采集

采用抓斗采泥器或箱式采泥器采集海底表层沉积物，每个样品采集湿样2~3 kg，装入塑料袋中，做好相关记录，包括采样站位经纬度、采样时间、表观性状(颜色等)、气味，表面浅色薄层的厚度，沉积物类型和生物现象(贝壳含量及破碎程度，生物的种类和数量，生物活动的遗迹)等。如果遇到采样点系沙质沉积，则采样位置稍作移动后再进行取样。

11.4.3.2 样品预处理

将样品倒入搪瓷盘，拣去贝壳、砾石等杂物，放入电热恒温箱内，在105℃下烘干。将烘干的样品摊放在干净的聚乙烯板上，剔除砾石和颗粒较大的动植物残骸，用聚乙烯棒将样品压碎，过80目筛，取适量装入ϕ75 mm×75 mm的样品盒中，将样品压实，旋紧压盖，记下样品号、样品高度、样品重量及装盒日期，密封保存20 d后在低本底高纯锗γ能谱仪上测量。

11.4.4 海洋生物

11.4.4.1 样品采集

在调查海域采用拖网捕捞方法采集生物样品，样品量根据测量项目及不同生物样品的灰/鲜比确定。样品采集后立即冷藏或冷冻保存，并做好生物名称、采样时间、样品来源地点、生物大小、重量等相关信息的记录工作。

11.4.4.2 样品预处理

以下方法为生物样品的前处理方法，实际处理方法可根据现场采集的样品进行调整。

(1)洗净藻类生物样品外表泥沙杂物，尤其是根部的夹杂物，称鲜重。

(2)鱼类：选择当地经济鱼类或具有代表性的鱼种。洗净后，晾干，称鲜重，放在搪瓷盘中，置于烘箱内105℃下烘干。

(3)虾类：洗净后称鲜重，放入搪瓷盘，置于烘箱中105℃下烘干。

(4)贝类：牡蛎——洗去泥沙、碎贝壳，沥干水分，剥肉称鲜重，放入搪瓷盘中，置于烘箱中105℃下烘干；双壳类——洗净，晾干，放入搪瓷盘，置于烘箱中105℃下烘至贝壳张开，剥肉，称鲜重(液汁计入肉内)。

(5)分别将烘干的生物样品在坩埚中加热进行炭化，严防明火燃烧。

(6)将一定量炭化后的样品放入瓷蒸发皿或坩埚中，置于马弗炉内，温度缓慢上升，严防明火燃烧。在450~550℃恒温下进行灰化(不同的样品保温温度有所差别，易挥发核素如^{137}Cs、^{106}Ru等温度不得超过450℃；对^{90}Sr、^{60}Co等样品的灰化温度可适当升高，但不可高于550℃)直至残渣呈白色或灰白色为止。冷却，称重，计算灰鲜比(10^{-3}wet)，研磨并过80目筛。装入已编号的广口瓶中，贴上“生物样品灰标签”，备用。

(7)记下处理生物样品的鲜、灰重，计算灰/鲜比。

(8)取灰样适量，装入ϕ75 mm×75 mm的样品盒中，摊平，压实，旋紧压盖，记下样品号、样品高度、样品重量及装盒日期，密封保存20 d后，在低本底高纯锗γ能谱仪上测量。

11.4.5 采样注意事项

海水中放射性核素分析需要水样的量较大，酸化时所需的盐酸量较大，因此，盐酸瓶之间需用塑料泡沫或相似物品阻隔，以防运输过程中受船舶颠簸而碰撞打破。加盐酸操作时最好带上橡皮或塑料手套。若不慎倒在手上应马上用水冲洗。使用过程中，需将暂未使用的盐酸瓶固定，以防不慎倾倒。

采样人员应按组进行采样，并采取相应的安全措施。使用电操作采样设备(如电动绞车等)，在操作和维修过程中，要注意安全。

11.4.6 样品的传送

生物样品全烘干、称重后，装袋并贴好标签，连同海水样品、沉积物样品及各种样品的采样及样品预处理记录一并送到指定的有资质的实验室进行分析测试。

11.5 海洋放射性监测样品的测定

11.5.1 海水、沉积物和海洋生物中总β的测定

11.5.1.1 方法原理

氢氧化铁吸附并和硫酸钡共沉淀富集海水中大部分放射性核素。沉积物和生物采用直接铺样测量。

11.5.1.2 试剂及配制

氯化钾：优级纯。

氨水溶液：1+1。

氨性氯化铵溶液(10 g/L)：称取10.0 g氯化铵溶于水中，加入12 mL氨水，稀释至1 000 mL。

铁载体溶液(3 mg/mL)：称取26.000 g硫酸铁铵[$FeNH_4(SO_4)_2 \cdot 12H_2O$]溶于水中，转移到1 000 mL容量瓶中，稀释至标线，贮于棕色试剂瓶中。

钡载体溶液(3 mg/mL)：称取5.40 g氯化钡($BaCl_2 \cdot 2H_2O$)溶于水中，转移于1 000 mL容量瓶中，稀释至标线，贮于试剂瓶中。

无水乙醇。

11.5.1.3 仪器及设备

低本底β测量仪；

箱式电阻炉：额定温度1 000℃，4 kW；

电热鼓风干燥箱：最高温度300℃；

玛瑙研钵：100 mm；

瓷坩埚：30 mL，50 mL；

红外灯：250 W；

抽滤瓶：2500 mL；

布氏漏斗：ϕ90 mm；

一般实验室常备仪器及设备。

11.5.1.4 分析步骤

(1)量取3.0 L已酸化的澄清海水置于5 L烧杯中，在搅拌下加入10 mL铁

载体溶液和 10 mL 钡载体溶液，用氨水调节 pH 约 7；

(2)将上述溶液在电炉上加热至沸，取下放置冷却，使沉淀自然下沉；

(3)小心虹吸上清液，余下部分在直径 90 mm 布氏漏斗(铺有中速定量滤纸)中抽滤；

(4)沉淀用氨性氯化铵溶液和水分别洗 2~3 次，弃去滤液和洗涤液；

(5)将全部沉淀带滤纸移入已恒重的瓷坩埚中(加盖并留一缝隙)。在电炉上加热，炭化后移入箱式电阻炉内，在 450℃灼烧 2 h；

(6)取出坩埚，稍冷后置于干燥器，冷却至室温称重；

(7)将已称重的灰样在玛瑙研钵中研细，转入已经称重的不锈钢测量盘，加入少量无水乙醇润湿，用细玻璃棒将样品铺匀，制成样品源；

(8)样品源放在培养皿中(不加盖)，置于电热鼓风干燥箱中 110℃烘干 20 min，或置于红外灯下烘干；

(9)将烘干样品置于干燥器中，冷却 30 min，称重。将样品源置于低本底 α/β 计数器内测量放射性活度(测量时间视源的活度而定，应使相对误差小于或等于 20%)。

11.5.1.5 测量与计算

称取 100 mg 研细的氯化钾，置于已称重的不锈钢测量盘中，加入无水乙醇，铺匀，在 110℃下烘干 20 min，取出于干燥器冷却 30 min，称重并测量放射性活度。由下式求得仪器计数效率：

$$\eta = \frac{I}{W \times 0.87} \times 100\% \tag{11.1}$$

式中：

η——仪器计数效率,%；

I——氯化钾源净计数率，cpm；

W——氯化钾量，mg；

0.87——氯化钾衰变率，dpm/mg。

测量样品结果计算：

$$A_1 = \frac{I \times W_1}{\eta \times V \times W} \tag{11.2}$$

式中：

A_1——海水样品放射性比活度，Bq/L；

I——样品净计数率，cps；

W_1——海水样品总灰重，mg；

η——仪器计数效率,%；

V——海水体积，L；

W——测量样品用量，mg。

11.5.2 海水、沉积物和海洋生物中总铀的测定——激光荧光法

11.5.2.1 方法原理

直接向水样中加入荧光增强剂，使之与水样中铀离子生成两种简单的络合物，在激光(波长 337 nm)辐射激发下产生荧光。采用“标准铀加入法”定量地测定铀。

水样中常见干扰离子的含量为：锰(II)小于 1.5 μg/mL，铁(III)小于6 μg/mL，铬(VI)小于 6 μg/mL，腐殖酸小于 3 μg/mL。

方法测定范围：0.05~20 μg/L，相对标准偏差：小于 15%。

11.5.2.2 试剂及配制

荧光增强剂，荧光增强倍数不小于 100 倍；

铀标准贮备溶液(1.00 mg/mL)；

铀标准溶液(10.0 μg/mL)；

铀标准溶液(0.500 μg/mL)；

铀标准溶液(0.100 μg/mL)。

11.5.2.3 仪器及设备

铀分析仪，最低检出限 0.05 μg/L；

微量注射器，50 μL(0.1 mL 玻璃移液管)。

11.5.2.4 分析步骤

取 500 mL pH 为 3.0~11.0 的被测水样(如铀含量较高，可用水适当稀释，于石英比色皿内，调节补偿器旋钮直至表头指示为零，不为零时可记录读数 N_0)，向样品内加入 0.5 mL 荧光增强剂，充分混匀，测定荧光强度 N_1，再向样品内加 0.050 mL 的 0.100 μg/mL 铀标准溶液(高浓度铀测量应加入 0.050 mL 的

0.500 μg/mL 铀标准溶液)，充分混匀，测定荧光强度 N_2。

11.5.2.5　测量与计算

$$c = \frac{(N_1 - N_0) \cdot c_1 \cdot V_1 \cdot K}{(N_2 - N_1) \cdot V_0} \times 1\,000 \tag{11.3}$$

式中：

c——水样中铀的浓度，μg/L；

N_0——样品未加荧光增强剂之前仪器指示读数；

N_1——加荧光增强剂后样品的荧光强度；

N_2——样品加标准铀后的荧光强度；

c_1——加入标准铀溶液的浓度，μg/mL；

V_1——加入标准铀溶液的体积，mL；

V_0——分析用水样的体积，mL；

K——水样稀释倍数。

11.5.3　海水、沉积物和海洋生物中 ^{90}Sr 的测定——β 计数法

11.5.3.1　方法原理

将样品中处于平衡状态的放射性 ^{90}Sr 和 ^{90}Y 采用碳酸钠沉淀法收集，在 pH = 0.9~1.0 时用二-(2-乙基己基)磷酸(HDEHP：P204)萃取和硝酸溶液(2 mol/L)反萃取，以草酸盐形式沉淀制源。用低本底 β 测量仪测量 ^{90}Y，由测得净计数率计算出样品中 ^{90}Sr 的含量。

11.5.3.2　试剂及配制

锶载体溶液(100 mg/mL)；

钇载体溶液(20 mg/mL)；

P204-甲苯溶液(10%)；

硝酸(ρ = 1.42 g/mL)；

硝酸溶液(1%)；

硝酸溶液(0.5 mol/L)；

硝酸溶液(1 mol/L)；

硝酸溶液(2 mol/L)；

饱和碳酸钠溶液；

饱和草酸溶液；

碳酸铵溶液(10 g/L)；

氢氧化钠溶液(6 mol/L)；

草酸溶液(10 g/L)；

盐酸溶液(6 mol/L)；

过氧化氢；

无水乙醇；

氯化铵；

氨水；

^{90}Sr-^{90}Y 标准溶液；

无水碳酸钠；

碳酸钠溶液(10 g/L)；

草酸；

饱和草酸铵溶液。

11.5.3.3 仪器及设备

低本底 β 测量仪：1 台；

离心机：4 000 r/min；

电动震荡机：频率 240 Hz；

可拆卸漏斗：1 套；

酸度计：精度 0.02pH；

火焰原子吸收分光光度计；

锥形分液漏斗：125 mL，250 mL，1 000 mL；

过滤瓶：500 mL，2 500 mL；

聚乙烯桶：40 L(带盖)；

电动搅拌机：200~4 000 r/min；

砂芯玻璃坩埚：G-4；

滤纸：Whatman 42 号或新华慢速滤纸；

一般实验室常备仪器和设备。

11.5.3.4　分析步骤

(1)量取 40 L 已经酸化的海水于聚乙烯桶内，依次加入 2.00 mL 锶载体溶液、2.00 mL 钇载体溶液和 1.00 mL ^{85}Sr 示踪液，搅匀。加入 60 g 氯化铵搅拌至全溶后，再加入 400 g 无水碳酸钠，用电动搅拌机搅拌 30 min，静置 24 h 以上。

(2)用虹吸法吸出上层澄清液，余下部分在直径 150 mm 布氏漏斗中用双层中速滤纸抽滤，用碳酸铵溶液洗涤沉淀，将沉淀转入 1 000 mL 烧杯中，加入 300~400 mL 硝酸溶液溶解沉淀，加热滤去不溶物。

(3)用氨水调节上述 pH 为 0.9~1.0，全量转移至 1 000 mL 锥形分液漏斗中，加 10 滴过氧化氢和 50 mL P204-甲苯溶液剧烈振荡 5 min，静置分层后(记下锶-钇分离时间)，将水相转移到另一 1 000 mL 分液漏斗中再重复萃取一次，保留合并有机相(A)，直接萃取测定^{90}Y。

(4)合并水相于 500 mL 聚乙烯瓶中(沉积物、生物样用 100 mL 聚乙烯瓶)加水至瓶颈的底部，混匀。进行 γ 计数(至少 100 个计数)，同时以同样方式稀释 1.00 mL ^{85}Sr，将放置平衡后的萃取水相蒸干，用盐酸溶解，再用火焰原子分光光度计测定锶的回收率，然后合并水相，加入 2.00 mL 钇载体，放置 14 d 以上。

(5)将放置 14 d 以上的溶液调 pH 为 0.9~1.0，然后用 P204-甲苯溶液萃取两次，每次用量 50 mL，合并有机相(B)(记下锶-钇分离时间)。弃去水相。

(6)用 25 mL 硝酸溶液洗涤有机相(A 或 B)两次，弃去水相。用 20 mL 硝酸溶液反萃取两次，弃去有机相，合并水相置于 50 mL 离心管中。

(7)用氨水沉淀钇，离心分离，弃去清液，逐滴加入 2 mL 盐酸溶液于沉淀中，于水浴中加热溶解，用少许水冲洗管壁，过滤于 50 mL 烧杯中，用硝酸溶液和水交替洗涤滤纸(控制滤液和洗涤液体积在 20 mL 左右)。加入 5 mL 饱和草酸溶液于滤液中，用氢氧化铵溶液和硝酸溶液将 pH 调至 1.5~2.0，再把沉淀在水浴中加热凝聚，取下冷却至室温，将草酸钇沉淀用可拆卸式漏斗过滤在已经称重的滤纸上，用草酸溶液，无水乙醇依次洗涤两次，将沉淀的样品源置于测量盘内，立即在低本底 α/β 计数器测量。记下测量时间(日期和小时)。测量时间视源的强弱而定，测量相对标准偏差应小于 20%。

(8)将测量后的样品源置于电热烘干箱内在 110℃ 烘 10 min，置于干燥器内冷却 20 min 后称重，计算钇化学回收率。

(9)沉积物和海洋生物中^{90}Sr在经过硝酸的消解后，其处理程序与水样基本一致。

11.5.3.5 测量与计算

(1)吸取1.00 mL已知强度的$^{90}Sr-^{90}Y$标准溶液，转入50 mL离心管中，加入1.00 mL锶载体溶液和1.00 mL钇载体溶液，用硝酸溶液将总体积稀释到30 mL左右。

(2)用除去二氧化碳的氨水调节溶液呈碱性，离心分离，弃去清液，记录^{90}Sr和^{90}Y分离时间，并用20 mL热水洗涤沉淀，分离离心，弃去洗液。

(3)加硝酸溶液使氢氧化钇溶解，转入50 mL烧杯中，用10 mL水和硝酸溶液交替洗涤离心管一次，洗液并入50 mL烧杯内，加入5 mL饱和草酸溶液，用已除去二氧化碳的氨水将溶液pH值调至1.5~2.0，加热凝聚后冷却至室温。过滤草酸钇沉淀在可拆卸漏斗内已称重的滤纸上，各用5 mL草酸溶液和无水乙醇依次洗涤，将样品源置于测量盘内，立即用低本底α/β计数器测量，记录测量时间，测量后样品源置于110℃电热恒温箱干燥10 min，放入干燥器中冷却20 min后称重，计算钇的化学回收率。

(4)计算公式：

$$A_1 = \frac{I}{V \times \eta \times Y_{Sr} \times Y_y \times e^{-\lambda t_2} \times (1 - e^{-\lambda t})} \tag{11.4}$$

式中：

A_1——海水样品中^{90}Sr的比活度，Bq/L；

I——样品源的净计数率，cps；

η——仪器计数效率,%；

V——取样体积，L；

Y_y——钇化学回收率,%；

Y_{Sr}——锶化学回收率,%；

λ——^{90}Y的衰变常数，h^{-1}；

$(1-e^{-\lambda t})$——^{90}Y积累校正系数；

t_2——锶钇分离到测量钇时的时间间隔，h；

t——^{90}Y积累时间，当$t=14$ d时，$(1-e^{-\lambda t})\approx 1$。

11.5.4 海水中多核素的联合测定—— γ 能谱法

11.5.4.1 方法原理

用 AgCl 沉淀富集 ^{110m}Ag，用磷钼酸铵（AMP）吸附 ^{134}Cs 和 ^{137}Cs，用硫酸钡沉淀载带 ^{226}Ra，用氢氧化铁共沉淀载带 ^{58}Co、^{60}Co、^{59}Fe、^{210}Pb、^{232}Th 和 ^{65}Zn 等 γ 核素。

11.5.4.2 试剂及配制

铯载体溶液：30 mg/mL；

钡载体溶液：20 mg/mL；

铅载体溶液：100 mg/mL；

钴载体溶液：20 mg/mL；

铁载体溶液：20 mg/mL；

银载体溶液：20 mg/mL；

钌载体溶液：20 mg/mL；

钍载体溶液：20 mg/mL；

锰载体溶液：20 mg/mL；

锌载体溶液：20 mg/mL；

磷钼酸铵[$(NH_4)_3PO_4 \cdot 12MoO_3$]，简称 AMP，固体粉末；

盐酸（HCl），$\rho = 1.19$ g/mL；

硝酸（HNO_3），$\rho = 1.42$ g/mL；

硫酸溶液（1+1）：1 体积的硫酸（$\rho = 1.84$ g/mL）倒入 1 体积的水中；

氢氧化钠溶液（10 mol/L）：称取 400 g 氢氧化钠（NaOH）溶于水中，稀释至 1 L；

酚酞指示剂（1%）：称取 1 g 酚酞（$C_{20}H_{14}O_4$）溶于 90 mL 无水乙醇（C_2H_5OH）和 10 mL 水中；

氨水（NH_3 H_2O），$\rho = 0.90$ g/mL；

^{137}Cs 标准溶液、^{60}Co 标准溶液、^{226}Ra 标准溶液、^{54}Mn 标准溶液、^{59}Fe 标准溶液、^{106}Ru 标准溶液、^{232}Th 标准溶液。

11.5.4.3 仪器及设备

HPGe 多道 γ 能谱仪；

电动搅拌机，200~4 000 r/min；

酸度计(或精密 pH 试纸)；

抽滤装置(电动吸引器、抽滤瓶、布氏漏斗、定量滤纸)；

圆形塑料水桶(带盖)，5 L、60 L；

可拆卸漏斗；

一般实验室常用仪器、设备和器皿。

11.5.4.4 分析步骤

(1)将 100 L 已酸化的海水样品倒入 2 个 60 L 的黑色塑料桶中。

(2)在搅拌下，按每升海水加入 20 mg 银载体，盖上黑色桶盖(盖上打个洞供搅拌棒通过)继续搅拌 20 min，在室温下于暗处放置至沉淀完全下沉。

(3)虹吸法吸出上清液(留作其他核素分析用)，桶底的沉淀物和剩余溶液倒入一个 5 L 的黑色塑料小桶，沉降后吸出上清液。

(4)余下的溶液和沉淀物在 ϕ90 mm 的布氏漏斗上过滤，弃去滤液。沉淀物转入一个外壁涂黑漆(或用黑色塑料膜环绕)的 250 mL 烧杯，加入浓氨水，使银和氨络合而进入溶液中，过滤。滤液收集在另一个黑色烧杯中。此过程再重复一次，两次的滤液合并在一起，不溶的滤渣弃去。

(5)向黑色烧杯的滤液加入浓 HNO_3 酸化溶液至白色的 AgCl 沉淀完全生成后，用可拆卸漏斗和已称重的滤纸过滤，抽干。

(6)拆卸漏斗，滤纸和沉淀物在烘箱中 80℃ 下烘干、称重，计算银的化学回收率，沉淀物留待与其他的富集样品一起用 γ 能谱仪测量。

(7) ^{134}Cs、^{137}Cs 的富集。

a)取富集过 ^{110}Ag 后的上清液 60 L，加入铯载体 30 mg，搅拌，用 HCl 调节 pH≤3，加入 12 g AMP，继续搅拌 30 min。静置至 AMP 完全沉降。

b) 虹吸法吸出上清液(留作其他核素分析用)，桶底的溶液和 AMP 转入 5 L 的小桶，待其沉降后吸出上清液(并入之前的上清液)。AMP 及余留的溶液在铺有定量滤纸的布氏漏斗上抽滤，用 50 mL 0.5 mol/L HNO_3 洗涤滤物，抽干。

c)滤物(AMP)连同滤纸转入 50 mL 的瓷坩埚中，置于马弗炉内，450℃ 下灼烧 2 h，留待与其他核素的富集样品一起在 γ 谱仪上测量。

(8) ^{226}Ra、^{58}Co、^{60}Co、^{59}Fe、^{65}Zn、^{54}Mn、^{106}Ru、^{210}Pb、^{232}Th 的富集。

a) 吸附过 ^{137}Cs 以后的上清液 60 L，在搅拌下，加入 200 mg Ba^{2+} 载体，1200 mg

Pb^{2+}载体。然后，加入 20 mL H_2SO_4(1+1)，继续搅拌至沉淀出现[否则应再加H_2SO_4(1+1)]。接着加入 100 mg Co^{2+}载体、100 mg Mn 载体、100 mg 锌载体、200 mg Fe^{3+}载体、100mg 钌载体、100mg 钍载体、100mg 铅载体和 1 mL 酚酞指示剂。然后加入 10 mol/L NaOH 溶液直至溶液变成粉红色，此时 pH = 8，继续搅拌 30 min，静置使沉淀完全下沉。

b)虹吸法吸出上清液，弃去。遗留的溶液和沉淀物转入 5 L 的小塑料桶中，待沉淀下沉，溶液澄清后，吸出上清液。留下的溶液和沉淀在铺有定量滤纸的布氏漏斗中过滤，滤物转入坩埚在马弗炉中 450℃下灼烧 2 h。

11.5.4.5　测量与计算

将上述富集核素后的沉淀物合并在一起，置于研钵中研细混匀，装入测量盒中，密封 24 d 后，在 γ 能谱仪上测量。

计算公式：

$$A_{(样)} = \frac{样品净计数率}{仪器探测效率 \times 样品重量} \tag{11.5}$$

11.5.4.6　注意事项

测量样品相对探测器的几何条件和谱仪状态应与刻度时完全一致，此外，还需测量模拟基质本底谱和空样品盒本底谱。测量时间应按要求的计数误差控制。

11.5.5　沉积物、生物样品中多核素联合测定—— γ 能谱法

11.5.5.1　方法原理

利用高分辨率高纯锗 γ 谱仪测量样品中 γ 核素。

11.5.5.2　仪器及设备

高纯锗 γ 谱仪；

样品盒。

11.5.5.3　分析步骤

将沉积物、海洋生物样品烘干后，过 60~80 目筛，然后取 300g 样品装入 ϕ75 mm×75 mm 的样品盒中，密封 3 d 以上。

将制备好的样品置于高纯锗 γ 谱仪中测量，测量时间 8h 以上。

11.5.5.4 测量与计算

$$A_{(样)} = \frac{样品净计数率}{仪器探测效率 \times 样品重量} \tag{11.6}$$

11.5.6 氚

11.5.6.1 方法原理

向含氚水样中依次加入少量的氢氧化钠和高锰酸钾，进行常压蒸馏。收集蒸馏液中间部分，然后将一定量的蒸馏液与一定量的闪烁液混合，暗适应后用低本底液体闪烁谱仪测量样品的活性。如果需要，收集蒸馏液的中间部分可利用电解装置进行氚水的电解浓集。

11.5.6.2 试剂

除非另有说明，分析时均使用符合国家标准的分析纯试剂。

高锰酸钾($KMnO_4$)；

氢氧化钠(NaOH)；

甲苯($C_6H_5CH_3$)；

1，4-[双-(5-苯基噁唑-2)]苯，$[OC(C_6H_5)=CHN=C]_2C_6H_4$，简称POPOP，闪烁纯；

2，5-二苯基噁唑，$OC(C_6H_5)=NCH=CC_6H_5$，简称PPO，闪烁纯；

TritonX-100(曲吹通X-100)，$C_8H_{17}(C_6H_4)(OCH_2CH_2)_{10}OH$；

标准氚水，浓度和标准待测试样尽量相当，准确度≤±3%；

无氚水，含氚浓度低于0.1 Bq/L的深层地下水。

11.5.6.3 仪器和设备

(1)低本底液体闪烁谱仪，计数效率大于15%，本底小于2计数/min；

(2)分析天平，感量0.1 mg，量程大于10 g；

(3)蒸馏瓶，500 mL；

(4)蛇形冷凝管，250 cm；

(5)磨口塞玻璃瓶或塑料瓶，500 mL；

(6)容量瓶：250 mL，500 mL，1 000 mL；

(7)样品瓶，低钾玻璃瓶、聚乙烯、聚四氟乙烯或石英瓶，20 mL；

(8)电导率计，测量范围 0~20 μS/cm。

11.5.6.4 分析步骤

1)蒸馏

(1)取 300 mL 水样，放入蒸馏瓶中，然后向蒸馏瓶中加入 0.3 g 高锰酸钾和 1.5 g 氢氧化钠。盖好磨口玻璃塞子，并装好蛇形冷凝管，待用。

(2)加热蒸馏，将开始蒸出的 50~100 mL 蒸馏液弃去，然后收集中间的约 100 mL 蒸馏液于磨口塞玻璃瓶或塑料瓶中准备用于样品测量，其余舍弃。

(3) 对于需要进行电解浓集预处理的水样，将开始蒸出的 15~20 mL 蒸馏液弃去，然后收集中间的约 250 mL 蒸馏液于玻璃瓶或塑料瓶中用于电解浓集，其余舍弃。

(4)用电导率仪测定蒸馏液的电导率≤5 μS/cm。如果电导率≥5 μS/cm，水样应重新蒸馏。

2)制备试样

(1)配制或准备闪烁液。

配制闪烁液，将 7.00 g PPO 和 0.35 g POPOP 放入 1000 mL 容量瓶中，用 1 份曲吹通 X-100 与 2 份甲苯的比例适量配制的溶液溶解并稀释至刻度。摇荡混合均匀后，倒入棕色瓶内保存，备用。

使用市售的商品闪烁液，应尽量选用低毒性、高闪点、溶解性好的安全高效产品。用户有责任检验每一种替代闪烁液的可接受性，并了解该商品闪烁液的性能与最佳使用条件。

(2) 制备本底试样。

将无氚水进行蒸馏，取其蒸馏液 8.00 mL 放入 20 mL 样品计数瓶中，再加入 12.00 mL 闪烁液，旋紧瓶盖，振荡混合均匀后保存备用。

(3)制备待测试样。

取 8.00 mL 蒸馏液和 12.00 mL 闪烁液，放入 20 mL 样品计数瓶中，旋紧瓶盖，振荡混合均匀后保存备用。

(4)制备标准试样。

取 8.00 mL 氚标准溶液水和 12.00 mL 闪烁液，放入到 20 mL 样品计数瓶中，旋紧瓶盖，振荡混合均匀后保存备用。

11.5.6.5 测量

把制备好的试样，包括本底试样、待测试样和标准试样，同时放入低本底液体闪烁谱仪的样品室中，避光 12 h 以上。

1) 仪器准备

调试仪器使之达到正常工作状态。仔细选择并确定氚测量的能量道宽，使仪器的测量道对所测氚样品的灵敏度优值达到最大。

2) 测定本底计数率

在选定氚测量道内，对制备的本底试样以确定的计数时间间隔进行计数。对于环境低水平样品测量，本底试样的计数时间至少应大于 1 000 min。

3) 测定仪器效率

(1) 选用一确定计数时间间隔，在氚测量道，对标准试样进行计数，求出标准试样的计数率，然后用下式计算仪器的计数效率：

$$E = \frac{Nd - Nb}{D} \tag{11.7}$$

式中：

E——仪器的计数效率，(计数/min)/(衰变/min)；

N_d——标准试样计数率，计数/min；

N_b——本底试样计数率，计数/min；

D——加入到标准试样中氚的衰变数，衰变/min。

(2) 样品闪烁液混合物中的淬灭可能导致计数效率的降低。利用内标准法或外标准道比法可以进行淬灭校正。由于某些商品乳化闪烁液的溶剂能缓慢地透过聚乙烯瓶壁蒸发，这类闪烁液只有使用玻璃瓶才能利用外标准道比法进行淬灭校正。

4) 测量样品

选用一确定的计数时间间隔，对待测样品进行计数或若干次的循环计数。计数时间应足够长，以保证样品计数的统计涨落能满足测量要求。

5) 空白试验

每当更换试剂时，应进行空白试验；每批样品分析时，应进行空白试验；应定期进行空白试验。

6)防止交叉污染

在操作过程中，例如在制备试样、蒸馏等每一可能引起样品间交叉污染的步骤中，要注意避免交叉污染。操作要按先低水平、后高水平顺序进行。

11.5.6.6 分析结果的计算

计算水中氚的放射性浓度公式：

$$A = \frac{N_g - N_b}{K_i V_m E} \tag{11.8}$$

式中：

A——水中氚的活度浓度，Bq/L；

N_g——待测试样的总计数率，cpm/min；

N_b——本底试样的计数率，cpm/min；

V_m——测量时所用水样的体积，mL；

E——仪器对氚的计数效率(计数/分)/(衰变/分),%；

K_i——单位换算系数，6.00×10^{-2}(1 dpm/min)/(Bq/l)。

11.5.6.7 误差计算

分析结果的相对标准误差由下式确定：

$$\sigma_m = \left[\frac{1}{N_s^2}\left(\frac{N_b + N_s}{t_s} + \frac{N_b}{t_b} + \sigma_e^2\right)\right]^{1/2} \tag{11.9}$$

式中：

σ_m——分析结果的相对标准偏差,%；

N_s——待测试样的净计数率，计数/min；

N_b——本底试样的计数率，计数/min；

t_s——待测试样的计数时间，min；

t_b——本底试样的计数时间，min；

σ_e——仪器对氚的计数效率的标准偏差。

思考题

1. 海洋环境中常见的放射性核素有哪些?
2. 环境中的放射性来源有哪些?

参考文献

黄奕普, 陈敏, 刘广山, 等. 2006. 同位素海洋学研究文集——海洋放射年代学, 第4卷[M]. 北京: 海洋出版社.

黄奕普, 陈敏, 刘广山, 等. 2006. 同位素海洋学研究文集——核素的测定, 第5卷[M]. 北京: 海洋出版社.

黄奕普, 陈敏, 刘广山, 等. 2006. 同位素海洋学研究文集——极地海洋, 第2卷[M]. 北京: 海洋出版社.

黄奕普, 陈敏, 刘广山, 等. 2006. 同位素海洋学研究文集——南海, 第1卷[M]. 北京: 海洋出版社.

黄奕普, 陈敏, 刘广山, 等. 2006. 同位素海洋学研究文集——沿岸海域, 第3卷[M]. 北京: 海洋出版社.

刘广山. 2006. 海洋放射性核素测量方法[M]. 北京: 海洋出版社.

刘广山. 2009. 同位素海洋学[M]. 郑州: 郑州大学出版社.

第 12 章　海洋环境监测中的在线监测技术

近年来赤潮等海洋灾害发生频率逐年增加，面积加大，持续时间增长，损害严重。而缓慢性的灾害如厄尔尼诺、海岸侵蚀、海平面升降等也频频出现，因此海洋环境监测技术的研究和开发显得尤为重要，迫切需要研制有效的海洋环境在线监测及灾害智能预警系统，并建立良好的立体监测与预报体系，以满足海洋资源开发与利用以及社会经济发展的需求。在线监测技术，是以自动分析设备或传感器为核心，结合自动控制技术、计算机应用技术以及专用分析软件和信息通信网络等共同组成的一种现代化自动监测手段。这些自动设备和技术的综合应用，使得在线监测系统可以具备实时自动获取监测数据，自动远程传输至应用终端，并通过专用软件自动实现环境评价和信息产品制作等功能。与传统监测技术相比，在线监测技术具有显著的实时性、连续性等技术优势，是陆源入海污染源、重要河口海湾、重要海洋功能区监测以及海洋环境灾害和突发事故应急监测的重要技术手段。

12.1　在线监测技术进展

海洋生态环境在线监测系统一般由自动分析仪器设备/传感器、设备搭载平台、数据采集和传输装置等组成。

12.1.1 自动分析仪器设备和传感器

稳定可靠的自动分析仪器/传感器是实现海洋生态环境在线监测的关键(田川，2009)。海洋生态环境在线监测仪器设备的原理涉及化学、光学和生物学等不同学科，监测参数包括水文气象参数、常规水质参数、营养盐、有机污染物、油类、重金属、放射性核素和水中CO_2和CH_4等参数，基本涵盖了海洋水质监测的各类相关要素。

12.1.1.1 水文气象参数

水文气象参数主要包括流速、流向、波浪、气温、湿度、气压、降水、能见度、风速、风向和光照等，主要用于观测预报监测。目前国内外的海洋生态环境在线监测设备绝大部分都配置了水文气象传感器，此类指标的传感器技术很成熟，国产化程度高，使用期间故障率低。

12.1.1.2 常规水质参数

常规水质参数主要包括水温、浊度、pH、溶解氧、电导率、盐度、氧化还原电位和叶绿素等。为满足现场自动长期监测的需求，这些参数的测量均朝着高度集成化、光学化和防污简洁化方向发展。这类传感器既可集成到浮标、岸基和船舶上，也可用于水质便携监测，以实现水质参数的常规监测和应急监测，在海洋监测领域已有比较成熟的应用。

适用于海洋现场多参数水质自动监测的仪器，国外较有实力的国家均有自己的产品，目前这些参数的传感器技术相对成熟，性能较稳定，可以满足当前自动在线监测的需求(王洪亮 等，2009)。按使用要求可进行不同的组合，形成四参数、六参数或更多参数的水质监测仪器，适用于不同的场合和不同的用户。国内市场上常见多参数水质仪如图12.1所示。其中美国YSI公司的6600、EXO系列、哈希公司的WQM系列多参数水质仪应用最为广泛，已在深圳、厦门和长江口东部等多个浮标上得到应用。根据长时间现场监测反映的情况，WQM系列传感器比YSI公司系列传感器抗生物附着能力更强，数据不易发生漂移，准确性更高，但是目前WQM传感器大多为单参数，并没有多参数集成测量，YSI为多参数集成测量，安装维护更为方便。

目前，国外已有高精度pH传感器，可以用于碳循环中pH的高精度测量，如Sunburst Sensors，LIC. 公司生产的SAMI2-pH传感器，采用可更换的试剂及光纤监测海水的 pH 值，精度小于 0.001。

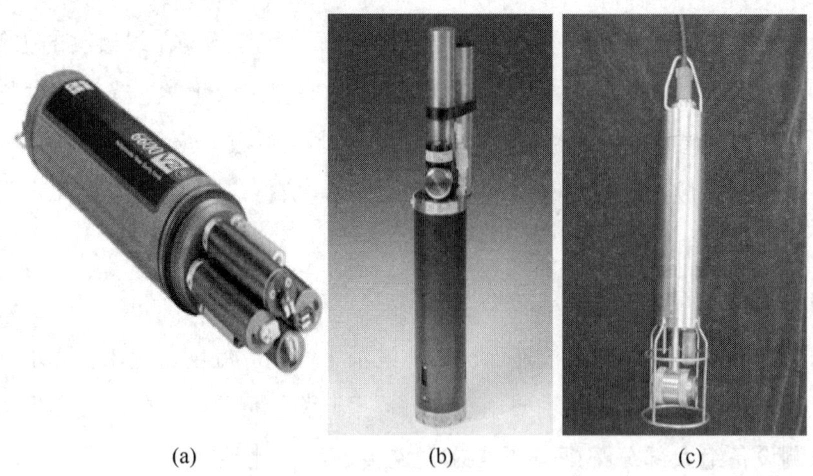

(a) (b) (c)

图 12.1 常见海洋领域应用的多参数水质仪

(a) YSI 6600；(b) 哈希 WQM 系列；(c) CSS3-1

国内也有多家厂商生产多参数水质仪器，其中国家海洋技术中心生产的 CSS3-1 型多参数水质仪[如图 12.1c 所示]适用于海水监测，可以集成在浮标上，已在多个养殖区和近岸海域监测中得到了应用。表 12.1 至表 12.3 总结了国内外典型多参数水质仪的产品性能指标，基本可以满足海洋领域的应用需求。

表 12.1 哈希公司 WQM 多参数水质仪技术指标

参数	测量范围	准确度	分辨率
电导	0~9 S/m	0.003 mS/cm	0.000 05 S/m
叶绿素	0~50 μg/L	0.2% FSμg/L	0.04% FS μg/L
温度	-5~35℃	0.002℃	0.001℃
溶解氧	120%饱和状态	2%饱和状态	0.035%饱和状态
浊度	0~25 NTU	0.1 FS NTU	0.04% FS NTU

表 12.2 YSI 公司 6 系列多参数水质仪技术指标

参数	测量范围	分辨率	准确度
溶解氧	0~50 mg/L	0.01 mg/L	0~20 mg/L：读数的±2%或 0.2 mg/L，以较大者为准；20~50 mg/L：读数的±6%
电导率	0~100 mS/cm	0.001~0.1 mS/cm(视量程而定)	读数的±0.5%+0.001 mS/cm
温度	-5~50℃	0.01℃	±0.15℃
pH	0~14	0.01	±0.2
氧化还原电位	-999~999 mV	0.1 mV	±20 mV
盐度	$0 \sim 70 \times 10^{-12}$	0.01×10^{-12}	读数之±1.0%或 0.1，以较大者为准
浊度	0~1 000 NTU	0.1 NTU	读数之±2%或 0.3 NTU，以较大者为准

表 12.3 国内外典型多参数水质仪产品

国家	公司或单位	型号	参数
美国	YSI	6600 6600V2 6820V2 6920V2	溶解氧、电导率、温度、pH、氧化还原电位、盐度、水位、浊度、罗丹明、氨氮、硝氮、氯化物等 17 种
	HACH Hydrolab	Quanta	溶解氧、电导率、温度、pH、ORP、浊度、深度、盐度、绝对压力
		DX5 DX5X MX5	溶解氧、电导率、温度、pH、氧化还原电位、盐度、水位、浊度、罗丹明、氨氮、硝氮、氯化物、叶绿素 a、蓝藻、PAR 共 15 种
	Seabird WETLABS	WQM	电导率、温度、溶解氧、荧光、浊度
	Satlantic	SeaFET	pH
		LOBO	水温、盐度、深度、硝酸盐、叶绿素、浊度、溶解氧、有色溶解有机物
德国	TriOS	microFlu-chl	叶绿素
日本	ALEC	AAQ1183	水深、水温、电导率、盐度、浊度、叶绿素、DO、pH
中国	国家海洋技术中心	CSS3-1	溶解氧、温度、pH、盐度、浊度

12.1.1.3　近岸海域主要污染物参数

1)溶解态营养盐

营养盐测量参数主要包括硝酸盐、亚硝酸盐、氨氮、磷酸盐/硅酸盐/总氮和总磷等，目前国内外均有相关产品，既有应用在船舶和实验室的自动分析仪器，也有应用于水下原位测量的仪器，其主要采用的分析原理是微型实验室法和光学法(邹常胜，2001)。目前我国近岸海域在线监测中使用的营养盐传感器主要是微型实验室法，产品主要为意大利SYSTEA公司(NPA和WIZ型号)和美国EnviroTech公司的ECOLAB系列，如图12.2所示。但受其方法原理的局限性，采用微型实验室法的营养盐传感器，在实际应用过程中需要定时更换试剂，存在维护周期较短，维护费用相对较高，对维护技术人员要求高等缺点。

(a)　(b)

图12.2　国外两款主要的水下原位营养盐监测系统

(a)意大利SYSTEA公司NPA型；(b)美国EnviroTech公司EcoLAB 2型

光学法测量硝酸盐是营养盐测量的一种新方法，国外已有成熟仪器，以Satlantic公司生产的ISUS和SUNA传感器为代表，可以搭载浮标、AUV、海床基和海底观测网等使用。与微型实验室法营养盐传感器相比，光学法营养盐传感器维护工作量小，维护周期长，更适于水下原位长期测量，但光学法营养盐传感器的检出限和准确度不如微型实验室法营养盐传感器，目前只能测量硝酸盐。

国内营养盐自动分析仪研发和生产单位主要有国家海洋技术中心、四川大学和北京吉天仪器公司等，采用的方法均为微型实验室法，主要产品如图12.3所示。国家海洋技术中心和四川大学研制的营养盐分析仪在“十一五”863项目“船载海洋生态环境监测系统”和“赤潮现场快速监测与检测技术”中，均集成到“向阳红08”号和“海监47”号船上，进行了多次海上现场试验。

(a) (b)

图 12.3 国家海洋技术中心研制的营养盐自动分析仪

(a)水下营养盐自动分析仪；(b)便携式营养盐自动分析仪

目前在海洋生态环境监测浮标上使用比较多的是意大利 SYSTEA 公司生产的 WIZ 野外营养盐在线分析仪，性能指标见表 12.4。

表 12.4 意大利 SYSTEA 公司 WIZ probe 营养盐在线分析仪性能指标

参数	方法原理	测量范围	测量误差	测量限值
氨氮	OPA 荧光法	0~0.4/1/2/5 mg/L	小于 10%	小于量程 5%
硝酸盐	UV 还原，NED+SAA 比色法	0~0.5/1/5/10mg/L	小于 10%	小于量程 3%
亚硝酸盐	亚硝酸盐：NED+SAA 比色法	0~0.1/0.2/0.5mg/L	小于 10%	小于量程 2%
磷酸盐	钼蓝分光光度法	0~0.3/1/2/5mg/L	小于 10%	小于量程 2%

目前使用效果较好的营养盐在线监测仪器主要是美国和意大利的产品(李丹，2012)，国内的产品主要由国家海洋技术中心研制，相关仪器信息见表 12.5。

表 12.5 部分可用于在线监测的营养盐自动分析仪

国家	公司或单位	型号	监测方式
美国	EnviroTech	EcoLAB 2	原位
		NAS-3x	原位
		MicroLAB	原位
	SubChem	SubChemPak	原位
	Seabird	ISUS	原位
意大利	SYSTEA	μMAC-Smart	便携式
		μMAC-1000	便携式
		Micrimac C	便携式
		NPA	原位
		WIZ	原位
中国	国家海洋技术中心	水下营养盐自动分析仪	原位
	国家海洋技术中心	HYC5-1	便携式

2)总磷与总氮

国内外的在线总氮、总磷测量仪多应用于污染源和地表水自动监测，部分商品化总磷、总氮仪器设备如表 12.6 所示。现有总氮、总磷自动监测方法和仪器进行海水适应性改进后可应用于海洋监测领域。国内的中国海洋大学、河北科技大学、国家海洋技术中心和山东仪器仪表研究所等科研院所开展了海水总磷、总氮自动分析技术的研究工作，其中河北科技大学研制的总磷、总氮在线分析仪已在监测船进行了多次海上试验。

表 12.6 部分可用于总磷和总氮的在线监测仪器

国家	厂家	型号	测量参数	应用领域
澳大利亚	Greenspan	TP Analyzer	总磷	淡水
美国	哈希	PHOSPHAXsigma	总磷	淡水
日本	HORIBA	TPNA-200/TPNA-300	总磷、总氮	淡水
日本	岛津	TNP4100	总磷、总氮	淡水
日本	TORAY	TN - 520	总氮	淡水
意大利	SYSTEA	NH3-N	总磷、总氮	淡水
中国	宇星科技	YX-TNP	总磷、总氮	淡水
中国	湖南力合	LFTNP-DW	总磷、总氮	淡水
中国	怡文科技	EST-200X	总磷、总氮	淡水
中国	聚光科技	TPN-2000	总磷、总氮	淡水

3)有机污染物

TOC、BOD 和 COD 是评价水质有机污染物的综合指标，其中 COD（锰法和铬法)是最早实现自动在线监测的项目。目前，这三个指标均有市场化的自动在线监测仪器，尤其是 TOC 和 COD，在淡水领域内已基本实现了自动化监测。

由于海水中存在着大量的氯离子，干扰海水中相关要素的测量，应用于海水中测量的成熟仪器相对较少，如：德国 STIP 公司 BIOX-1010 型 BOD 分析仪，其测量范围：5~1 500 mg/L；国家海洋技术中心间歇式平衡法 BOD 分析仪，测量范围：1~10 mg/L，测量间隔大于 1 h。这两款仪器可用于海水 BOD 的测量，但实际应用较少，尚需进一步优化改进提高。COD 分析仪中，国内兰州连华科技的 5B-5 型 COD 在线监测仪测量范围：0~1 500 mg/L，只可用于氯离子≤4 000 mg/L 的水样。日本 Yanaco 公司的 308 型和山东恒大公司的 SHZ-2 型海、淡水两用型，声称可以用于海水 COD 测量。

目前已有测量 TOC 和 COD 的光学传感器在我国市场上销售，主要是德国 Trios 公司产品。借鉴淡水监测成熟技术，进一步研究改进，光学方法测量 TOC 和 COD 有望在海洋监测领域得到应用；另外，光学法测量海水中 CDOM 的传感器比光学法 TOC 和 COD 传感器相对成熟，采用测量 CDOM 来推测海水中 COD 的方法也值得尝试。

部分商品化 BOD、COD、TOC 和 CDOM 自动分析仪器列于表 12.7 至表 12.10。

表 12.7　国内外部分 BOD 自动分析仪

国家	公司或单位	型号	应用领域
美国	HACH	BODTrakTM	淡水
德国	WTW	OxiTop © IS 6 OxiTop © IS 12 Oxi 1970	淡水
日本	DKK TOA	COD-60	淡水
德国	STIP	BIOX-1010	海水
中国	赛普	BOD-220	淡水
	青岛绿宇	LY-07	淡水
	国家海洋技术中心		海水

表 12.8　国内外部分 COD 自动分析仪

国家	公司或单位	型号	应用领域
美国	SICO	SB71	淡水
加拿大	AVVOR	9000-COD	淡水
德国	WTW	CaroVis	淡水
法国	SERES	SERES2000	淡水
日本	Yanaco	308	淡水、海水
德国	Trios		淡水、海水
中国	国家海洋技术中心	COD 自动分析仪	淡水、海水
	兰州连化科技	5B-5	淡水
	山东恒大	SHZ-2	淡水、海水

表 12.9　国内外部分 TOC 自动分析仪

国家	公司或单位	型号	应用领域
美国	Tekmar	Torch	淡水
		Fusion	淡水、海水
德国	WTW	CaroVis TOC	淡水
中国	山东仪器仪表研究所	TOC 测量仪	淡水、海水

表 12.10　国内外部分 CDOM 自动分析仪

国家	厂家	型号	应用领域
美国	Turner Designs	Cyclops-7	海水
德国	Trios	microFlu	海水
中国	苏州和迈精密仪器有限公司	HQS1-1	海水

4）石油类

水中石油类在线测量仪器根据探头是否接触被测水体可分为接触测量和非接触测量两类，部分商品化仪器设备见表 12.11。

国内外市场化的接触式测量仪主要原理有荧光法、紫外分光光度法、红外吸收法等。由于原理不同，各种方法得到的结果差别也很大。可应用于海水石油类原位测量的接触式传感器大部分采用的是荧光法，表征的主要是苯系物的浓度，可定性或半定量监测海水中油类，提供该海域石油类浓度的变化趋势。代表仪器有美国 Turner Designs Cyclops-7 探头式水中油传感器，美国哈希公司生产的 FP360 sc 水中油连续在线监测传感器，德国 Enviro-Flu-HC 水中油传感器，挪威 ProAnalysis AS 的在线水中油测量仪 Argus 系列等(姜独祎，2014)。

非接触式传感器主要功能是预警。非接触式在线监测设备国外已有成熟产品，如加拿大 Rutter 公司的 Sigma S6、德国 OPTIMARE 公司的 SpillWatch 和俄罗斯希尔绍夫研究所研制的 UFL-7 和 UFL-8 等系列产品等。德国 OPTIMARE 公司研制的 SpillWatch 传感器是基于荧光激发探测原理，探测口朝向水面，安装在水面上方，探测距离 1.8~5.0 m，用于探测油和碳氢化合物等，主要用于对溢油事故进行预警。

表 12.11 部分商品化水中油传感器

国家	厂家	型号	应用方式
加拿大	Rutter	Sigma S6	非接触式测量
荷兰	SEADARQ	SEADARQ	非接触式测量
挪威	Simrad	simrad ARGUS	非接触式测量
爱沙尼亚	LDI	FLS-A	非接触式测量
德国	OPTIMARE	SpillWatch/ MEDUSA	非接触式测量
美国	Interocean	Slick Sleuth	非接触式测量
德国	Trios	enviroFlu-HC	接触式测量
挪威	ProAnalysis AS	Argus	接触式测量
德国	Deckma	OMD	接触式测量
美国	HACH	FP360sc	接触式测量
美国	TELEDYNE	Model 6600	接触式测量
美国	Inventiv System	OILARM BA-200XC	接触式测量
美国	Turner Designs	Cyclops-7	接触式测量
日本	HORIBA	OCMA	接触式测量
中国	上海天美科学仪器	Oil24000	接触式测量
	北京华夏科创仪器	OIL2410	接触式测量
	吉林市科技开发实业公司	F2000	接触式测量

12.1.1.4 其他化学和生物参数

1) 重金属

国外已有市场化的重金属自动监测仪器，以 VIP 重金属自动剖面分析系统为代表，可同时分析 Cu、Pb、Cd、Zn、Mn 和 Fe 多种元素，Cu、Pb、Cd 和 Zn 的灵敏度达到 10^{-3}量级，Mn 和 Fe 达到 10^{-9}量级，最深可布放到水下 500m。国内虽有多家机构展开研究，但市场化成熟仪器较少，目前商品化仪器主要应用于河流、湖泊和港湾等区域重金属的测量。由于海水中重金属含量相对较低，且受干扰严重，一定程度上限制了重金属自动监测仪器在海洋领域中的应用。

2)放射性核素

虽然多个国家都开展了放射性核素在线监测技术的研究，但海洋放射性核素传感器目前形成产品实现销售的并不多，白俄罗斯的产品已经在部分国家获得了应用，挪威 OCEANOR 公司的 RADAM 传感器也在多个国家得到应用。但是，目前国内能够购置到的海洋放射性核素传感器产品只有希腊 HCMR 公司的 KATERINA 和德国 ENVINET 公司的 IGW810，且价格较高。由于放射性核素传感器只能进行定性和半定量测量，因此，目前放射性核素传感器主要用作污染事故预警。

原国家海洋局东海分局已在钓鱼岛附近布设有放射性监测浮标，测量参数包括^{60}Co、^{137}Cs、^{131}I 和^{40}K，其数据主要用来判定该海域放射性水平是否异常变化。

3)水中 CO_2和 CH_4

CO_2传感器国外已有成熟产品，代表产品有加拿大 Pro-Oceanus 公司的 CO_2-Pro，可用于走航测量、实验室测量和锚系潜标测量(耐压深度可达 1 000 m)三种模式。美国 SAMI-CO_2分析仪是一套船载、锚系/现场剖面监测海水二氧化碳分压(pCO_2)传感器，采用试剂和光纤测量溶解性 CO_2(范围：150~700μatm)，分辨率为 1μatm。

CH_4传感器国外已有成熟产品，德国 Franatech 生产的 Classic METS 传感器，主要应用于藻类生物电池研究、水产养殖试验和碳隔离研究；德国 Contros 公司的 HydroC/ CH_4传感器可以集成到移动式海洋 CO_2/CH_4通量监测站 OceanPack+中，进行走航式测量，也可集成到水下机器人 AUV/ROV 上测量极低的甲烷/烃类浓度，工作水深可达 2 000 m、4 000 m 和 6 000 m，测量范围：100 nmol/L~50/500/5 000 mmol/L，精度：读数的±3%。

4)其他生物参数

其他水质参数传感器，如藻类和生物毒素等，虽然国内外均有少量市场化在线监测产品，但多在淡水监测中应用，在海洋环境在线监测中的应用较少，其技术指标及海洋环境适应性尚需进一步验证或深入研究。

综上所述，目前已商品化的海洋环境在线监测传感器中，水文气象参数传感器技术成熟度高，应用广泛，国产化率高，是海上浮标必配的传感器；常规水质参数传感器在监测工作中已有成熟应用，我国近岸海域在线监测均配备了此类传感器；营养盐、水中油及放射性核素等传感器虽在实际监测工作中有所应用，但准确度一般，主要用于定性分析环境质量变化趋势和预警预报等；重金属和COD等参数传感器在海洋在线监测领域的技术成熟度尚不够成熟。表12.12对比了商品化海洋生态环境在线监测传感器的技术成熟度。

表12.12 商品化海洋生态环境在线监测传感器技术成熟度

参数类别	具体指标	自动分析仪器/传感器的技术成熟度	主要供应商
水文气象参数	流速、流向、波浪、气温、湿度、气压、降水、能见度、风速、风向、光照	技术成熟度高，故障率低	国产化程度高
常规水质参数	水温、盐度、浊度、溶解氧、电导率、pH、叶绿素等	技术较成熟，高度集成化、光学化、防污简洁化	美国YSI、Hach公司、美国seabird公司、德国TriOS公司、日本ALEC公司；国家海洋技术中心(中国)
营养盐	硝酸盐、亚硝酸盐、氨氮、磷酸盐、硅酸盐	微型实验室法，分析检测技术相对成熟，现场应用维护工作量大	意大利SYSTEA公司、美国EnviroTech公司、国家海洋技术中心(中国)
	硝酸盐	光学法，维护工作量小，但准确度低	美国seabird公司
有机污染物	COD	主要应用于淡水	美国SICO、加拿大AVVOR、德国WTW、法国SERES公司
	TOC	可用于淡水和海水，技术成熟度不高	国家海洋技术中心(中国)、山东恒大公司；日本Yanaco公司
		可用于淡水和海水，国内尚无应用案例	美国Tekmar公司；山东仪器仪表研究所
	BOD	淡水领域较成熟	美国HACH、德国WTW、日本DKK TOA公司
		海水领域已有技术，尚无应用案例	德国STIP公司；国家海洋技术中心(中国)

续表

参数类别	具体指标	自动分析仪器/传感器的技术成熟度	主要供应商
放射性核素	^{60}Co、^{137}Cs、^{131}I、^{40}K	可进行定性和半定量测量	希腊 HCMR 公司、德国 ENVINET 公司
水中石油类	荧光法测定海水中油含量	技术相对成熟，可定性/半定量监测	美国 Hach 公司、德国 Deckma 公司
水中 CO_2 和 CH_4	水中 CO_2 和 CH_4 的分压	技术成熟度较高	加拿大 Pro-Oceanus 公司、美国 SAMI 公司、德国 Franatech 公司、Contros 公司
重金属	Cu、Pb、Cd、Zn	仅应用于淡水	主要为进口设备
		海水中尚无成熟技术和应用案例	无
生物参数	藻类和生物毒素	仅应用于淡水	主要为进口设备

12.1.2 在线监测设备搭载平台

在线监测设备通常依托岸基监测站、海上平台(包括海上构筑物和渔排等)、浮标、船舶、潜水器等搭载平台安装。搭载平台主要由数据采集控制和存储单元、数据处理和通信单元及供电、报警等辅助设备组成。

12.1.2.1 岸基、海上平台和船基搭载平台

岸基、海上平台和船基搭载平台多采用取水式监测，将传感器和在线监测仪器安装于固定平台上，利用岸基站、海上平台或船舶的供电和供水进行工作。由于采用取水式监测，可以减少传感器/自动分析仪器与海水的接触时间，有效避免了生物附着的问题，减少维护量。且此类平台空间相对较大，可以使用便携式分析仪器甚至实验室自动分析仪器，使得可选仪器范围大大增加，但在实际应用中此类平台的选址较为困难。

目前这种技术在国外已有大量的应用。例如欧洲的地中海业务化海洋网的 Ferrybox 系统(图 12.4)，将生态环境自动化监测平台搭载在志愿船上，具有自动

采样，测量温度、盐度、溶解氧、浊度、pH、叶绿素 a、二氧化碳分压、营养盐及浮游植物等参数，数据处理保存的功能。德国 Helmholtz-Zentrum Geesthacht 生产的水质自动化测量系统也广泛应用在岸基、海上平台观测站上。

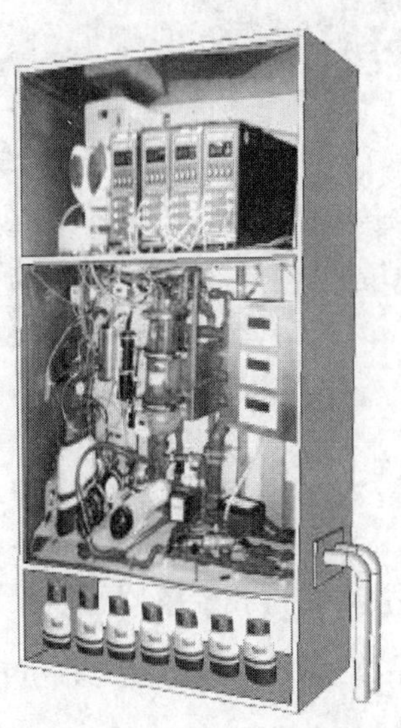

图 12.4　Ferrybox 外观图

国内烟台市海洋环境监测中心站与烟台海诚高科公司、中国科学院烟台海岸带研究所联合研发的相关产品已经在烟台港码头的验潮站实验运行了 5 年。

12.1.2.2　浮标监测平台

浮标是一种原位监测目标水域生态环境参数的锚泊在线监测搭载平台，也是国内外目前应用最为广泛的搭载平台。我国目前沿海省市已投入使用的海洋环境在线监测设备，80%以上采用浮标方式布设。浮标作为在线监测搭载平台的优点是选址较为方便，并且可以在需要的情况下变更位置，不足之处在于浮标上空间有限，对在线监测传感器的体积、功率等要求高。

目前国内已有成熟的由大型浮标、中型浮标、小型浮标组成的系列化的监测浮标产品，具备了自主浮标结构设计、传感器集成、安全系统、供电系统、通信系统、锚系和岸站设计的能力，可靠性稳定性水平达到或接近国际先进技术水平，正在逐步替代进口浮标(图 12.5)。

图 12.5　国内的海洋生态环境在线监测浮标

12.1.2.3　其他

目前国外也有利用水下滑翔器搭载传感器开展水下剖面自动监测，目前水下滑翔器可搭载的传感器包括多参数水质传感器、叶绿素、光学法营养盐传感器等。

12.1.3　数据采集和传输技术

在线监测数据采集与传输系统由数据采集、数据存储、数据传输、数据接收等部分组成。

数据采集传输仪主要实现采集、存储在线监测数据，并完成与上位机的数据传输。目前数据采集传输仪技术比较成熟，已有成熟的国产产品，可以保证在线数据的安全性。

在线监测数据的传输可以通过有线通信、商用无线网络通信、卫星通信、微波通信等多种通信方式(常红，2012)。目前岸基站多采用光纤/专网等有线网络进行数据通信；浮标、海上平台和船舶多采用公用网络+卫星方式通信，首选商用无线网络通信，使用 GPRS/CDMA/3G 通信不用经过卫星，加密过的数据通过基站传输，传输速度比卫星快。在没有商用无线网络信号的地方必须使用卫星通信。由于数据传输过程中会有一定的丢包率，因此在线监测数据传输一般采用两种通信方式互做备份。

对于布放于我国近岸海域的在线监测设备，国产的北斗卫星传输无疑是最佳的选择方式，无论从数据的保密、数据的传输率保证等方面都具有优势(表12.13)。

表 12.13 几种通信方式的比较

通信方式	实现形式	优点	缺点	适用范围
有线通信	光纤、专网等	传输速率高，误码率低，费用低，通信稳定可靠	光纤通信覆盖范围	有光纤布放条件的岸基站等
微波通信		频带宽，容量大，传输速率高，误码率低，费用低，通信稳定可靠	空中传送易被干扰，传输过程中不能被障碍物阻挡。每隔 50 km 需设置中继站	沿海岛屿、没有商用无线网络覆盖的近岸海域等
商用无线网络	3G/CDMA/GPRS 等	安装简单，费用低，可以基本满足视频传输要求	部分区域信号差，不能使用	有商用无线网络信号覆盖的近岸海域
卫星通信	Vsat	尺寸小，功耗低，带宽能满足视频和数据传输	设备费用高、通信费用高，利用 GPS 卫星定位，保密性差	全球
	北斗	精度高，能满足数据传输要求，保密性好，费用低	定位精度不如 GPS，尺寸大	我国海域
	海事卫星	通信效率高，应用成熟	保密性差，通信费用高	全球

12.2 在线监测技术应用现状

12.2.1 在线监测技术在国外的应用

在线监测技术已在全球范围内多个海洋立体观测体系中得到应用，所支持的技术包括卫星遥感、浮标阵列、海洋水文气象观测站、水下剖面、海底观测网络和科学考察船，以提供实时或准实时的基础信息和产品服务。

近十几年来，多个国家相继在其关键海区建立了多参数、长期、立体、实时的海洋立体监测网络，形成了“实时监测—模式模拟—数据同化—业务应用”的一个完整链接，为本国的海洋生态与环境研究、生物资源观察研究和军事海洋学研究提供了资料，并形成了相关产品服务公众(祝翔宇 等，2012)。目前建成运行的海洋观测系统主要包括：全球海洋观测系统、欧洲的全球海洋观测系统与全球环境与安全监测项目、美国的综合海洋观测系统、英国的爱尔兰和塞浦路斯近岸海洋观测系统、加拿大的海王星和金星近岸观测系统等。

12.2.1.1　全球海洋观测系统(GOOS)

1992 年，在世界气象组织、联合国环境规划署和国际科学理事会的协助下，政府间海洋学委员会提出建立全球海洋观测系统(Global Ocean Observing System，GOOS)项目的计划。GOOS 主要在线观测要素包括海面气温、海面风、热通量和降水、海平面高度、海冰、CO_2、上层水温和盐度等。GOOS 的业务活动主要有资料收集、数据和信息管理、数据分析、产品加工和分发、数值模拟和预报、培训、技术援助和技术转让及开展调查。

GOOS 的主要产品包括海平面变化预报、洋流地点和强度、海冰范围、赤潮发展的范围等。用户包括政府、环境管理部门、业务服务部门(航海、港口等)、行业部门(石油、渔业等)等，并在水质监测、渔业管理、气象预报等方面发挥了重要作用。

在 GOOS 的框架下，已建立了欧洲海洋观测系统，黑海、地中海、非洲、加勒比海及临近区域海洋观测系统、东北亚海洋观测系统、东南亚海洋观测系统、太平洋海洋观测系统以及印度洋海洋观测系统和西印度洋海洋应用计划等。1994 年，我国参与发起了东北亚海洋观测系统，作为 GOOS 的一部分，国家海洋信息中心建立了延时资料中心，可以通过互联网交换相关资料。

12.2.1.2　欧盟 FerryBox 计划

欧盟的海洋水质集成在线监测系统(FerryBox)计划(2002—2005 年)是欧盟科技框架资助的项目，该计划由近 20 个欧盟研究机构共同完成。FerryBox 计划利用民用轮渡搭载在线监测传感器获得海洋水文气象和水质参数数据。2002—2005 年，在东地中海到波罗的海的9条航线上安装了FerryBox系统，其中水温、盐度、浊度和叶绿素传感器在所有系统中安装，营养盐、溶解氧、pH和藻类等传感器有区别地安装。FerryBox系统可以长期连续低成本运行、实时获得并向地面传输数据。

FerryBox项目所获得的监测数据库为评估海域长期发展趋势提供了全面的信息来源，还为海上运输的业务发展以及建立海洋生态模型等相关研究提供了帮助。

12.2.1.3 美国IOOS计划

美国综合海洋观测系统(The U.S. Integrated Ocean Observing System，IOOS)是一个协调计划，在美国各地已经建立的上百个近海观测系统的基础上，建设相互协调的全国主干系统和地区子系统，进行海洋现场观测、数据管理和服务的全国性业务系统。在国际层面上，IOOS就是GOOS的组成部分。IOOS系统包括175个海洋观测站、90个大型浮标和60个海岸自动观测网。其现场监测部分包括固定传感器以及安装相关监测仪器设备的浮标、水下滑翔机和船等海上载体。并且可以实现数据的整合和分配，向用户传输实时和非实时的监测和预报结果，向决策者提供决策辅助工具。

12.2.2 在线监测技术在我国地表水环境监测中的应用

12.2.2.1 系统建设和功能概况

我国国家地表水水质自动监测系统的建设始于1999年，截至目前，已在重点江河流域和湖泊主要断面建设了100个水质自动监测站，还有50个水质自动监测站正在建设中，基本形成了覆盖我国主要流域的自动监测网络。

如图12.6所示，100个水质自动监测站分布在全国25个省(区、市)，其中，建设在河流上83个，湖库上17个；国界河流或出入国境断面上6个，省界断面上37个，入海口5个，其他52个。这些水质自动监测站由中国环境监测总站统一负责管理，具体运行维护工作由85个当地托管站承担。

地表水水质自动监测系统按照统一标准进行建设，由一个远程控制中心和多个水质自动监测子站组成。水质自动监测站的监测项目包括水温、pH、溶解氧(DO)、电导率、浊度、高锰酸盐指数、总有机碳(TOC)、氨氮等，湖泊水质自动监测站的监测项目还包括总氮和总磷。

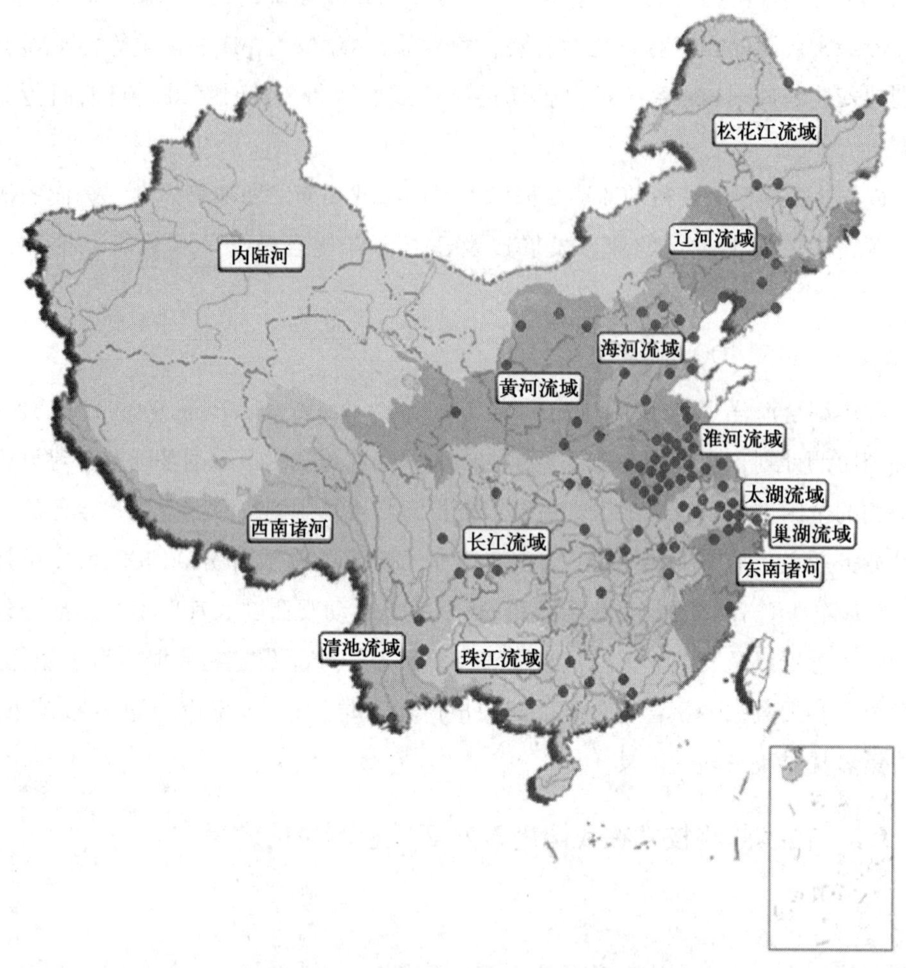

图 12.6　地表水水质自动监测站分布示意图

水质自动监测站的监测频次一般每 4 h 采样分析一次，每天各监测项目可以得到 6 个监测结果，当发现水质状况明显变化或发生污染事故时，监测频率可调整为连续监测。

地表水水质自动监测系统的远程控制中心设在中国环境监测总站，监测数据通过外网 VPN 方式传送到各水质自动站的托管站、省级监测中心站及中国环境监测总站。从 2009 年 7 月 1 日起，地表水水质自动监测数据已实时向社会公开，并在互联网上实时发布数据。水质自动监测站按 00:00、04:00、08:00、12:00、16:00、20:00 整点启动监测，网站上的发布数据为最近一次监测值。

每个水站发布的监测项目为 pH、溶解氧(DO)、总有机碳(TOC)或高锰酸盐指数(COD_{Mn})及氨氮(NH_3-N)共5项，并执行《地表水环境质量标准》(GB 3838-2002)中相应标准，对每个监测项目的在线监测结果评价其对应的水质类别。

12.2.2.2 系统的规范化管理

为加强地表水自动监测站的管理，确保水站长期稳定运行，中国环境监测总站发布了《国家地表水自动监测站运行管理办法》，对地表水自动监测站的职责分工、日常管理、质量管理、运行经费管理、维修维护及考核办法等做出了具体规定。

1)职责分工

全国的地表水水质自动监测站由原环保部委托中国环境监测总站统一建设，统一管理，并负责水站的建设、管理、培训、经费管理和考核。总站委托各地方监测站具体负责其日常运行。

各水质自动监测站委托地方环境监测站(简称托管站)负责日常运行、维护和安全工作，并按时提交监测数据和报表。

省级监测中心(站)接受总站委托对各辖区内水质自动监测站的质量保证和质量控制工作、运行管理制度执行情况等进行监督管理。

2)日常管理

各托管站对所负责的水质自动监测站开展每周定期远程核查和每月定期实地巡视。对仪器设备有关部件定期清洗、更换试剂和维护。每次维护要填写《自动监测系统运行情况记录表》。

托管站负责将监测数据按时提交给总站，并于每周的周一将《水质自动监测站水质周报》《水质周报数据质量报告》报送总站。

3)质量管理

为了加强地表水水质自动监测站的管理，中国环境监测总站于2004年颁布了《国家地表水质自动监测站技术人员持证上岗考核制度》，规定了从事水站运行维护的托管站技术人员实行持证上岗考核制度，中国环境监测总站负责人员培训和考核。

为了保证监测数据的质量，中国环境监测总站制定了《质量保证与质量控制实施细则》，对仪器设备的校准、试剂配制与有效性核查、标准溶液核查、比对试验等做出了详细的规定。总站对各托管站实施“周核查、月对比”的质量管理措施，定期进行仪器校准，使用电极的设备，定期更换老化的电极，不断强化自动监测的质量管理工作。自动监测系统的数据审核执行三级审核制度，并建立质控档案管理制度，以保自动监测数据真实可靠、有据可查。

4）运行经费管理

原环保部设立地表水水质自动监测站专项运行经费，每年下拨到总站，由总站再划拨到各托管站和维护维修机构。专项运行经费包括材料费、办公费、培训费、维修费、水、电、通信、交通及采暖费、安全保障费等。用以保障水站的运行维护和维修。

5）维修维护

地表水水质自动监测站以全部外包给专业服务机构的方式进行维修维护，由中国环境监测总站统一通过招标，确定市场化专业服务机构，每年签订服务合同，由其负责地表水水质自动监测站的巡检、故障处理、备品备件供应，并配合中国环境监测总站进行相关的技术交流与培训工作。能够做到故障处理 48h 内响应，一周内排除故障。经过近 10 年的运行，专业服务机构响应快、效率高，为地表水水质自动监测站的正常运行提供了强有力的保障。

6）考核

中国环境监测总站对各地表水水质自动监测站定期进行年度考核，考核形式包括质控样考核、实地检查、委托省站考察、向专业服务机构调查、远程监视等。考核指标包括相关规定执行情况、运行情况、数据上报情况、质量保证与质量控制情况、经费管理情况和运行记录情况等。考核结果填入《水质自动监测站运行考核表》，并由原环保部定期通报，作为年终考评和下年度经费划拨的依据。考核制度可以促进委托站的积极性，保障水站的顺利运行和数据质量。

12.2.2.3 主要服务效能

1）掌握主要流域断面水质状况和变化趋势

地表水水质自动监测系统的监测范围基本覆盖了中国十大流域和主要出入境河流。通过无人值守实时监控的自动监测站，可以实现水质的实时连续监测和远程监控，及时掌握地表水水质的动态变化趋势，有利于全面、科学、真实地反映河流断面的水质情况，是实施跨界断面水质考核的重要依据。

2) 为环境预警预报和环境管理提供基础数据和技术保障

地表水水质在线监测数据为预警预报重大流域性水质污染事故，解决跨行政区域的水污染事故纠纷，监督总量控制制度落实情况提供了科学依据。近年来，地表水水质自动监测站先后在跨界污染纠纷处理、污染事故预警、重点工程项目环境影响评估、城市饮用水安全保障、汶川特大地震用水安全保障等公众用水安全方面发挥了重大作用。

12.2.3 在线监测技术在我国海洋环境监测中的应用

随着环境监测技术和管理需求的不断提高，海洋环境监测已经逐步由实验室监测向自动在线连续监测的方向发展，我国海洋环境的自动在线监测系统也不断得到管理部门的重视和认可(农永光 等，2014)。在“九五”期间，我国政府把“海洋监测技术”列入国家863计划，对推动我国海洋监测高技术的发展具有重大意义。虽然我国海洋生态在线监测技术及其核心传感器的发展与国外仍存在一定差距，但已突破了一批国际前沿关键技术，形成了门类相对齐全的监测仪器体系，自主研发的部分成熟的国产化仪器逐步得到推广应用(于志强，2007)。目前国内沿海城市和地区陆续建立了一些水质自动监测网络体系，具有代表性的有渤海海洋生态环境海空准实时综合监测示范系统、上海示范区海洋环境立体监测系统等，综合运用卫星遥感、生态浮标等多个手段对海洋生态水质状况进行监测，为当地的生态监测和环境保护提供了技术支撑。

目前，各地的海洋生态环境在线监测数据发挥的作用，主要体现在海洋环境质量趋势性分析、重点海域环境保障、海洋赤潮预警预报以及应对海上突发污染事故等方面(李军，2007，李忠强 等，2011)。

12.2.3.1 在线监测在海洋环境质量趋势性分析中的应用

深圳市海洋环境与资源监测中心自2008年起投资4075万元陆续在深圳海域投放了15套监测浮标，并进入业务化运行。在线监测数据直接通过“深圳海域浮标检测应用服务平台”接入“深圳海域浮标自动监控与预警系统”和“深圳市智慧化海洋信息综合管理平台”，并利用在线监测数据制作了快报、专报、月报等多种信息产品，通过深圳市海洋信息发布平台进行发布，产品发布形式多样，包括互联网、内网专线、室外媒体、电视媒体、广播媒体、报刊媒体和手机短信等(图12.7)。

图 12.7　深圳市监测浮标应用平台

厦门海洋与渔业研究所2004年在同安湾依托养殖鱼排布放了1套寄挂式海洋在线监测设备，2007在厦门海域布放了3套监测浮标，初步建成全海域浮标式网络系统，到2010年完成了浮标监测网络的布局，由5套小型监测浮标组成，监测参数包括水温、电导率、盐度、总溶解固体（TDS）、pH、溶解氧、溶解氧饱和度、叶绿素、氧化还原电位、浊度、蓝绿藻、磷酸盐、硝酸盐、亚硝酸盐等。在线监测数据有效获取率可达到80%～94.8%，水质多参数数据的误差（除半定量参数外）在5%～15%，营养盐数据的整体误差在5%～35%（图12.8）。

图 12.8　厦门湾海洋生态环境监测浮标

目前，在线监测的数据已应用在厦门海域每日赤潮等级预报、台风、暴雨等外来因素带来的水温、盐度、pH 的异常突变实时监测、海洋水质趋势性分析(海洋公报的应用)、海洋环境质量月通报、遥感数据的比对等多个方面，并且浮标系统已纳入福建省 863 海洋灾害预警预报系统。

烟台海洋环境监测中心站于 2011 年 10 月在烟台港码头的验潮站内布放了一套岸基海洋生态环境在线设备，是海洋生态环境取水式(非原位监测)在线监测的代表。主要监测参数包括：溶解氧、叶绿素、蓝绿藻、水温、浊度、pH、石油类、电导率、硝酸盐、磷酸盐、硅酸盐、氨氮、气温、相对湿度、太阳辐照度、降雨量等。在线监测数据与实验室数据对比较为稳定，能够实现实时数据展示、历史数据追溯、数据分析预测等功能(图 12.9)。

图 12.9 烟台港码头验潮站的在线监测系统

12.2.3.2 在线监测在重点海域环境保障中的应用

深圳市在线监测系统用于 2011 年第 26 届世界大学生夏季运动会海上项目的环境保障，为其海上比赛项目提供了急需的每日海洋环境保障信息；河北在秦皇岛近岸海域布设的浮标在线监测系统，自 2013 年以来在北戴河暑期环境保障工作中发挥了重要作用，并基于在线监测数据编制了海水浴场环境专报、赤潮预警预报等 200 多份；原国家海洋局东海分局在三都澳养殖区依托渔排建设了一套水质在线监测系统，建设初期依托鱼排养殖阀投放了 5 套水质在线监测系统和一套视频监测系统，2013 年优化为 2 套水质在线监测系统，为地方政府提供了大量宝贵的养殖区环境信息(图 12.10)。

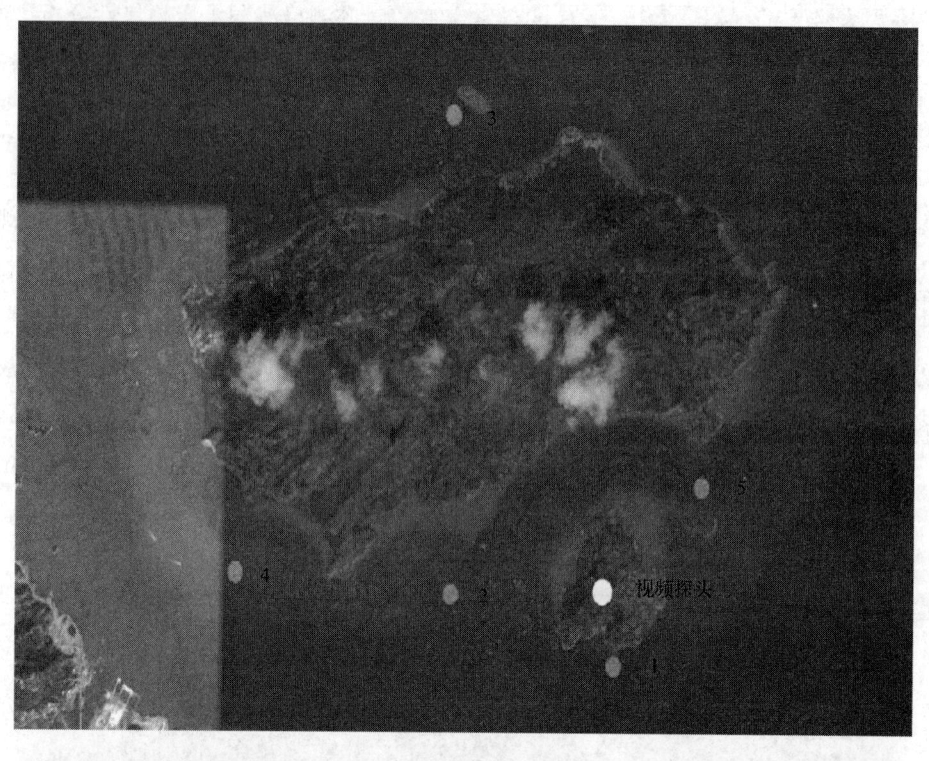

图 12.10 三都澳养殖区在线监测站位布设及现场

12.2.3.3 在线监测在海洋预警预报与突发事故应对中的应用

原国家海洋局东海分局在长江口布放了5套大型生态监测浮标，用于赤潮实时监测与预警，从2013年4月起，立体监测网已持续准业务化运行了一年，并面向涉海单位、部门和公众发布了赤潮监测预报和应急管理等信息。此外，还在钓鱼岛附近布放了一套放射性核素监测浮标，浮标自2014年1月布放至今，数据获取频率为组/8 h，为开展放射性在线监测技术研究提供了重要基础数据。

深圳市在线监测系统在深圳大鹏湾海水养殖区突发事件的原因诊断、电厂温排水和LNG冷排水的环境影响专项监测评价中均发挥了重要作用，为准确评估灾害性环境现象变化过程、温排水和冷排水影响范围和程度等提供了重要的实时、动态数据。该系统主要针对长江口周边海域进行赤潮监测和预警，工作流程为：数据获取-数据传输-数据存储、处理和集成-预警预报与评估-形成服务产品，目前已经建立了赤潮遥感监测模型、赤潮发生条件预报模型、统计预报模型、生态动力学预报模型等多个预警预报模型，并面向涉海单位、部门和公众发布实时数据、赤潮监测信息、赤潮预报信息和赤潮应急管理等信息，在长江口赤潮实时监测和预警中发挥了重大作用(图12.11)。

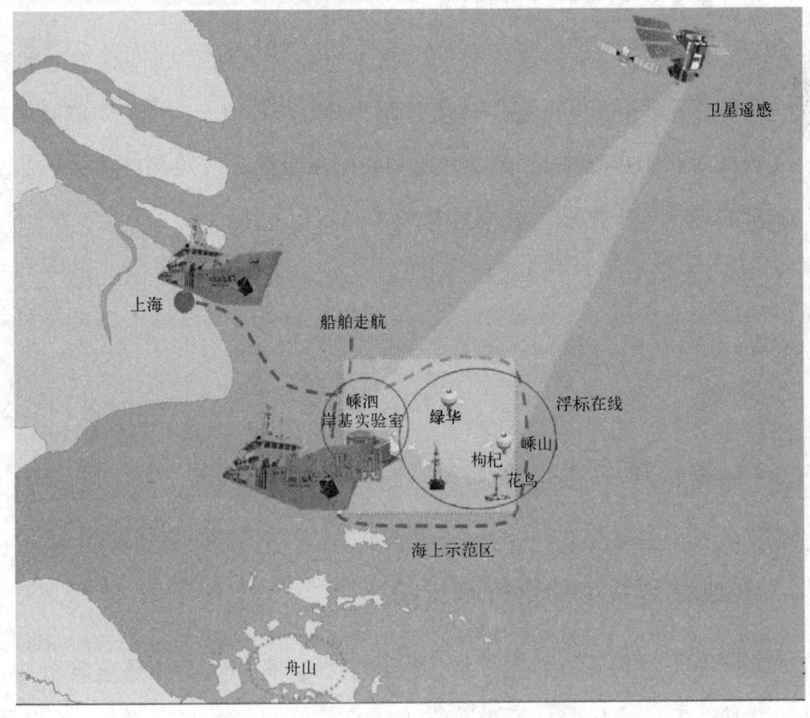

图12.11 赤潮实时立体监测与预警系统

此外，原国家海洋局东海分局在闽东依托三沙海洋站建设了一个 CO_2 岸基定点连续观测站；在钓鱼岛附近布放了一套放射性核素监测浮标。布放于台湾岛东北部邻近钓鱼岛海域的放射性监测浮标，是我国第一个应用于浮标的“放射性综合监测系统”，可现场实时、连续监测和分析海水中放射性核素总量，甄别 ^{60}Co、^{137}Cs、^{131}I、^{40}K 多种目标核素并计算其活度，具备海洋核污染预警功能。

12.2.3.4 在线监测系统在海-气 CO_2 交换通量监测中的应用

为满足海洋领域应对气候变化的需求，原国家海洋局规划设计了拥有 29 条船基走航监测断面、6 个岸/岛基站和 5 个浮标站的点、线、面结合，走航与长时间序列定点监测相结合的海-气 CO_2 交换通量立体化的在线监测体系。其中，海-气 CO_2 交换通量浮标站的监测参数主要包括海水 CO_2 分压、大气 CO_2 分压、气温、风速、风向、气压、空气相对湿度、水温和盐度等。

海-气 CO_2 交换通量 29 条船基走航断面走航在线监测，自 2009 年启动，目前已经运行了 6 年；自 2010 年开始，位于渤海中部、黄海北部、长江口外、东海 F 站、南海北部 H1 站的海-气 CO_2 交换通量监测浮标，已开展了试运行工作；2011 年，圆岛、千里岩、三沙、大万山、博鳌、西沙等岸/岛基站海-气 CO_2 交换通量在线监测工作，逐步开始试运行。

为加强海-气 CO_2 交换通量在线监测体系的管理，确保监测体系长期稳定运行，原国家海洋局每年发布《海洋环境监测工作任务》以及《海洋环境监测基本技术要求及质量保证工作方案》，对海-气 CO_2 交换通量在线监测体系不同平台的职责分工、质量管理及考核办法等做出具体规定。

海-气 CO_2 交换通量在线监测为渤海、黄海、东海以及南海北部等海域四季碳源汇格局的评估提供了宝贵的素材，其结果主要用于编制《中国海洋环境状况公报》和《海洋环境质量月通报》等。

12.3 在线监测系统的运行、维护和管理

12.3.1 在线监测系统的运行和维护

海洋领域在线监测系统的运行维护模式主要有两种：一种是监测机构自行维护；另一种是委托市场化服务商进行维护。目前，用于生态环境监测的在线监测

设备多采用委托维护的方式；而用于观测预报的在线设备多为自行维护；也有部分在线设备采取二者相结合的方式。

用于生态环境监测的在线设备，由于多布设在近岸海域，使用的传感器复杂且易出故障，维护难度和频率相对较高，因此多采用委托厂商维护的方式。对于最常用的浮标系统，水文气象参数和常规水质参数传感器的维护周期一般为每月1次，每次需专业技术人员2~3人，进行现场维护，主要任务是仪器设备校准和防生物附着等；营养盐自动分析仪的维护周期为每半月1次，一般需将仪器取回实验室进行化学试剂的更换和仪器设备校准，并安装备用营养盐自动分析仪，以保证在线监测数据资料的连续性。

用于观测预报的在线设备，由于其传感器技术很成熟，故障率低，维护难度和维护频率低，因此多为监测机构自行维护。

12.3.2 质量保证和质量控制

目前，海洋生态环境在线监测中采用的质控手段主要包括：在线设备的校验、实验室分析方法比对和利用软件剔除异常数据等方式。

从实际采取的质量控制手段来看，定期进行仪器校验和进行实验室分析数据与在线数据比对是普遍采用的方式，但是由于比对的频次受样品采集的困难以及人力等因素的限制，并不能得到保障。此外，部分省市利用信息化软件对在线监测仪器设备进行实时监控，及时发现异常数据并对其进行处理或剔除。厦门通过建立自校规程来实现质量控制，并将数据会商制度化，组建会商小组，对接收的监测数据进行会商和研判分析。

这些质控手段的采用，已经在保障在线监测数据资料质量、评估自动分析仪或传感器的适用性等方面发挥了重要作用。

案例一：常规水质参数在线监测数据的可比性分析

从深圳海域在线设备实际应用中的比对情况来看，温度、盐度、pH和溶解氧等常规水质参数传感器获得的数据与实验室测试数据吻合较好，其平均相对标准偏差可以控制在10%以内，浊度和叶绿素的平均相对标准偏差略大，最高能达到20%，均可基本满足海洋环境监测的质控要求。其结果如表12.14和图12.12所示。

表 12.14　美国 Wetlabs 公司的 WQM 多参数水质传感器实测数据与实验室数据比对结果

序号	参数	比测数据范围	绝对误差平均值	相对误差平均值(%)	相对标准偏差平均值(%)
1	盐度	27.16~28.00	0.08	0.29	0.15
2	pH	8.06~8.12	0.07	0.86	0.43
3	溶解氧	5.67~8.52/mg/L	0.293	3.55	1.80
4	叶绿素	0.30~1.00/μg/L	0.19	47.92	17.5
5	浊度	38.7~150/NTU	24.79	27.35	14.1
6	水温	15.8~19.8℃	0.103	0.524	0.30

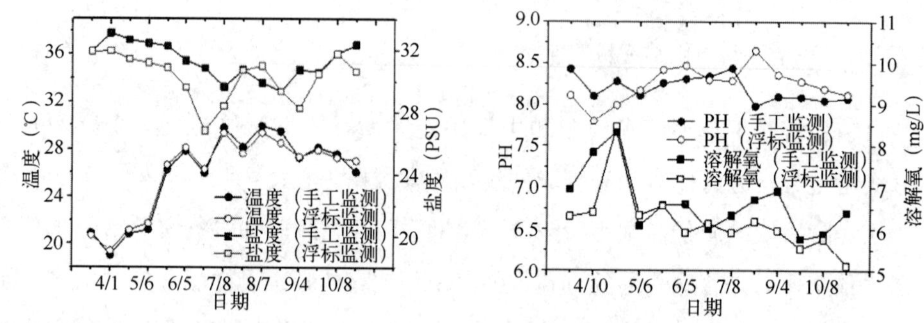

图 12.12　深圳海域浮标与实验室数据比对结果图

案例二：营养盐在线监测数据的可比性分析

根据深圳、厦门等海域的营养盐在线监测数据和实验室分析数据的比对中可以看出，除亚硝酸盐的传感器数据与实验室数据吻合较好之外，硝酸盐、氨氮和磷酸盐的传感器数据基本都低于实验室比对数据，最大的误差甚至可以达到100%。产生误差的原因一方面是由于传感器易被生物附着，维护周期对测量精度影响很大，另一方面是由于传感器在测量时的过滤孔径要远大于实验室过滤孔径，测量结果受浊度影响很大。为此，河北省海洋环境监测中心在 2014 年加大了对营养盐传感器的维护保养频率，并采取严格的定期比对质控措施，2015 年的数据质量有了较大幅度的提升。其结果见图 12.13 和图 12.14。

营养盐类传感器在实际使用中的测量数据容易出现较大偏差，必须保证按时维护保养并采取有效的质控措施。

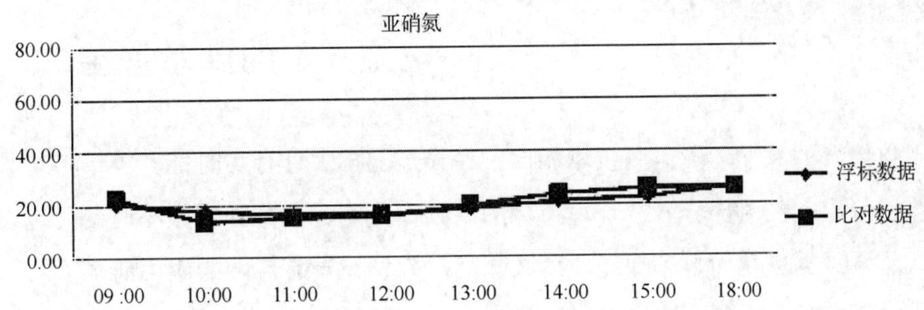

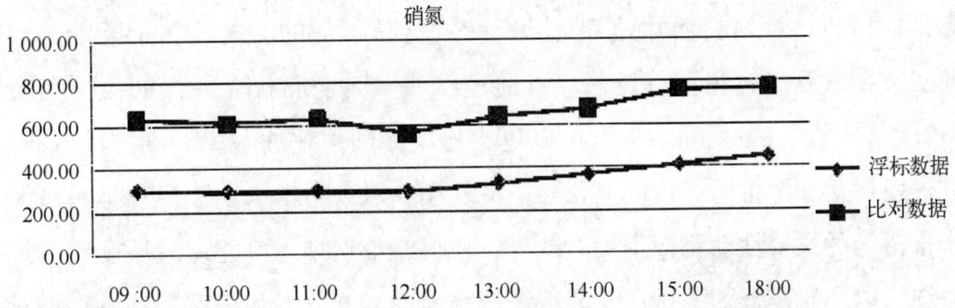

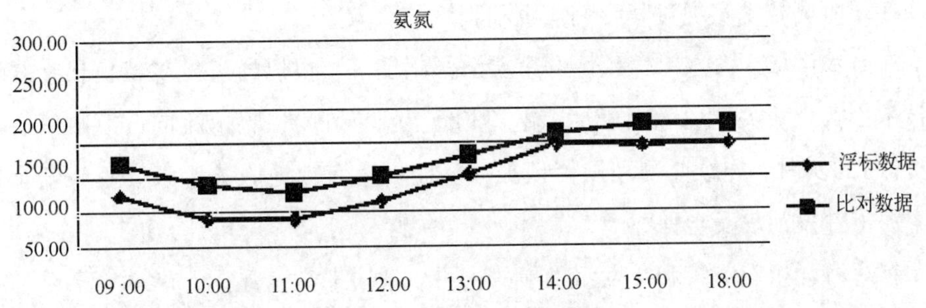

图 12.13　意大利希思迪公司的 WIZ-probe 传感器实测数据与实验室数据比对结果图(2015 年)

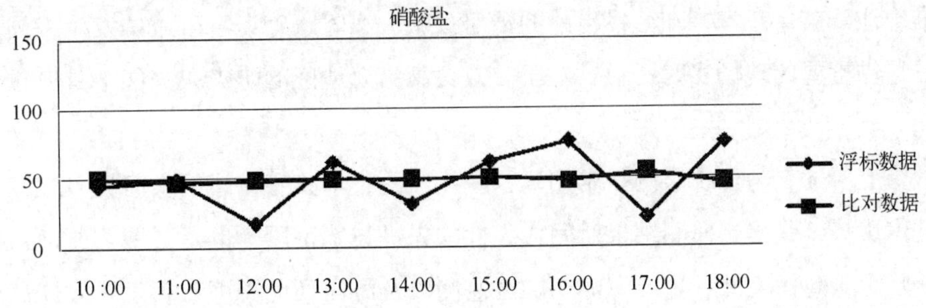

图 12.14　美国 Wetlabs 公司的 Cycle-PO4 实测数据与实验室数据比对结果图(2014 年)

12.4 在线监测技术在海洋环境监测中的前景展望

与传统的海洋环境监测技术相比，在线监测技术具有实时性和连续性等技术优势，可以实现对部分海洋环境指标的高频率监测，数分钟到数小时就可以获取一次监测数据，从而显著提高监测数据的时效性，具有广阔的应用前景。

在重要河口海湾、海洋资源环境超载区和海洋生态红线区等重要海域，可以通过应用在线监测技术实现对水体主要水质参数(溶解氧、营养盐、石油类等)、生态指标(如自然岸线、滨海湿地、指示性物种等)等的全时段、全天候的监督性监测。在入海江河和重点排污口，通过在线实时监测排入海洋的主要污染物(COD、营养盐等)浓度和水量，可以更为科学准确地评估主要污染物排海通量，并充分发挥对陆源排污过程的监督性监测作用，以及对丰水期江河和排污口大量集中排污等的预警性监测作用等。此外，还可在重点排污口邻近海域设置在线监测系统，以实时监督陆源排污对邻近海域水质的影响范围和程度等；特别是对长期以来由于缺乏有效技术手段而未纳入监督性监测范围的深水排污口，可望通过采用在线监测技术实现对其影响范围和程度的有效监管。

在海水浴场、海水增养殖区等重要海洋功能区，可以通过发展特色化在线监测技术，实现对关键环境因子(水温、盐度、风速风向、流速流向、溶解氧、石油类等)的实时、连续监测和预警预报，从而更为有效地服务于人体健康安全保护、海上开发活动安全保障。

针对海洋生态灾害和突发污染事故，可以通过船载、浮标、岸基等多种在线监测技术的融合使用，更为方便快捷地获取立体化、实时性、连续性、多学科综合监测信息，并与水动力和水质数值模拟技术、遥感反演技术等有机结合，为及时准确地开展生态灾害和突发事故的预警预报、实时跟踪灾害事故的发生发展过程等提供重要的现场实时资料，对于有效提高沿海地区的防灾减灾能力具有重大作用。

综上所述，与传统监测技术相比，在线监测技术具有显著的实时性、连续性等技术优势，是提高监测结果时间代表性的先进技术手段，也是开展重要河口海湾、陆源入海污染源、重要海洋功能区监测以及海洋环境灾害和突发事故应急监测等的重要技术手段，对于优化监测方案，实施海洋生态红线制度、海洋资源环境承载能力监测预警制度、海洋环境信息通报制度等具有突出的应用潜力和重要的支撑作用。

思考题

1. 分别简述营养盐在线监测设备的光学法和微型实验室法的优缺点。
2. 简述在线监测数据准确性的影响因素。
3. 简述海洋环境监测中在线监测的作用。

参考文献

常红 . 2012. 无线在线海水监测系统的设计与实现[D]. 哈尔滨 . 哈尔滨工业大学 .

姜独祎 . 2014. 海洋石油平台溢油在线监控预警集成系统研究与开发[D]. 青岛 . 中国海洋大学 .

李丹 . 2012. 基于紫外光谱法的海水硝酸盐在线监测技术研究[D]. 烟台 . 烟台大学 .

李军 . 2007. 海洋环境在线监测及赤潮灾害预报系统研究[D]. 济南 . 山东大学 .

李忠强，王传旭，卜志国，姜希波，曲亮 . 2011. 水质浮标在赤潮快速监测预警中的应用研究[J]. 海洋开发与管理，11：63-65.

农永光，郭炜，赵文峰，胡刚 . 2014. 海洋监测在线监测技术研究[J]. 价值工程，328.

田川 . 2009. 极地海洋环境监测系统总体设计与实现[D]. 青岛 . 中国海洋大学 .

王洪亮，高杨，程同蕾，任国兴，马然 . 2009. 营养盐传感器在海洋监测中的研究进展[J]. 山东科学，24(3)：32-35.

于志强 . 2007. 海洋环境在线监测与实时信息发布系统的研究[D]. 济南 . 山东大学 .

祝翔宇，冯辉强 . 2012. 海洋环境立体监测技术[J]. 中国环境管理，3.

邹常胜 . 2001. 海水营养盐现场监测[J]. 20(4)：33-37.